JN056775

クレーン・デリック運転士〈クレーン限定〉
学科試験
図解テキスト＆過去問６回　令和６年版

公論出版

●現場で使用されているクレーン等の例

シングルレール形天井クレーン

ダブルレール形天井クレーン

２ホイスト式の天井クレーン

親子ホイスト（2フック）式ダブルレール形天井クレーン

サスペンション形天井クレーン

ジブクレーン(ウォール形)　　　　ジブクレーン（自立形）

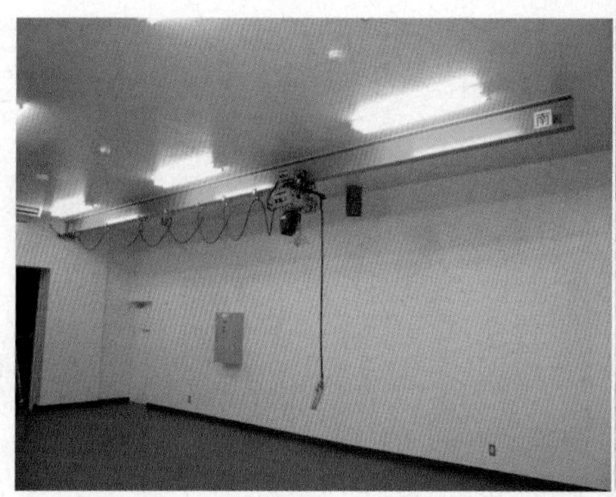

テルハ（モノレール）

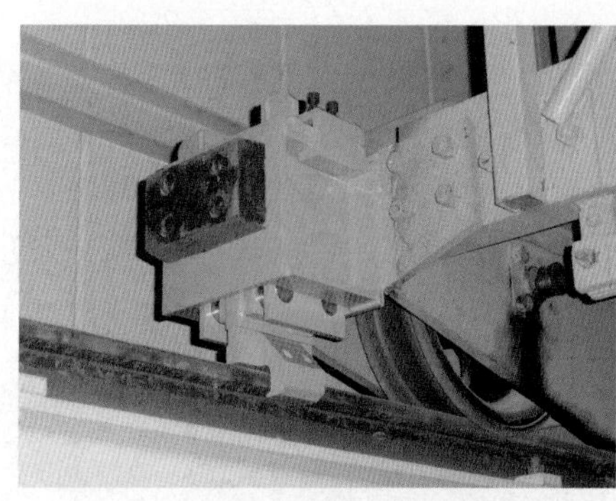

地震等による脱輪を防止するクレーングリッパー

荷重試験の様子

天井クレーンの点検の様子

口絵 写真提供：不二工業株式会社

本書について

本書はクレーン・デリック運転士〔クレーン限定〕の学科試験受験対策用の参考書です。**過去に出題された項目を厳選して収録したシンプルな参考書**を目指し、受験者の皆様の勉強時間が極力少なくなる事を目標として編集しました。そのため、試験に出題されることのない予備知識などは極力省略しています。

構成は、第Ⅰ部がクレーン運転士教本（学科）、第Ⅱ部は公表問題と解答及び解説を収録した練習問題集となっています。問題は**過去6回分収録**しています。

クレーン運転士に関する知識を有している方は、第Ⅱ部の練習問題集を先に解き、第Ⅰ部の教科書により苦手分野を克服する学習方法も良いかもしれません。

クレーンに関して知識がない方は第Ⅰ部の教科書で実力をつけてから、第Ⅱ部の練習問題集に臨むのをオススメいたします。

また、テキストパートにおいて**★よく出る！**マークのついた項目は、近年において特に出題頻度の高い傾向にありますので、重点的に学習！

現在、クレーンは全国で 13 万台ほど設置されています。しかし、デリックについては 200 台程度と言われています。クレーン・デリック運転士免許〔クレーン限定〕は、取り扱うことのできる機種をクレーンに限定しているクレーン・デリック運転士免許ですが、デリックの台数の少なさから、クレーン・デリック運転士試験受験者の９割以上が“クレーン限定”により受験しているようです。

近年の合格率は 60％を割っており決して高くありませんが、回り道をせず、本書により合格に近づくことを目標に本書を作成しました。

クレーン運転士学科試験 編集部

受験ガイド

1 クレーン・デリック運転士〔クレーン限定〕とは？

◎クレーン及びデリックのうち、取り扱うことのできる機種をクレーンに限定したクレーン・デリック運転士免許です。

◎この試験を受験される方は、「免許試験受験申請書」の左上及び右下の「A試験の種類」欄に、「クレーン・デリック運転士〔クレーン限定〕」と明記する必要があります。

◎なお、床上運転式クレーン運転実技教習を修了した方が、クレーン・デリック運転士〔クレーン限定〕免許試験を受験する場合に、実技試験免除とはなりませんので、実技免除の受験申請とせずに、学科試験のみ受験する必要があります。実技試験（一部免除）については、学科試験合格後に免許試験結果通知書及び床上運転式クレーン運転実技教習修了証を添付して申請者の住所地を管轄する都道府県労働局に免許申請することになります。

2 試験科目及び合格基準

◎学科の試験時間は2時間30分（1科目免除者（＊）は2時間、2科目免除者は1時間15分）であり、次の試験科目が出題されます。

種類	試験科目	出題数（配点）	合格基準
学科	クレーン及びデリックに関する知識	10問（30点）	科目毎の得点が**40%以上**で、その合計が**60点以上**であること
	関係法令	10問（20点）	
	原動機及び電気に関する知識	10問（30点）	
	クレーンの運転のために必要な力学に関する知識	10問（20点）	

（＊）科目の免除については、厚生労働大臣指定試験機関であり、労働安全衛生法に基づく免許試験の実務を行っている「公益財団法人 安全衛生技術試験協会」のホームページを参照。

※参考：実技試験についても次のような内容で行われています。また、クレーン学校の実技教習を受けることにより、実技試験を免除することもできます。

種類	試験科目	合格基準
実技	クレーンの運転	減点の合計が40点以下であること
	クレーンの運転のための合図	

3 近年の合格率（学科試験）

出典：安全衛生技術試験協会 HP

◎過去３年間の受験者数、合格者数及び合格率は次のとおり。

実施年	受験者数	合格者数	合格率
令和４年／ 2022 年	17,457 人	10,103 人	57.9%
令和３年／ 2021 年	16,793 人	9,647 人	57.4%
令和２年／ 2020 年	15,760 人	9,992 人	63.4%

4 受験資格

◎不要。何歳でも受験は可能です。ただし、満 18 歳に満たない者については免許の交付を受けることができません（受験は可能です）。また、受験に際し住民票などの本人確認証明書の添付が必要となります。

5 受験手数料

種類	手数料
学科	8,800 円
実技	14,000 円

6 受験申請の流れ

◎労働安全衛生法に基づく免許試験の実務については、「公益財団法人 安全衛生技術試験協会」が行っており、次の手順で受験申請を行います。

1．安全衛生技術試験協会へ受験申請書類を請求します。

2．受験申請書類を作成し、受験を希望する各安全衛生技術センターに受験申請書類を提出します。必要添付書類は次のとおり。

- 本人確認証明書（マイナンバーが記載されていない住民票や住民票記載事項証明書　など）
- 免除資格がある方は必要な証明書（事業者証明書や学校等の卒業証明書　など）
- 受験手数料
- 証明写真（30mm × 24mm）

3．受験票が郵送で送られてきます。

※オンライン申請や試験日程などの詳細については、試験を管轄する「安全衛生技術試験協会」のホームページを参照してください。Google などの検索エンジンで協会名もしくは「クレーンデリック試験」などと検索するとホームページがでてきます。

URL ⇒ https://www.exam.or.jp/index.htm

目次

第Ⅰ部　クレーン運転士教本（学科）

第1章　クレーンに関する知識

第2章　関係法令

第3章　原動機及び電気に関する知識

第4章　クレーンの運転のために必要な力学に関する知識

第Ⅱ部　練習問題集

（※対象の用語については本文中で初出の際に、アンダーラインと共に用語の後ろに“(*)”を表記しています。）

第Ⅰ部 クレーン運転士教本（学科）

第１章　クレーンに関する知識

◆目次と近年の出題歴・傾向　※傾向：★＝頻出度／数字＝関連する選択肢の数

項目		傾向	出題年月					
			R6.4	R5.10	R5.4	R4.10	R4.4	R3.10
1 クレーン等の定義	❶ クレーンの定義（P.9）							
	❷ 移動式クレーンの定義（P.9）							
	❸ デリックの定義（P.9）							
2 クレーンに関する用語	❶ インチング（P.10）							
	❷ キャンバ（P.10）	★★				1	1	1
	❸ 傾斜角及び作業半径（P.10）	★	1	1				
	❹ 地切り（P.11）							
	❺ スパン（P.11）	★★		1	1		1	1
	❻ 玉掛け（P.11）							
	❼ つり上げ荷重と定格荷重（P.12）	★★		1		1	1	1
	❽ 定格速度（P.12）	★★★		1	1	1	1	1
	❾ 走行レール（P.12）	★	1					
	❿ ランウェイ（P.12）							
	⓫ 揚程（P.13）	★	1				1	
	⓬ 寄り（P.13）							
3 クレーンの運動	❶ 巻上げと巻下げ（P.13）							
	❷ 横行と走行（P.14）	★★			1	1		1
	❸ 起伏と旋回（P.14）	★	1		2			
	❹ 作業範囲（P.15）	★				2		
4 クレーンの種類及び形式	❶ 天井クレーン（P.16）	★★★	2	1	2	1	1	1
	❷ ジブクレーン（P.18）	★★★	2	1	3	2		1
	❸ 橋形クレーン（P.25）	★★		3			1	1
	❹ アンローダ（P.27）	★				1	1	
	❺ ケーブルクレーン（P.28）	★★		1			1	1
	❻ テルハ（P.28）	★★	1		1			1
	❼ スタッカークレーン（P.29）	★				1	1	
5 クレーンの構造部分	❶ クレーンガータ（P.30）	★★	3	2			4	
	❷ サドル（P.32）	★		1				
	❸ ジブ（P.32）	★	1	1				
	❹ 脚（レッグ）（P.33）	★★	1	1			1	
	❺ トロリ（P.34）	★		1			2	
	❻ ホイスト（P.36）	★★★	2	1	1	1	1	1
6 クレーンの作動装置	❶ 巻上装置（P.37）	★★★	2	1	1	1	1	
	❷ 横行装置（P.38）	★★			1	1		1
	❸ 走行装置（P.38）	★★	1	1				1
	❹ 起伏装置（P.39）	★★		1		1		1
	❺ 引込装置（P.40）							
	❻ 旋回装置（P.40）	★★			1		1	1

項目		傾向	出題年月					
			R6.4	R5.10	R5.4	R4.10	R4.4	R3.10
7 ワイヤロープ	❶ ワイヤロープの構造（P.41）							
	❷ ワイヤロープのより方（P.42）	★★	5	5	5			5
	❸ ワイヤロープの構成（P.43）							
	❹ ワイヤロープの測り方（P.44）							
	❺ ワイヤロープの安全係数（安全率）（P.44）							
	❻ ワイヤロープの末端処理（P.45）	★				5	5	
8 つり具	❶ フックブロック（フック）（P.46）							
	❷ グラブバケット（P.46）							
	❸ リフティングマグネット（P.47）							
	❹ バキューム式つり具（P.47）							
	❺ クロー（P.48）							
	❻ スプレッダ（P.48）							
9 クレーンの機械要素等	❶ 歯車（P.48）	★★	1				2	1
	❷ 減速比（P.50）	★						5
	❸ ボルト（P.52）	★★	1	1			1	1
	❹ 座金（P.54）	★			1			
	❺ 緩み止め（P.55）	★			1			
	❻ 軸（P.56）							
	❼ 軸受（P.56）	★				1	1	
	❽ 軸継手（P.58）	★★★	3	4		3	1	3
	❾ キー（P.61）	★				1		
	❿ ドラム及びシーブ（P.62）							
	⓫ 車輪（P.64）							
10 クレーンの安全装置等	❶ 巻過防止装置（P.64）	★★★	2	2	2	2	3	1
	❷ 過負荷防止装置（P.67）	★			1			
	❸ 警報装置（P.68）	★						1
	❹ 傾斜角指示装置（P.68）	★★	1	1		1		
	❺ 外れ止め装置（P.68）	★			1		1	
	❻ 緩衝装置等（P.69）	★★	2	2		2		2
	❼ 衝突防止装置（P.70）	★					1	1
	❽ 逸走防止装置（P.70）	★				1		
	❾ フートスイッチ（安全床スイッチ）（P.71）	★			1		1	
	❿ その他の安全装置（P.71）							
11 クレーンのブレーキ	❶ ドラムブレーキ（P.72）	★★★	3	3	1	3	2	2
	❷ バンドブレーキ（P.73）	★★★	1	1	1	1	1	1
	❸ ディスクブレーキ（P.74）	★★★	1	1	3	1	2	1
12 クレーンの取扱い	❶ 基本的な注意事項（P.75）	★					2	
	❷ 運転時の注意事項（P.76）	★★★	1	2		3	1	2
	❸ 荷振れ防止（P.77）	★★★	2	2	1	1		1
	❹ 無線操作式クレーンの取扱い（P.78）	★★★	1	1		1	1	1
	❺ クライミング式クレーンの取扱い（P.79）	★★	1				1	1
	❻ クレーンの給油（P.79）	★★★	3	3	4	4	4	4
	❼ 点検及び保守管理（P.81）	★★★	2	2	1	1	1	1

1 クレーン等の定義

1 クレーンの定義

◎クレーンとは、次の①、②の条件を満たす機械装置で、移動式クレーン及びデリックを除いたものと定義されている。

①動力により荷をつり上げる（人力によるものは含まない）

②これを水平に運搬することを目的とする（人力によるものも含む）

◎従って、手動式チェーンブロック等を使用し人力により荷をつり上げるものはクレーンに該当しない。なお、荷を下ろす（巻下）時の要件はなく、荷の重量を利用した自由降下や動力のどちらであってもよい。

◎更に、つり荷を水平に運搬することを目的とする機械装置であり、水平方向の移動は、動力と人力のどちらであってもクレーンに含まれる。

◎なお、つり上げ荷重が0.5トン未満のものはクレーンに該当しない。

2 移動式クレーンの定義

◎移動式クレーンとは、原動機を内蔵し、かつ、不特定の場所に移動させることができるクレーンをいう。

3 デリックの定義

◎デリックとは、動力により荷をつり上げることを目的とする機械装置で、マスト(*)またはブームを有し、別置した原動機に駆動されるワイヤロープにより操作されるものである。荷の水平移動は必要条件ではなく、荷を水平に運搬できるデリックとできないものとがある。

2 クレーンに関する用語

1 インチング

◎クレーンを操作するコントローラやボタンスイッチを**断続的にほんのわずかだけ操作**して、走行、横行及び巻上げを行う運転操作をいう。寸動運転。

2 キャンバ

◎天井クレーンや橋形クレーンなどにおいて、荷を吊ったときにクレーンガーダが下に垂れ下がらないように（下垂しないように）予めクレーンガーダに与えておく上向きの曲線（そり）をキャンバという。

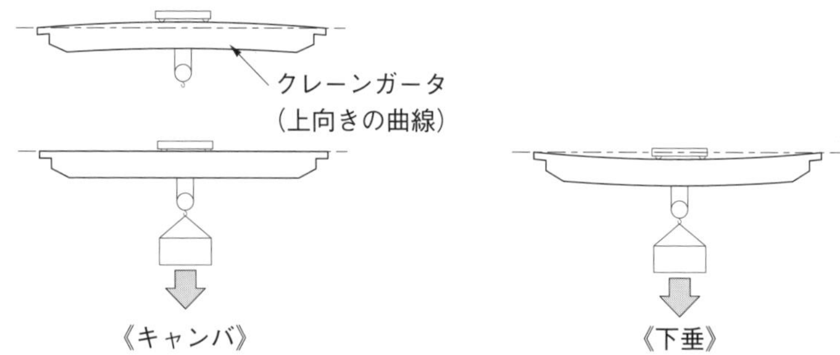

【キャンバと下垂】

3 傾斜角及び作業半径

◎傾斜角とは、ジブクレーンの**ジブの中心線と水平面とのなす角**をいう（※後述の１章５節. クレーン構造部分3ジブ 参照）。

◎作業半径とは、ジブクレーンの<u>**旋回(*)**</u>**中心とつり具の中心との水平距離**をいう。作業半径が大きくなると傾斜角は小さくなる。

◎作業半径は旋回半径ともいい、最大となる作業半径を最大作業半径、最小となるものを最小作業半径という。

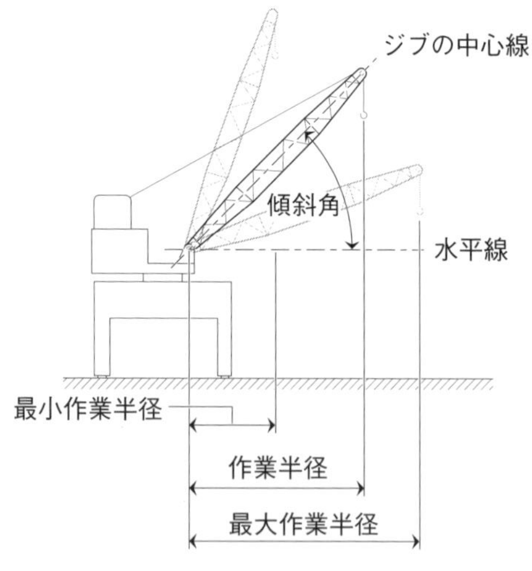

【傾斜角及び作業半径】

4 地切り

◎地切りとは、巻上げによりつり荷を地面から離すことをいう。

※クレーンの運転において、つり荷を微動でつり上げ、わずかに地切りした時点で玉掛けの良否を判断するため一旦停止し、つり荷やワイヤロープの状態を確認する。

5 スパン

★よく出る！

◎スパンとは、**走行レール中心間の水平距離**をいう。

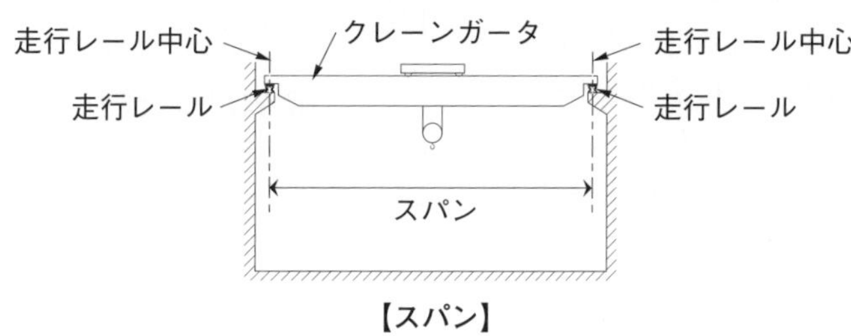

【スパン】

6 玉掛け

◎玉掛けとは、玉掛け用ワイヤロープや玉掛け用つりチェーン、その他の玉掛け用具を使用して荷をクレーンのフックに掛けたり外したりする作業をいう。

◎クレーン運転士の資格では、玉掛け業務を行うことはできない。「玉掛け技能講習」の修了などの要件が必要となる（※関係法令の２章８節. 玉掛け 参照）。

7 つり上げ荷重と定格荷重　☆よく出る！

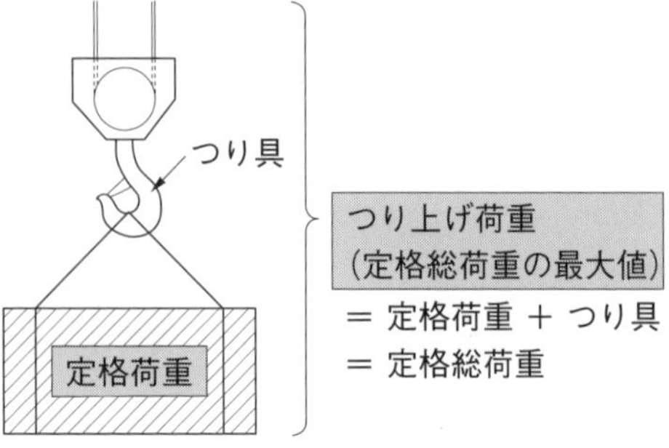

【つり上げ荷重と定格荷重】

◎**つり上げ荷重**とは、構造及び材料に応じて負荷させることができる最大の荷重をいい、フック、グラブバケットなどの**つり具分が含まれる**。

◎**定格荷重**とは、つり上げ荷重からフック、グラブバケットなどの**つり具分の質量を除いた**荷重をいう。クレーンにより定格荷重は一定の値ではなく、作業半径が拡大することにより定格荷重が変化する（1章10節. クレーンの安全装置等❷過負荷防止装置 参照）。

8 定格速度　☆よく出る！

◎定格速度とは、**定格荷重**に相当する荷重の荷をつって、巻上げ、走行、横行及び旋回などの作動を行う場合の**それぞれの最高の速度**をいう。

9 走行レール

◎走行レールとは、クレーン本体を移動させるために建築物等の側壁、天井または地上に設置されたレールをいう。

10 ランウェイ

◎ランウェイとは、クレーンが走行する軌道のこと。レール、レール継手及びレール固定用ボルト等で構成されている。

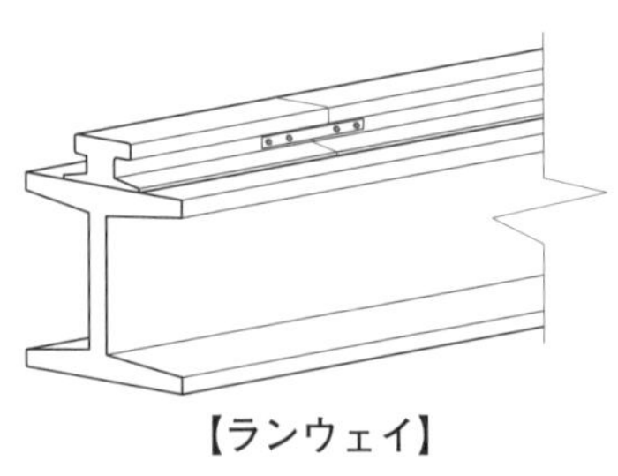
【ランウェイ】

11 揚程

◎揚程とは、フック、グラブバケット等の**つり具を有効に上げ下げできる上限と下限との間の垂直距離**をいう。

12 寄り

◎寄りとは、つり具の横行停止位置と走行レール中心間の最小の水平距離をいう。

◎天井クレーンの場合、クラブトロリをガーダ端の停止位置まで寄せたときの、走行レールの中心とつり具中心との最小水平距離となる。

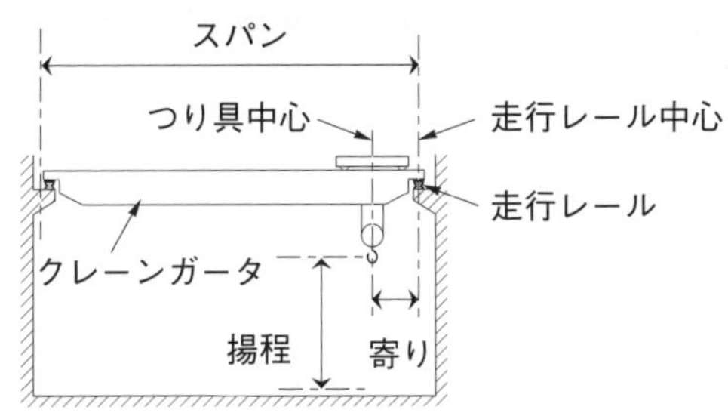

【スパン、走行レール、揚程及び寄り】

3 クレーンの運動

1 巻上げと巻下げ

◎荷が上下する運動のことで、上昇する運動を巻上げといい、荷が下降する運動を巻下げという。

◎巻上げ・巻下げを装置及び機器の名称として用いるときは、「巻上装置」、「巻上げドラム」などのように巻上げのみを用いて呼ぶのが一般的である。

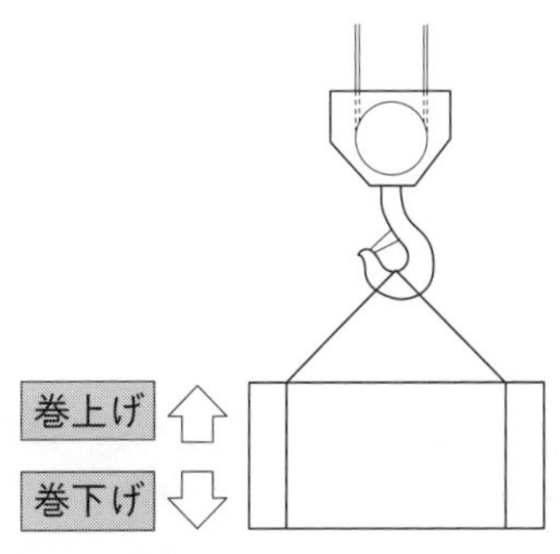

【巻上げと巻下げ】

2 横行と走行

◎**横行**とは、クレーンガーダ、水平ジブなどに沿ってトロリが移動する運動をいう。

◎クレーンの種類等により、次のように定義することができる。

〔クレーンの種別毎の横行の定義〕

クレーンの種類	横行の定義
ケーブルクレーン	**トロリがメインロープに沿って移動**すること
ジブクレーン	**トロリが水平ジブに沿って移動**すること
テルハ	**ホイストがレールに沿って移動**すること

◎走行とは、**走行レールに沿ってクレーン全体が移動する**運動をいう。

◎運動方向は通常、横行に対して直角となる。

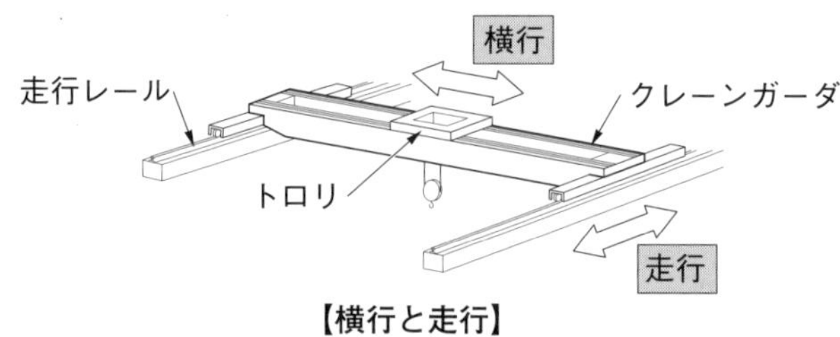

【横行と走行】

3 起伏と旋回

◎起伏とは、ジブ(*)などがその取付け端を中心にして上下に動く運動をいう。

◎ジブの中心線と水平面とのなす角度(傾斜角)が大きくなる場合にはジブ上げ(ジブ起し)、小さくなる場合にはジブ下げ(ジブ伏せ)などという。

◎ジブクレーンでは、ジブを起伏させるとつり荷は上下に移動する。

◎一方、引込みクレーンはジブを起伏させてもつり荷の高さをほぼ一定に保ちながらジブの根元への引き寄せ又は遠ざけることができ、それぞれの運動を引込み、押出しといい、両者を総称して引込みという。(※1章5節2ジブクレーン[引込みクレーン]の項 参照)。

◎旋回は、ジブクレーンにおいて、旋回中心を軸としてジブが回る運動をいう。

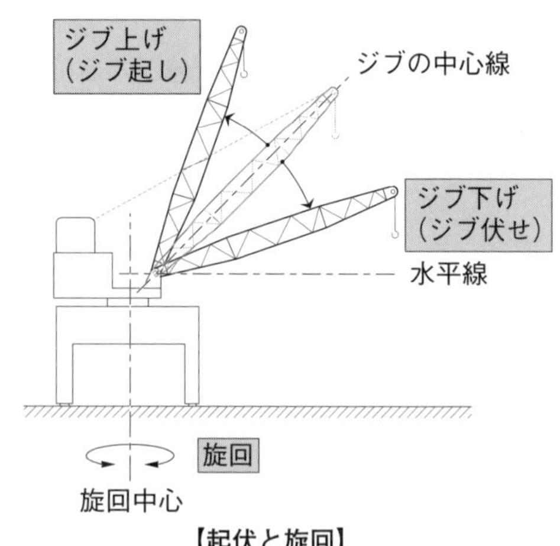

【起伏と旋回】

4 作業範囲

◎作業範囲とは、**クレーンの各種運動を組み合わせてつり荷を移動できる範囲**をいう。

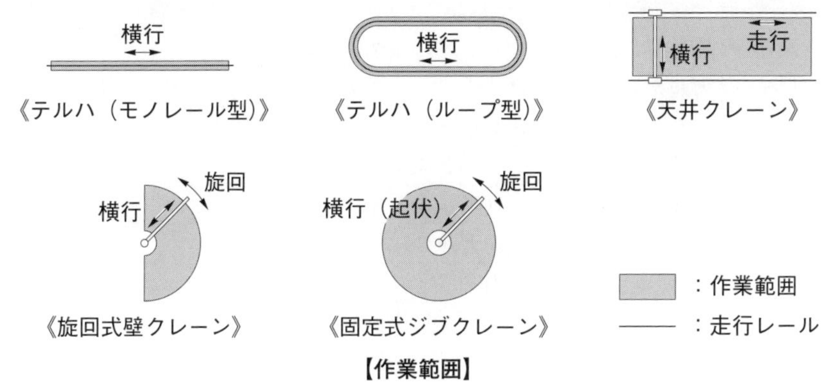

【作業範囲】

4 クレーンの種類及び形式

◎クレーンは、その用途に適するように様々な構造、形状のものがある。

◎クレーンの構造、形状及び用途によって、次図のように大きく分類される。

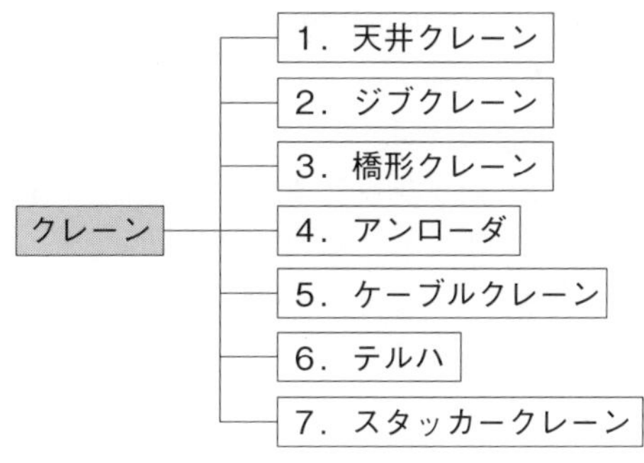

【クレーンの分類】

1 天井クレーン　☆よく出る！

◎天井クレーンは、その構造等の違いにより次のように分類される。

〔天井クレーンの分類〕

<table>
<tr><th>大分類</th><th>中分類</th><th>小分類</th><th>細分類</th></tr>
<tr><td rowspan="12">天井
クレーン</td><td rowspan="3">普通型
天井クレーン</td><td colspan="2">ホイスト式天井クレーン</td></tr>
<tr><td rowspan="2">トロリ式
天井クレーン</td><td>クラブトロリ式天井クレーン</td></tr>
<tr><td>ロープトロリ式天井クレーン</td></tr>
<tr><td rowspan="9">特殊型
天井クレーン</td><td colspan="2">旋回マントロリ式天井クレーン</td></tr>
<tr><td colspan="2">すべり出し式天井クレーン</td></tr>
<tr><td colspan="2">旋回式天井クレーン</td></tr>
<tr><td rowspan="6">製鋼用
天井クレーン</td><td>装入クレーン（チャージングクレーン）</td></tr>
<tr><td>レードルクレーン</td></tr>
<tr><td>綱塊クレーン（ストリッパクレーン、ソーキングピットクレーン）</td></tr>
<tr><td>焼入れクレーン</td></tr>
<tr><td>原料クレーン</td></tr>
<tr><td>鍛造クレーン</td></tr>
</table>

◎天井クレーンは、一般に、建屋の両側の壁に沿って設けられたランウェイ上を走行するクレーンで、工場での機械や部品の運搬などに使用される。また、建屋の天井に取り付けられたレールから懸垂されて走行する天井クレーンは、クレーンガーダを走行レールの外側へオーバーハング(*)させることができるので、作業範囲を大きくできる特長がある。

◎屋外の架構(*)上に設けられたランウェイのレール上を走行するクレーンも、同じ構造、形状のものは天井クレーンと呼ばれる。

◎天井クレーンは普通型天井クレーンと特殊型天井クレーンに大別される。

普通型天井クレーン

◎普通型天井クレーンは、トロリの構造によりさらに分類される。

①クラブトロリ式天井クレーン

- 最も一般的に使用されている天井クレーン。巻上及び横行装置を備えたクラブトロリが、クレーンガーダ上の２本のレール上を移動（横行）する形式。
- 機械工場等での機械や部品などの重量物の運搬など、その用途範囲は極めて広い。

【クラブトロリ式天井クレーン】

②ホイスト式天井クレーン

- クラブトロリ式天井クレーンのクラブトロリの代わりに電気ホイスト等を用いた形式で、クレーンガーダに設けたレールにホイストを横行させる。
- 比較的小容量の天井クレーンとして使用されている。
- ホイスト式には横行レールから懸垂して移動するサスペンション式と横行レール上を移動するトップランニング式がある。
- 用途はクラブトロリ式天井クレーンと同様である。

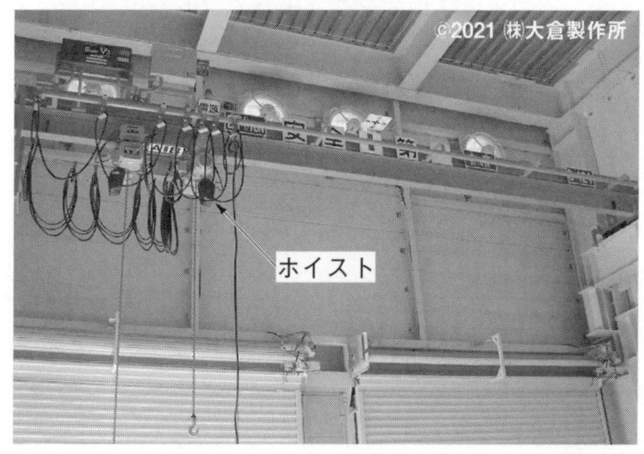

【ホイスト式天井クレーン】

特殊型天井クレーン

①製鋼用天井クレーン

- 製鋼用天井クレーンは、製鋼関係の工場で用いられる特殊な構造の天井クレーンの総称で、作業工程や取り扱う物品によりレードルクレーン、鋼塊クレーン（ソーキングピットクレーン）、ストリッパークレーン、鍛造クレーン及び焼入れクレーン等がある。

［レードルクレーン］

・高温で溶けた鉄を入れる溶銑鍋（ようせんなべ）（レードル）をつるための特殊フックを備えている。

2 ジブクレーン

☆よく出る！

◎ジブクレーンは、その構造等の違いにより次のように分類される。

〔ジブクレーンの分類〕

<table>
<tr><th>大分類</th><th>中分類</th><th>小分類</th><th>細分類</th></tr>
<tr><td rowspan="17">ジブクレーン</td><td rowspan="6">ジブクレーン</td><td rowspan="3">塔形・門形ジブクレーン</td><td>塔型ジブクレーン</td></tr>
<tr><td>高脚（門形）ジブクレーン</td></tr>
<tr><td>片脚（半門形）ジブクレーン</td></tr>
<tr><td rowspan="2">低床ジブクレーン</td><td>低床ジブクレーン</td></tr>
<tr><td>ポスト形ジブクレーン</td></tr>
<tr><td colspan="2">クライミング式ジブクレーン</td></tr>
<tr><td rowspan="4">つち形クレーン</td><td colspan="2">ホイスト式つち形クレーン</td></tr>
<tr><td rowspan="2">トロリ式つち形クレーン</td><td>クラブトロリ式つち形クレーン</td></tr>
<tr><td>ロープトロリ式つち形クレーン</td></tr>
<tr><td colspan="2">クライミング式つち形クレーン</td></tr>
<tr><td rowspan="4">引込みクレーン</td><td colspan="2">ダブルリンク式引込みクレーン</td></tr>
<tr><td colspan="2">スイングレバー式引込みクレーン</td></tr>
<tr><td colspan="2">ロープバランス式引込みクレーン</td></tr>
<tr><td colspan="2">テンションロープ式引込みクレーン</td></tr>
<tr><td rowspan="3">壁クレーン</td><td colspan="2">ホイスト式壁クレーン</td></tr>
<tr><td rowspan="2">トロリ式壁クレーン</td><td>クラブトロリ式壁クレーン</td></tr>
<tr><td>ロープトロリ式壁クレーン</td></tr>
</table>

◎ジブクレーンは、ジブ（※後述の１章５節. クレーン構造部分❸ジブ 参照）を有するクレーンの総称で、天井クレーンに次いで多く使用されている。

◎ジブクレーンは、巻上げ、ジブの起伏及び旋回の運動を行い、更にレール上を走行するものが多い。

◎構造の違いにより次のような種類がある。

塔形ジブクレーン

◎塔形ジブクレーンは、高い塔状の構造物（タワー）の上に起伏するジブを設けたクレーンで、主に造船所でのぎ装用（各種装備の取付）として使用される。

【塔形ジブクレーン】

高脚（門形）ジブクレーン／片脚（半門形）ジブクレーン

◎高脚ジブクレーンは、門形の架構上に起伏するジブを有する旋回体を設けたもので、走行できるものが多い。

◎架構の片側の脚をふ頭倉庫の屋根等に設けたものは片脚ジブクレーンと呼ばれる。

◎脚の間に車両を通すことができ、また占有面積が少ない。

◎主にふ頭、岸壁等において荷役用として使用されている。

【高脚ジブクレーン】

低床ジブクレーン

◎低床ジブクレーンは、巻上装置、起伏装置及びジブ等を備えた旋回体を架台の上に載せた形式のもので、巻上げ、起伏及び旋回の運動をする。

◎固定式と走行式があり、走行式のものは旋回体を載せた架台(*)が走行する台車の上に設けられている。

◎主にふ頭、岸壁もしくは建築工事等に用いられている。

【低床ジブクレーン】

ポスト形ジブクレーン

◎ポスト形ジブクレーンは、ポスト(固定した柱)の周りをジブが旋回する簡単な構造のもので、巻上げと旋回を行う。

◎傾斜ジブを備えジブが起伏するものや、水平ジブを備えジブに沿ってトロリが横行するものがある。

【ポスト形ジブクレーン】

クライミング式ジブクレーン

◎クライミング式ジブクレーンは、工事の進行に伴い、必要に応じてマストを継ぎ足し、旋回体をせり上げる（クライミング）装置を備えたクレーンである。

◎高層ビルや橋梁の建設などに用いられ、工事が終了すると解体され、他の工事現場に移設して使用される。

◎旋回体をせり上げるクライミングの方法は、次のものがある。

①マストクライミング方式

- クレーンを支えるマストを継ぎ足し、継ぎ足したマストをクレーン自ら登る方式。

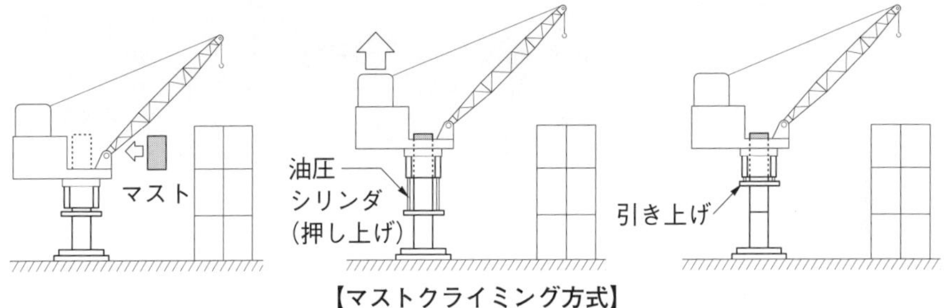

【マストクライミング方式】

②フロアークライミング方式

- 一定の長さのマストをクレーンの台座ごと引上げ、台座を躯体に固定し、クレーンをマストの上部までクライミングさせる方式。

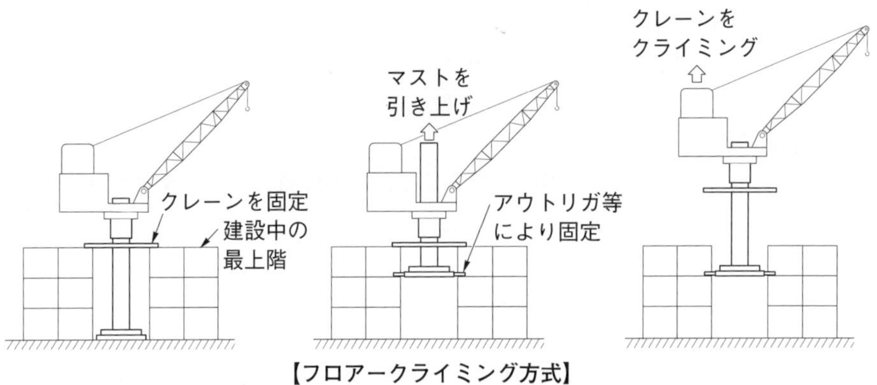

【フロアークライミング方式】

つち形クレーン（ハンマーヘッドクレーン）

◎つち形クレーンは、塔状の構造物（タワー）の上に水平のジブを有する旋回体を備えたもので、水平ジブに沿って横行するトロリを備え巻上げ、横行及び旋回の運動をする。

◎トロリの形式によりホイスト式、クラブトロリ式及びロープトロリ式に分けられる。

◎主として造船所の船台用、ぎ装用として使用されている。

【つち形クレーン】

引込みクレーン

◎荷の積み降ろしに際し、つり荷を直線的に移動させると移動距離が短くなり、作業効率が向上する。

◎しかし、ジブクレーンは、ジブを起こせばつり荷は上昇し、ジブを伏せればつり荷は下降する。

◎このため、ジブクレーンではつり荷の高さを一定に保ちながらジブの根元に来るように操作するには、ジブ起こしと巻下げの操作を同時に行う必要がある（ただし、３つの運転操作を同時にしてはならない）。

◎引込みクレーンは、ジブを起伏させてもつり荷が上下に移動することなく、ほぼ一定の高さを保ちながら水平に移動するように工夫されたジブクレーンで、水平引込みクレーンとも呼ばれる。

◎引込みクレーンには、**水平引込みをさせるための機構**により、**ダブルリンク式**、**スイングレバー式**、**ロープバランス式**及びテンションロープ式がある。

①**ダブルリンク式引込みクレーン**

- ３つのジブを組み合わせたリンク機構により、ジブ先端を水平に移動させることができる。
- 荷の振れが少なく、高速運転ができるため、岸壁における重量物の運搬に適している。

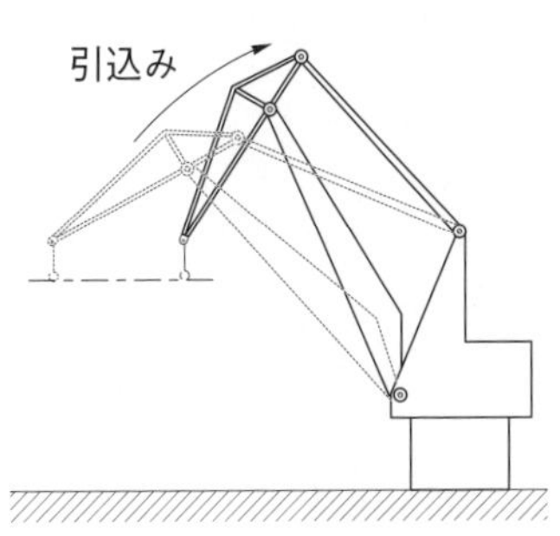

【ダブルリンク式引込みクレーン】

②スインゲレバー式引込みクレーン

- 旋回体上部のスイングレバーがジブの起伏により回転し、ワイヤロープを繰り出すことでつり荷を水平に移動することができる。
- 主に造船所における船体ブロックの運搬や組み立て作業に使用されている。

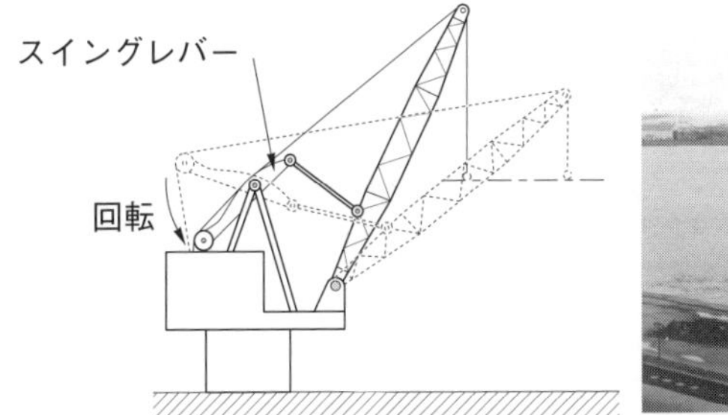

【スイングレバー式引込みクレーン】

③ロープバランス式引込みクレーン

- 巻上げ用のワイヤロープをジブの起伏に合わせて繰り出し、つり荷を水平に移動することができる。
- 主にふ頭、岸壁において荷役や建設工事などに使用されている。

【ロープバランス式引込みクレーン】

④テンションロープ式引込みクレーン

- ジブ先端の補助ジブ後部と旋回体上部の間に一定の長さの支持ロープを設け、起伏が行われると補助ジブの支持ロープにより補助ジブ先端が水平移動し、つり荷を水平に移動することができる。

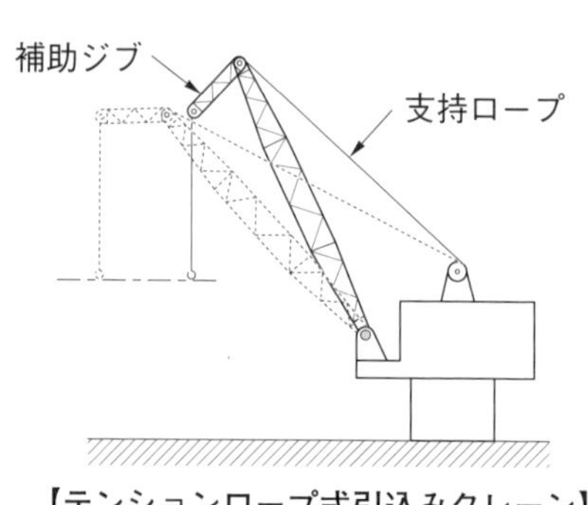

【テンションロープ式引込みクレーン】

壁クレーン

◎壁クレーンは、建屋の壁や柱に取り付けられたクレーンで、水平ジブに沿ってトロリが横行するものが多い。

◎天井クレーンと同様に、トロリの構造によりクラブトロリ式やホイスト式の壁クレーンがある。また、トロリがなく、ジブ先端からつり下げられたフックにより荷を吊るものもある。

◎ジブが旋回するものや旋回の代わりに全体が走行するものもある。

◎用途は天井クレーンと同様であるが、比較的つり上げ能力の小さいものが多く、天井クレーンの補助的な使われ方が多い。

【壁クレーン】

3 橋形クレーン

〔橋形クレーンの分類〕

大分類	中分類	小分類	細分類
橋形クレーン	普通型橋形クレーン	ホイスト式橋形クレーン	
		トロリ式橋形クレーン	クラブトロリ式橋形クレーン
			ロープトロリ式橋形クレーン
			マントロリ式橋形クレーン
	特殊型橋形クレーン	旋回マントロリ式橋形クレーン	
		ジブクレーン式橋形クレーン	
		引込みクレーン式橋形クレーン	

◎橋形クレーンは、天井クレーンのクレーンガーダに脚部を設けたクレーンで、一般に、地上または床上に設けたレール上を移動する。

◎天井クレーンと同様に巻上、横行及び走行の運動をする。

◎一般に機械工場において材料や製品等の運搬に使用されるほか、ふ頭において貨物の<u>荷役 (*)</u> 等にも広く使用されている。

◎作業範囲を広げるためクレーンガーダにカンチレバーと呼ばれる張り出し部を設け、走行レールの外側につり荷が移動できるようにしたものもある。また、ふ頭において貨物船等の荷役に使用される場合、カンチレバーの支点を中心に起伏するものがある。

◎橋形クレーンは普通型橋形クレーンと特殊型橋形クレーンに大別され、またふ頭においてコンテナの陸揚げ及び積込み用のコンテナクレーンがある。

普通型橋形クレーン

◎普通型橋形クレーンは、ガーダをトロリが横行する構造で、トロリの構造によりホイスト式、クラブトロリ式、ロープトロリ式及びマントロリ式がある。

【クラブトロリ式橋形クレーン】

特殊型橋形クレーン

◎特殊型橋形クレーンには、トロリの下部に旋回マントロリを用いた旋回マントロリ式、ガーダの上にジブクレーンを設けたジブクレーン式及び引込みクレーンを設けた引込みクレーン式がある。

コンテナクレーン

◎コンテナクレーンは、埠頭においてコンテナをコンテナ専用のつり具のスプレッダ（※1章8節. つり具❻スプレッダ 参照）でつり上げて、陸揚げ及び積込みを行う門形クレーンである。

◎陸揚げされたコンテナの運搬に使用される門形クレーンには、走行用のタイヤが付いたものもある。

【タイヤ付きコンテナクレーンの例】

4 アンローダ

〔アンローダの分類〕

大分類	中分類	小分類	細分類
アンローダ	橋形クレーン式アンローダ		クラブトロリ式アンローダ
			ロープトロリ式アンローダ
			マントロリ式アンローダ
	特殊型アンローダ	旋回マントロリ式アンローダ	
	引込みクレーン式アンローダ		ダブルリンク式アンローダ
			ロープバランス式アンローダ

◎アンローダは、船から鉄鉱石や石炭等のばら物を**グラブバケットを用いて陸揚げする専門のクレーン**で、多くの場合ばら物を受け入れるための**ホッパーとコンベヤが組み込まれている**。

◎橋形クレーン式アンローダは、橋形クレーンと同様にクラブトロリ式、ロープトロリ式、マントロリ式及び旋回マントロリ式等の種類がある。大型船に荷役で1時間の荷役量が 1,000t（1,000t/h） を超える大容量の物に多く使用されている。

【橋形クレーン式アンローダ】

◎引込みクレーン式アンローダは、高速作業に適したダブルリンク式が多く使用されている。岸壁に直角な引込み運動及び旋回を併用することができ、バケットの取替えも比較的容易で機動性の高いアンローダである。荷役能力は、最大で 750 ～ 1,000t/h 程度の容量しか取扱うことができない。

【引込みクレーン式アンローダ（ダブルリンク式）】

5 ケーブルクレーン

大分類	中分類	小分類
ケーブルクレーン	固定ケーブルクレーン	固定ケーブルクレーン
		揺動ケーブルクレーン
	走行ケーブルクレーン	片側走行ケーブルクレーン
		両側走行ケーブルクレーン
	橋形ケーブルクレーン	

◎ケーブルクレーンは、2つの塔の間に張り渡したメインロープ（主索）を軌道としてトロリが横行するクレーンで、ダム工事等に使用されている。

◎スパンの長いものが多く、メインロープの両端に高低差があるものもある。

◎両側の塔を固定した固定ケーブルクレーン、片側の塔がレール上を走行する片側走行ケーブルクレーン、両側の塔が走行する両側走行ケーブルクレーン等がある。また、橋形の架構物間にロープを張り渡した橋形ケーブルクレーンがある。

【ケーブルクレーン】

6 テルハ

◎テルハは、通常、工場、倉庫などの天井に取り付けられたＩ形鋼の下フランジ(*)に、電気ホイストまたは電動チェーンブロックをつり下げたクレーンである。

◎荷の巻上げ・巻下げとレールに沿った横行のみを行う。

◎用途は、機械工場での材料、製品等の運搬及び倉庫等における小規模の運搬用に用いられ、簡単で取扱いが容易なため広く使用されている。

◎鉄道において小荷物を積んだ台車等をつり上げ、線路を越えて運搬するために使用されるテルハは跨線(こせん)テルハと呼ばれている。

【テルハ】

7 スタッカークレーン

〔スタッカークレーンの分類〕

大分類	中分類	小分類
スタッカークレーン	スタッカー式クレーン	天井クレーン型スタッカー式クレーン
		床上型スタッカー式クレーン
		懸垂型スタッカー式クレーン
	荷昇降式スタッカークレーン	天井クレーン型スタッカークレーン
		床上型スタッカークレーン
		懸垂型スタッカークレーン

◎スタッカー式クレーンは、**直立したガイドフレームに沿って上下**するフォークなどを有するクレーンで、**倉庫の棚などへの荷の出し入れ**に使用される。
◎スタッカー式クレーンは主に次のような方式に分かれる。

スタッカー式クレーン

◎運転室や運転台が巻上げ用のワイヤロープやチェーンによりつられ、**荷の昇降に連動**するもの。

荷昇降式スタッカークレーン

◎運転室や運転台を備えていない、もしくは運転室等が荷とともに昇降しないもの。
◎上記2種類のスタッカークレーンは、構造の違いによりそれぞれ次のように分類される。

①天井クレーン型

- ランウェイ上のガーダにトロリを設け、トロリに荷台が昇降するガイドフレームを備えているもの。

②床上型

- 床上の走行レール上を走行するもの。

③懸垂型

- ラック等の上部に備えられた走行レールに懸垂されて走行するもの。

【天井クレーン型スタッカー式クレーン】

5 クレーンの構造部分

◎クレーンの構造部分とは、クレーン等の荷を吊り上げるための支持部分をいい、荷重を受け応力が発生する箇所と定義されている。従って、階段や運転室等の機械部分は除かれる。

◎クレーンの種類により、次のものが構造部分と定義されている。

〔クレーンと構造部分〕

クレーンの種類	主な構造部分		
①天井クレーン	▪クレーンガーダ	▪サドル	▪トロリフレーム
②ジブクレーン	▪ジブ	▪塔（タワー）	▪脚（レッグ）
③橋形クレーン	▪クレーンガーダ ▪カンチレバー	▪脚（レッグ） ▪トロリフレーム	
④ケーブルクレーン	▪メインロープ	▪塔（タワー）	

1 クレーンガーダ

◎クレーンガーダは、トロリ等を支持する構造物のことで、「桁（けた）」や単に「ガーダ」ともいう。ガーダ（girder）、桁（けた）、大はり。

◎直接荷重を支える主桁と水平力を支える補桁、水平部材及び筋かい材等で構成されたガーダもあり、その両端のサドルにより走行レールに据え付けられている。

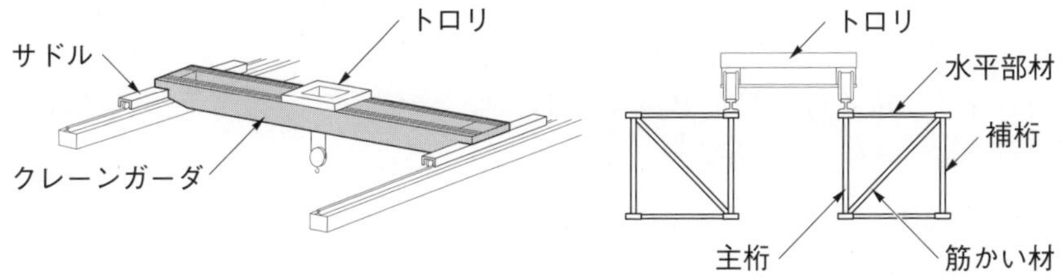

【クレーンガーダ】

◎荷重を支えるための十分な強度を持たせ、かつ、たわみを少なくさせるために次のような各種の断面形状がある。

トラスガーダ

◎トラスガーダは、**三角形を単位とした骨組構造の主桁と補桁を組み合わせた**ガーダで、強度が大きい。

※トラス（構造）…三角形を基本に組んだ骨組み構造。軽量で強度が出せる特徴がある。

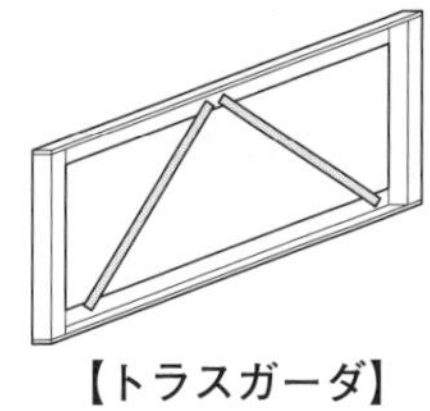

【トラスガーダ】

Ｉビームガーダ

◎Ｉ字型の鋼材を単材で使用したガーダで、この断面のみである程度の**水平力を支えることができる**ため、**補桁なし**で用いることもある。

【Ｉビームガーダ】

プレートガーダ

◎鋼板をＩ形状断面に構成したガーダで、この断面のみである程度の**水平力を支えることができる**ため、**補桁なし**で用いることもある。

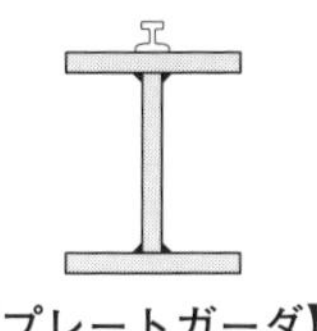

【プレートガーダ】

ボックスガーダ

◎鋼板を箱形状に組み合わせた構造で、この断面のみで水平力を支えることができるため、補桁を必要としない。

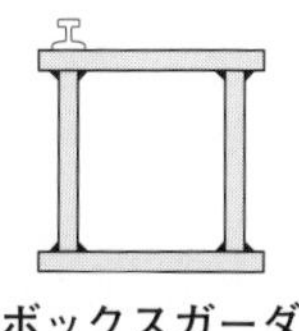

【ボックスガーダ】

◎橋形クレーンのガーダのうち、走行レール外側に張り出した部分を「カンチレバー」という。また、取り付け端を中心にして起伏できるカンチレバーを「起伏桁」ともいう。

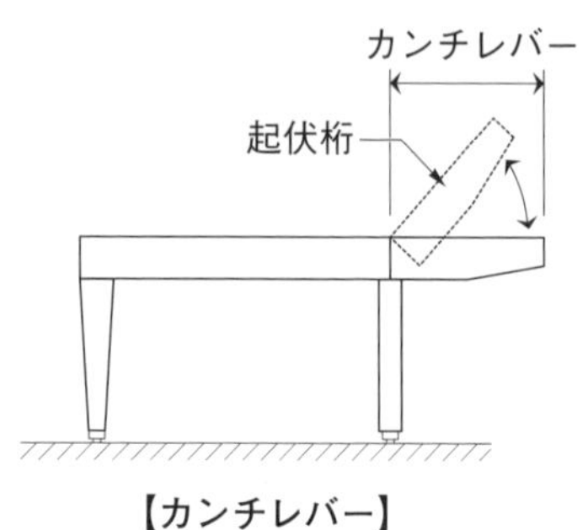

【カンチレバー】

2 サドル

◎サドル(*)は、主として天井クレーンにおいて、**クレーンガーダを支え、クレーン全体を走行させる車輪を備えた構造物**をいう。その構造は、**鋼板や溝形鋼等を接合した箱形構造**のサドルや、鋼管構造や鋼板折り曲げ構造のサドルがある。

◎サドルの両端にはクレーン走行時の衝突に備え、緩衝材が取り付けられたものもある。

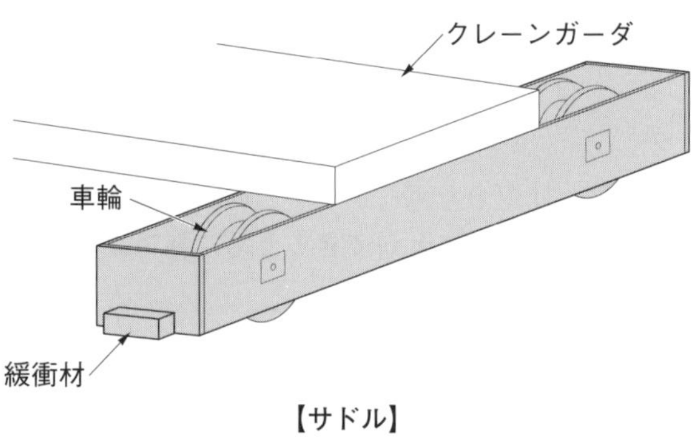

【サドル】

3 ジブ

◎ジブ(jib)とは、回転式クレーン等において重量物を持ち上げるために、クレーン主体部分及び動力部から突き出されている腕のこと。

◎ジブには「傾斜ジブ」、「水平ジブ」がある。

【水平ジブ】

◎ジブクレーンのジブは、荷をより多く吊れるよう**自重をできるだけ軽く**するとともに、**剛性(*)を持たせる**必要がある。そのため、**パイプトラス構造やボックス構造**のものが用いられる。

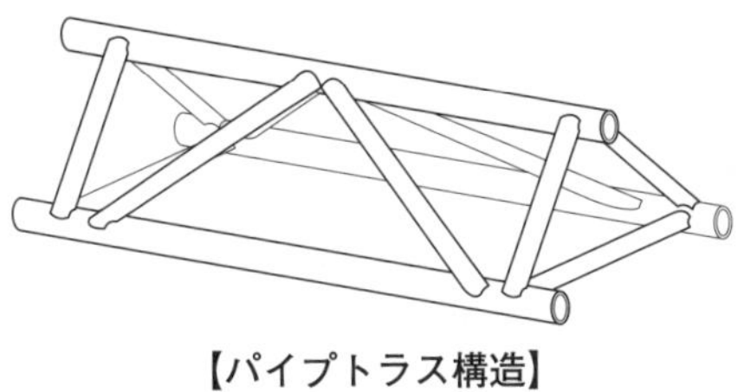

【パイプトラス構造】

4 脚(レッグ)

◎橋形クレーンの脚は、荷をより多く吊れるように、**自重をできるだけ軽く**し、かつ、**剛性を持たせる**必要があるため、**ボックス構造やパイプ構造**のものが用いられることが多い。クレーンガーダとの接合の方法等により、次のように分類される。

剛脚

◎**剛脚**は、垂直荷重に加えて、クレーンガーダに作用する各運動や風、地震などによる水平力に耐える構造とするため、クレーンガーダと剛接合されている。

揺脚

◎**揺脚**は、負荷によるクレーンガーダのたわみによって走行レールに無理な水平力が掛かるのを防ぐため、クレーンガーダとピン接合により接合され、垂直荷重のみを受ける構造としている。

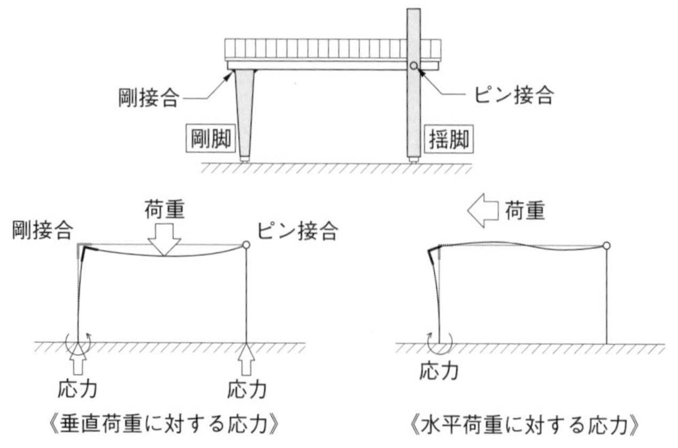

【剛脚と揺脚】 ※走行車輪と地盤を剛接合と仮定しています。

5 トロリ

◎トロリとは、荷を吊ってクレーンガーダの上を水平移動する荷物運搬用の台車の総称で、次のものがある。

クラブトロリ

◎クラブトロリは、トロリフレーム上に**巻上装置**と**横行装置**を備え、**2本のレール上を自走するトロリ**をいう。単純に「クラブ」ともいう。

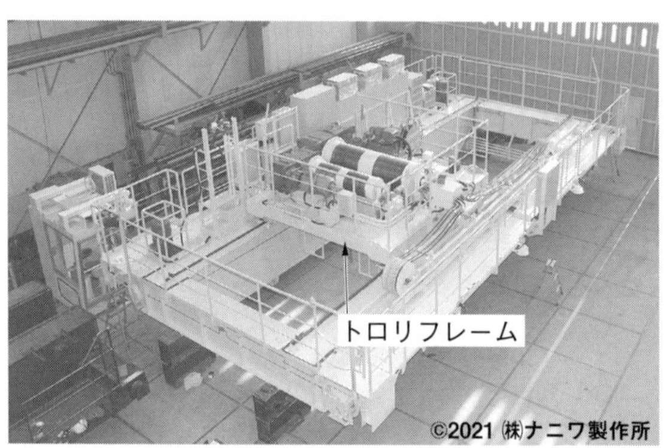

【クラブトロリ】

ロープトロリ及びセミロープトロリ

◎ロープトロリは、つり具をつり下げた台車を、クレーンガーダ上に設置した巻上装置と横行装置によりワイヤロープを介して操作するトロリをいう。

◎セミロープトロリは、巻上装置または横行装置のいずれか一方をトロリ上に配置し、他方の装置をクレーンガーダ上等に設置したトロリをいう。

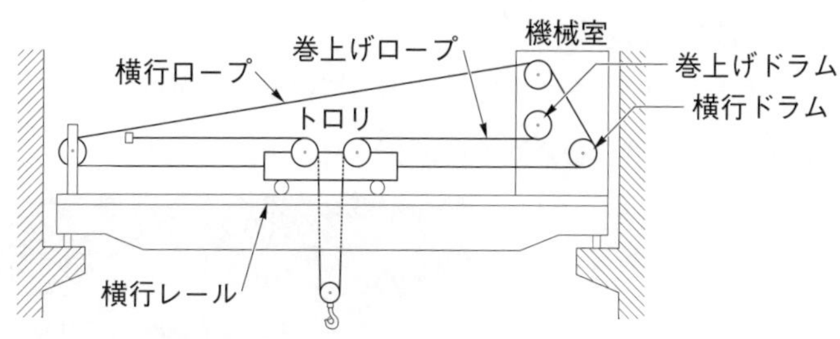

【ロープトロリ】

マントロリ

◎マントロリは、運転室がクラブトロリやロープトロリに取り付けられ、つり荷とともに移動するものをいう。

【マントロリ】

6 ホイスト

★よく出る！

◎ホイストとは、**電動機、減速装置、巻上げドラム及びブレーキ等をケーシング（入れ物）にまとめて収めた**巻上装置のひとつ。**巻上装置と横行装置が一体化**されている。

◎ワイヤロープにより荷を吊り上げるワイヤロープ式と、吊りチェーンによるチェーン式とがある。

◎ワイヤロープ式のホイストには、主に次のものがある。

サスペンション式（普通型ホイスト）

◎１本のクレーンガーダに懸垂した形で横行するホイスト。

【サスペンション式ホイスト】

トップランニング式（ダブルレール型ホイスト）

◎２本のクレーンガーダの上を横行するホイスト。

【トップランニング式】

6 クレーンの作動装置

1 巻上装置

★よく出る！

◎巻上装置は、ワイヤロープ等により荷の巻上げや巻下げを行う装置をいう。一般にドラムの回転によりワイヤロープを巻き取り、荷上げを行う。

◎大容量のクレーンには、「主巻」と「補巻」の二種類の巻上装置を備えたものもある。それぞれ次のような役割を担っている。

①主巻

- 補巻に比べ、定格荷重が大きく、重量物の巻上げを行う巻上装置。一般に**主巻の巻上げ速度は、補巻より遅い**。

②補巻

- 軽い荷の巻上げを行う際、作業効率を高めるための**主巻に比べ巻上げ速度の速い**巻上装置となる。主巻に比べ、定格荷重は小さい。

◎巻上装置は、次の部品等により構成されている。

〔巻上装置の構成部品〕

構成部品	役割
電動機	ドラムを回転させる動力源
制動用ブレーキ	吊り上げた荷を安全かつ確実に保持する制動装置
減速機	回転力を増幅させるギヤ機構
ドラム	ワイヤロープを巻き取る円筒形のもの
速度制御用ブレーキ	巻下げ時、荷による加速を防止する制動装置
巻過防止装置 (リミットスイッチ)	つり具が最高位置に達した際、自動的に電動機への電流を断ち巻き上げを停止させる装置

◎電動機、制動用ブレーキ、減速機及びドラムなどからなる巻上装置では、巻下げの際、荷により電動機が回されようとするので、電動機軸に速度制御用ブレーキを取り付け、速度の制御を行うものが多い。

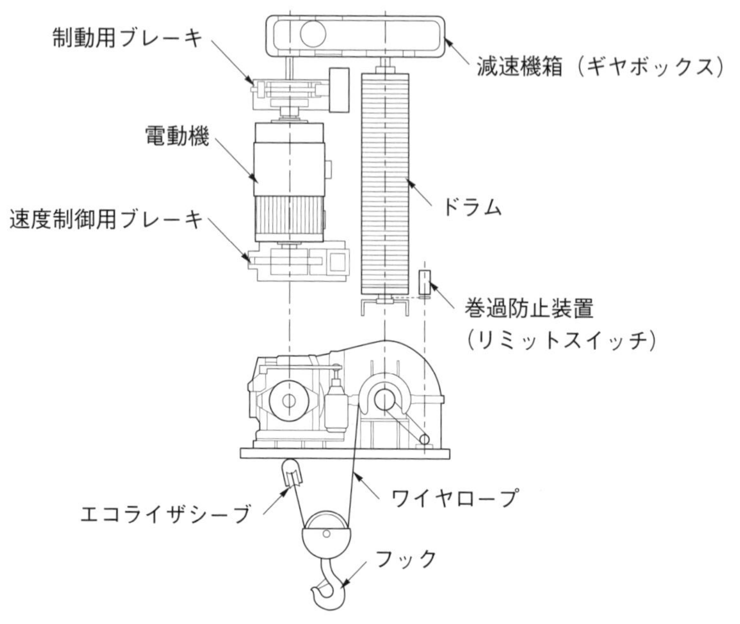

【巻上装置の構成】

2 横行装置

◎横行レール上のトロリを移動（横行）させるための装置を横行装置という。原動機、減速機及び車輪等により構成されている。

◎横行装置には、電磁ブレーキや電動油圧押上機ブレーキが用いられるが、屋内に設置される横行速度の遅いものなどでは、ブレーキを設けないものもある。

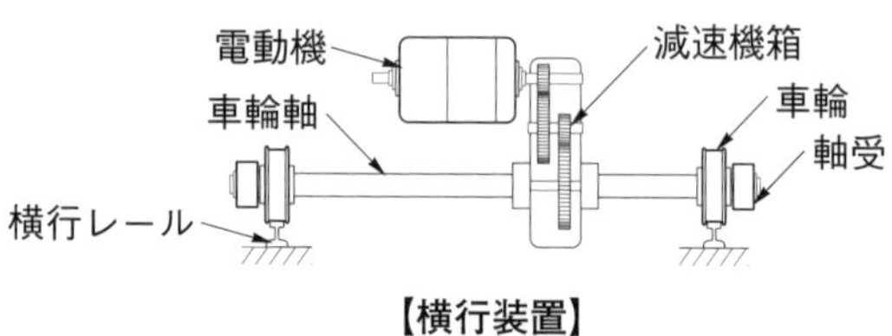

【横行装置】

3 走行装置

◎クレーン全体を走行させる装置を走行装置という。

◎駆動方法は、電動機の数により次のように分類される。なお、大型クレーンでは４台の電動機による４電動機式を用いるものもある。

①1電動機式

- 1台の電動機により走行する装置。**クレーンガーダの中央付近**に電動機と減速装置を備え、減速装置に連結されている走行長軸を介して両側のサドルのピニオンとギヤを駆動させ、車輪を駆動する。

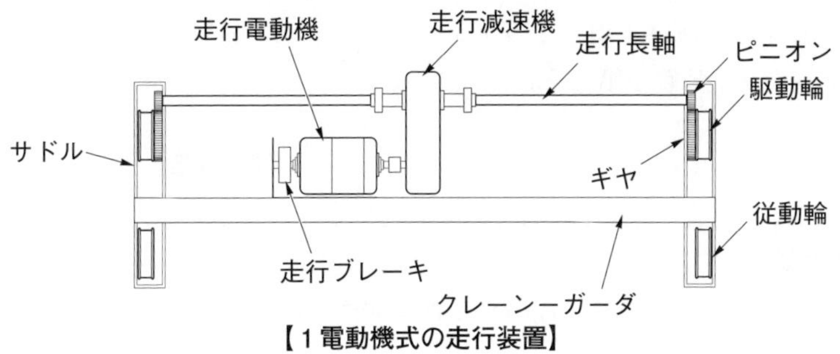

【1電動機式の走行装置】

②2電動機式

- 左右のサドルに配置した2台の電動機をそれぞれ駆動させ、駆動輪を回転させる。

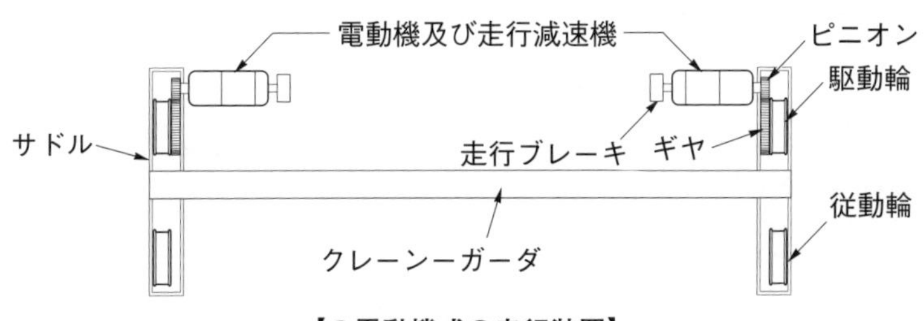

【2電動機式の走行装置】

◎ブレーキは、電磁ブレーキまたは電動油圧押上機ブレーキ等が使用されているが、運転室で操作する1電動機式では足踏み油圧ブレーキを使用しているものもある。

4 起伏装置

◎起伏装置とは、ジブクレーンのジブや橋形クレーンのカンチレバーを取り付け端を中心にして上下に起伏させる装置をいう。

◎起伏装置は、電動機、減速機、ドラム及び制動用ブレーキ等により構成され、ドラムからでたワイヤロープは機体側シーブとジブ側シーブとの間に掛け渡され、ドラムの回転によりジブの起伏を行う。

◎ジブクレーンの起伏装置には、ジブが**安全・確実に保持されるよう、電動機軸またはドラム外周に、制動用または保持用ブレーキが取り付け**られている。また、最大及び最小作業半径に対する起伏停止用リミットスイッチ等の安全装置を備える。

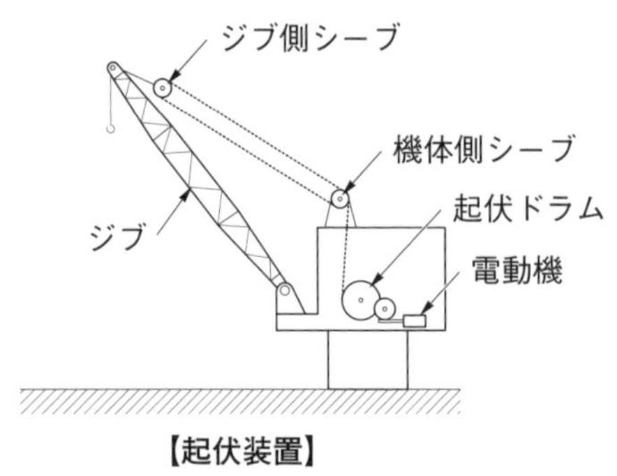

【起伏装置】

5 引込装置

◎引込装置は、荷の引込みと押出しを行う装置で、引込みクレーンに設けられている。

◎引込装置には、ダブルリンク式、スイングレバー式、ロープバランス式及びテンションロープ式がある。

◎ダブルリンク式引込装置は、旋回体上部に設けた引込みロッドの伸縮によりジブを起伏させる。引込みロッドの伸縮には、ねじ（スクリュー）式、ラック式、クランク式及び油圧式等がある。

◎引込装置には、ジブとのつり合いを保つためのバランスウエイトを備えて動力を小さくするようにしているものもある。

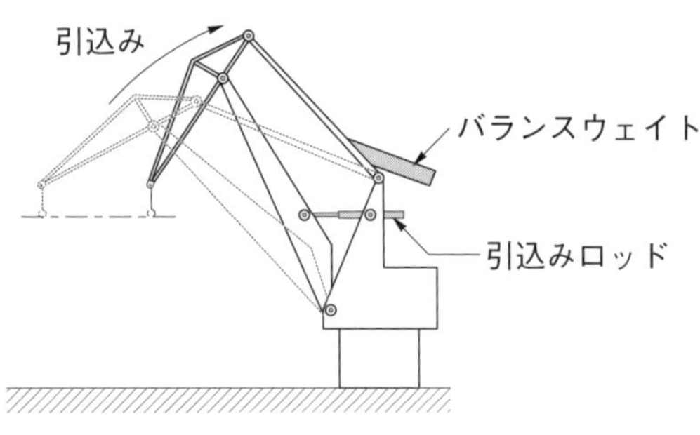

【ダブルリンク式引込装置】

6 旋回装置

◎旋回装置は、ジブクレーンのジブなどが取り付けられた構造部分を回転させる装置で、電動機、減速装置、固定歯車及びピニオンなどで構成されている。旋回装置の旋回方式には、センターポスト方式、旋回環方式などがある。

◎次の図はセンターポスト方式の旋回装置の例を示したもので、非旋回体の旋回支持台（フレーム）には固定歯車及びローラパス（円形レール）が設けられ、旋回体には電動機、減速装置、ピニオン及びローラ等が設けられている。

◎ピニオンを回転させると、固定歯車の外周に沿って回り、旋回体がセンターポストを中心に旋回する。

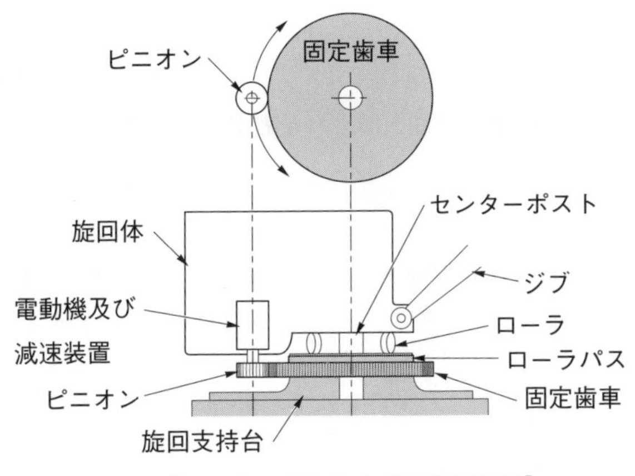

【センターポスト方式の旋回装置】

7 ワイヤロープ

1 ワイヤロープの構造

◎ワイヤロープは、クレーンの巻上げ、起伏用として使用される柔軟で強靱なもので、構成や素線の強さ等によって品質が定められているため、定められたものを使用しなければならない。

◎ワイヤロープは、良質の炭素鋼等を伸線（線引）した**素線を数十本より合わせてストランド（子なわ）をつくり**、更に**ストランドを数本一定のピッチで心綱により合わせて**製造されている。

◎心綱は、ワイヤの形状を保持し柔軟性を与えるとともに、衝撃や振動を吸収し、ストランドの切断を防止するために**ワイヤロープの中心に入れられている**もので、繊維ロープの繊維心やワイヤロープのロープ心（鋼心）等がある。

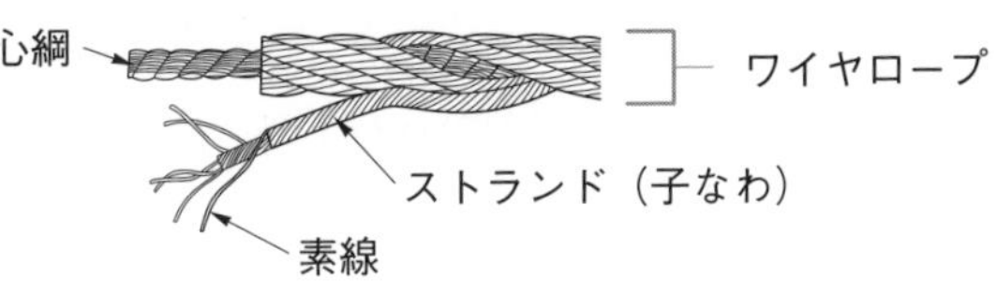

【ワイヤロープの構造】

◎同じ径のワイヤロープでも、素線が細く数の多いものほど柔軟性がある。

❷ワイヤロープのより方　　★よく出る！

◎より方及びよりの方向は次のようにそれぞれ２種類ある。

ワイヤロープのより方

①普通より

- ワイヤロープのよりの方向とストランドのよりの方向が反対になっているもの。

ワイヤロープのより方向

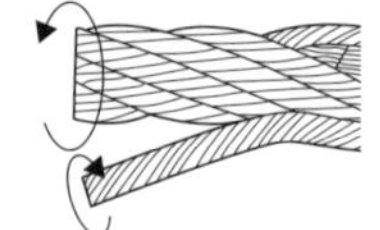

ストランドのより方向

②ラングより

- ワイヤロープのよりの方向とストランドのよりの方向が同じもの。

ワイヤロープのより方向

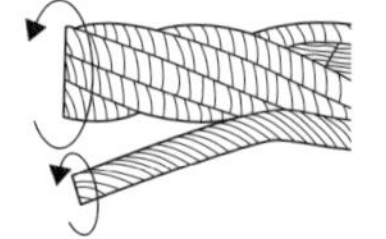

ストランドのより方向

ワイヤロープのより方向

①Ｚより

- Ｚよりのワイヤロープは、ロープを縦にして見たとき、右上から左下へストランドがよられている。

②Ｓより

- Ｓよりのワイヤロープは、ロープを縦にして見たとき、左上から右下へストランドがよられている。

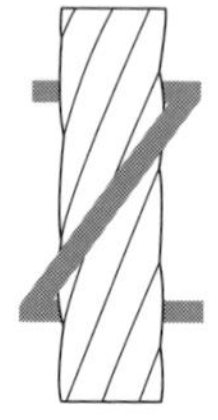

【ワイヤロープのより方向】

◎より方及びよりの方向の組合せにより「普通Ｚより」、「普通Ｓより」、「ラングＺより」、「ラングＳより」の４種類あり、クレーンでは一般的に「普通Ｚより」が用いられている。

《普通Zより》

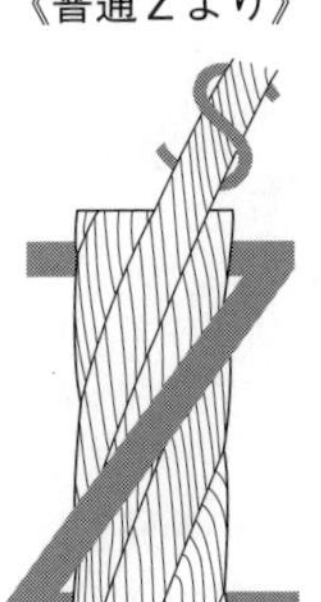

《普通Sより》

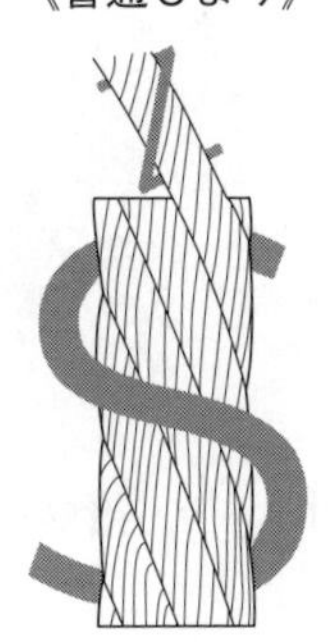

《ラングZより》

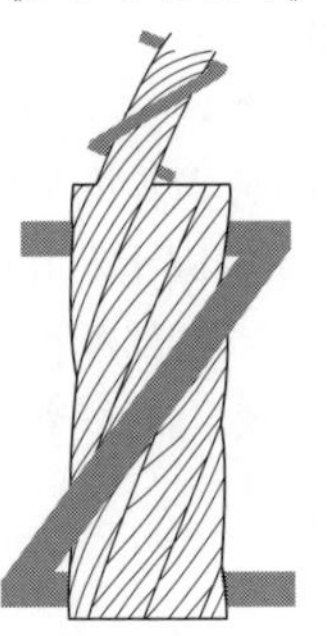

《ラングSより》

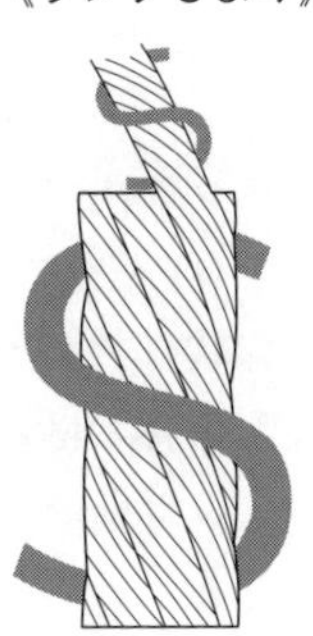

【ワイヤロープのより方】

3 ワイヤロープの構成

◎ワイヤロープを構成する組合せ方は50種類以上にも達するが、一般的に使われているものはJIS(*)に基づいて制定されている25種類である。

◎JISではワイヤロープの呼び方は「名称または構成記号」、「めっきの有無」、「グリースの種類」、「より方」、「種別または破断荷重」、「公称径」、「長さ」としている。次表はめっきの有無、グリースの種類及びより方等の表示の略号である。

◎例えば、ストランド数が6、ストランドの素線数が37のワイヤロープの構成記号は6×37となる。

[ワイヤロープの呼び方の例]

より方		普通より				ラングより			
より方向		Zより		Sより		Zより		Sより	
グリースの種類		赤	黒	赤	黒	赤	黒	赤	黒
めっきの有無	裸	O/O	C/O	O/S	C/S	O/L	C/L	O/LS	C/LS
	めっき	G/O	GC/O	G/S	GC/S	G/L	GC/L	G/LS	GC/LS

※ロープグリースの種類のうち、赤はペトロラタム（ワセリン）を主成分とするグリース、同じく黒はアスファルトを主成分とするグリースを示す。

《ワイヤロープの呼び》

フィラー形でストランドが29本線の6より、めっき無し（裸）、赤グリース、普通Zより、B種、直径16mm、長さ1000mのワイヤロープの表示記号は次のようになる。

6×Fi（29）O/O，B種，16mm，1000m

◎クレーンで多く用いられるフィラー形のワイヤロープは、ストランドを構成する素線の間に細い素線を組み合わせたものである。

◎フィラー線によりワイヤロープのストランド内で内外層の各素線間の間げき(*)を充てんし、素線同士が互いに線状に接触するため、局部摩擦による素線の断線が少なく、形崩れも起こしづらい。

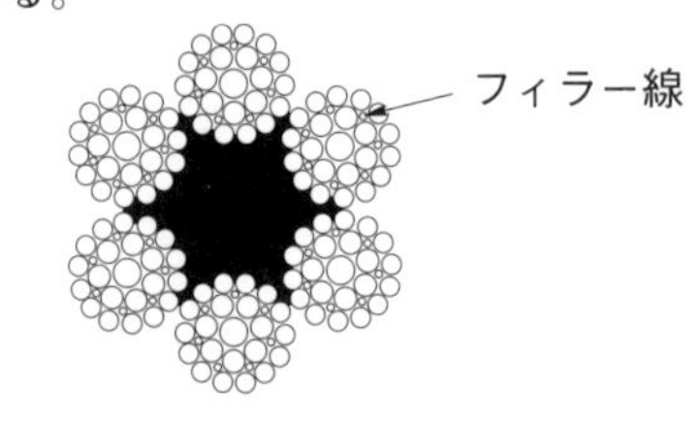

【フィラー形ワイヤロープの断面】

4 ワイヤロープの測り方

◎ロープの径には設計･製造段階の公称径（呼び径）と､実際に測定した実際径（実測径）とがある。

◎実際径の測定方法は、ワイヤロープの同一断面の外接円（山の高い箇所）の直径を３方向からノギスで測定し、その平均値を算出する。

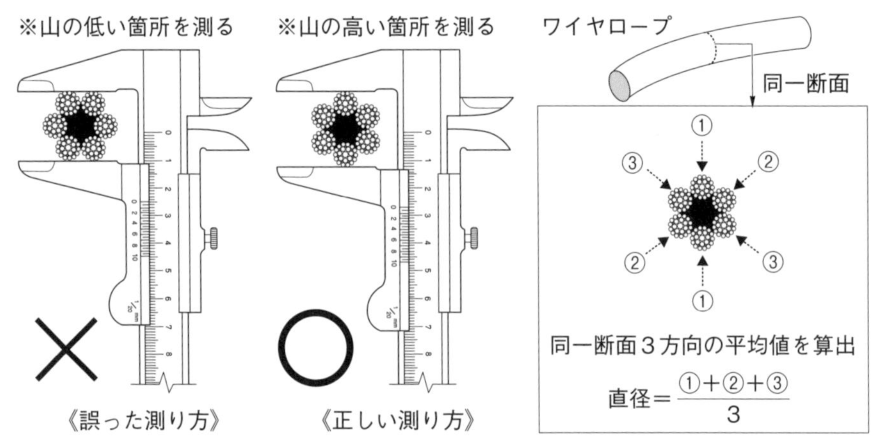

【ワイヤロープ直径の測り方】

5 ワイヤロープの安全係数（安全率）

◎ワイヤロープの切断荷重をワイヤロープにかかる最大の安全荷重で割ったものを安全係数（安全率）という。

※切断荷重…破断試験において、試験片が切断に至るまでの最大荷重。なお、JIS では破断荷重という。

◎クレーン等安全規則第 213 条において、玉掛用具であるワイヤロープの安全係数は 6 以上であることが定められている。

$$安全係数 = \frac{\text{ワイヤロープの切断荷重}}{\text{ワイヤロープにかかる最大の安全荷重}}$$

6 ワイヤロープの末端処理

◎ワイヤロープの端末の止め方は、ドラムに対しては、キー止め、ロープ押えなどが多く用いられる。

◎また、ワイヤロープ端末の止め方は次のものがある。加工等によりこれらの止め方をした部分は一般に切断荷重が低下する。

〔ワイヤロープの末端処理〕

止め方		効率(%)	備考
ソケット止め		100	合金または亜鉛鋳込み
圧縮止め		95	アルミ素管をプレス加工する
アイスプライス		70 ～ 95	～ 15mm φ ：95% 16 ～ 26mm φ ：85% 28 ～ 38mm φ ：80% 39mm φ ～ ：70 ～ 75%
(ワイヤ) クリップ止め		80 ～ 85	止め方が不適当なものは50%以下
くさび止め	くさび	65 ～ 70	止め方が不適当なものは50%以下

※資料により数値は異なる。

◎特にワイヤクリップ止めをするときはワイヤクリップを均等に配置し、ナットを均等に十分に締め付ける。さらに、ワイヤロープに一度張力が加わった後、締め直しが必要である。これは初期のびに対応するもので、素線間の隙間がとれ、若干細くなるためである。

【ワイヤクリップ止め】

8 つり具

◎クレーンを使用して作業を行うときは、使用目的に応じて様々なつり具が使用されている。

1 フックブロック（フック）

◎フックブロックは、巻上げ用ワイヤロープを掛けるシーブやフック等で構成され、単純に「フック」と呼ばれる。

◎フックは、形状、材質及び強度などによる条件に適応するため、一般には鍛造(*)によって成形されている。

◎小容量のクレーンでは片フックを用いることが多く、大容量のものでは両フックを用いることがある。いずれも玉掛けが容易にできるように上部を軸受で支え、フックが自由に回転できるようになっている。また、ワイヤロープがフックから外れないように「外れ止め装置」を備えることやその使用が定められている。

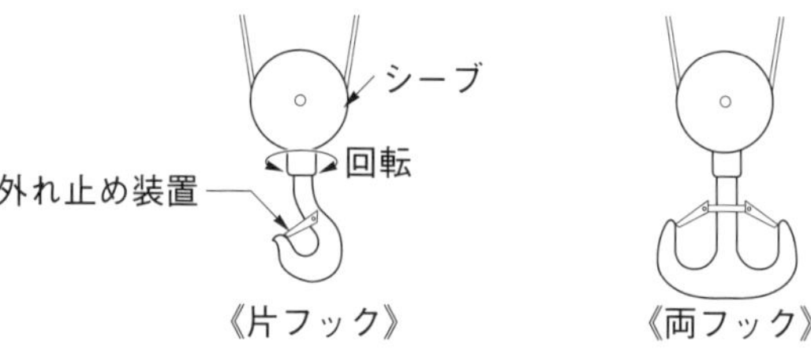

【フックブロック】

2 グラブバケット

◎グラブバケットは、石炭、鉱石及び砂利などのばら物を運搬するために用いられるつり具である。

◎代表的なグラブバケットとして、複索式グラブバケットと電動油圧式グラブバケットがある。

①**複索式グラブバケット**

- 複索式グラブバケットは、支持ロープと開閉ロープを有し、支持ロープを停止させたまま開閉ロープを巻き取ればバケットは閉じ、巻き戻せば開く。
- 支持と開閉の両ロープを同時に巻き取りまたは巻き戻すとバケットは開き、または閉じのままの状態で、上げまたは下げを行うことができる。
- 複索式グラブバケットは、アンローダ等において鉄鉱石、石炭及び砂利等の荷役に用いられている。

【複索式グラブバケット】

②**電動油圧式グラブバケット**

- 電動油圧式グラブバケットは、センターフレームに油圧ユニットを内蔵し、クレーン運転室からの操作で油圧シリンダを伸縮させてバケットを開閉させる。
- 電動油圧式グラブバケットは、ゴミ処理用天井クレーン等に用いられている。

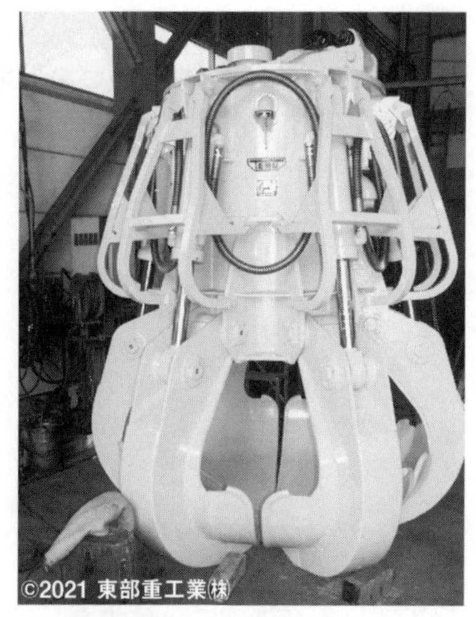

【電動油圧式グラブバケット】

3 リフティングマグネット

◎リフティングマグットは電磁石を応用したつり具で、鋼材や屑鉄等の運搬に使用されている。

◎電流を通じると磁力によって鋼材を吸着し、電流を切ると吸着力が無くなるためつり荷を下ろすことができる。

◎不意の停電に対してつり荷の落下を防ぐため、停電保護装置を備えたものが多い。

【リフティングマグネット】

4 バキューム式つり具

◎バキューム式つり具は、ガラス板のような表面が滑らかな荷を取り扱うときに使用される。

5 クロー

◎クローは、製鋼工場において熱鋼片やレール等を扱う天井クレーン等に用いられる。

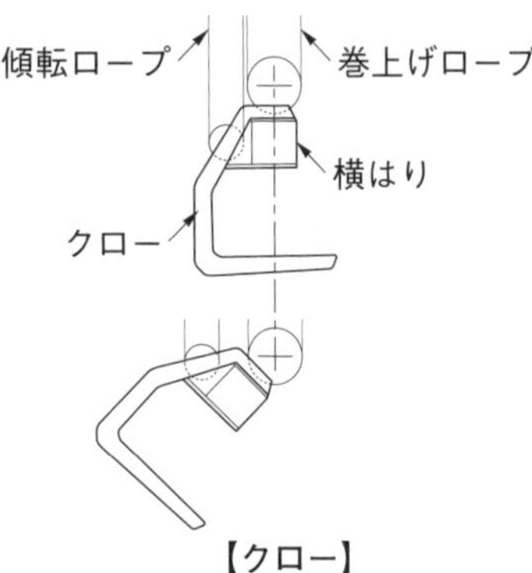

【クロー】

6 スプレッダ

◎スプレッダは、コンテナクレーンに用いられるコンテナ専用のつり具で、コンテナの脱着を運転室から操作することができる。

【スプレッダ】

9 クレーンの機械要素等

1 歯車

◎歯車は回転力を減速や増速して伝達し、所定の動力を得るために用いられる。また、回転軸の向きや回転方向を変えたり、動力の分割等をすることもできる。

◎大小二つの歯車がかみ合うとき、歯数の多い方を大歯車（ギヤ）、少ない方を小歯車（ピニオン）という。

◎歯車の種類には主に次のものがある。

平歯車（スパーギヤ）

◎円筒の外周に、歯が軸に対して平行に切られている歯車。平行な軸間で動力を伝えるために用いられる。

©2021 KHK

【平歯車】

はすば歯車（ヘリカルギヤ）

◎歯が軸につる巻状に斜めに切られているため、歯のかみ合いが連続的に行われるので動力の伝達にむらが少ない。また、平歯車より噛合い率が大きく、大きな力を伝達できる。ただし、スラスト **(*)** が発生する。

©2021 KHK

【はすば歯車】

かさ歯車（ベベルギヤ）

◎互いに交わる２本の軸間で動力を伝えるときに用いる。橋形クレーン等の走行装置に用いられている。

©2021 KHK

【かさ歯車】

ウォーム歯車（ウォームギヤ）

◎軸にねじを切ったウォーム（ねじ歯車）とこれにかみ合うウォームホイールを組み合わせたギヤ機構をいう。

◎平歯車、はすば歯車及びかさ歯車に比べて機械効率は低い（摩擦等による抵抗が大きい）が、一対の歯車で 15 ～ 50 程度の大きな減速比が得られる。従って、小型にまとめることができ、ジブクレーンの起伏装置や旋回装置等に用いられる。

【ウォーム歯車】

2 減速比

◎減速比とは、歯車の組み合わせにおける駆動歯車の回転数と被動歯車の回転数の比をいう。

◎被動歯車の回転数を１とした場合の駆動歯車の回転数で表される。例えば、減速比２は、被動歯車の回転数を１としたとき、駆動歯車の回転数が２となる。

◎減速比が大きくなるほど、動力の回転は減速されるが、トルクは増大される。

駆動歯車の回転数：2
（駆動歯車の歯数 30）

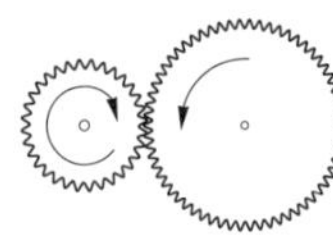

被動歯車の回転数：1
（被動歯車の歯数 60）

【減速比２の例】

◎ここで、駆動歯車の歯数を Z_1、回転数を n_1、被動歯車の歯数を Z_2、回転数を n_2 とすると、減速比は次式で求めることが出来る。

$$減速比 = \frac{Z_2 \ (被動歯車の歯数)}{Z_1 \ (駆動歯車の歯数)} = \frac{n_1 \ (駆動歯車の回転数)}{n_2 \ (被動歯車の回転数)}$$

駆動歯車の回転数：n_1
駆動歯車の歯数：Z_1

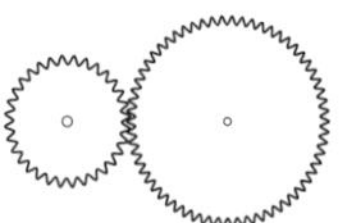

被動歯車の回転数：n_2
被動歯車の歯数：Z_2

【減速比】

【例題】図において、電動機の回転軸に固定された歯車Aが毎分300回転するとき、歯車Bの回転数の値はいくつか。

ただし、歯車A及びBの歯数は、それぞれ60、120とする。

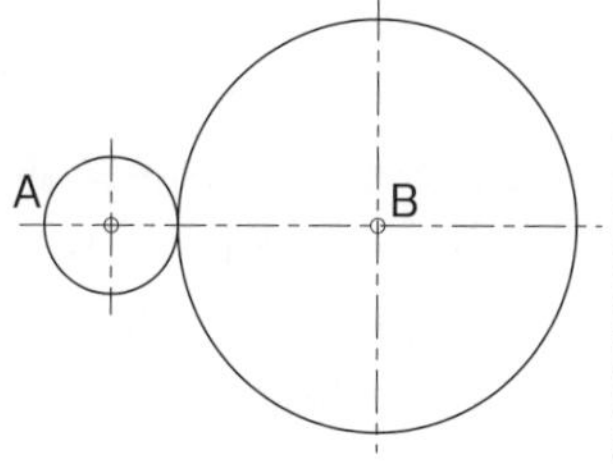

《解答》

$$減速比 = \frac{Z_2\ (120)}{Z_1\ (60)} = 2$$

$$被動歯車の回転数 = \frac{300}{2} = 150\ (回転/分)\ *$$

＊：１分間の回転数の単位には「rpm」が用いられる。revolution「回転」、per「～につき・～ごとに」、minute「（時間の）分」の意。r/min、r.p.m とも表す。国際単位系では min^{-1} と表す。

◎一対の大歯車と小歯車でむやみに減速比を大きくすることは出来ないため、大きな減速比が必要な場合は複数の歯車を組み合わせて用いる。複数の歯車を一つの箱に収めたものを減速機箱（ギヤボックス）といい、歯車の給油には油浴式が多く用いられている。

◎次図のように１段歯車機構を２組使ったものは２段歯車機構などとよばれる。

◎ここで、軸１の駆動歯車の歯数を Z_1、軸２の被動歯車の歯数を Z_2、Z_2 の歯車と一緒に回転するの歯車の歯数を Z_3、また、Z_3 により駆動される軸３の被動歯車の歯数を Z_4 とすると、減速比は次式で求めることが出来る。

$$減速比 = \frac{Z_2\ (被動歯車の歯数)}{Z_1\ (駆動歯車の歯数)} \times \frac{Z_4\ (被動歯車の歯数)}{Z_3\ (駆動歯車の歯数)}$$

※回転数（n）でも同一の式により減速比を求めることが出来る。

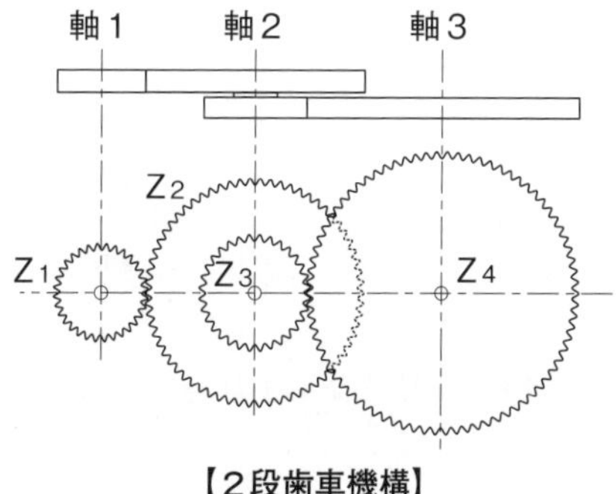

【２段歯車機構】

【例題１】図において、電動機の回転軸に固定された歯車Aが毎分2,000回転するとき、歯車Dの回転数の値はいくつか。

ただし、歯車A、B、C及びDの歯数は、それぞれ8、64、30及び150とし、BとCの歯車は同じ軸に固定されているものとする。

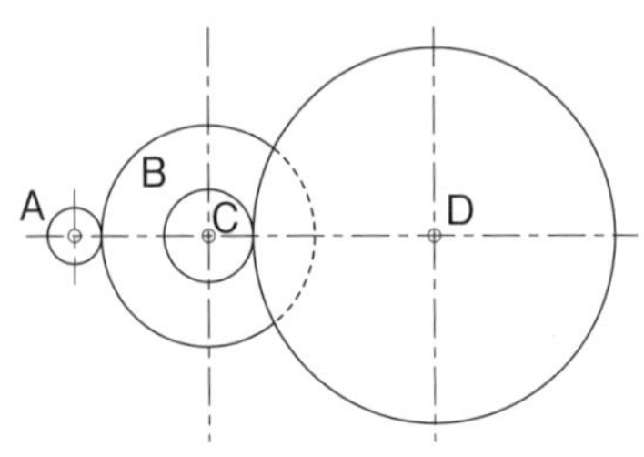

《解答》

$$減速比 = \frac{Z_2\ (64)}{Z_1\ (8)} \times \frac{Z_4\ (150)}{Z_3\ (30)} = 8 \times 5 = 40$$

$$歯車Dの回転数 = \frac{2{,}000}{40} = 50\text{rpm}$$

【例題２】図において、歯車Aが電動機の回転軸に固定され、歯車Dが毎分200回転しているとき、駆動している電動機の回転数の値はいくつか。

ただし、歯車A、B、C及びDの歯数は、それぞれ30、90、45及び180とし、BとCの歯車は同じ軸に固定されているものとする。

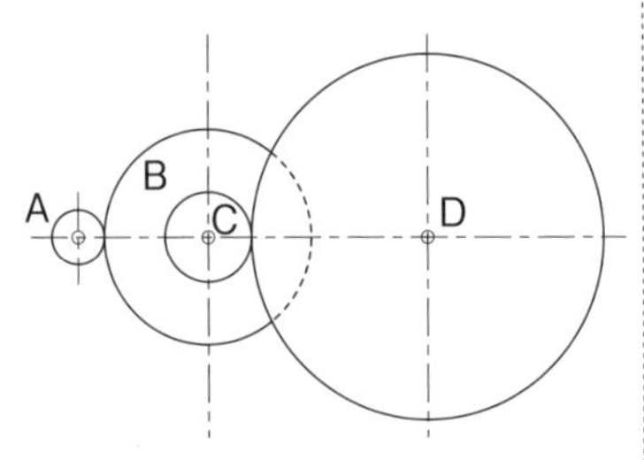

《解答》

$$減速比 = \frac{Z_2\ (90)}{Z_1\ (30)} \times \frac{Z_4\ (180)}{Z_3\ (45)} = 3 \times 4 = 12$$

歯車Aの回転数＝200rpm（歯車Dの回転数）× 12（減速比）＝ 2,400rpm

3 ボルト

★よく出る！

◎ボルトは、構造部材の接合や機器等の取付けに用いられるもので、次のようなものがある。

六角ボルト

◎ボルト径よりも穴径が若干大きく、ボルトの軸方向への引張力には耐えるが、横方向への力に対しては弱い。次項で説明する摩擦接合用高力ボルトに対し、普通ボルトと呼ばれることもある。

◎クレーンでは機械部品、電気用品及び手すり等の取付けに用いられている。

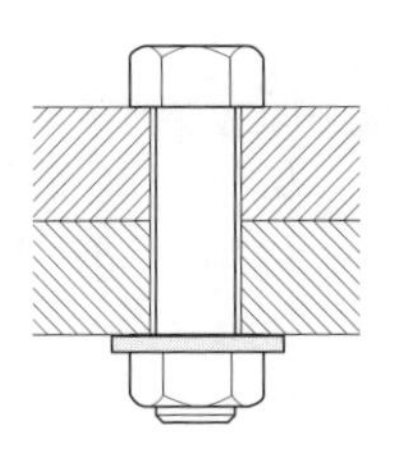

【六角ボルト】

摩擦接合用高力ボルト

◎六角ボルトと同様ボルト径よりも穴径が若干大きいが、高い強度と引張力を有する高張力鋼等を使用しているため、大きな締め付け力に耐えることができる。

◎一般的に摩擦接合用高力ボルトは六角ボルト（普通ボルト）の２倍以上の締め付け力（トルク）で締め、高い締め付け力による部材間の摩擦力により大きな引張力に耐えることができる。

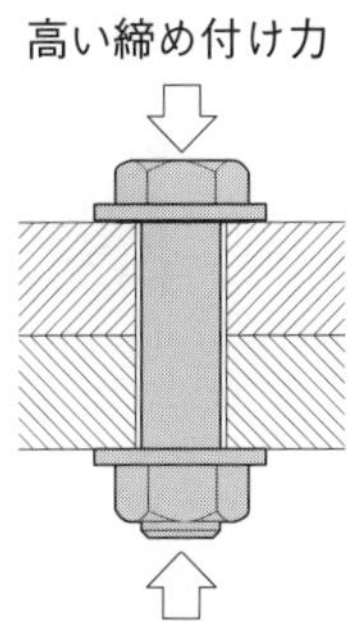

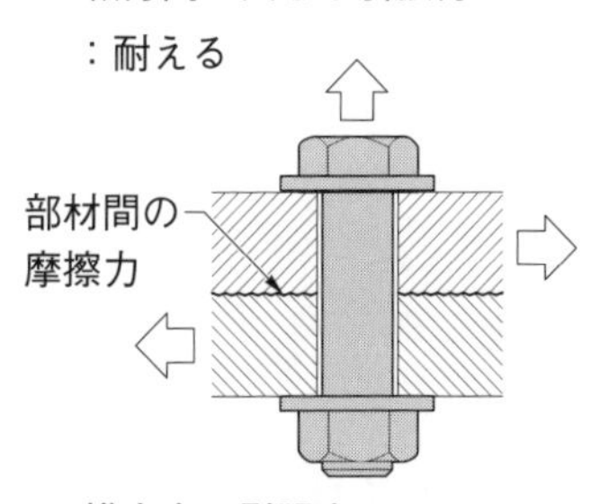

【摩擦接合用高力ボルト】

リーマボルト

◎リーマボルトは、ボルト径が穴径よりわずかに大きく、横方向の力はボルトにせん断力を受けるため、大きな力に耐えることができる。

◎ボルト穴はリーマ(*)により高精度の穴に仕上げられており、ボルトは軽く打ち込んで締め付ける。そのため、取付精度が良く、機械部品の位置決めや大きな力を受ける構造部材の継手などに用いられる。

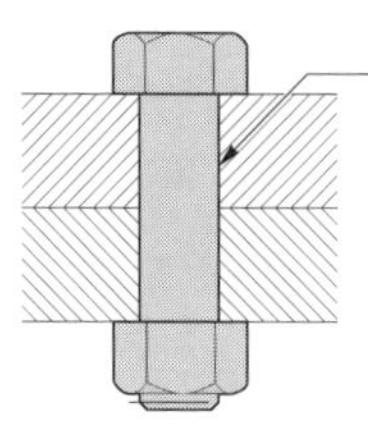

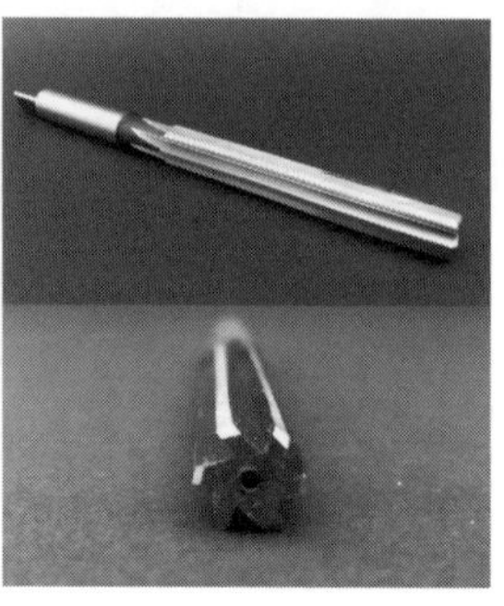

《ハンドリーマ》

【リーマボルトとリーマ】

4 座金

◎座金は、ボルトやナットの座面と締め付ける面との間に使用するもので、締め付け効果を高め、振動や繰返し荷重による緩みを防ぐことができる。

平座金

◎平座金は、当たり面の悪いところ、傷つきやすいところなどに用いられる。

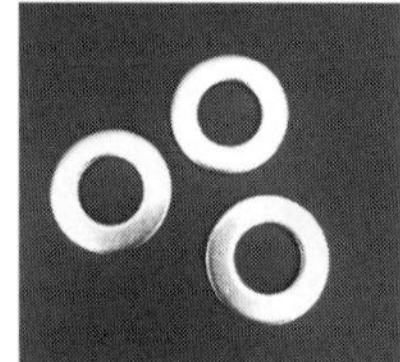

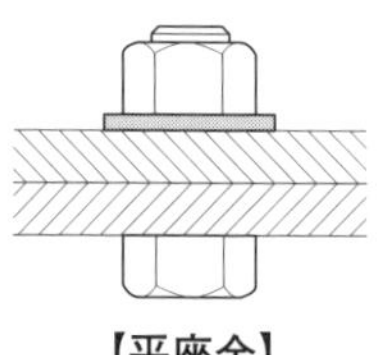

【平座金】

勾配座金

◎勾配（*）座金は、勾配面を締め付けるときにボルトに曲げがかからないようにするために用いられ、勾配の角度により溝形鋼用やI形鋼用などがある。

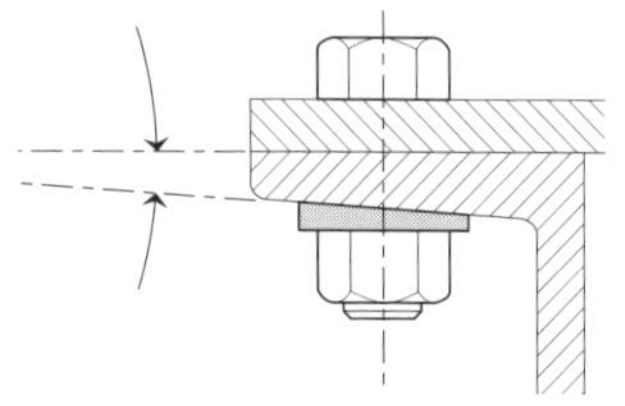

【勾配座金】

ばね座金

◎ばね座金は、座金の一部を切り欠き、ばね状にしたもので、ばねの作用によりボルトやナットの緩みを防ぐ。

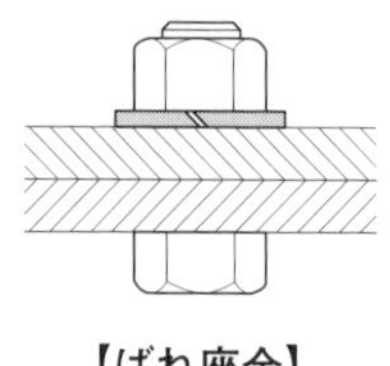

【ばね座金】

舌付き座金

◎舌付き座金は、座金の一部突き出た部分を折り曲げてナットなどに巻きつけて緩みを止め、ボルトやナットの緩みを防ぐ。

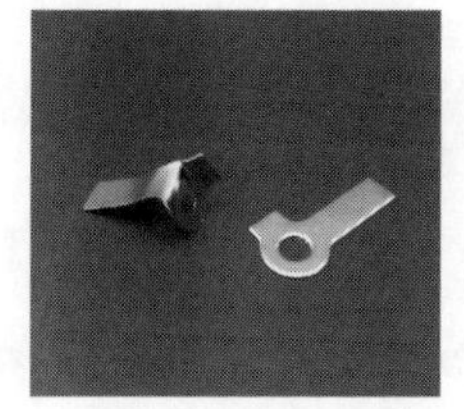

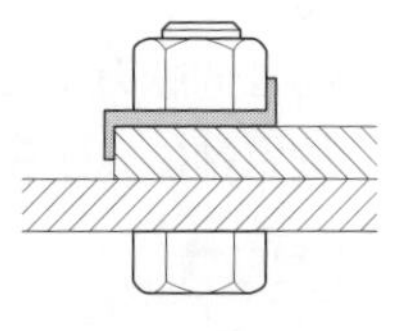

【舌付き座金】

5 緩み止め

◎緩み止めは、座金による他、ナット自体に加工を施しているものがある。

溝付きナット

◎溝付きナットは、ナットに溝を設け、ボルトのねじ部に開けられた小穴に割りピンを差し込んで緩みを防止する。

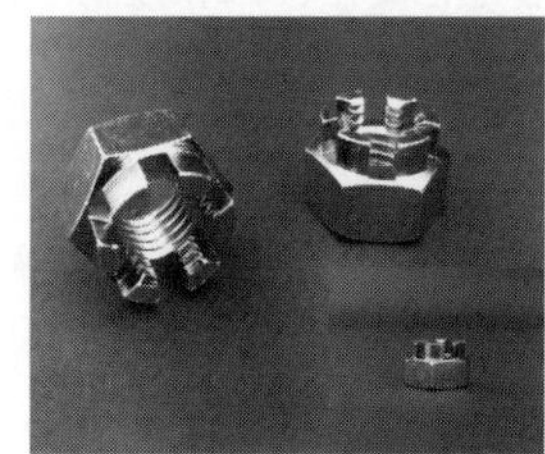

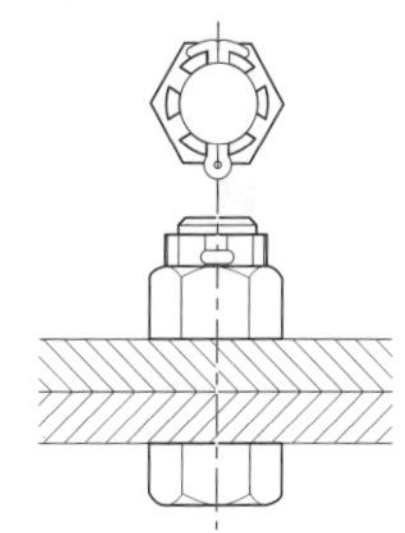

【溝付きナット】

ダブルナット

◎ダブルナットは、同じ厚さのナット、もしくは上側のナットを厚くしたもので下側のナットを互いに締めあって緩みを防止する。

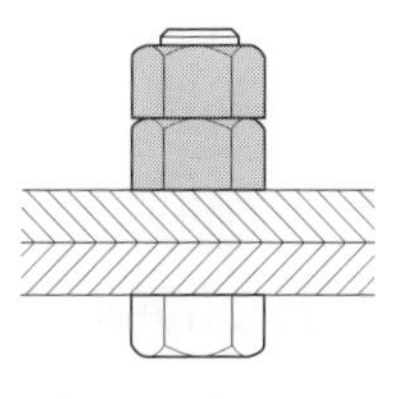

【ダブルナット】

ばねナット（スプリングナット）

◎ばねナットは、ねじと同じ角度のばね鋼を２～３巻きして両端を結束したもので、六角ナットを締め付けたその上に装着して緩みを防止する。

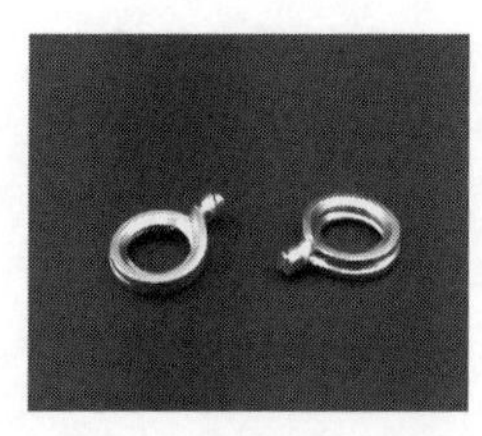

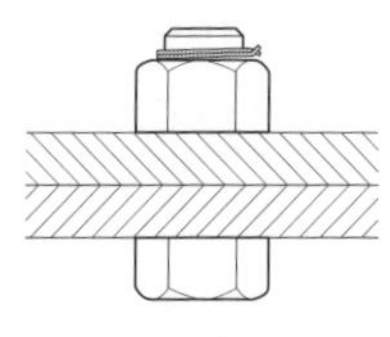

【ばねナット】

6 軸

◎軸は回転力を伝えたり、回転体などを支えるために使用するもので、回転軸と固定軸に分けられる。

回転軸

◎回転力を伝えるために軸自身が回転する軸。

固定軸

◎回転体（回転するギヤ等）を支える軸。

7 軸受

◎軸受は、軸の回転部分を支え、回転運動を円滑にするために用いるもので、大きく分けると次のものがある。

平軸受（滑り軸受）

◎平軸受は、ブッシュとそれを支える軸受で構成される。

◎ブッシュは、プレーン・ベアリングとして用いる肉薄の円筒部品で、軸と軸受の間に差し込んで用いる。ブッシュの材料には銅合金などの金属（メタル）や、樹脂が使われる。

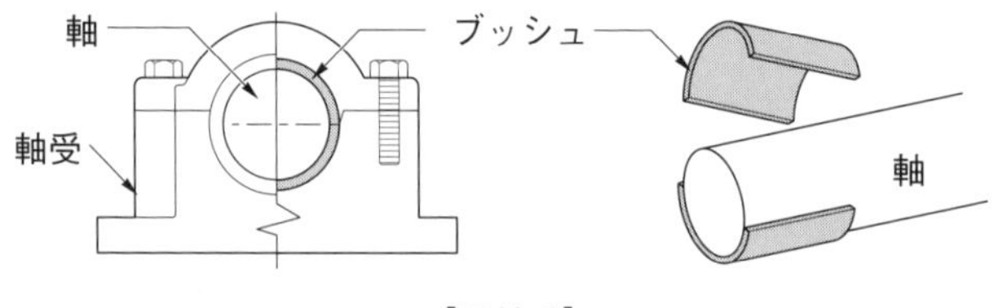

【平軸受】

転がり軸受

◎転がり軸受は、**玉やころを使った軸受**で、平軸受（滑り軸受）に比べて**動力の損失が少ない**。

◎玉を使った玉軸受（ボール・ベアリング）と、ころを使ったころ軸受（ローラ・ベアリング）に大別され、更に荷重の方向に応じて次に掲げるものに分類することができる。

【玉軸受】

【ころ軸受】

①ラジアル(*)軸受

- 軸に直角方向の荷重を支える軸受。

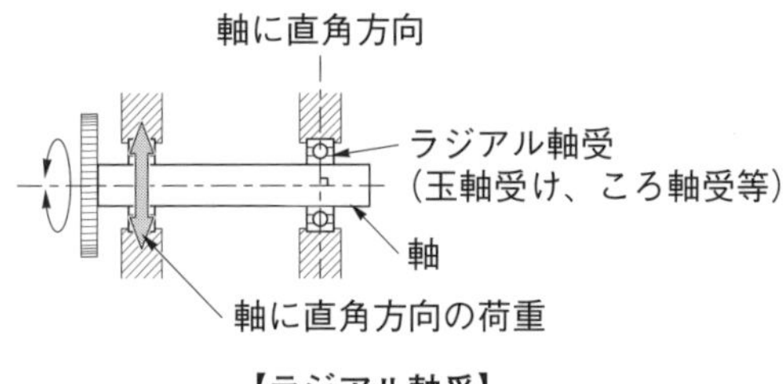

【ラジアル軸受】

②スラスト軸受

- 軸方向の荷重を支える軸受。

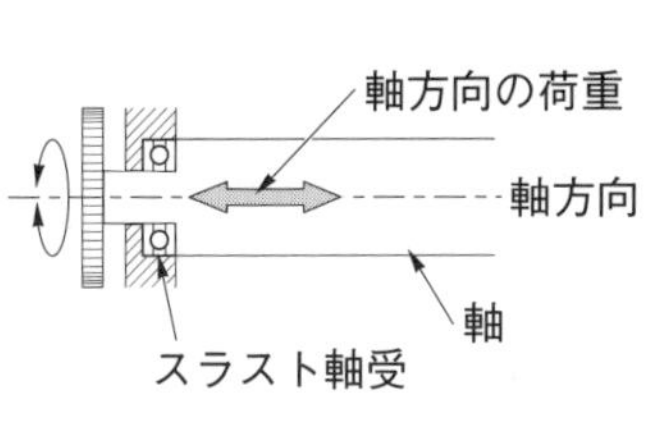

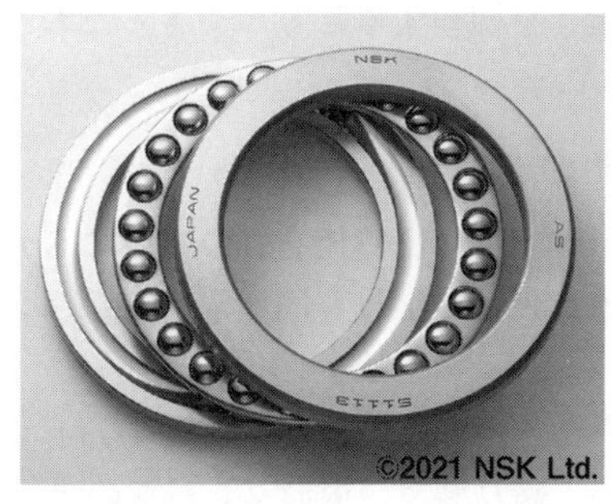

【スラスト軸受】

③円すいころ軸受

- 軸に直角方向及び軸方向の両方の荷重を支える軸受。

【円すいころ軸受】

◎転がり軸受を使用した軸受箱には、ベアリングを用いるための軸受箱であるプランマブロックや、ベアリングと軸受箱が一体となった転がり軸受ユニットがある。

【プランマブロック】

8 軸継手

☆よく出る！

◎動力を伝えるための軸と軸を連結するものを**軸継手**（カップリング **(*)**）という。

◎軸継手は２軸の軸線を一致させて固定する固定軸継手と、２軸のわずかなずれや傾きを緩和することができるたわみ軸継手に大別することができ、次のようなものがある。

割形軸継手

◎割形軸継手は、**円筒を二つ割りにした形**のもので、筒の中に軸を入れ、**ボルトで締め付けて**２軸を固定する継手。２軸の心が**一直線上にない場合**は使用できない。

◎**軸を軸方向に移動させない**で取り付けや取り外しを行うことができる。

◎一般に鋳鉄製で、橋形クレーンの走行長軸のような回転速度が遅い軸（低速軸）の連結に用いられる。

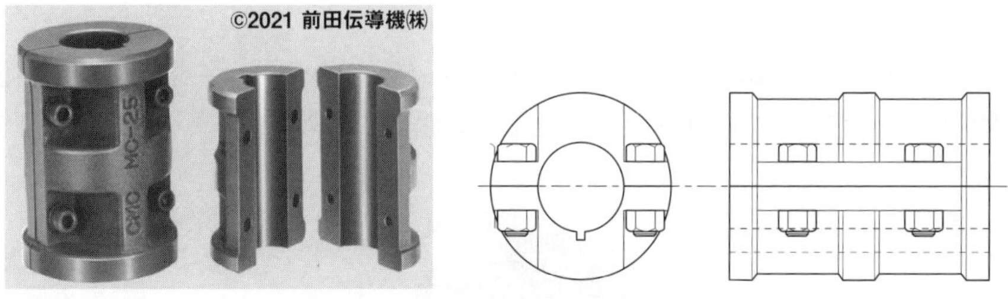

【割形軸継手】

フランジ形固定軸継手

◎フランジ形固定軸継手は、２つの軸端に取り付けたフランジをリーマボルトでつなぎ合わせた継手。

◎リーマボルトのせん断力で力を伝える構造で、全面機械仕上げをしたものはバランスがよく、回転が速い軸（高速軸）の連結に用いられる。

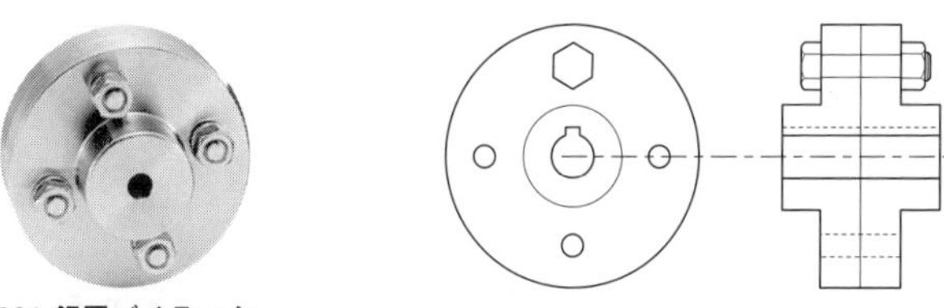

【フランジ形固定軸継手】

フランジ形たわみ軸継手

◎フランジ形たわみ軸継手は、２つの軸端に取り付けたフランジの片側のボルト穴を大きくし、ボルトとフランジの間にゴム等の弾力性のあるブッシュ(*)をはめてつなぎ合わせた継手。

◎**ゴムのたわみ性**を利用し、起動時及び停止時の衝撃や荷重変化、**２つの軸のずれや傾きの影響を緩和**し、軸の折損や軸受の発熱を防ぐことができる。

◎クレーンでは電動機と減速機の連結に使用され、ブレーキドラム兼用として使用されることもある。

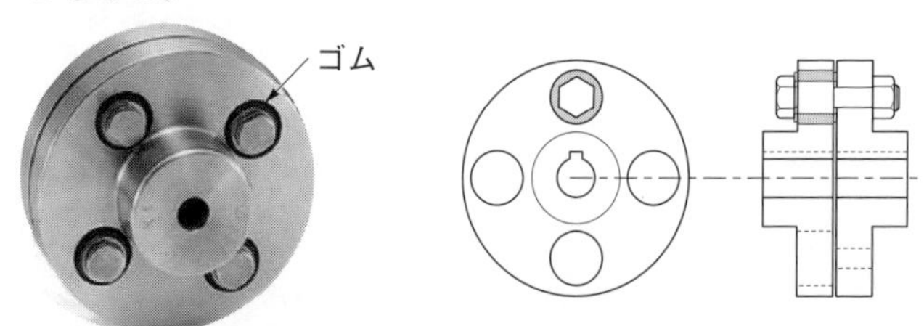

【フランジ形たわみ軸継手】

ローラチェーン軸継手

◎ローラチェーン軸継手は、たわみ軸継手の一種で、2列のローラチェーンと2個のスプロケットから成り、ピンの抜き差しで両軸の連結及び分離が簡単にできる。

歯車形軸継手

◎歯車形軸継手は、たわみ軸継手の一種で、外筒と内筒からなり、左右の筒どうしはリーマボルトでつなぎ合わせている。

◎**外筒の内歯車と内筒の外歯車のかみ合いにより動力を伝える**構造で、外歯車には**クラウニング**（歯のあたりがよくなるよう丸く修整）が施してあるため、**2つの軸のずれや傾きに対しても円滑に動力を伝える**ことができる。

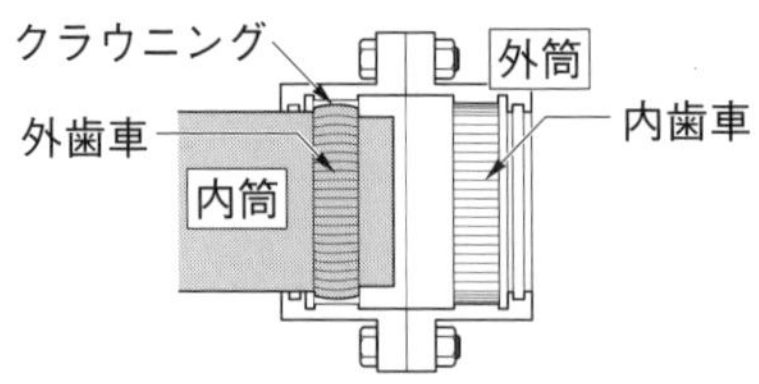

【歯車形軸継手】

自在軸継手（ユニバーサルカップリング）

◎２軸が一直線上にない走行長軸等に用いられる。

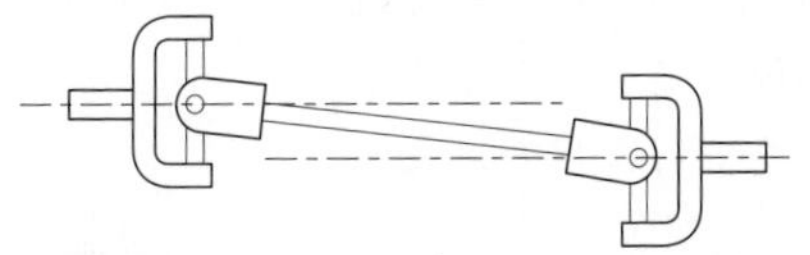

【自在軸継手（ユニバーサルカップリング）】

9 キー

◎キーは歯車や車輪などの回転体と円形断面の軸とを固定させるために両者の間へ挿し込む角棒状の鉄片。

◎回転体と軸の間に差し込む一種のくさびであり、軸と軸穴部の両方、または軸穴部のみに溝（キー溝）を設け、これにキーを挿し込む。

平行キー

◎平行キーは、キーに勾配を設けず、キー溝に挿し込んで使用する。

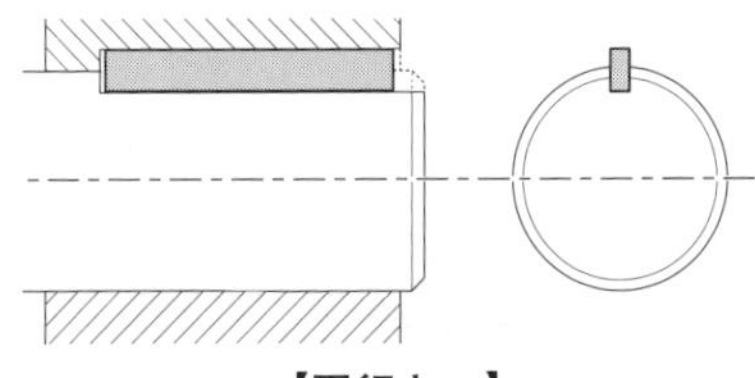

【平行キー】

勾配キー

◎勾配キーは、キーに１/100 程度の勾配を付け抜け出ることがないように**打ち込んで使用**する。

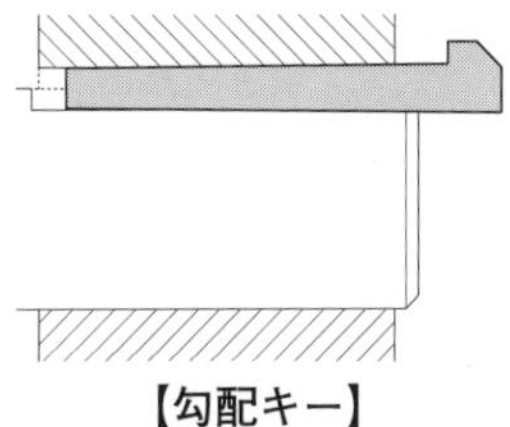

【勾配キー】

安全カバー

◎運転中に抜け出るおそれのあるキーには抜け止めが設けられている。更に回転部分が露出して人が接触するおそれがあるものには安全カバーを設けなければならない。

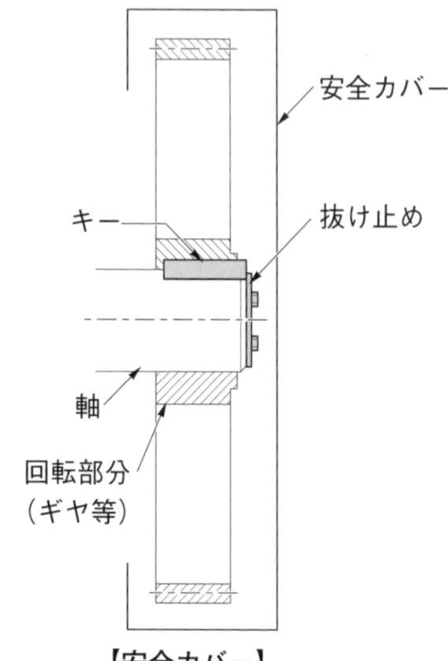

【安全カバー】

キー板（キープレート）

◎キー板は、固定軸の回転や軸方向への抜け出しを防ぐために用いられる。
◎キー板の取り付けは、軸の溝に差し込んでボルトで固定する。

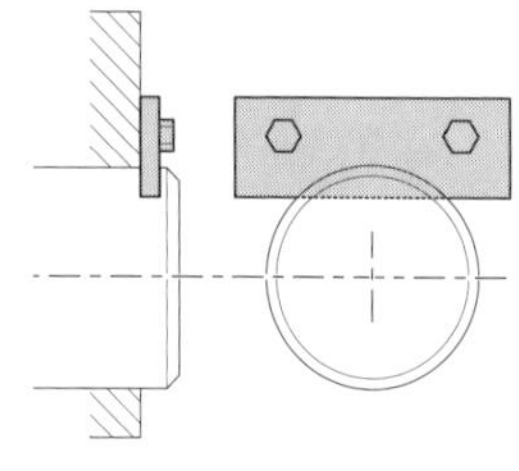
【キー板】

10 ドラム及びシーブ

ドラム

◎ドラムは、ワイヤロープを巻き取るもので、原動機から減速機構等を介して回転が伝えられる。
◎その形状は円筒形、つづみ形（ワーピングドラム）がある。円筒形のものには、ワイヤロープを整列巻き(*)するためにらせん状（ネジ状）の溝が付いているものもある。

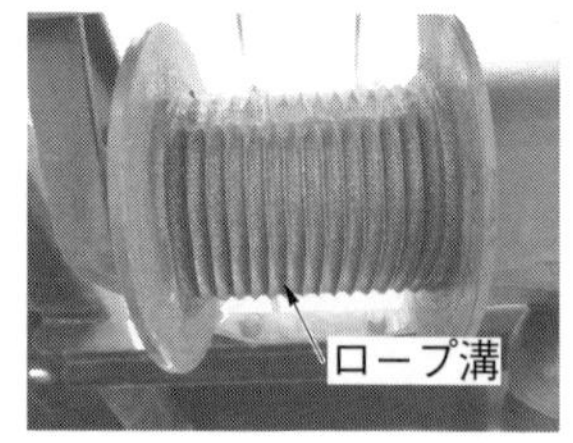

【ドラム】

◎ドラムに巻かれた1層目のワイヤロープ（これを地巻きという）の中心から中心までの距離であるドラムのピッチ円直径（D）と、使用するワイヤロープの直径（d）との比（＝D/d）は大きいほどよい。これは比が大きければ大きいほどワイヤロープがドラムに巻かれるときに生じる曲げ応力が小さくなり、ワイヤロープの損傷、劣化が少なくなる為である。厚生労働省の定めるクレーン構造規格によりその比率はクレーンでは等級に応じて14～56以上と定められている。

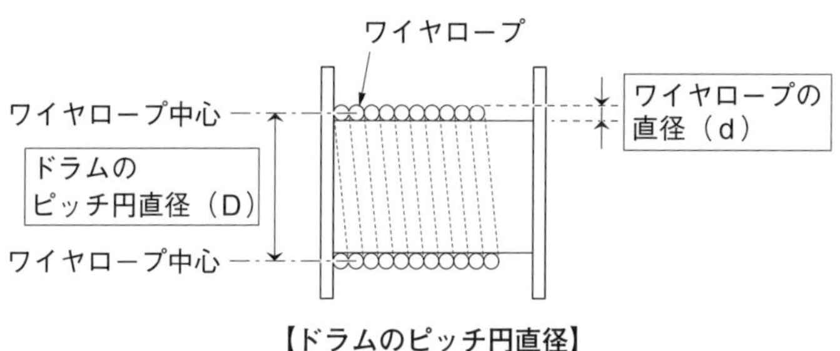

【ドラムのピッチ円直径】

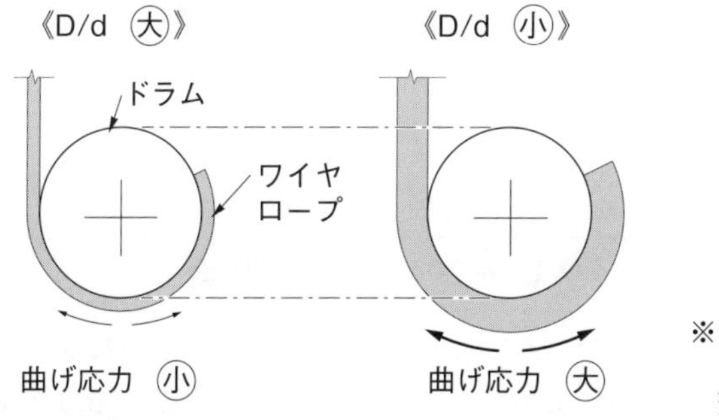

【ドラムのピッチ円直径とワイヤロープ直径の関係】

◎ドラムに巻き込むワイヤロープの長さは、巻下ろしの時等にワイヤロープを最大に繰り出した状態で、ドラムに2巻以上残る長さが必要とされている。これを「すて巻」といい、ロープの巻き付け効果（巻締めによる摩擦力）によりワイヤロープの取付部に係る張力を軽減させ、荷重によりワイヤロープがドラムから引き抜かれることを防止する。

シーブ

◎シーブは、ワイヤロープの案内用の滑車であり、鋳鉄、鋳鋼、鍛造及び溶接構造のものがある。

◎シーブのうちエコライザシーブは左右のワイヤロープの張力を釣り合わせるもので、ほとんど回転しない。

◎ドラムと同様にロープの構成、材質などに応じてシーブの直径（D）とロープの直径（d）との比（D/d）の最小値が 16 ～ 63 以上、エコライザシーブでは 10 ～ 14 以上と定められている。

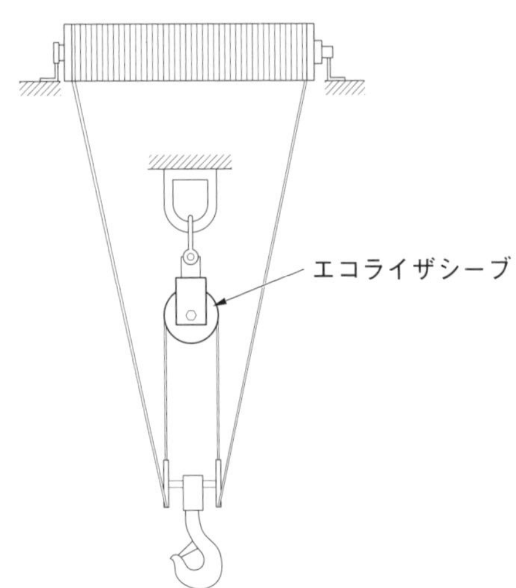

11 車輪

◎クレーンに使用される車輪は、走行及び横行用等があり、いずれも電動機等で駆動される車輪を駆動輪（動輪）、駆動されない車輪を従動輪（従輪）という。

◎車輪は鋳鋼製、鍛鋼製が一般的であるが、騒音防止のためにゴム製や踏面がウレタン製のものが用いられることがある。

10 クレーンの安全装置等

◎クレーンの運転に際し、安全で確実な運転を常に心がけなければならない。そのためにはクレーンの仕様で定められた定格荷重や揚程等の能力を充分に把握し、かつ周囲の状況に注意して運転操作をしなければならない。

◎しかし、万一誤ってクレーンの能力以上の運転を行おうとした場合、これを制限するための安全装置を備えることが法令で定められている。

1 巻過防止装置 ★よく出る！

◎巻上装置のワイヤロープを巻過ぎると、つり具と機器との衝突やワイヤロープの切断等による吊り荷の落下等の事故を招くおそれがある。

◎巻過防止装置は、つり具が定められた高さ（位置）になるとリミットスイッチが作動し、自動停止もしくは警報を発する。

◎巻下げ過ぎの制限が必要な場合は、別の構造のリミットスイッチを併用する必要がある。

◎リミットスイッチはその作動の仕方により「直働式」と「間接式」に分けられる。

直働式巻過防止装置

◎フックブロックが上昇すると、フックブロックの上面がリミットスイッチを押し上げることにより接点を開放し、電動機の回転を止める方式で、次のものがある。

①重錘（おもり）形リミットスイッチ

- フックブロックが上昇して重錘を押し上げると、操作レバーの重錘によりレバー及び内部のカムが回転し、接点が開く構造。また、重錘形リミットスイッチを用いた巻過防止装置には、電磁接触器の操作回路を開く操作回路式と、電動機の回路を直接開く動力回路式がある。
- リミットスイッチの作動位置は、重錘の位置（操作用ワイヤロープの長さ）で決定するため、動作位置の誤差が少なく、巻上用ワイヤロープ交換後の再調整も不要となる。
- 一般的にクラブトロリに使用される。

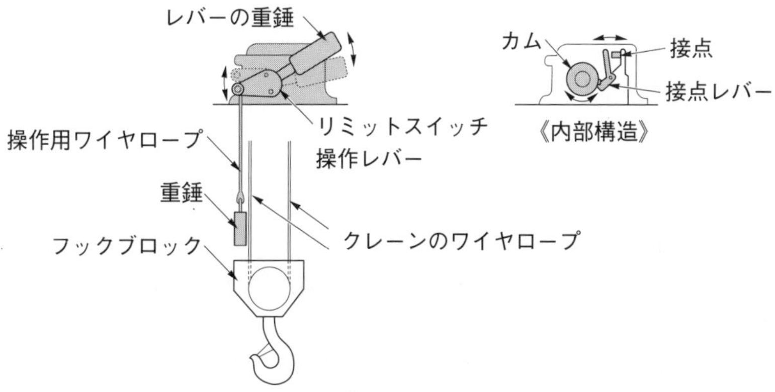

【重錘形リミットスイッチ】

②レバー形リミットスイッチ

- フックブロックが上昇してリミットレバー（トラベラー）を押し上げると、リミットスイッチのロッドが下がり、接点が開く構造。
- 巻上用ワイヤロープ交換後の再調整は不要となる。
- 一般的に電気ホイストに使用される。

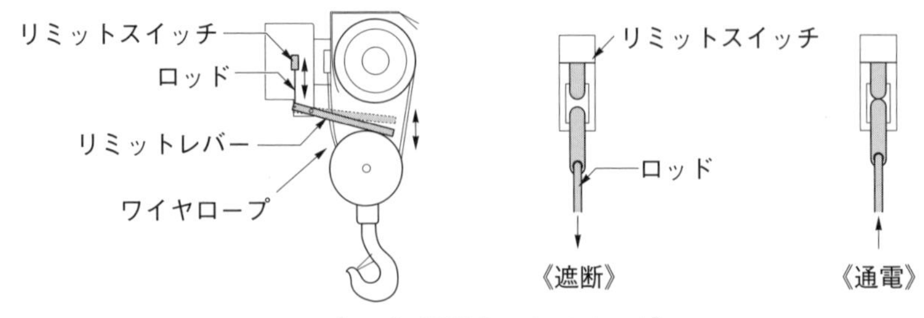

【レバー形リミットスイッチ】

◎直働式巻過防止装置の特長
①作動位置の誤差が少ない。
②ドラムの回転と連動していないので巻上げ用ワイヤロープを交換した後の再調整が不要。
③リミットスイッチ作動後の復帰距離が短い。
④巻下げ位置の制限ができないため、別の構造の巻下げ用リミットスイッチを併用する必要がある。

間接式巻過防止装置

◎巻上げドラムの回転を歯車やチェーン等によりつながれた軸に伝え、軸の回転によりワイヤロープの巻取り長さを間接的に測り、巻過ぎを防止する方式で、次のものがある。

①ねじ形リミットスイッチ

- ねじ形リミットスイッチを用いた巻過防止装置は、ドラムの回転に連動してスクリューが回され、スクリューに取り付けられているトラベラーが移動し、巻上げ過ぎたときもしくは巻下げ過ぎたときにリミットスイッチを働かせる方式で、複数の接点を設けることができる。
- ねじ形リミットスイッチを用いた巻過防止装置は、巻上げ過ぎ及び巻下げ過ぎの両方の位置制限を1個のリミットスイッチで行うことができる。
- 巻上用ワイヤロープを交換した場合は、フックの位置とトラベラーの作動位置を再調整する必要がある。

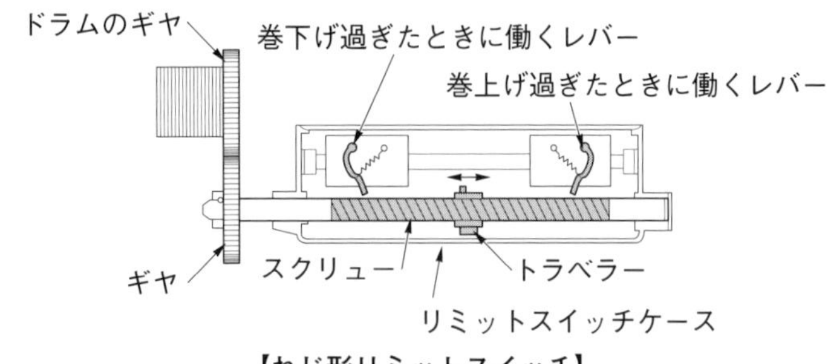

【ねじ形リミットスイッチ】

②**カム形リミットスイッチ**

- 巻上ドラムの回転によってカムを回転させリミットスイッチを働かせる方式。
- 複数の接点を設けることができる。

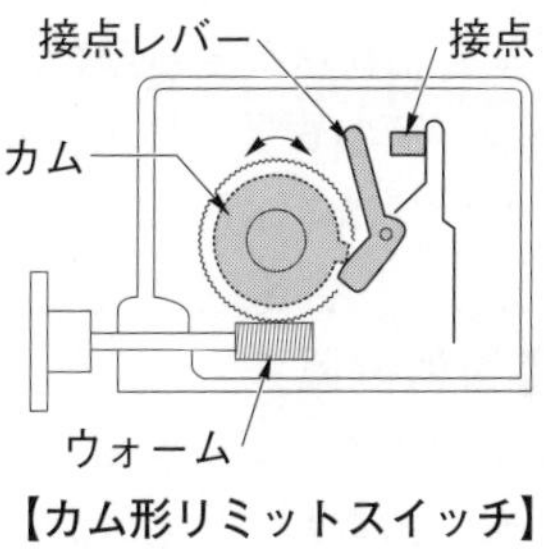

【カム形リミットスイッチ】

◎間接式巻過防止装置の特長
①複数の接点を設けることができるため、上下位置で作動可能。
②直働式に比べ停止精度が悪い。
④巻上用ワイヤロープを交換した場合は、作動位置を再調整する必要がある。

2 過負荷防止装置

◎クレーンには、やむを得ない事由を除き、定格荷重をこえる荷重をかけて使用してはならない。

◎しかし、定格荷重を下回る質量の荷を吊った場合であっても、ジブクレーンは作業半径が広がることにより（ジブの傾斜角が減少することにより）定格荷重は減少する。また、水平ジブを持つクレーンではトロリの位置により定格荷重が変化する。

◎右表はジブクレーンの定格荷重曲線図の例であるが、旋回半径が0～20m時には定格荷重10tである。しかし、旋回半径を35mにした場合は定格荷重が5tとなってしまう。

◎従って、ジブクレーンの過負荷防止装置にあっては、作業半径に応じて設定される定格荷重に対する過負荷を検出し停止することができる機能が必要となる。

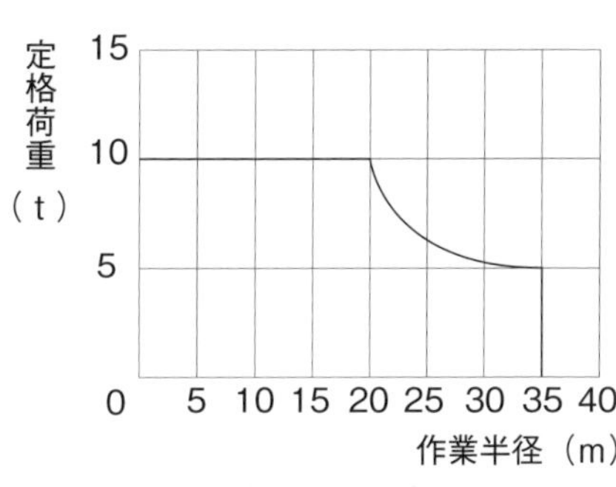

【定格荷重曲線図の例】

◎なお、次の①～③のジブクレーンにおいては停止機能のある過負荷防止装置でなく、つり荷の質量を検出して荷重を表示したり警報を発する機能のみでもよいとされている。

①つり上げ荷重が３トン未満のジブクレーン
②ジブの傾斜角及び長さが一定であるジブクレーン
③定格荷重が変わらないジブクレーン

◎つり荷の質量を検出する装置には機械式及び電気式のものがある。ホイストにおいてはスペース的に取り付けが簡単な電気式のものが多く使用されている。

3 警報装置

◎走行するクレーンには、ブザー、ベル及びサイレン等の警報装置を設けることが定められている。ただし、床上で運転し、かつ運転する者がクレーンの走行と共に移動するクレーン及び人力で走行するクレーンは除く。

◎警報装置は、次の２つの方法で警報を発する。
①クレーンの運転者が、運転室に設けられた足踏み式又はペンダントスイッチにより、周囲の作業者などに注意を喚起するため必要に応じて警報を鳴らす。
②巻上げ、横行、走行及び巻下げ等の一連の動作に応じて自動的に警報を鳴らす。

4 傾斜角指示装置

◎傾斜角指示装置は、ジブの傾斜角を示す装置である。ジブが起伏するジブクレーンは、運転士の見やすい位置に傾斜角指示装置を設けることが定められている。また、ジブの傾斜角により定格荷重が変わるジブクレーンでは、角度のほかに定格荷重の指示計を設けているものがある。

5 外れ止め装置

◎外れ止め装置は玉掛け用ワイヤロープ等がフックから外れることを防止するための装置。ばねの力で閉じるスプリング式や、重りの自重で閉じるウエイト式等がある。小型・中型のクレーンではスプリング式のものが多く使われている。

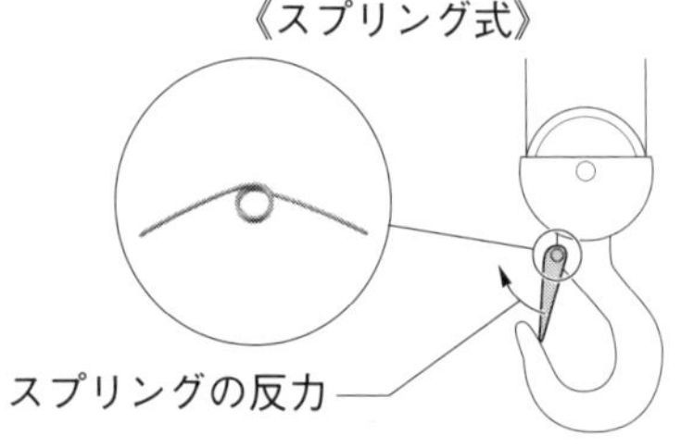

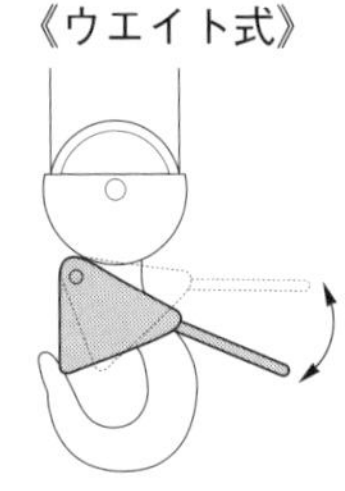

【外れ止め装置】

6 緩衝装置等

◎横行及び走行レールからクラブトロリやクレーン本体が走り出るのを防止するため、レールの端部等に緩衝装置、緩衝材または**車輪止め (*)** を設けることが定められている。

横行レールの緩衝装置等

◎クラブトロリ、ホイスト等がレール端から走り出るのを防止するため、レールの端部またはクレーンガーダ等に緩衝装置、緩衝材または車輪止めを設けることが定められている。

◎**横行レール**の車輪止めの**高さは、横行車輪直径の1／４以上**とすることが定められている。

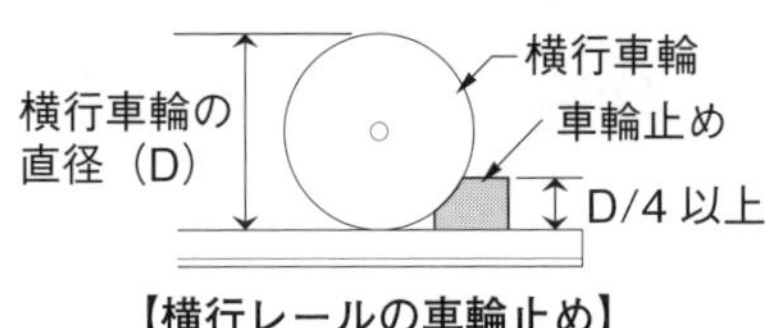

【横行レールの車輪止め】

◎横行速度の遅い天井クレーン等には、横行レール両端に車輪止めやストッパー等の緩衝装置が使用されている。

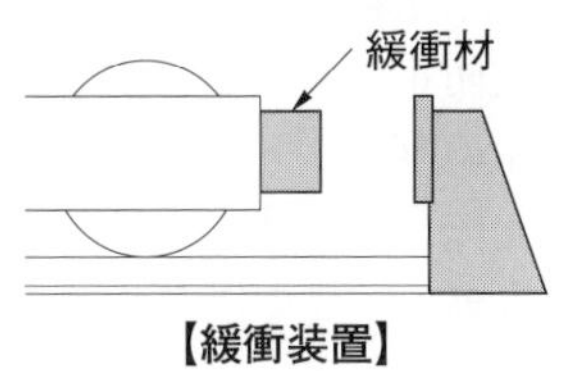

【緩衝装置】

◎高速のトロリでは、衝突時に大きな衝撃を与えるおそれがあるため、クレーンガーダ両端にばね式または油圧式等の緩衝装置を設けているものもある。また、衝突する前に横行を停止させるためのレバー形のリミットスイッチを設けているものもある。

走行レールの緩衝装置等

◎クレーン本体が走行レール端から走り出るのを防止するため、レール端部等に緩衝装置または**車輪止め**を設けることが定められている。

◎通常は走行レール両端にゴム等を使用した緩衝材や車輪止めを設けているが、大容量・高速のクレーンでは衝突時の衝撃が大きくなるため、ばね式または油圧式の緩衝装置を設けているものもある。

◎**走行レール**の車輪止めの**高さは、走行車輪直径の1/2以上**とすることが定められている。

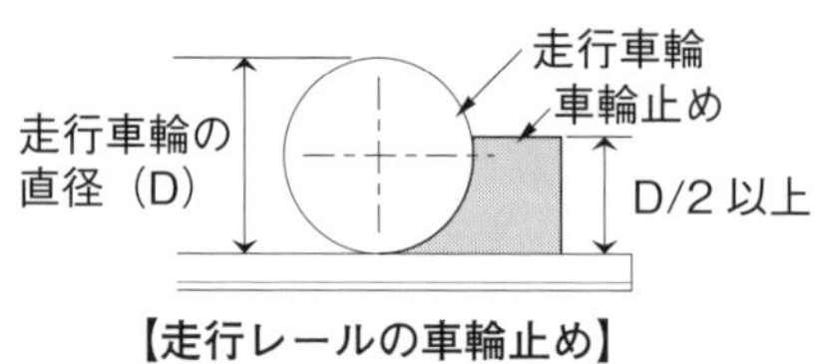

【走行レールの車輪止め】

7 衝突防止装置

◎クレーン相互間の衝突を防止するため、同一ランウェイ上に複数のクレーンが設置されている場合の衝突防止装置には、リミットスイッチ式、光式及び超音波式のものがある。

①リミットスイッチ式衝突防止装置

- リミットスイッチ式衝突防止装置は、同一ランウェイの互いのクレーンが接近した際に双方のクレーンを停止させるリミットスイッチを備え、クレーン本体より突き出した腕によりリミットスイッチを作動させ、走行を停止させるもの。

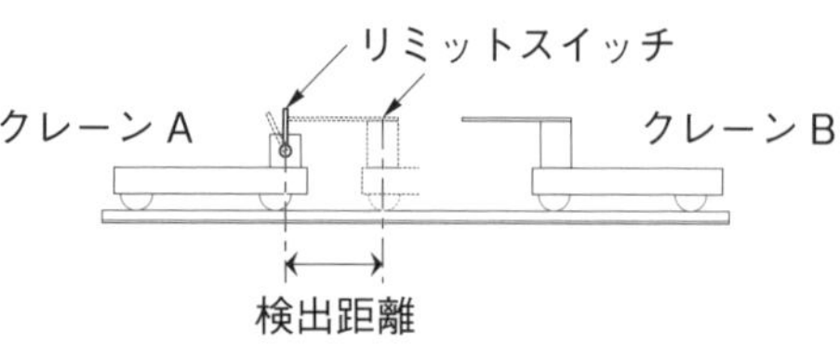

【リミットスイッチ式衝突防止装置】

②光式衝突防止装置及び超音波式衝突防止装置

- 一方のクレーンから光または超音波を発射し、互いのクレーンが接近した際に双方のクレーンに設けられた受光器または受波器が感知して警報を鳴らしたりクレーンを停止させたりするもの。

8 逸走防止装置

◎<u>逸走</u> **(*)** 防止装置は、屋外に設置されたクレーンが強風等により押され、**走り出すことを防止**するための装置である。

◎瞬間風速が30m/sを超える風が吹くおそれがあるときは、クレーンの逸走を防止するための措置をとることが定められている。

レールクランプ

◎レールクランプは、屋外に設置されたクレーンが作業中に突風などにより逸走することを防止する装置。

◎走行路の任意の位置で走行レールの頭部側面を挟む、または走行レールの頭部上面にブレーキシューを押しつけてその摩擦力で逸走を防止する。

◎レールクランプには手動式と電動式のものがある。

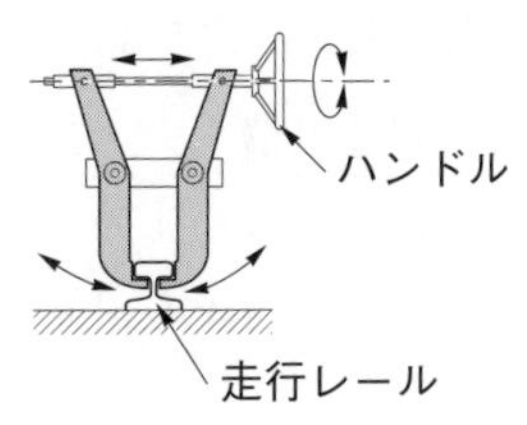

【レールクランプ（手動式）】

アンカー

◎アンカーは、屋外に設置されたクレーンが作業停止時に暴風などにより逸走することを防止する装置。

◎走行路の定められた係留(*)位置で短冊状金具を地上の基礎に落とし込むことにより固定して逸走を防止する。

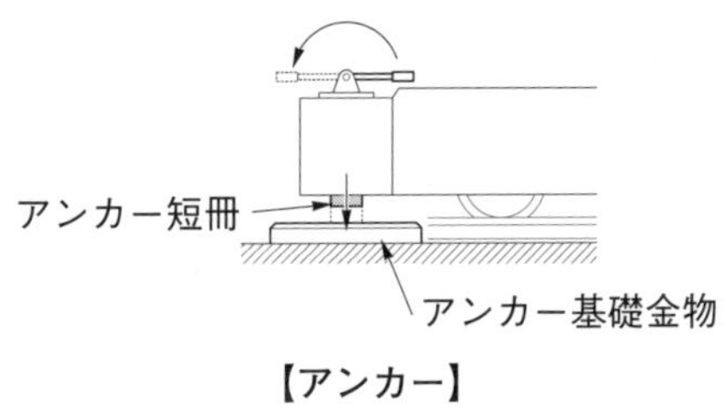

【アンカー】

9 フートスイッチ（安全床スイッチ）

◎天井クレーン等では、運転室からクレーンガーダへ上がる階段の途中にフートスイッチを設け、点検などの際に階段を上がると主回路が開いて（遮断して）感電災害を防ぐようになっているものがある。

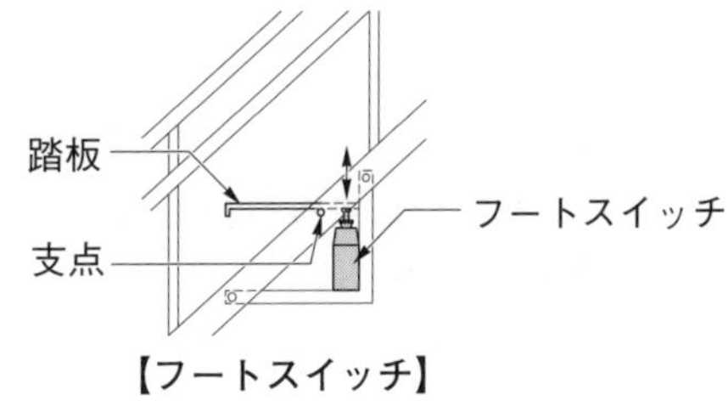

【フートスイッチ】

10 その他の安全装置

◎その他の安全装置として、トロリがカンチレバーの上にあるときやカンチレバーが起伏した状態のときにはトロリが横行できないようにインターロック(*)されるものや、次のような安全装置が設けられているクレーンもある。

ゼロノッチインターロック

◎停電等でクレーンが停止した場合、電力が回復した際にコントローラが停止位置以外にあるとクレーンが急に動き出すおそれがある。

◎ゼロノッチインターロックは、誤作動による事故を未然に防ぐため、コントローラのハンドルをゼロノッチに戻さなければ主電磁接触器を投入できないようにした安全装置である。

斜行防止装置

◎両側走行ケーブルクレーンやスパンの長い天井クレーンや橋形クレーンでは、両側の走行装置の速度がそろわなければ斜行（斜め走行）となり、クレーンに無理がかかる。

◎斜行防止装置は、これを防止するため走行用電動機の回転を一致させる安全装置である。

速度開閉器

◎巻上装置の速度制御装置が故障した場合、つり荷が自由落下状態となるおそれがある。

◎速度開閉器は、これを防止するため、巻下速度が規定値よりも速くなった際、電動機の回路を開き、非常ブレーキにより巻下げを停止する安全装置である。

11　クレーンのブレーキ

◎巻上装置及び起伏装置は、荷またはジブの降下を制動するためのブレーキを備えなければならない。また、巻上装置及び起伏装置のブレーキは、クレーン構造規格において次の事項が定められている。

①**定格荷重に相当する荷重の荷をつった場合**における当該装置の**トルクの値の1.5倍の制動力**を持つものでなければならない。

②クレーンの動力が遮断された場合に自動的に作動するものであること。

1 ドラムブレーキ　☆よく出る！

◎ドラムブレーキは、回転するブレーキドラムにブレーキライニングを押しつけ、圧着させることにより制動作用を行うものである。

◎クレーンに使用されるドラムブレーキは、作動させていないときはばねの力によりブレーキが効いた状態となっている。

ドラム形電磁ブレーキ（マグネットブレーキ）

◎ドラム形電磁ブレーキは、電磁石、リンク機構、ばね及びブレーキライニング（ブレーキシュー）等により構成されている。

◎電磁石に給電されていないときは、**ばねの力により**ブレーキライニングがブレーキドラムに押しつけられ**ブレーキが効いた状態**となっている。

◎電磁石に給電すると**電磁石がばねの力に逆らい、制動力が開放（解除）**される。電流が遮断されると速やかに**ばねの力で制動力が生じる**ため、運転を迅速に停止させ、物体を保持することができる。

◎ドラムブレーキでは、ブレーキライニングが摩耗し過ぎると、ブレーキドラムを傷つけたり、ブレーキの調整ができなくなったりする。

◎電磁石の励磁 **(*)** を交流で行う交流電磁ブレーキと直流で行う直流電磁ブレーキがある。

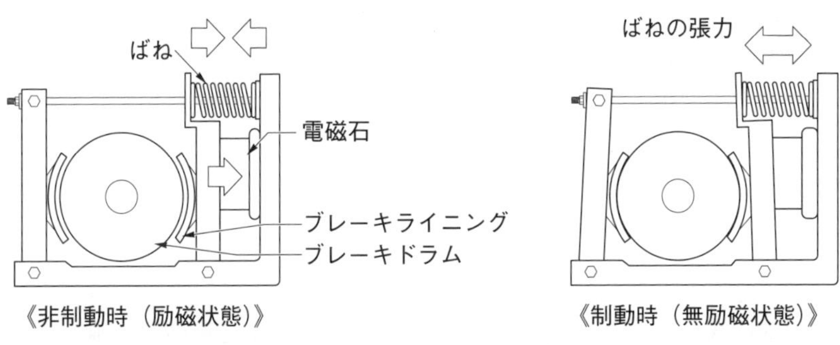

【ドラム形電磁ブレーキ】

電動油圧押上機ブレーキ

◎電動油圧押上機ブレーキは、ドラム形電磁ブレーキに使用されている電磁石の代わりに電動油圧押上機を用いたものとなる。**油圧による力によって**ブレーキの**制動を開放（解除）**し、**ばねの復元力によって制動**を行う。

◎電磁ブレーキに比べて運転音は静かで制動時の衝撃は少なく、横行用や走行用に多く用いられるが、止まるまでの時間が長い。

2 バンドブレーキ

★よく出る！

◎バンドブレーキは、内側にライニングを取り付けた軟鋼製の帯（バンド）がブレーキドラムを締め付けて制動作用を行う。

◎バンドブレーキには、**バンドが均等に緩むために調整用ボルトを設けている**。

◎バンドを作動させる方式としては電磁式と足踏式のものがある。

電磁式バンドブレーキ

◎電磁式バンドブレーキは、おもりの力で締め付けられているブレーキバンドを電磁石に電流を通じて制動力を開放する。

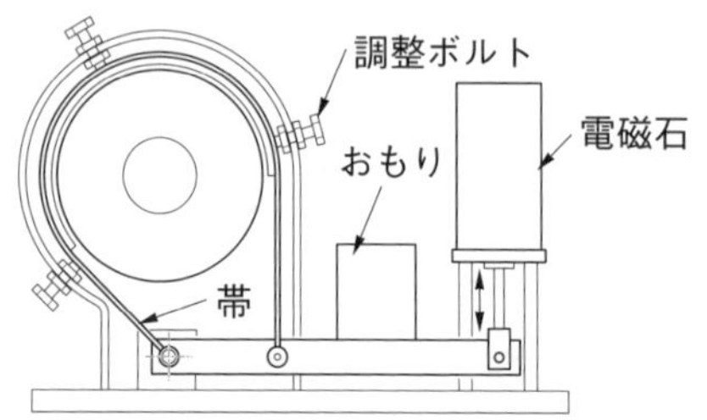

【電磁式バンドブレーキの例】

3 ディスクブレーキ

★よく出る！

◎ディスクブレーキは、回転する円板形のブレーキディスクを両側からブレーキパッド（摩擦材）で強く挟んで制動するようにしたものである。

◎この方式は、ブレーキディスクが露出して回転しているので放熱性に優れ、高速で繰り返し使用しても制動力の変化が小さく、安定した性能を示す。また、装置全体を小型化しやすい特長があり、ホイストの巻上装置などに多く用いられる。

◎油圧式のものは、油圧シリンダ、ブレーキピストン及びこれらをつなぐ配管などに油漏れや空気の混入があると、制動力が生じなくなることがある。

足踏み油圧式ディスクブレーキ

◎足踏み油圧式ディスクブレーキは、ブレーキディスクを電動機の軸端に取り付け、足踏み油圧シリンダを操作することにより制動を行う。

◎運転室で操作する天井クレーンの走行用、ジブクレーンの旋回用として使用されている。

◎足踏み油圧式ディスクブレーキは、**油圧シリンダ、ブレーキピストン、これらをつなぐ配管などに油漏れがあったり、空気が混入**すると、**制動力が生じなくなる**ことがある。

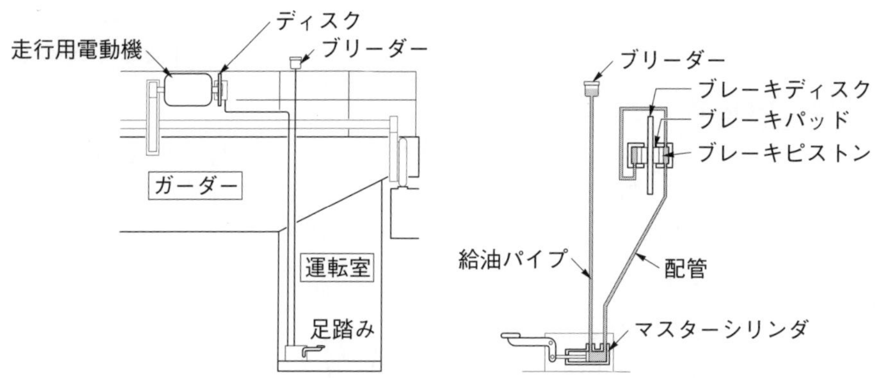

【足踏み油圧式ディスクブレーキ】

電動油圧式ディスクブレーキ

◎電動油圧式ディスクブレーキは、ばねの力によりブレーキパッドをディスクに押しつけ、制動している。制動の開放は、電動油圧により行う。

◎クレーンの走行、旋回及び巻上げ等の制動に用いられている。

電磁式ディスクブレーキ

◎電磁式ディスクブレーキは、ブレーキパッドをばねの力によってディスクに押しつけ、制動している。電磁コイルに通電すると、ブレーキパッドを押しつけていたばねが磁力により引き寄せられ、制動を開放する。

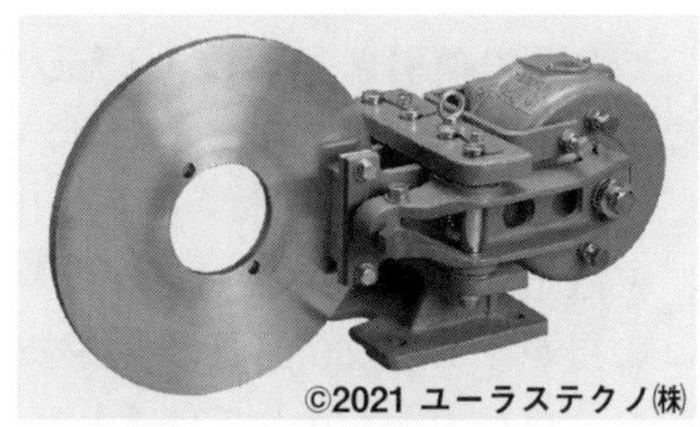

【電磁ディスクブレーキ】

12 クレーンの取扱い

1 基本的な注意事項

安全装置の有効保持

◎揚程が少しだけ足りないからといって、巻過防止用のリミットスイッチを外したり、作動しないようにしてはならない。

2 運転時の注意事項

☆よく出る！

クレーンの移動

◎横行、走行及び旋回等によりつり荷の位置へクレーンを移動させるときは、フックが地上の設備等に引っかからない高さまで巻上げてから行う。

◎つり荷の重心の上にフックの中心が合うよう、位置決めを行う。

玉掛け時の巻下げ

◎巻下げ過ぎないよう注意して運転する。特に、巻下げ過ぎ防止装置（下限リミットスイッチ）がないものを下限近くまで巻下げるときには十分注意する。

◎巻下げ過ぎ防止装置のないクレーンのフックを**巻き下げ続けると、逆巻きになる**おそれがある。また、フックがつり荷に接触するとワイヤロープがたるみ、乱巻き(*)の原因となる。

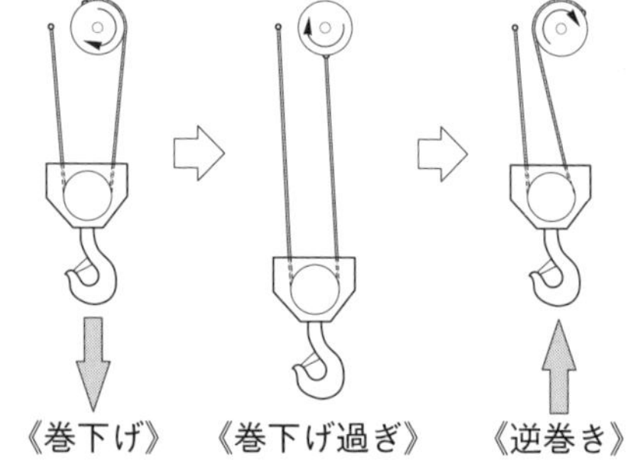

【巻下げ過ぎによる逆巻】

つり荷の巻上げ

◎つり荷の**横引き**、斜めつり**をしてはならない**。

◎つり荷を急激につり上げる巻上げ運転はしない。

◎つり荷の地切り時は、玉掛け用ワイヤロープが張った位置で一旦停止し、重心位置（フックの中心がつり荷の重心の真上にあること）の確認、ワイヤロープの掛かり状態及び緊張の状態を確認してから地切りする。

◎つり荷が大きく振れているときは巻上げ運転はしない。

つり荷の移動

◎つり荷は他の作業者の頭上を通過させてはならない。できる限り機械装置、品物等が無いところを通過させるようにする。

◎床上操作式クレーンでつり荷を移動させるときは、運転士はつり荷の運搬経路及び荷下ろし位置の安全確認のため、つり荷の後方または横の位置に立ち、つり荷とともに歩くようにする。

◎安全通路、車両通路などを横断するときは、徐行するとともに、警報を鳴らすなどにより、周囲の作業者に注意を促す。

つり荷の巻下げ

◎つり荷が着地する直前に巻下げ運転を一旦停止して荷の着地面、まくらの状況を確認する。

※まくら…つり荷の下に敷く保護台のこと

◎つり荷を着地させ、玉掛け用のワイヤロープを緩める前に、再度一旦停止してつり荷の安定を確認する。

つり荷からの玉掛け用ワイヤロープ外し

◎つり荷から玉掛け用ワイヤロープを外すときは、クレーンの停止を確認するとともに、クレーンの運転操作をしてはならない。

◎ワイヤロープなどの玉掛用具を、クレーンのフックの巻上げ操作によって荷から引き抜かない。

※つり荷を降ろしたときに玉掛用ワイヤロープが挟まり手で抜けなくなった場合であっても、クレーンのフックの巻上げによって荷からワイヤロープを引き抜いてはならない。

3 荷振れ防止 ★よく出る！

◎クレーンでつり荷を移動させる場合、走行、横行などの加速、減速が大きいほど、荷振れが起きたときの振れ幅は大きくなる。

◎巻上げロープが**長いほど、振れ幅は大きく**なる。

◎巻上げロープが**長いほど、振れの周期は長く**なる。

◎つり荷が重いほど慣性が大きく、動きにくく、止まりにくい。

追いノッチ

◎追いノッチは、クレーンの横行や走行の起動時及び停止時の荷振れを防止するため、クレーンを寸働させる運転操作（インチング）のことをいう。

①起動時の振れ防止

- 荷をつったクレーン（イラストはトロリで解説）を停止状態（Ⓐ）から移動させると、つり荷は遅れて動き出す（Ⓑ）。
- この状態になったときにトロリを**一時停止**させる（もしくは**減速**させる）とつり荷がトロリに追いつきトロリとつり荷が垂直になる（Ⓒ）。

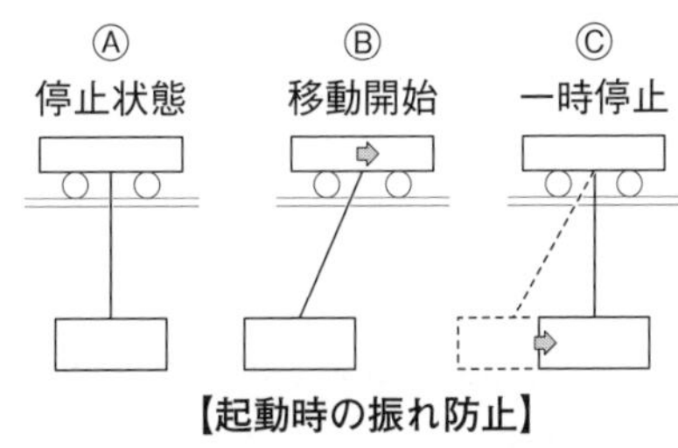

【起動時の振れ防止】

- トロリとつり荷が垂直になる寸前に再びトロリを作動させると、つり荷があまり振れることなく移動することが出来る。

②停止時の振れ防止

- 荷をつったクレーン（イラストはトロリで解説）を走行状態（ⓐ）から停止させると、つり荷は慣性によって移動を続けるためトロリを追い越した状態となる（ⓑ）。
- つり荷が振り切れる**直前に**再び移動のスイッチを入れ、その直後に移動のスイッチを切り、トロリを一瞬動かすとトロリが移動して振れを抑えて停止させることが出来る（ⓒ）。

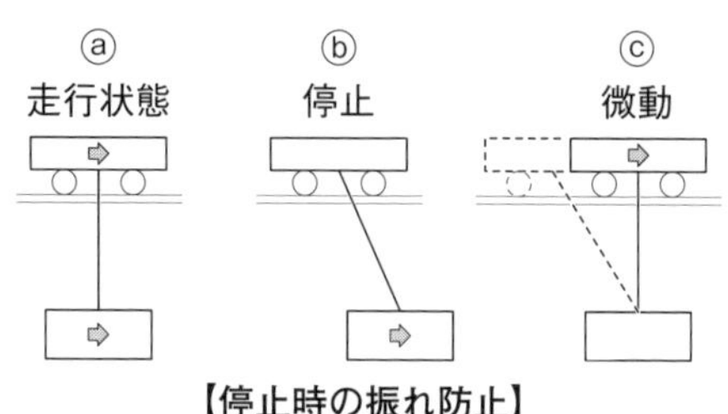

【停止時の振れ防止】

③インバーター制御

- インバーター制御のクレーンは、**低速から高速まで無段階に精度の高い速度制御**により、スムーズな加速・減速や微速運転ができる。それにより、つり荷の荷振れが抑えられるため、**インチング動作をせずに微速運転で位置を合わせることができる**。

4 無線操作式クレーンの取扱い ★よく出る！

◎無線操作式クレーンは、安全な場所からクレーンを無線操作することができるため、最近多く使用されている。

◎無線操作式特有の注意事項は次のとおりとなる。

①運転開始前

- 制御器の電池の充電状態を確認する。
- 無線操作方式のクレーンが複数設置されている作業場では、無線運転の表示ランプの見える位置で制御器のキースイッチを入れ、表示ランプの点灯・消灯により、これから操作するクレーンであることを確認する。
- 非常停止ボタンにより電源が切れることを確認する。また、制御器を倒したとき電源が切れる構造のものは、制御器を指定された角度まで倒したとき電源が切れることを確認する。

②運転時

- 原則として歩行しながら運転しない。運転しながら歩行する場合は、平坦で安全な通路を決めて歩行する。

- 運転中につり荷が死角に入りそうなときは、一旦停止し、つり荷の見える位置に立つかまたは合図者の合図により運転する。
- 運転を一時中断するとき、または**運転者自身が玉掛作業を行うとき**は、制御器は**電源スイッチを「切」にした状態**で、他の者が操作できない場所に置いておく。また、キースイッチの場合は抜いておく。

③運転時以外の制御器の管理

- 職場ごとに制御器及びキーの保管責任者を決めておく。
- 休憩時や運転作業終了時等でクレーンを休止するときは、キーを制御器から外して所定の保管場所に保管する。
- 予備制御器を保管する場所は、各クレーンに区分して混同しないようにする。

5 クライミング式クレーンの取扱い

◎ジブクレーンで荷をつるときは、マストやジブのたわみにより作業半径が大きくなるので、つり荷の質量が定格荷重に近い場合には、たわみにより大きくなったときの作業半径における定格荷重を超えないことを確認しておく。

6 クレーンの給油

☆よく出る！

◎クレーンの軸受、歯車等のしゅう動(*)部分及びワイヤロープには給油が必要である。

◎潤滑油は使用箇所に応じてグリースやギヤ油等が使い分けられ、更に粘度、油膜の強さ等を考慮して適切なものを使用しなければならない。

◎給油装置は、配管の穴あき、詰まりなどにより給油されないことがあるので、給油部分から古い油（グリース）が押し出されていることなどの状態により、新油が給油されていることを確認する。

グリースの給油方式

◎グリースは主に軸受け部に使用され、給油方法には、グリースカップ式、グリースガン式及び集中給油式などがある。

①グリースカップ式

- 各軸受け部に設置されたグリースカップ内にグリースを入れ給油を行う。各軸受け部に集中給油用の配管を設けることができない場合に用いられる。給油には手間、時間がかかる。
- 給油の方法は、蓋を締め込みグリースを押し出すねじ込み式、ハンドル式、スプリング式などがあり、グリースに圧力を掛けて軸受に圧入する。

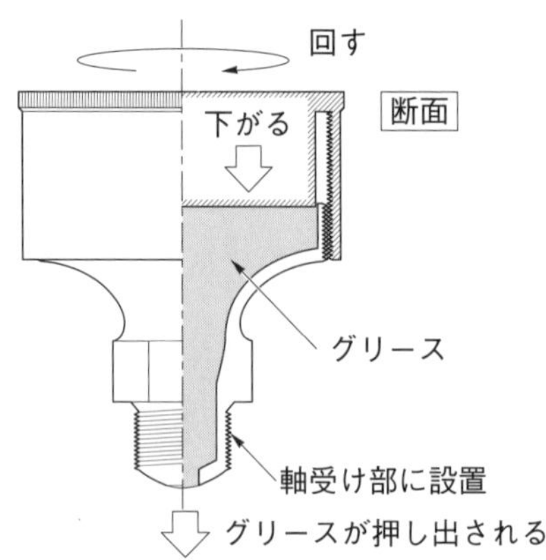

【ねじ込み式グリースカップ】

②**グリースガン式**

軸受やブレーキピンに設けられたグリースニップルにグリースガンを接続し、グリースを押し出して給油を行う。給油には手間、時間がかかるうえ、グリースニップルの形状によりグリースガンの先端（ノズル）を交換する必要がある。

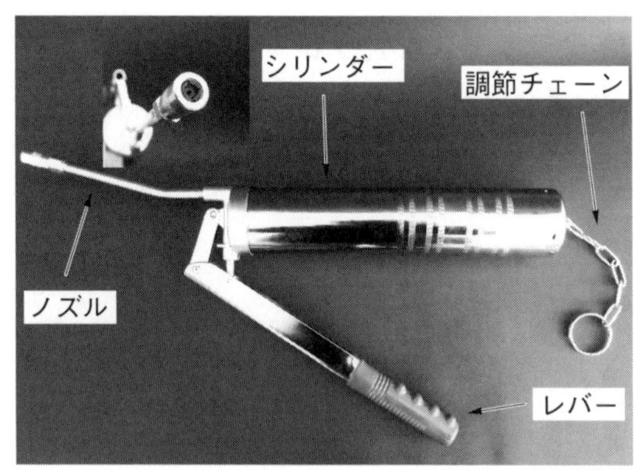

【グリースガン】

③**集中給油式**

- 手動または電動ポンプにより**給油管、分配管、分配弁を通じて各軸受に一定量の給油を行う**。
- 1回の給油で多くの箇所に給油ができ、また、給油量は分配弁で調整することができる。

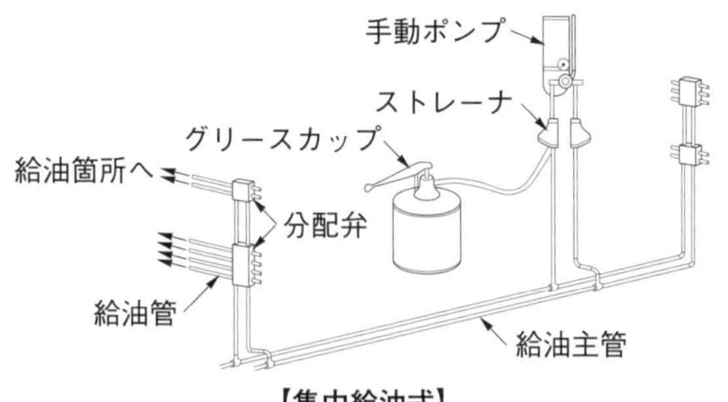

【集中給油式】

歯車、軸受の給油

◎歯車、軸受の給油が不足すると、焼付き、騒音、異常発熱、振動等が発生するおそれがあるため、定期的に給油する必要がある。

◎軸受へのグリースの給油は、次の頻度で行う。

①**転がり軸受**……………………………**6か月**に1回程度

②**平軸受（滑り軸受）**……………**毎日**1回程度

減速機箱の給油

◎減速機箱の歯車や軸受への給油は、減速機箱内のギヤ油を歯車の回転ではね飛ばし、飛ばされた油により潤滑する**油浴式**が用いられている。

◎ギヤ油は長時間の使用による劣化や、金属粉やゴミの混入による変質が生じるため、**定期的に点検**し、**必要に応じて交換**する必要がある。

◎減速機箱の油浴式給油装置の**油が白く濁っている場合**は、**水分**が多く混入しているおそれがある。

ワイヤロープの給油

◎ワイヤロープの心綱には、さび止めや素線間の摩擦を防ぐために油を染みこませてある。

◎使用により油がしみ出してしまうため、ワイヤロープにも給油を行う必要がある。また、ワイヤロープには、ロープ専用の**グリース**を塗布する。

7 点検及び保守管理　☆よく出る！

ワイヤロープの点検

◎ワイヤロープは、シーブの通過やドラムへの巻き取りにより、表面の摩耗や繰り返し曲げによる素線の断線が起こる。

◎そのためワイヤロープの点検は、**シーブの通過による繰り返し曲げを受ける部分、ロープ端部の取付部付近、エコライザシーブに掛かっている周辺の部分**に重点を置いて行う。

※基準に満たないワイヤロープは使用してはならない（2章6節. 玉掛用具2不適格な玉掛用具 参照）。

第2章　関係法令

◆略語について

◎本章において、法令名称を次のように略し条文の末尾に記載している。

略語	正式名称
法	労働安全衛生法
令	労働安全衛生法施行令
規則	労働安全衛生規則
安全規則	クレーン等安全規則

◆用語について

◎法令では基準値を表す際、次のような用語がよく使用されている。また、クレーンに関する法令等において、重量を質量の意味で用いているものがある。

用語	定義	
▪超えない ▪以上、以下 ▪以内、以外	その基準点を含む	超えない 以下 以内 以上 基準点を含む
▪未満 ▪下回る	その基準点を含まず、それより少ないこと	未満 下回る 超える 基準点を含まない
▪超える ▪上回る	その基準点を含まず、それより大きいこと	

◆目次と近年の出題歴・傾向　※傾向：★＝頻出度／数字＝関連する選択肢の数

項目		傾向	出題年月					
			R6.4	R5.10	R4.4	R3.10	R3.4	R2.10
1 クレーンの製造及び設置	1 製造許可（P.84）	★★★	1	1	1		1	1
	2 設置届（P.84）	★★★	1	1	1	1	1	1
	3 落成検査（P.85）	★★		1		2	1	
	4 仮荷重試験（P.86）							
	5 クレーン検査証（P.86）	★★★	2	1	2	2	1	1
	6 設置報告書（P.87）	★★★	1	1	1		1	1
	7 クレーンと建設物等との間隔（P.87）	★★★	5	5	5	5	5	5

項目		傾向	出題年月					
			R6.4	R5.10	R5.4	R4.10	R4.4	R3.10
[2] クレーンの使用及び就業	❶ 検査証の備付け（P.89）	★	1			1		
	❷ 使用の制限（P.89）							
	❸ 設計の基準とされた負荷条件（P.89）							
	❹ 巻過ぎの防止（P.89）	★★★	1	1	1	1	1	5
	❺ 安全弁の調整（P.90）	★★			1	1	1	
	❻ 安全装置等の有効保持（P.90）	★★			1	1	1	
	❼ 外れ止め装置の使用（P.91）	★					1	
	❽ 過負荷の制限（P.91）	★					1	
	❾ 傾斜角の制限（P.91）	★				1		
	❿ 定格荷重の表示等（P.92）	★	1		1			
	⓫ 運転の合図（P.92）							
	⓬ 搭乗の制限（P.92）							
	⓭ 立入禁止（P.93）	★★★	5	5	5	5	5	5
	⓮ 並置クレーンの修理等の作業（P.94）	★★		1	1	1	1	
	⓯ 運転禁止等（P.94）	★★			1		1	1
	⓰ 暴風時における逸走の防止（P.95）	★★			1	1	1	
	⓱ 強風時の作業中止（P.95）	★★	1	1			1	
	⓲ 強風時における損壊の防止（P.95）	★			1			
	⓳ 運転位置からの離脱の禁止（P.95）	★	1		1			
	⓴ 組立て等の作業（P.95）	★★★	4	2	1	3	1	2
[3] 定期自主検査等	❶ 年次自主検査（P.96）	★★★	1	1	2	2		1
	❷ 月次自主検査（P.97）	★★	1	1			3	3
	❸ 作業開始前の点検（P.97）	★★★	1	1	1	1	1	1
	❹ 暴風後等の点検（P.97）	★		1				
	❺ 自主検査等の記録（P.97）	★★★	1	1	1	1	1	1
	❻ 補修（P.97）	★★	1	1	1	1		
[4] クレーンの性能検査（P.98）		★★★	1	1	2	2		3
[5] クレーンの変更、休止、廃止等	❶ クレーンの変更（P.99）	★★★	2	2	1	2	5	1
	❷ 休止の報告（P.100）							
	❸ クレーンの使用再開（P.101）	★★★	2	2	2	1		2
	❹ 検査証の返還（P.102）							
[6] 玉掛用具	❶ 玉掛用具の安全係数（P.102）	★	1	1				
	❷ 不適格な玉掛用具（P.103）	★★★	3	4	5	5	5	5
	❸ リングの具備等（P.105）	★	1					
	❹ 使用範囲の制限（P.106）							
	❺ 作業開始前の点検（P.107）							
[7] クレーンの運転士免許	❶ クレーン運転士の資格（P.107）	★★★	5	5	4	4	4	5
	❷ 免許の欠格事項（P.108）	★				1		1
	❸ 免許証の携帯（P.109）	★★			1	1	1	1
	❹ 免許証の再交付または書替え（P.109）	★★	2	2	2			1
	❺ 免許の取消し等（P.109）	★★★	2	2	2	3	2	2
	❻ 免許の取消しの申請手続（P.110）							
	❼ 免許証の返還（P.110）	★★	1	1			1	
[8] 玉掛け（P.111）		★★			1	1	1	

1 クレーンの製造及び設置

1 製造許可

★よく出る！

◎［製造許可が必要なクレーン］を製造しようとする者は、その製造しようとするクレーンについて、あらかじめ、その事業場の所在地を管轄する**都道府県労働局長**（所轄都道府県労働局長）**の許可**を受けなければならない。ただし、既に当該許可を受けているクレーンと型式が同一であるクレーン（許可型式クレーン）については、この限りでない**(*)**。〈安全規則・3条－1項〉

◎上記の許可を受けようとする者は、クレーン製造許可申請書にクレーンの組立図及び次の事項を記載した書面を添えて、所轄都道府県労働局長に提出しなければならない。〈安全規則・3条－2項〉

①強度計算の基準

②製造の過程において行なう検査のための設備の概要

③主任設計者及び工作責任者の氏名及び経歴の概要

［製造許可が必要なクレーン］〈安全規則・3条－1項、令・12条－1項－3号〉

◎つり上げ荷重が3トン以上（スタッカー式クレーンは1トン以上）のクレーン

2 設置届

★よく出る！

◎事業者は、［設置届が必要なクレーン］を設置しようとするときは、その計画を当該工事の**開始の日の30日前までに**、所轄**労働基準監督署長**に届け出なければならない。ただし、認定を受けた事業者については、この限りでない。

〈法・88条－1項〉

◎事業者は、［設置届が必要なクレーン］を設置しようとするときは、クレーン設置届にクレーン明細書、クレーンの組立図、クレーンの種類に応じて構造部分の強度計算書及び次の事項を記載した書面を添えて、その事業場の所在地を管轄する労働基準監督署長（所轄労働基準監督署長）に提出しなければならない。

〈安全規則・5条〉

①据え付ける箇所の周囲の状況

②基礎の概要

③走行クレーンにあっては、走行する範囲

［設置届が必要なクレーン］〈安全規則・3条－1項、令・12条－1項－3号〉

◎つり上げ荷重が3トン以上（スタッカー式クレーンは1トン以上）のクレーン

3 落成検査

◎［落成(*)検査が必要なクレーン］を設置した者は、当該クレーンについて、所轄**労働基準監督署長の検査**を受けなければならない。ただし、所轄労働基準監督署長が当該検査の必要がないと認めたクレーンについては、この限りでない。

〈安全規則・6条－1項〉

◎落成検査においては、クレーンの各部分の構造及び機能について点検を行なうほか、［**荷重試験**］及び［**安定度試験**］を行なうものとする。ただし、天井クレーン、橋形クレーン等転倒するおそれのないクレーンの落成検査においては、荷重試験に限るものとする。〈安全規則・6条－2項〉

［落成検査が必要なクレーン］〈安全規則・3条－1項、令・12条－1項－3号〉

◎つり上げ荷重が3トン以上（スタッカー式クレーンは1トン以上）のクレーン

［荷重試験］〈安全規則・6条－3項〉

◎荷重試験は、クレーンに**定格荷重の1.25倍**に相当する荷重の荷をつって、つり上げ、走行、旋回、トロリの横行等の作動を行なうものとする。ただし、**定格荷重が200トンをこえる場合**は、定格荷重に**50トンを加えた荷重**の荷をつって、つり上げ、走行、旋回、トロリの横行等の作動を行なうものとする。

［安定度試験］〈安全規則・6条－4項〉

◎安定度試験は、クレーンに**定格荷重の1.27倍**に相当する荷重の荷をつって、当該クレーンの**安定に関し最も不利な条件**で地切りすることにより行なうものとする。この場合において、逸走防止装置、レールクランプ等の装置は、作用させないものとする。

◎落成検査を受けようとする者は、クレーン落成検査申請書を所轄労働基準監督署長に提出しなければならない。この場合において、労働基準監督署長が行う認定を受けたことにより設置届をしていないときは、明細書、組立図、強度計算書及び書面その他落成検査に必要な書面を添付するものとする。

〈安全規則・6条－6項〉

落成検査を受ける場合の措置

◎落成検査を受ける者は、当該検査を受けるクレーンについて、荷重試験及び安定度試験のための荷及び玉掛用具を準備しなければならない。〈安全規則・7条－1項〉

◎所轄労働基準監督署長は、落成検査のために必要があると認めるときは、当該検査に係るクレーンについて、次の事項を当該検査を受ける者に命ずることができる。〈安全規則・7条－2項〉

①安全装置を分解すること。

②塗装の一部をはがすこと。

③リベット **(*)** を抜き出し、または部材の一部に穴をあけること。

④ワイヤロープの一部を切断すること。

⑤前各号に掲げる事項のほか、当該検査のため必要と認める事項

◎落成検査を受ける者は、当該検査に立ち会わなければならない。〈安全規則・7条－3項〉

4 仮荷重試験

◎クレーンの製造許可を受けた者は、当該許可に係るクレーンまたは許可型式クレーンについて、所轄都道府県労働局長が行う仮荷重試験を受けることができる。〈安全規則・8条－1項〉

◎仮荷重試験を受けようとする者は、クレーン仮荷重試験申請書にクレーンの組立図を添えて、所轄都道府県労働局長に提出しなければならない。

〈安全規則・8条－2項〉

◎所轄都道府県労働局長は、仮荷重試験を行ったクレーンについて、仮荷重試験成績表を作成し、仮荷重試験を受けた者に交付するものとする。〈安全規則・8条－3項〉

5 クレーン検査証

★よく出る！

◎所轄労働基準監督署長は、落成検査に合格したクレーンまたは所轄労働基準監督署長が落成検査の必要がないと認めたクレーンについて、申請書を提出した者に対し、クレーン検査証を交付するものとする。〈安全規則・9条－1項〉

◎クレーンを設置している者は、クレーン検査証を滅失し、または損傷したときは、クレーン検査証再交付申請書に次の書面を添えて、所轄労働基準監督署長に提出し、再交付を受けなければならない。〈安全規則・9条－2項〉

①クレーン検査証を滅失したときは、その旨を明らかにする書面

②クレーン検査証を損傷したときは、当該クレーン検査証

◎**クレーンを設置している者**に**異動**があったときは、クレーンを設置している者は、当該**異動後10日以内**に、クレーン検査証書替申請書にクレーン検査証を添えて、所轄労働基準監督署長に提出し、書替えを受けなければならない。

〈安全規則・9条－3項〉

クレーン検査証の有効期間

◎クレーン検査証の有効期間は、**2年**とする。ただし、落成検査の結果により当該期間を**2年未満**とすることができる。〈安全規則・10条〉

6 設置報告書

★よく出る！

◎［設置報告書が必要なクレーン］を設置しようとする事業者は、**あらかじめ**、クレーン設置報告書を所轄**労働基準監督署長**に提出しなければならない。ただし、認定を受けた事業者については、この限りでない。〈安全規則・11条〉

◎事業者は、［設置報告書が必要なクレーン］を設置したときは、当該クレーンについて、［**荷重試験**］及び［**安定度試験**］を行なわなければならない。〈安全規則・12条〉

［設置報告書が必要なクレーン］　〈令・13条－3項－14号〉

◎つり上げ荷重が0.5トン以上3トン未満（スタッカー式クレーンは0.5トン以上1トン未満）のクレーン

［荷重試験］　〈安全規則・6条－3項〉

◎荷重試験は、クレーンに**定格荷重の1.25倍**に相当する荷重の荷をつって、つり上げ、走行、旋回、トロリの横行等の作動を行なうものとする。ただし、**定格荷重が200トンをこえる場合**は、定格荷重に**50トンを加えた荷重**の荷をつって、つり上げ、走行、旋回、トロリの横行等の作動を行なうものとする。

［安定度試験］　〈安全規則・6条－4項〉

◎安定度試験は、クレーンに**定格荷重の1.27倍**に相当する荷重の荷をつって、当該クレーンの**安定に関し最も不利な条件**で地切りすることにより行なうものとする。この場合において、逸走防止装置、レールクランプ等の装置は、作用させないものとする。

7 クレーンと建設物等との間隔

★よく出る！

走行クレーンと建設物等との間隔

◎事業者は、建設物の内部に設置する走行クレーンと当該建設物またはその内部の設備との間隔については、次に定めるところによらなければならない。ただし、クレーンガーダを有しないもの及びクレーンガーダに歩道を有しないものを**除く**。〈安全規則・13条〉

①当該走行クレーンの最高部と火打材、はり、けた等建設物の部分または配管、他のクレーンその他の設備で、当該走行クレーンの上方にあるものとの間隔は、**0.4m以上**とすること。**ただし、集電装置の部分を除く**。

②クレーンガーダの歩道と火打材、はり、けた等建設物の部分または配管、他のクレーンその他の設備で、当該歩道の上方にあるものとの間隔は、**1.8m以上**とすること。ただし、クレーンガーダの**歩道の上に設けられた天がい(*)**で、当該歩道からの高さが**1.5m以上**のものを取り付けるときは、この限りでない。

〈安全規則・13 条〉　　※立面図

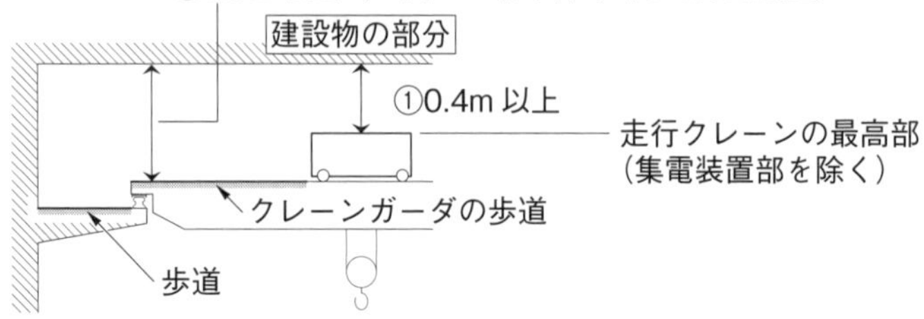

【走行クレーンと建設物等との間隔】

建設物等との間の歩道

◎事業者は、走行クレーンまたは旋回クレーンと建設物または設備との間に歩道を設けるときは、その幅を **0.6m 以上**としなければならない。ただし、当該歩道のうち建設物の**柱に接する部分**については、**0.4m 以上**とすることができる。

〈安全規則・14 条〉

運転室等と歩道との間隔

◎事業者は、クレーンの運転室もしくは運転台の端と当該運転室もしくは運転台に通ずる歩道の端との間隔またはクレーンガーダの歩道の端と当該歩道に通ずる歩道の端との間隔については、**0.3m 以下**としなければならない。ただし、労働者が墜落することによる危険を生ずるおそれのないときは、この限りでない。

〈安全規則・15 条〉

〈安全規則・14 条 15 条〉　　※平面図

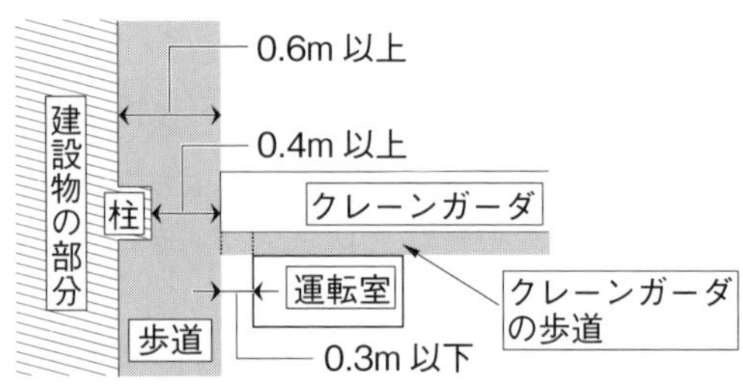

【建設物等との間の歩道、及び運転室等と歩道との間隔】

2 クレーンの使用及び就業

1 検査証の備付け

◎事業者は、[検査証の備えつけが必要なクレーン] を用いて作業を行なうときは、当該作業を行なう場所に、当該クレーンのクレーン検査証を備え付けておかなければならない。〈安全規則・16条〉

[検査証の備えつけが必要なクレーン] 〈安全規則・3条－1項、令・12条－1項－3号〉

◎つり上げ荷重が3トン以上（スタッカー式クレーンは1トン以上）のクレーン

2 使用の制限

◎検査証を受けた特定機械等は、検査証とともにするのでなければ、譲渡し、又は貸与してはならない。〈法・40条－2項〉

◎事業者は、[規格に準拠しなければならないクレーン] については、構造に係る部分がクレーン構造規格に適合するものでなければ使用してはならない。

〈安全規則・17条〉

[規格に準拠しなければならないクレーン] 〈安全規則・3条－1項、令・12条－1項－3号〉

◎つり上げ荷重が3トン以上（スタッカー式クレーンは1トン以上）のクレーン

3 設計の基準とされた負荷条件

◎事業者は、クレーンを使用するときは、当該クレーンの構造部分を構成する鋼材等の変形、折損等を防止するため、当該クレーンの設計の基準とされた荷重を受ける回数及び常態としてつる荷の重さ（負荷条件）に留意するものとする。

〈安全規則・17条の2〉

4 巻過ぎの防止 ★よく出る！

◎事業者は、クレーンの巻過防止装置については、フック、グラブバケット等のつり具の上面または当該つり具の巻上げ用シーブの上面とドラム、シーブ、トロリフレームその他当該上面が接触するおそれのある物（傾斜したジブを除く）の下面との間隔が**0.25m 以上**となるように調整しておかなければならない。ただし、**直働式の巻過防止装置**にあっては、**0.05m 以上**となるように調整しておかなければならない。〈安全規則・18条〉

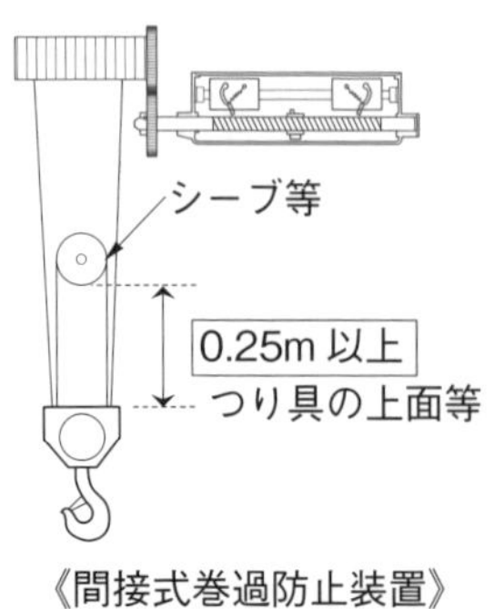

《間接式巻過防止装置》

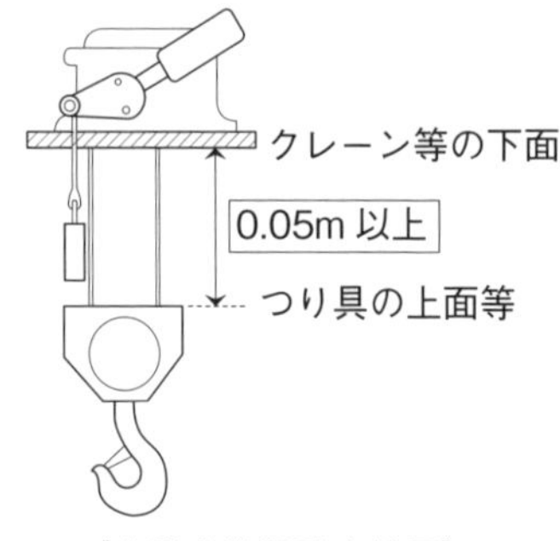

《直働式巻過防止装置》

【巻過ぎの防止】

◎事業者は、巻過防止装置を具備 **(*)** しないクレーンについては、巻上げ用ワイヤロープに標識を付すること、警報装置を設けること等巻上げ用ワイヤロープの巻過ぎによる労働者の危険を防止するための措置を講じなければならない。〈安全規則・19 条〉

5 安全弁の調整

◎事業者は、水圧または油圧を動力として用いるクレーンの当該水圧または油圧の過度の昇圧を防止するための安全弁については、**定格荷重（ジブクレーンは最大の定格荷重）に相当する荷重**をかけたときの水圧または油圧に相当する圧力以下で作用するように調整しておかなければならない。ただし、定格荷重をこえる荷重をかける場合または荷重試験もしくは安定度試験を行なう場合において、これらの場合における水圧または油圧に相当する圧力で作用するように調整するときは、この限りでない。〈安全規則・20 条〉

6 安全装置等の有効保持

◎事業者は、法及びこれに基づく命令により設けた安全装置、覆い、囲い等（安全装置等）が有効な状態で使用されるようそれらの点検及び整備を行なわなければならない。〈規則・28 条〉

◎労働者は、安全装置等について、次の事項を守らなければならない。〈規則・29 条－1 項〉

①安全装置等を取りはずし、またはその機能を失わせないこと。
②臨時に安全装置等を取りはずし、またはその機能を失わせる必要があるときは、あらかじめ、事業者の許可を受けること。
③②の許可を受けて安全装置等を取りはずし、またはその機能を失わせたときは、その必要がなくなった後、直ちにこれを原状に復しておくこと。

④安全装置等が取りはずされ、またはその機能を失ったことを発見したときは、すみやかに、その旨を事業者に申し出ること。

◎事業者は、労働者から上記④の規定による申出があったときは、**すみやかに、適当な措置**を講じなければならない。〈規則・29条－2項〉

7 外れ止め装置の使用

◎事業者は、玉掛け用ワイヤロープ等がフックから外れることを防止するための装置（外れ止め装置）を具備するクレーンを用いて荷をつり上げるときは、当該外れ止め装置を使用しなければならない。〈安全規則・20条の2〉

8 過負荷の制限

◎事業者は、クレーンにその定格荷重をこえる荷重をかけて使用してはならない。

〈安全規則・23条－1項〉

◎上記の規定にかかわらず、事業者は、やむを得ない事由により上記の規定によることが著しく困難な場合において、次の措置を講ずるときは、定格荷重をこえ、[荷重試験] でかけた荷重まで荷重をかけて使用することができる。

〈安全規則・23条－2項〉

①あらかじめ、クレーン特例報告書（様式第10号）を所轄労働基準監督署長に提出すること。

②あらかじめ、[荷重試験] を行ない、異常がないことを確認すること。

③作業を指揮する者を指名して、その者の直接の指揮のもとに作動させること。

[荷重試験]　〈安全規則・6条－3項〉

◎荷重試験は、クレーンに**定格荷重の1.25倍**に相当する荷重の荷をつって、つり上げ、走行、旋回、トロリの横行等の作動を行なうものとする。ただし、**定格荷重が200トンをこえる場合**は、定格荷重に**50トンを加えた荷重**の荷をつって、つり上げ、走行、旋回、トロリの横行等の作動を行なうものとする。

◎事業者は、上記②の規定により荷重試験を行なったとき、及びクレーンに定格荷重をこえる荷重をかけて使用したときは、その結果を記録し、これを3年間保存しなければならない。〈安全規則・23条－3項〉

9 傾斜角の制限

◎事業者は、ジブクレーンについては、**クレーン明細書**に記載されている**ジブの傾斜角**の範囲をこえて使用してはならない。ただし、つり上げ荷重が3トン未満のジブクレーンにあっては、これを製造した者が指定した**ジブの傾斜角**の範囲をこえて使用してはならない。〈安全規則・24条〉

⑩ 定格荷重の表示等

◎事業者は、クレーンを用いて作業を行うときは、クレーンの運転者及び玉掛けをする者が当該クレーンの**定格荷重を常時知ることができるよう、表示その他の措置**を講じなければならない。〈安全規則・24条の2〉

⑪ 運転の合図

◎事業者は、クレーンを用いて作業を行なうときは、クレーンの運転について一定の合図を定め、合図を行なう者を指名して、その者に合図を行なわせなければならない。ただし、クレーンの運転者に単独で作業を行なわせるときは、この限りでない。〈安全規則・25条－1項〉

◎上記の指名を受けた者は、同項の作業に従事するときは、同項の合図を行なわなければならない。〈安全規則・25条－2項〉

◎クレーンを用いた作業に従事する労働者は、同項の合図に従わなければならない。

〈安全規則・25条－3項〉

⑫ 搭乗の制限

◎事業者は、クレーンにより、労働者を運搬し、または労働者をつり上げて作業させてはならない。〈安全規則・26条〉

◎事業者は、上記の規定にかかわらず、作業の性質上やむを得ない場合または安全な作業の遂行上必要な場合は、クレーンのつり具に専用のとう乗設備を設けて当該とう乗設備に労働者を乗せることができる。〈安全規則・27条－1項〉

◎事業者は、上記のとう乗設備については、墜落による労働者の危険を防止するため次の事項を行わなければならない。〈安全規則・27条－2項〉

①とう乗設備の転位及び脱落を防止する措置を講ずること。

②労働者に墜落制止用器具である安全帯、その他の命綱を使用させること。

〈令・13条－3項－28号〉

③とう乗設備を下降させるときは、動力下降の方法によること。

◎労働者は、上記の場合において安全帯等の使用を命じられたときは、これを使用しなければならない。〈安全規則・27条－3項〉

⑬ 立入禁止　★よく出る！

◎事業者は、ケーブルクレーンを用いて作業を行なうときは、巻上げ用ワイヤロープもしくは横行用ワイヤロープが通っているシーブまたはその取付け部の破損により、当該ワイヤロープがはね、または当該シーブもしくはその取付具が飛来することによる労働者の危険を防止するため、当該ワイヤロープの内角側で、当該危険を生ずるおそれのある箇所に労働者を立ち入らせてはならない。

〈安全規則・28 条〉

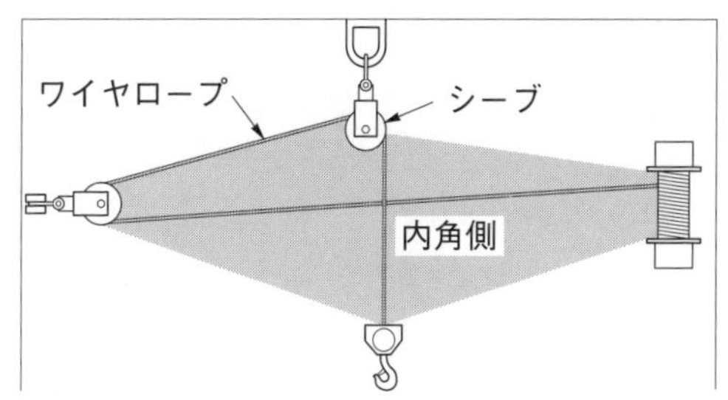

【ワイヤロープの内角側の例】

◎事業者は、クレーンに係る作業を行う場合であって、次のいずれかに該当するときは、つり上げられている荷の下に労働者を**立ち入らせてはならない**。

〈安全規則・29 条〉

①**ハッカー**を用いて（編注：**個数を問わず**）玉掛けをした荷がつり上げられているとき。

②**つりクランプ１個**を用いて玉掛けをした荷がつり上げられているとき。

③ワイヤロープ、つりチェーン、繊維ロープまたは繊維ベルトを用いて**一箇所**に玉掛けをした荷がつり上げられているとき。ただし、当該荷に設けられた**穴またはアイボルトにワイヤロープ等を通して**玉掛けをしている場合を**除く**。

④**複数の荷**が一度につり上げられている場合であって、当該複数の荷が結束され、箱に入れられる等により**固定されていない**とき。

⑤**磁力または陰圧**（編注：リフティングマグネット、バキューム式つり具等）により吸着させるつり具または玉掛用具を用いて玉掛けをした荷がつり上げられているとき。

⑥**動力下降以外**の方法（編注：自由降下など）により荷またはつり具を下降させるとき。（編注：いかなる状況も該当する。従って、動力下降以外の方法で荷またはつり具を下降させる場合は、たとえ上記①～⑤に該当しなくても、吊り荷の下への労働者の立ち入りは禁止ということになる。）

①ハッカー
※個数問わず

②１個のつりクランプ

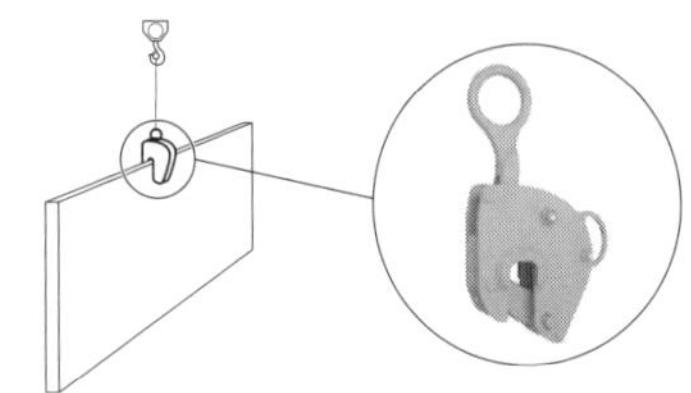

③１箇所の玉掛け

④複数の荷が固定されていない

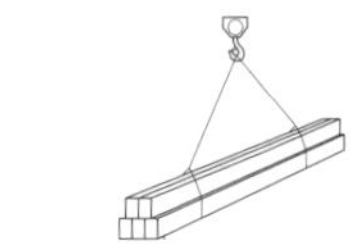

⑤磁力または陰圧

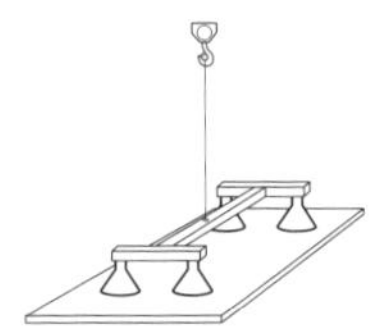

⑥自由降下によるつり荷下降時

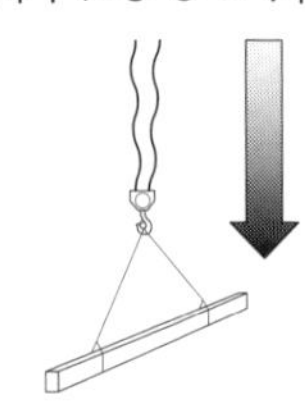

【つり荷の下への立入禁止】

⑭ 並置クレーンの修理等の作業 **★よく出る！**

◎事業者は、**同一のランウェイに並置されている走行クレーンの修理、調整、点検等の作業**を行なうとき、またはランウェイの上その他走行クレーンが労働者に接触することにより労働者に危険を生ずるおそれのある箇所において作業を行なうときは、監視人をおくこと、**ランウェイの上にストッパーを設ける**こと等走行クレーンと走行クレーンが衝突し、または走行クレーンが労働者に接触することによる**労働者の危険を防止するための措置**を講じなければならない。

〈安全規則・30条〉

⑮ 運転禁止等

◎事業者は、天井クレーンのクレーンガーダの上または橋形クレーンのクレーンガーダ、カンチレバーもしくは脚の上において点検等の作業を行うときは、天井クレーン等が不意に起動することによる労働者の墜落、挟まれ等の危険を防止するため、次の①及び②の措置をとらなければならない。

①当該天井クレーン等の運転を禁止する

②当該天井クレーン等の操作部分に運転を禁止する旨の表示をする

ただし、天井クレーン等の点検等の作業を指揮する者を定め、その者に点検等の作業を指揮させ、かつ、クレーンガーダ、カンチレバーまたは脚の上において点検等の作業に従事する労働者と運転する者との間の連絡及び合図の方法を定め、当該方法により連絡及び合図を行わせるときは、この限りでない。

〈安全規則・30条の2〉

16 暴風時における逸走の防止

◎事業者は、瞬間風速が毎秒30mをこえる風が吹くおそれのあるときは、屋外に設置されている走行クレーンについて、逸走防止装置を作用させる等その逸走を防止するための措置を講じなければならない。〈安全規則・31条〉

17 強風時の作業中止

◎事業者は、強風のため、クレーンに係る作業の実施について危険が予想されるときは、当該作業を中止しなければならない。〈安全規則・31条の2〉

18 強風時における損壊の防止

◎事業者は、「強風時の作業中止」の規定により作業を中止した場合であってジブクレーンのジブが損壊するおそれのあるときは、当該ジブの位置を固定させる等によりジブの損壊による労働者の危険を防止するための措置を講じなければならない。〈安全規則・31条の3〉

19 運転位置からの離脱の禁止

◎事業者は、クレーンの運転者を、**荷をつったままで**、運転位置から離れさせてはならない。〈安全規則・32条－1項〉

◎上記の運転者は、**荷をつったままで**、運転位置を離れてはならない。

〈安全規則・32条－2項〉

20 組立て等の作業

☆よく出る！

◎事業者は、クレーンの組立てまたは解体の作業を行なうときは、次の措置を講じなければならない。〈安全規則・33条－1項〉

①**作業を指揮する者を選任**して、**その者の指揮のもとに作業を実施**させること。

②作業を行なう区域に**関係労働者以外**の労働者が**立ち入ることを禁止**し、かつ、**その旨を見やすい箇所に表示**すること。

③強風、大雨、大雪等の**悪天候のため**、作業の実施について**危険**が予想されるときは、当該作業に**労働者を従事させない**こと。

◎事業者は、上記①の作業を指揮する者に、次の事項を行なわせなければならない。〈安全規則・33条－2項〉

①作業の方法及び労働者の配置を決定し、作業を指揮すること。
②材料の欠点の有無並びに器具及び工具の機能を点検し、不良品を取り除くこと。
③作業中、安全帯等及び保護帽の使用状況を監視すること。

3 定期自主検査等

1 年次自主検査 ★よく出る！

◎事業者は、クレーンを設置した後、1年以内ごとに一回、定期に、当該クレーンについて自主検査を行なわなければならない。ただし、**1年をこえる期間**使用しないクレーンの当該使用しない期間においては、この限りでない。〈安全規則・34条－1項〉

◎事業者は、1年をこえる期間使用しないクレーンについては、その使用を**再び開始する際**に、自主検査を行なわなければならない。〈安全規則・34条－2項〉

◎事業者は、自主検査においては、［**荷重試験**］を行わなければならない。ただし、次の各号のいずれかに該当するクレーンについては、この限りでない。〈安全規則・34条－3項〉

①当該自主検査を行う日**前2月以内**に［荷重試験］を行ったクレーンまたは当該自主検査を行う日**後2月以内**にクレーン検査証の**有効期間が満了**するクレーン
②発電所、変電所等の場所で荷重試験を行うことが著しく困難なところに設置されており、かつ、所轄労働基準監督署長が荷重試験の必要がないと認めたクレーン

［荷重試験］〈安全規則・34条－4項〉

◎荷重試験は、クレーンに**定格荷重に相当する荷重**の荷をつって、つり上げ、走行、旋回、トロリの横行等の作動を定格速度により行なうものとする。

2 月次自主検査　★よく出る！

◎事業者は、クレーンについて、１月以内ごとに一回、定期に、次の事項について自主検査を行なわなければならない。ただし、**１月をこえる期間**使用しないクレーンの当該使用しない期間においては、この限りでない。〈安全規則・35条－１項〉

①巻過防止装置その他の安全装置、過負荷警報装置その他の警報装置、ブレーキ及びクラッチの異常の有無

②ワイヤロープ及びつりチェーンの損傷の有無

③フック、グラブバケット等のつり具の損傷の有無

④配線、集電装置、配電盤、開閉器及びコントローラーの異常の有無

⑤ケーブルクレーンにあっては、メインロープ、レールロープ及びガイロープを緊結している部分の異常の有無並びにウインチの据付けの状態

◎事業者は、**１月をこえる期間使用しないクレーン**については、その使用を再び**開始する際に**、上記の事項について自主検査を行なわなければならない。

〈安全規則・35条－２項〉

3 作業開始前の点検　★よく出る！

◎事業者は、クレーンを用いて作業を行なうときは、その日の作業を開始する前に、次の事項について点検を行なわなければならない。〈安全規則・36条〉

①**巻過防止装置、ブレーキ、クラッチ**及び**コントローラー**の機能

②**ランウェイの上**及び**トロリが横行するレール**の状態

③**ワイヤロープが通っている箇所**の状態

4 暴風後等の点検

◎事業者は、屋外に設置されているクレーンを用いて瞬間風速が毎秒30mをこえる風が吹いた後に作業を行なうとき、またはクレーンを用いて中震以上（編注：震度階級４以上）の震度の地震の後に作業を行なうときは、**あらかじめ**、クレーンの**各部分の異常の有無について点検**を行なわなければならない。〈安全規則・37条〉

5 自主検査等の記録　★よく出る！

◎事業者は、自主検査及び点検（作業開始前の点検を除く）の結果を記録し、これを**３年間**保存しなければならない。〈安全規則・38条〉

6 補修　★よく出る！

◎事業者は、自主検査または点検を行なった場合において、異常を認めたときは、**直ちに補修**しなければならない。〈安全規則・39条〉

4 クレーンの性能検査

性能検査

★よく出る！

◎クレーンに係る性能検査においては、クレーンの各部分の構造及び機能について点検を行なうほか、［荷重試験］を行なうものとする。〈安全規則・40条－1項〉

［荷重試験］〈安全規則・34条－4項〉

◎荷重試験は、クレーンに**定格荷重に相当する荷重**の荷をつって、つり上げ、走行、旋回、トロリの横行等の作動を定格速度により行なうものとする。

性能検査の申請等

◎クレーンに係る労働基準監督署長が行う性能検査を受けようとする者は、クレーン性能検査申請書を所轄**労働基準監督署長**に提出しなければならない。

〈安全規則・41条〉

検査証の有効期間等

◎検査証の有効期間の更新を受けようとする者は、厚生労働省令で定めるところにより（中略）、**登録性能検査機関**が行う性能検査を受けなければならない。

〈法・41条の2〉

性能検査を受ける場合の措置

◎性能検査を受ける者は、当該検査を受けるクレーンについて、荷重試験のための荷及び玉掛用具を準備しなければならない。〈安全規則・42条、7条－1項準用〉

◎所轄労働基準監督署長は、性能検査のために必要があると認めるときは、当該検査に係るクレーンについて、次の事項を当該検査を受ける者に命ずることができる。〈安全規則・42条、7条－2項準用〉

①安全装置を分解すること。

②塗装の一部をはがすこと。

③リベットを抜き出し、または部材の一部に穴をあけること。

④ワイヤロープの一部を切断すること。

⑤上記①～④に掲げる事項のほか、当該検査のため必要と認める事項

◎性能検査を受ける者は、当該検査に立ち会わなければならない。

〈安全規則・42条、7条－3項準用〉

検査証の有効期間の更新

◎厚生労働大臣の登録を受けた者（登録性能検査機関）は、クレーンに係る性能検査に合格したクレーンについて、クレーン検査証の有効期間を更新するものとする。この場合において、性能検査の結果により**2年未満または2年を超え3年以内の期間**を定めて有効期間を更新することができる。〈安全規則・43条〉

5 クレーンの変更、休止、廃止等

1 クレーンの変更

☆よく出る！

変更届

◎事業者は、[変更届が必要なクレーン] について、次のいずれかに掲げる部分を変更しようとするときは、その計画を当該工事の**開始の日の30日前までに**、クレーン変更届に**クレーン検査証**及び**変更しようとする部分の図面**を添えて、所轄**労働基準監督署長**に提出しなければならない。ただし、ワイヤロープまたはつりチェーンの図面を除く。〈法・88条－1項、安全規則・44条〉

①クレーンガーダ、ジブ、脚、塔その他の構造部分
②原動機
③ブレーキ
④つり上げ機構
⑤ワイヤロープまたはつりチェーン
⑥フック、グラブバケット等のつり具

[変更届が必要なクレーン] 〈安全規則・3条－1項、令・12条－1項－3号〉

◎つり上げ荷重が3トン以上（スタッカー式クレーンは1トン以上）のクレーン

変更検査

◎上記「変更届」①に該当する部分（クレーンガーダ、ジブ、脚、塔その他の構造部分）に変更を加えた者は、当該クレーンについて、所轄労働基準監督署長の検査（変更検査）を受けなければならない。ただし、所轄労働基準監督署長が当該検査の必要がないと認めたクレーンについては、この限りでない。〈安全規則・45条－1項〉

◎変更検査においては、クレーンの各部分の構造及び機能について点検を行なうほか、[**荷重試験**] 及び [**安定度試験**] を行なうものとする。ただし、天井クレーン、橋形クレーン等転倒するおそれのないクレーンの変更検査においては、[荷重試験] に限るものとする。〈安全規則・45条－2項、6条－2項準用〉

[荷重試験] 〈安全規則・45条－2項、6条－3項準用〉

◎荷重試験は、クレーンに**定格荷重の1.25倍**に相当する荷重の荷をつって、つり上げ、走行、旋回、トロリの横行等の作動を行なうものとする。ただし、**定格荷重が200トンをこえる場合**は、定格荷重に**50トンを加えた荷重**の荷をつって、つり上げ、走行、旋回、トロリの横行等の作動を行なうものとする。

［安定度試験］〈安全規則・45条－2項、6条－4項準用〉

◎安定度試験は、クレーンに**定格荷重の1.27倍**に相当する荷重の荷をつって、当該クレーンの**安定に関し最も不利な条件で**地切りすることにより行なうものとする。この場合において、逸走防止装置、レールクランプ等の装置は、作用させないものとする。

◎変更検査を受けようとする者は、クレーン変更検査申請書を所轄労働基準監督署長に提出しなければならない。〈安全規則・45条－3項〉

変更検査を受ける場合の措置

◎変更検査を受ける者は、当該検査を受けるクレーンについて、荷重試験及び安定度試験のための荷及び玉掛用具を準備しなければならない。

〈安全規則・46条、7条－1項準用〉

◎所轄労働基準監督署長は、変更検査のために必要があると認めるときは、当該検査に係るクレーンについて、次の事項を当該検査を受ける者に命ずることができる。〈安全規則・46条、7条－2項準用〉

①安全装置を分解すること。

②塗装の一部をはがすこと。

③リベットを抜き出し、または部材の一部に穴をあけること。

④ワイヤロープの一部を切断すること。

⑤上記①～④に掲げる事項のほか、当該検査のため必要と認める事項。

◎変更検査を受ける者は、当該検査に立ち会わなければならない。

〈安全規則・46条、7条－3項準用〉

検査証の裏書

◎所轄労働基準監督署長は、変更検査に合格したクレーンまたは所轄労働基準監督署長が当該検査の必要がないと認めたクレーンについて、当該クレーン検査証に検査期日、変更部分及び検査結果について裏書を行なうものとする。

〈安全規則・47条〉

2 休止の報告

◎［休止の報告が必要なクレーン］を設置している者がクレーンの使用を休止しようとする場合において、その休止しようとする期間がクレーン検査証の有効期間を経過した後にわたるときは、当該クレーン検査証の**有効期間中に**その旨を所轄**労働基準監督署長**に報告しなければならない。ただし、認定を受けた事業者については、この限りでない。〈安全規則・48条〉

［休止の報告が必要なクレーン］〈安全規則・3条－1項、令・12条－1項－3号〉

◎つり上げ荷重が3トン以上（スタッカー式クレーンは1トン以上）のクレーン

3 クレーンの使用再開

★よく出る！

使用再開検査

◎使用を休止したクレーンを再び使用しようとする者は、当該クレーンについて、所轄労働基準監督署長の検査（使用再開検査）を受けなければならない。

〈安全規則・49条－1項〉

◎使用再開検査においては、クレーンの各部分の構造及び機能について点検を行なうほか、[**荷重試験**] 及び [**安定度試験**] を行なうものとする。ただし、天井クレーン、橋形クレーン等転倒するおそれのないクレーンの使用再開検査においては、[荷重試験] に限るものとする。〈安全規則・49条－2項、6条－2項準用〉

[荷重試験]　〈安全規則・49条－2項、6条－3項準用〉

◎荷重試験は、クレーンに**定格荷重の1.25倍**に相当する（**定格荷重が200トンをこえる場合**は、定格荷重に**50トンを加えた**）荷重の荷をつって、つり上げ、走行、旋回、トロリの横行等の作動を行なうものとする。

[安定度試験]　〈安全規則・49条－2項、6条－4項準用〉

◎安定度試験は、クレーンに**定格荷重の1.27倍**に相当する荷重の荷をつって、当該クレーンの**安定に関し最も不利な条件で**地切りすることにより行なうものとする。この場合において、逸走防止装置、レールクランプ等の装置は、作用させないものとする。

◎使用再開検査を受けようとする者は、クレーン使用再開検査申請書を所轄**労働基準監督署長**に提出しなければならない。〈安全規則・49条－3項〉

使用再開検査を受ける場合の措置

◎使用再開検査を受ける者は、当該検査を受けるクレーンについて、荷重試験及び安定度試験のための荷及び玉掛用具を準備しなければならない。

〈安全規則・50条、7条－1項準用〉

◎所轄労働基準監督署長は、使用再開検査のために必要があると認めるときは、当該検査に係るクレーンについて、次の事項を当該検査を受ける者に命ずることができる。〈安全規則・50条、7条－2項準用〉

①安全装置を分解すること。

②塗装の一部をはがすこと。

③リベットを抜き出し、または部材の一部に穴をあけること。

④ワイヤロープの一部を切断すること。

⑤上記①～④に掲げる事項のほか、当該検査のため必要と認める事項。

◎使用再開検査を受ける者は、当該検査に立ち会わなければならない。

〈安全規則・50条、7条－3項準用〉

検査証の裏書

◎所轄労働基準監督署長は、使用再開検査に合格したクレーンについて、当該クレーン検査証に検査期日及び検査結果について裏書(*)を行なうものとする。

〈安全規則・51条〉

4 検査証の返還

◎［検査証の返還が必要なクレーン］を設置している者が当該クレーンについて、その**使用を廃止**したとき、またはつり上げ荷重を3トン未満（スタッカー式クレーンは1トン未満）に変更したときは、その者は、**遅滞なく**、クレーン検査証を所轄**労働基準監督署長**に返還しなければならない。〈安全規則・52条〉

［検査証の返還が必要なクレーン］〈安全規則・3条－1項、令・12条－1項－3号〉

◎つり上げ荷重が3トン以上（スタッカー式クレーンは1トン以上）のクレーン

6 玉掛用具

1 玉掛用具の安全係数（※第4章第6節3〈まとめ表〉参照 P174）

玉掛け用ワイヤロープの安全係数

◎事業者は、クレーンの玉掛用具であるワイヤロープの安全係数については、**6以上**でなければ使用してはならない。〈安全規則・213条－1項〉

◎上記の安全係数は、ワイヤロープの切断荷重の値を、当該ワイヤロープにかかる荷重の最大の値で除した値とする。〈安全規則・213条－2項〉

※編注：ワイヤロープの切断荷重が600kgの場合、当該ワイヤロープには100kgの荷重しかかけてはならないことになる。

$$\text{安全係数} = \frac{\text{ワイヤロープの切断荷重の値}}{\text{ワイヤロープにかかる荷重の最大値}} = 6\text{以上}$$

玉掛け用つりチェーンの安全係数

◎事業者は、クレーンの玉掛用具であるつりチェーンの安全係数については、次に掲げるつりチェーンの区分に応じ、当該各号に掲げる値以上でなければ使用してはならない。〈安全規則・213条の2－1項〉

①次のいずれにも該当するつりチェーン…**4以上**

- 切断荷重の2分の1の荷重で引っ張った場合において、その伸びが0.5％以下のものであること。

- その引張強さの値が400N/mm^{2}以上であり、かつ、その伸びが、次の表の左欄に掲げる引張強さの値に応じ、それぞれ同表の右欄に掲げる値以上となるものであること。

引張強さ（N/mm^2）	伸び（%）
400以上　630未満	20
630以上1,000未満	17
1,000以上	15

②①に該当しないつりチェーン…5以上

◎上記の安全係数は、つりチェーンの切断荷重の値を、当該つりチェーンにかかる荷重の最大の値で除した値とする。〈安全規則・213条の2－2項〉

玉掛け用フック等の安全係数

◎事業者は、クレーンの玉掛用具であるフックまたはシャックルの安全係数については、**5以上**でなければ使用してはならない。〈安全規則・214条－1項〉

◎上記の安全係数は、フックまたはシャックルの切断荷重の値を、それぞれ当該フックまたはシャックルにかかる荷重の最大の値で除した値とする。〈安全規則・214条－2項〉

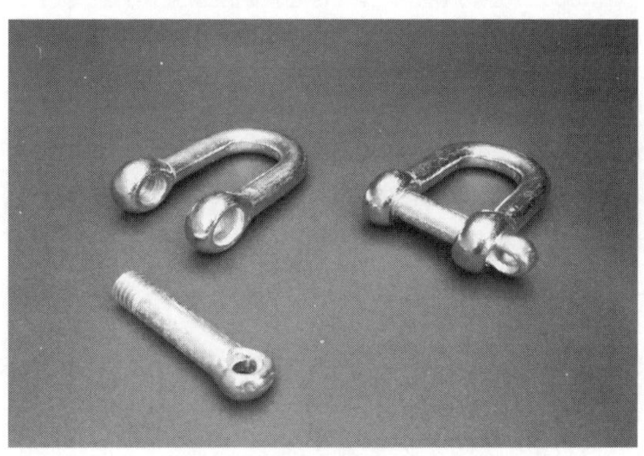

【シャックル】

2 不適格な玉掛用具 ☆よく出る！

不適格なワイヤロープの使用禁止

◎事業者は、次のいずれかに該当するワイヤロープをクレーンの玉掛用具として使用してはならない。〈安全規則・215条〉

①ワイヤロープ1よりの間において素線（フィラ線を除く。以下本号において同じ。）の数の**10%以上**の素線が切断しているもの

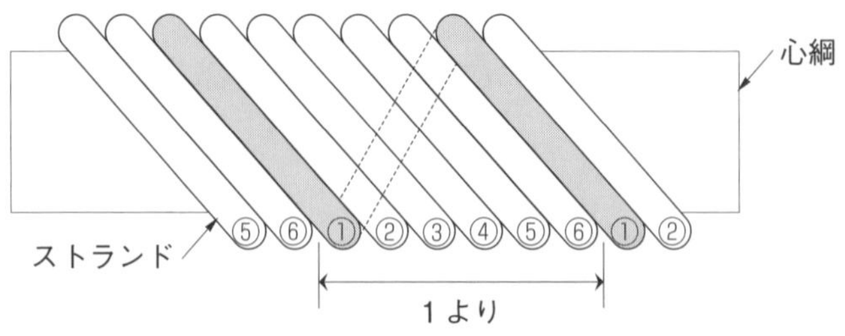

【6ストランドのワイヤロープ1よりの間の例】

【素線の断線の例】

《例：構成記号6×37 ワイヤロープ1より間の断線数》

◎構成記号6×37 のワイヤロープは6ストランドで各ストランドの素線数が37 本である。従って、1よりの間の素線数は 222 本である。

6（ストランド）×37（本）＝222（本）

◎法令により1より間の素線の 10％以上断線していてはいけない。

222（本）×10（％）＝22.2（本）

◎従って、23 本断線しているワイヤロープの使用はできない。

②直径の減少が公称径の**7％をこえる**もの

《例：直径 10mm のワイヤロープの摩耗》

◎直径 10mm のワイヤロープの7％である 0.7mm を超えて摩耗したものは使用することができない。

10（mm）×7（％）＝0.7mm

◎従って、直径が 9.3mm 以上である必要がある。

10（mm）－0.7（mm）＝9.3（mm）

③キンク **(*)** したもの

④著しい形くずれまたは腐食があるもの

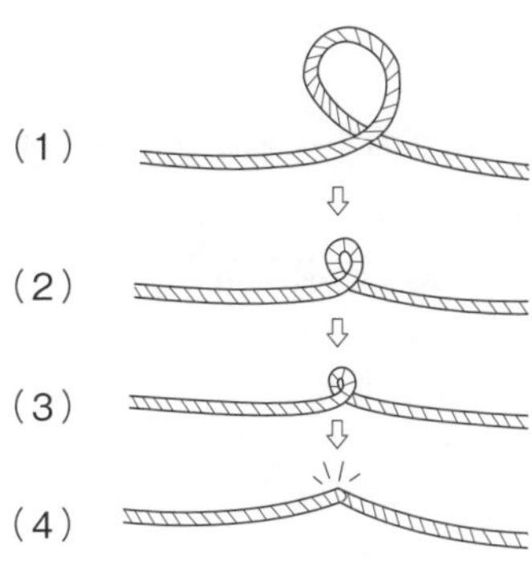

【キンク発生の行程】

不適格なつりチェーンの使用禁止

◎事業者は、次のいずれかに該当するつりチェーンをクレーンの玉掛用具として使用してはならない。〈安全規則・216条〉

①**伸びが**、当該つりチェーンが製造されたときの長さの**5％をこえる**もの

②**リンクの断面の直径の減少**が、当該つりチェーンが製造されたときの当該リンクの断面の直径の**10％をこえる**もの

③き裂があるもの

不適格なフック、シャックル等の使用禁止

◎事業者は、フック、シャックル、リング等の金具で、変形しているものまたはき裂があるものを、クレーンの玉掛用具として使用してはならない。

〈安全規則・217条〉

不適格な繊維ロープ等の使用禁止

◎事業者は、次のいずれかに該当する繊維ロープまたは繊維ベルトをクレーンの玉掛用具として使用してはならない。〈安全規則・218条〉

①ストランドが切断しているもの

②著しい損傷または腐食があるもの

3 リングの具備等

◎事業者は、**エンドレスでないワイヤロープまたはつりチェーン**については、その**両端にフック、シャックル、リングまたはアイ（輪）を備えている**ものでなければクレーンの玉掛用具として使用してはならない。〈安全規則・219条－1項〉

◎前述のアイは、アイスプライスもしくは圧縮どめ、またはこれらと同等以上の強さを保持する方法によるものでなければならない。この場合において、アイスプライスは、ワイヤロープのすべてのストランドを３回以上編み込んだ後、それぞれのストランドの素線の半数の素線を切り、残された素線をさらに２回以上（すべてのストランドを４回以上編み込んだ場合には１回以上）編み込むものとする。〈安全規則・219条－２項〉

※参考：ワイヤロープの止め方と効率　　　注：資料により数値は異なる。

止め方		効率（%）	備考
圧縮止め		95	アルミ素管をプレス加工する
アイスプライス		70 ～ 95	～ 15mm φ：95% 16 ～ 26mm φ：85% 28 ～ 38mm φ：80% 39mm φ～　：70 ～ 75%

《圧縮止め》

《アイスプライス》

4 使用範囲の制限

◎事業者は、磁力もしくは陰圧により吸着させる玉掛用具、チェーンブロックまたはチェーンレバーホイスト（玉掛用具）を用いて玉掛けの作業を行うときは、当該玉掛用具について定められた使用荷重等の範囲で使用しなければならない。
〈安全規則・219条の２－１項〉

◎事業者は、つりクランプを用いて玉掛けの作業を行うときは、当該つりクランプの用途に応じて玉掛けの作業を行うとともに、当該つりクランプについて定められた使用荷重等の範囲で使用しなければならない。〈安全規則・219条の２－２項〉

5 作業開始前の点検

◎事業者は、クレーンの玉掛用具であるワイヤロープ、つりチェーン、繊維ロープ、繊維ベルトまたはフック、シャックル、リング等の金具（ワイヤロープ等）を用いて玉掛けの作業を行なうときは、その日の作業を開始する前に当該ワイヤロープ等の異常の有無について点検を行なわなければならない。〈安全規則・220条－1項〉

◎事業者は、上記の点検を行なった場合において、異常を認めたときは、**直ちに補修**しなければならない。〈安全規則・220条－2項〉

7 クレーンの運転士免許

1 クレーン運転士の資格

☆よく出る！

特別の教育によるクレーンの運転

◎事業者は、次の各号に掲げるクレーンの運転の業務に労働者を就かせるときは、当該労働者に対し、当該業務に関する安全のための特別の教育を行わなければならない。〈安全規則・21条－1項〉

①つり上げ荷重が**5トン未満のクレーン**

②つり上げ荷重が5トン以上の**跨線テルハ**

床上操作式クレーン運転技能講習によるクレーンの運転

◎事業者は、つり上げ荷重が5トン以上のクレーン（跨線テルハを除く）の業務については、クレーン・デリック運転士免許を受けた者でなければ、当該業務に就かせてはならない。ただし、床上で運転し、かつ、当該運転をする者が**荷の移動とともに移動**する方式のクレーン（**床上操作式クレーン**）の運転の業務については、床上操作式クレーン運転技能講習を修了した者を当該業務に就かせることができる。〈安全規則・22条〉

床上運転式限定免許

◎都道府県労働局長は、次の者に対し、その取り扱うことのできる機械の種類を床上運転式クレーンに限定してクレーン・デリック運転士免許を与えることができる。〈安全規則・224条の4－1項、226条－2項－1～4号準用〉

①クレーン・デリック運転士免許試験の学科試験のうち、「クレーンに関する知識」、「原動機及び電気に関する知識」及び「クレーンの運転のために必要な力学に関する知識」並びに「関係法令」に合格した者、すなわちクレーン限定学科試験合格者で、床上運転式クレーンを用いて行う実技試験に合格したもの

※編注：床上運転式クレーンとは、床上で運転し、かつ、当該運転をする者が**クレーンの走行と共に移動**する方式のクレーンをいう。〈安全規則・223 条－3号〉

②クレーン限定学科試験合格者で、当該学科試験が行われた日から起算して1年以内に床上運転式クレーンを用いて行うクレーン運転実技教習を修了したもの

クレーン限定免許

◎都道府県労働局長は、次の者に対し、その取り扱うことのできる機械の種類をクレーンに限定してクレーン・デリック運転士免許を与えることができる。

〈安全規則・224 条の4－2項〉

①クレーン限定学科試験合格者で、クレーン・デリック運転士免許試験の実技試験に合格したもの

②クレーン限定学科試験合格者で、当該学科試験が行われた日から起算して1年以内にクレーン運転実技教習を修了したもの

③取り扱うことのできる機械の種類を床上運転式クレーンに限定したクレーン・デリック運転士免許を受けている者で、クレーン・デリック運転士免許試験の実技試験のうちクレーンの運転に合格し、またはクレーン運転実技教習を修了したもの

④その他厚生労働大臣が定める者

※編注：上記をまとめると次表のとおり。

<table>
<tr><th colspan="2" rowspan="2">つり上げ荷重及び
クレーンの種類</th><th colspan="4">運転者の資格</th></tr>
<tr><th>特別の教育</th><th>技能講習</th><th>床上運転式
限定免許</th><th>クレーン
限定免許</th></tr>
<tr><td colspan="2">5t 未満のクレーン</td><td rowspan="2">運転可</td><td rowspan="3">運転可</td><td rowspan="4">運転可</td><td rowspan="5">運転可</td></tr>
<tr><td rowspan="4">5t 以上</td><td>・跨線テルハ</td></tr>
<tr><td>・床上操作式</td><td rowspan="3">運転不可</td></tr>
<tr><td>・床上運転式</td><td rowspan="2">運転不可</td></tr>
<tr><td>・無線操作式
・その他クレーン</td><td>運転不可</td></tr>
</table>

2 免許の欠格事項

◎次のいずれかに該当する者には、免許を与えない。〈法・72 条－2項〉

①免許を取り消され、その取消しの日から起算して**1年**を経過しない者

②満 18 歳に満たない者。〈安全規則・224 条準用〉

3 免許証の携帯

★よく出る！

◎業務につくことができる者は、当該業務に**従事するとき**は、これに係る免許証その他その資格を証する書面を携帯していなければならない。〈法・61条－3項〉

※編注：試験問題の選択肢の文章では、この文に続けて「ただし～」などが入るが、これは誤り。**例外はない**。

4 免許証の再交付または書替え

★よく出る！

◎免許証の交付を受けた者で、当該免許に係る業務に現に就いているもの、または就こうとするものは、これを**滅失し、または損傷したとき**は、免許証再交付申請書を免許証の交付を受けた都道府県労働局長またはその者の住所を管轄する都道府県労働局長に提出し、免許証の再交付を受けなければならない。

〈規則・67条－1項〉

※編注：試験問題の選択肢の文章では、この文に続けて「ただし～」などが入るが、これは誤り。**例外はない**。

◎免許証の交付を受けた者で、当該免許に係る業務に現に就いているもの、または就こうとするものは、**氏名を変更したとき**は、免許証書替申請書を免許証の交付を受けた都道府県労働局長またはその者の住所を管轄する都道府県労働局長に提出し、免許証の書替えを受けなければならない。〈規則・67条－2項〉

※編注：試験問題の選択肢の文章では、この文に続けて「ただし～」などが入るが、これは誤り。**例外はない**。また、平成29年3月10日の改正により、本籍の変更時に免許証の書替えの義務がなくなった。

5 免許の取消し等

★よく出る！

◎都道府県労働局長は、免許を受けた者が［免許取消しまたは一時停止の該当者］のいずれかに該当するに至ったときは、その免許を取り消し、または期間（①、②、④または⑤に該当する場合にあっては、**6月を超えない範囲**内の期間）を定めてその免許の効力を停止することができる。〈法・74条－2項〉

[免許取消しまたは一時停止の該当者] 〈法・74条－2項－1～5号〉

①故意または重大な過失により、当該免許に係る業務について重大な事故を発生させたとき。
②当該免許に係る業務について、この法律またはこれに基づく命令の規定に違反したとき。
③当該免許がクレーンの運転等政令で定める業務の免許である場合にあっては、心身の障害により、当該免許に係る業務を適正に行えない者となったとき。〈法・72条－3項〉
④免許の許可等の条件に違反したとき。〈法・61条－1項、110条－1項〉
⑤当該免許試験の受験についての不正その他の不正の行為があったとき。〈規則・66条－1号〉
⑥免許証を**他人に譲渡し、または貸与**したとき。〈規則・66条－2号〉
⑦免許を受けた者から当該免許の取消しの申請があったとき。〈規則・66条－3号〉

◎上記［免許取消しまたは一時停止の該当者］（③を除く）の規定により免許を取り消され、その取消しの日から起算して**1年**を経過しない者には、**免許を与えない**。〈法・72条－2項－1号〉

◎上記［免許取消または一時停止の該当者］③に該当し、規定により免許を取り消された者であっても、その者がその取消しの理由となった事項に該当しなくなったとき、その他その後の事情により再び免許を与えるのが適当であると認められるに至ったときは、再免許を与えることができる。〈法・74条－3項〉

6 免許の取消しの申請手続

◎免許を受けた者は、当該免許の取消しの申請をしようとするときは、免許取消申請書を免許証の交付を受けた都道府県労働局長またはその者の住所を管轄する都道府県労働局長に提出しなければならない。〈規則・67条の2〉
※編注：具体的には免許の自主返納が該当する。

7 免許証の返還

◎免許の取消しの処分を受けた者は、**遅滞なく**、免許の取消しをした**都道府県労働局長**に免許証を返還しなければならない。〈規則・68条－1項〉

◎上記の規定により免許証の返還を受けた都道府県労働局長は、当該免許証に当該**取消しに係る免許と異なる種類**の免許に係る事項が記載されているときは、当該免許証から当該取消しに係る免許に係る事項を**抹消**して、免許証の再交付を行うものとする。〈規則・68条－2項〉

8 玉掛け

つり上げ荷重1トン以上の玉掛け業務

◎事業者は、**つり上げ荷重**が**1トン以上**のクレーン（編注①参照）の玉掛けの業務については、次の各号のいずれかに該当する者でなければ、当該業務に就かせてはならない。〈安全規則・221条－1項、令・20条－16号〉

①玉掛け技能講習を修了した者

②普通職業訓練のうち、玉掛け科の訓練を修了した者

③その他厚生労働大臣が定める者

つり上げ荷重1トン未満の玉掛け業務

◎事業者は、**つり上げ荷重**が**1トン未満**のクレーン（編注①参照）の玉掛けの業務に労働者をつかせるときは、当該労働者に対し、当該業務に関する安全のための特別の教育を行なわなければならない。〈安全規則・222条－1項〉

※編注

①玉掛けの業務は、つり荷の質量でなく、クレーンのつり上げ荷重によって就くことのできる資格が定められている。

②上記をまとめると次表のとおり。

クレーンのつり上げ荷重	特別の教育	玉掛け技能講習 他
1トン未満	○	○
1トン以上	×	○

※従って、特別の教育修了者では“つり上げ荷重1トン”以上のクレーンの玉掛け業務に就くことはできない。**荷の重さではない**ので注意！

第3章　原動機及び電気に関する知識

◆目次と近年の出題歴・傾向　　※傾向：★＝頻出度／数字＝関連する選択肢の数

項目		傾向	出題年月					
			R6.4	R5.10	R5.4	R4.10	R4.4	R3.10
1 電気に関する基礎知識	1 電流（P.113）	★★★	5	5	4	5	5	5
	2 電圧（P.114）	★	2					
	3 抵抗（P.115）	★★★	2	1		5	5	5
	4 オームの法則（P.117）	★	1					
	5 電力及び電力量（P.117）							
	6 単位の接頭語（P.118）							
2 クレーンの電動機（モーター）	1 交流電動機（P.119）	★★★	4	4	4	3	5	4
	2 直流電動機（P.121）	★★★	1	1	1	2		1
3 電動機の付属機器	1 抵抗器（P.121）	★					1	1
	2 制御器（コントローラー）とその制御（P.122）	★★★	10	10	8	9	4	10
	3 共用保護盤（P.126）	★★			1	1	1	
	4 制御盤（P.126）	★			1		2	
4 給電装置	1 トロリ線給電（P.127）	★★★	2	3	2	3	2	4
	2 キャブタイヤケーブル給電（P.130）	★★★	2	1	2	1	1	1
	3 スリップリング給電（P.131）	★★★	1	1	1	1	1	
5 電動機の速度制御	1 かご形三相誘導電動機の速度制御（P.133）	★★★	2	2		2	2	3
	2 巻線形三相誘導電動機の速度制御（P.134）	★★★	3	3	5	2	3	2
	3 直流電動機の速度制御（P.136）	★				1		
6 電気設備の保守	1 絶縁（P.137）	★★★	5	2	1	2	1	2
	2 漏えい電流（P.137）	★★		2	1		1	
	3 スパーク（P.138）	★★★		1	2	2	2	2
	4 接地（アース）（P.139）	★★	2	3		2		2
	5 感電（P.140）	★★★	3	2	5	3		3
	6 測定機器（P.142）	★★			6	1	1	6
	7 電気装置の故障（P.144）	★★	5	5		5	5	

1 電気に関する基礎知識

1 電流

★よく出る！

◎銅のように自由電子を多く持っている金属の導線で、ランプとバッテリーを接続すると、導線中の自由電子は、バッテリーのプラス（＋）に引かれてマイナス（－）からプラスへ向かって移動する。この電子の移動現象を電流といい、電流の方向は電子の流れとは逆にプラスからマイナスへ流れると定められている。

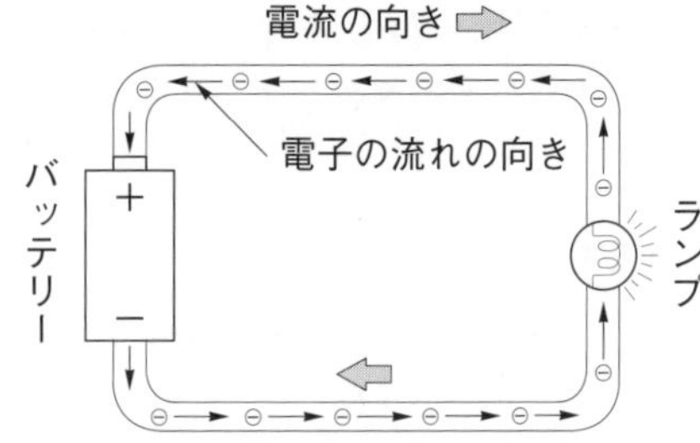

【電子の流れの向きと電流の向き】

◎電流には**直流**（Direct Current 略して **DC**）と**交流**（Alternating Current 略して **AC**）があり、電流の大きさの単位はアンペア（A）が用いられている。

直流

◎直流は、回路の中を常に一定の向きに流れる電流、または電流の**強さと向き**を**一定に保って**流れる電流をいう。

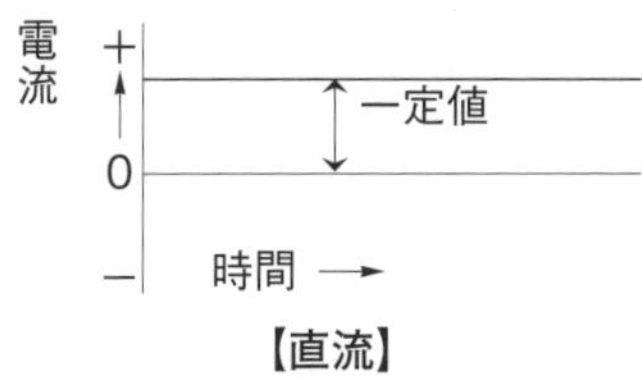

【直流】

◎直流は、乾電池やバッテリー及び直流発電機から得られるほか、シリコン整流器などにより交流を整流しても得られる。交流を整流器で直流に変換して得られた直流は、完全に平滑ではなく波が多少残るため、脈流と呼ばれる。

交流

◎交流は、電流及び電圧の**大きさ**並びにそれらの**方向**が**周期的に変化**する電流をいう。

◎発電所から消費地の変電所までの送電には、電力の損失を少なくするため、特別高圧の交流が使用されている。

◎交流は、変圧器によって**電圧を容易に変える**ことができる。

◎交流には波形の数により単相交流と三相交流がある。

◎交流用の電圧計や電流計の計測値は**実効値 (*)** を示している。

①**単相交流**

- 単相交流は、電流等の周期的な変化が一つの波形で表されるものをいう。
- 家庭用のほとんどが単相交流であり、2本の電線によって供給される。

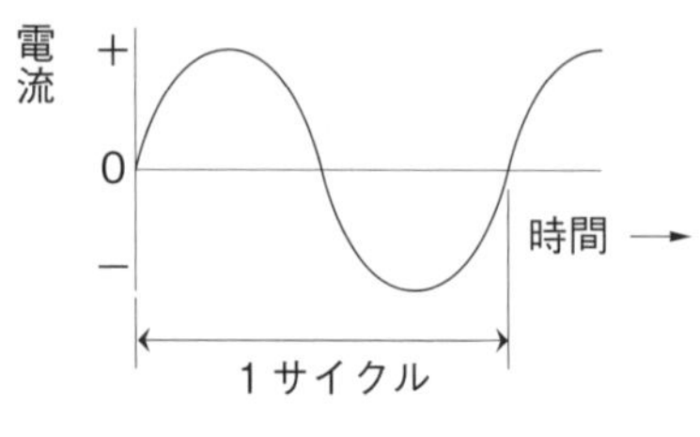

【単相交流】

②**三相交流**

- 三相交流は、単相交流3つを一定間隔にして集めたものをいい、3本の電線により供給される。
- 工場の動力用電源には、一般に、**200 V級又は400 V級**の三相交流が使用されている。

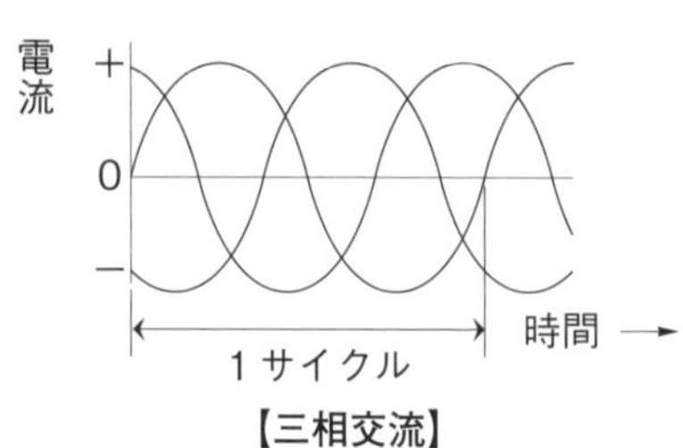

【三相交流】

周波数

◎交流において、電流及び電圧の大きさ並びにそれらの方向の周期的な変化は、一定時間ごとに規則的に繰り返され、1秒間に繰り返される数を周波数（サイクル）といい、単位はHz（ヘルツ）で表す。日本において電力として配電される**交流の周波数**には、**東日本は50Hz**（1秒間に50サイクル）、**西日本は60Hz**（1秒間に60サイクル）がある。

2 電圧

◎電流が電子の移動によって生じることは先に述べたが、この電子をマイナスからプラスへ移動させるためには、電線の両端に電子を移動させようとする力が働いていると考えられる。この電気的な圧力を電圧という。

◎例えば、右図のようにAとBのタンクをパイプでつなぐと、水位の高い方から低い方へ水が流れる。これと同じように、水位の差に相当する電位の差があり、電圧の高いものと、低いものを導線でつなぐと、高い方から低い方へ電流が流れる。この場合、電位の高い方をプラス、低い方をマイナスという。

◎電圧の単位はボルト（V）が用いられている。

1000V ＝ 1kV

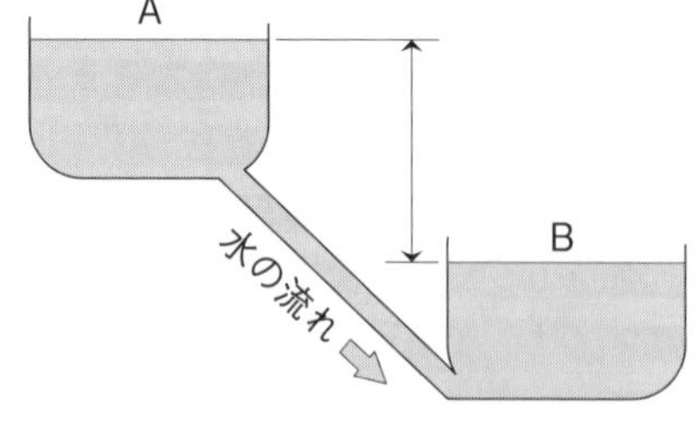

【水位の差と水の流れ】

3 抵抗

★よく出る！

◎下図のように、上下のタンクを太いパイプでつなげた場合と、細いパイプでつなげた場合とでは、単位時間に流れる水の量が違ってくる。また、パイプの長さによっても違う。これは、流れを妨げる作用、すなわち、抵抗が異なるためである。

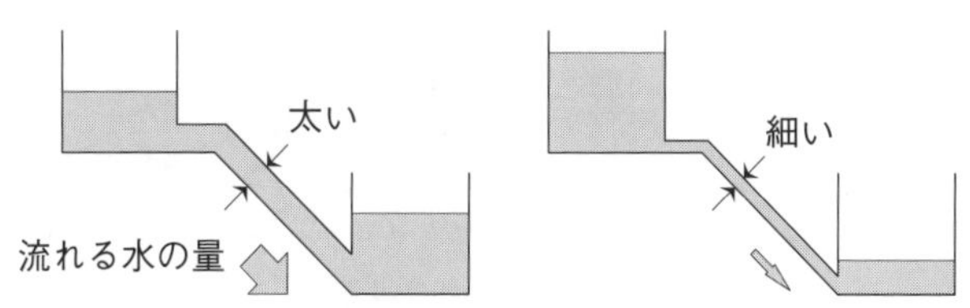

【導管の太さと抵抗】

◎電気の場合もこれと同じように、電位差のある2つのものの間を導線でつなぎ電流を流すと同じ電位差でも、つなげた導線の電気抵抗によって電流の大きさが違ってくる。

◎導線の電気抵抗は、物質によって異なるが、同じ物質の導体の場合、抵抗の値は、**長さに比例**し、**断面積に反比例**する。すなわち、長さが2倍になると電気抵抗も2倍になり、断面積が2倍になると電気抵抗は半分になる。
従って、円形断面の電線の場合、**断面の直径が同じまま長さが2倍**になると**抵抗の値は2倍**になり、**長さが同じまま断面の直径が2倍**になると**抵抗の値は4分の1**になる。

◎また、電気抵抗は、同じ物質でも温度によって異なる。一般に、抵抗は温度が上がると、金属では増加し、半導体等では減少する性質を持っている。

◎抵抗の単位は**オーム（Ω）**が用いられている。

合成抵抗

◎合成抵抗とは、回路中にある複数の抵抗を合成したときの大きさのことをいう。

◎電気回路における抵抗の接続には、直列または並列接続とがある。

①**直列接続の合成抵抗**

- 直列接続の合成抵抗は、接続された抵抗値の総和になる。直列につないだときの合成抵抗の値は、個々の抵抗の値のどれよりも**大きい**。
  合成抵抗 $R = R_1 + R_2 + R_3$

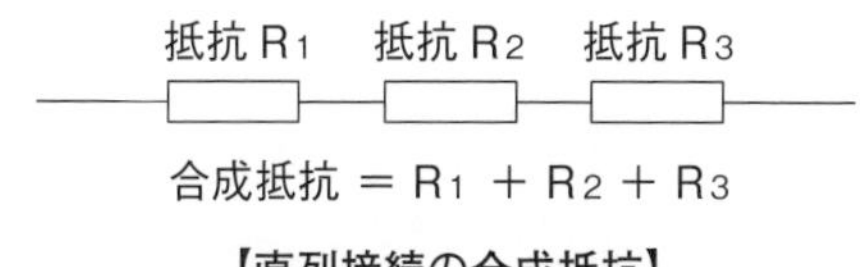

【直列接続の合成抵抗】

②並列接続の合成抵抗

- 並列接続の合成抵抗は、接続された抵抗値の逆数の和になる。従って、抵抗を並列につないだときの合成抵抗の値は、個々の抵抗の値のどれよりも**小さい**。

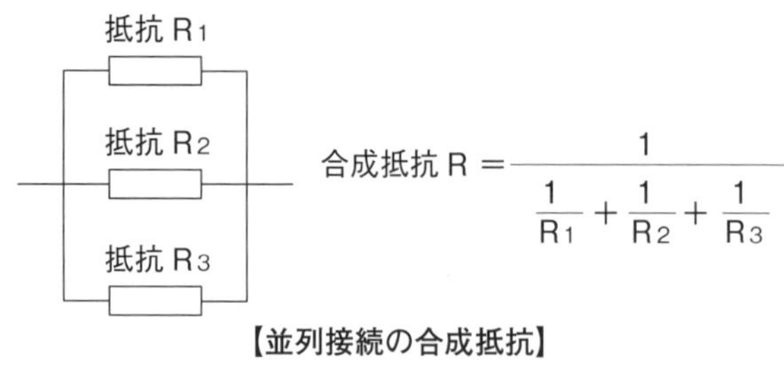

$$合成抵抗\ R = \frac{1}{\frac{1}{R_1} + \frac{1}{R_2} + \frac{1}{R_3}}$$

【並列接続の合成抵抗】

③直列と並列接続を組み合わせた合成抵抗

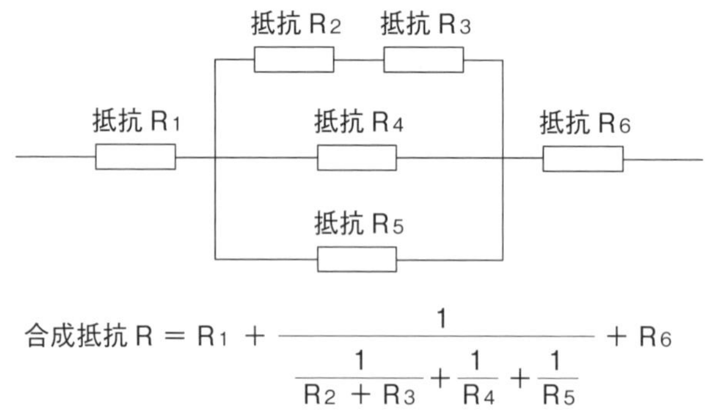

$$合成抵抗\ R = R_1 + \frac{1}{\frac{1}{R_2 + R_3} + \frac{1}{R_4} + \frac{1}{R_5}} + R_6$$

【直列と並列接続を組み合わせた合成抵抗】

【例題】図のような回路について、AB 間の合成抵抗 R の値はいくつか。

《解答》

$$合成抵抗R = 100\ \Omega + \cfrac{1}{\cfrac{1}{200\ \Omega} + \cfrac{1}{600\ \Omega}} = 100\ \Omega + \cfrac{1}{\cfrac{3+1}{600\ \Omega}}$$

$$= 100\ \Omega + \cfrac{1}{\cfrac{4}{600\ \Omega}} = 100\ \Omega + \frac{600\ \Omega}{4}$$

$$= 100\ \Omega + 150\ \Omega = 250\ \Omega$$

4 オームの法則

◎電流、電圧及び抵抗の間には、一定の関係がある。

回路に流れる電流の大きさは、回路にかかる**電圧に比例**し、回路の**抵抗に反比例**する。

これをオームの法則といい、次式で表される。

$$\textbf{電流} = \frac{\textbf{電圧}}{\textbf{抵抗}}$$

◎また、上記の式を変形させると、次のようになる。これらの式により、電流、電圧または抵抗のうち、いずれか2つ分かれば残りの1つが求められる。

電圧 = 電流 × 抵抗

$$\textbf{抵抗} = \frac{\textbf{電圧}}{\textbf{電流}}$$

5 電力及び電力量

電力

◎電球、電熱器や電動機等に電流を流すと、電気の持つエネルギーは光や熱エネルギーや機械エネルギーに変わり仕事をする。この電気エネルギーの単位時間あたりの量を電力といい、その単位はワット（W）が用いられている。

◎電球や電熱器には、「100V　60W」や「100V　500W」等と表示してあるが、100Vは100Vの電圧で使用する機械であることを表しており、60Wや500Wは電球や電熱器等が消費する電力を表している。

◎回路が消費する電力は、回路にかかる電圧と回路に流れる電流の積で求められる。従って、回路の抵抗が同じ場合、回路に流れる電流が**大きいほど**回路が消費する電力は**大きくなる**。

電力 = 電圧 × 電流＝（電流）^{2}×抵抗＝（電圧）^{2}／抵抗

ジュール熱

◎電熱器のニクロム線のような抵抗に電流が流れると、電力のほとんどが熱となる。このときに発生する熱をジュール熱という。

◎電動機の場合も、電動機の巻線に抵抗があるため、電動機に送り込まれた電力の一部は電動機内部で熱となる。これもジュール熱によるものであり、電動機の熱損失という。このため、電動機に規定以上の負荷をかけると、電動機の巻線に規定以上の電流が流れ、巻線の温度が異常に上がり、燃損事故の原因となる。

電力量

◎一定の単位時間内に消費する電力の量は、電力量と呼ばれ、電力と時間の積で求められる。電力量の単位は、W·h（ワット時、またはワットアワー）が用いられている。

電力量〔W・h〕＝電力〔W〕× 時間〔h〕

6 単位の接頭語

◎電流、電圧、抵抗及び電力等の数値が小さすぎる場合や、大きすぎる場合、基本となる単位と共に国際単位系（SI）における接頭語を付けたものが用いられる。

〔単位の接頭語〕

接頭語	記号	十進数表記	使用例
メガ	M	1,000,000（百万）	**1,000,000 Ω＝1 MΩ**（メガオーム）
キロ	K	1,000（千）	1,000V ＝ 1 kV（キロボルト） 10,000V ＝ 10kV（キロボルト）
ミリ	m	0.001（千分の一）	1 A ＝ 1,000mA（ミリアンペア） 0.001A ＝ 1 mA（ミリアンペア）

2 クレーンの電動機（モーター）

◎電動機は、**電気エネルギーを機械力に変換**する機能を持っている。

◎クレーンには、各運動に必要な電動機がそれぞれ装備されている。例えば、天井クレーンや橋形クレーンには、巻上げ、走行及び横行の３種類の運動にそれぞれ電動機が用いられる。

◎クレーンに用いられる電動機は、頻繁に正転、停止、逆転が繰り返されるので、高頻度の運転に十分耐えられるよう丈夫に設計されている。

◎電動機はその電源の種類により、交流電動機と直流電動機に分けられる。

1 交流電動機

★よく出る！

◎交流電動機には、三相誘導電動機（かご形、巻線形）や単相誘導電動機等があるが、クレーンでは、特殊な場合を除き、三相誘導電動機が用いられている。

三相誘導電動機の回転数

◎三相誘導電動機は、**回転する部分（回転子）**の構造により**かご形と巻線形**があり、いずれも固定子側（ステーター側）を一次側、回転子側（ローター側）を二次側と呼び、一次側はいずれも巻線になっている。

◎一次側巻線（固定子）に交流を流すと、回転する磁界 **(*)**（回転磁界）が発生する。この回転磁界により回転子が回転する。

◎この回転磁界の回転数を同期速度といい、次の式で求めることができる。

$$\text{同期速度} = \frac{120 \times \text{電源の周波数}}{\text{電動機の極数}} \quad (\text{回転／分　または rpm})$$

◎三相誘導電動機の同期速度は、**周波数を一定とすれば、極数が少ないほど速く**なる（**極数が多いほど遅く**なる）。

◎また、式を移項すると電動機の極数を求めることができる。

$$\text{電動機の極数} = \frac{120 \times \text{電源の周波数}}{\text{同期速度}}$$

◎三相誘導電動機の回転子は、固定子の**回転磁界により回転**するが、負荷がかかると同期速度より**2～5%遅く**回転する性質がある。この遅くなる割合を滑りという。

◎すなわち、同期速度が 1,000 回転 / 分の電動機では、回転子は実際に 950 ～ 980 回転 / 分で回転することになる。

かご形三相誘導電動機

◎かご形三相誘導電動機は、固定子側（一次側）が巻線で、回転子側（二次側）がかご型回転子となっている。かご形回転子は、鉄心の周りに太い導体（バー）が、かご形に配置された簡単な構造である。

◎固定子側に電流を流すと、磁界が発生し、回転子側に誘導電流が流れて回転する。

◎ブラシやスリップリングのような摩耗･接触通電部分がなく、**簡単な構造**のため、故障が少なく、取扱いも容易である。

◎かご形三相誘導電動機は、巻線形三相誘導電動機に比べ、構造が簡単で、取扱いも容易である。

◎始動トルクが小さく回転速度の調整範囲が狭いため、ホイストなどの容量の小さいクレーンに使用されていたが、インバーター制御の進化により、比較的大容量のクレーンにも用いられるようになっている。

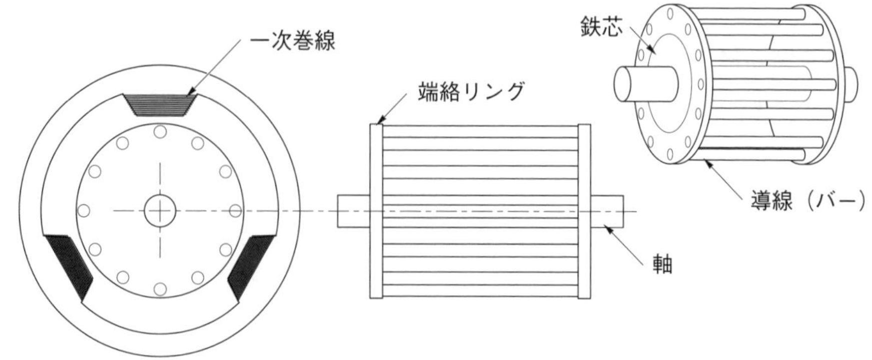

【かご形三相誘導電動機】

巻線形三相誘導電動機

◎巻線形三相誘導電動機は、固定子側（一次側）も回転子側（二次側）も**巻線**になっており、回転子側の巻線は**スリップリングを通して外部抵抗**（二次抵抗）**と接続**される。

◎二次側の回転子巻線は、スリップリング及びブラシを介して外部抵抗（二次抵抗）に接続されている。電流は可変式の外部抵抗（二次抵抗）⇒ブラシ⇒スリップリング⇒回転子の順で導かれる。回転子に流れる電流の大きさを外部抵抗の大きさにより変化させることである程度の速度抑制を行うことができる。これを二次抵抗制御という。

◎クレーンのように頻繁な起動、正転、停止、逆転を繰り返す用途には、巻線型三相誘導電動機が多く用いられている。

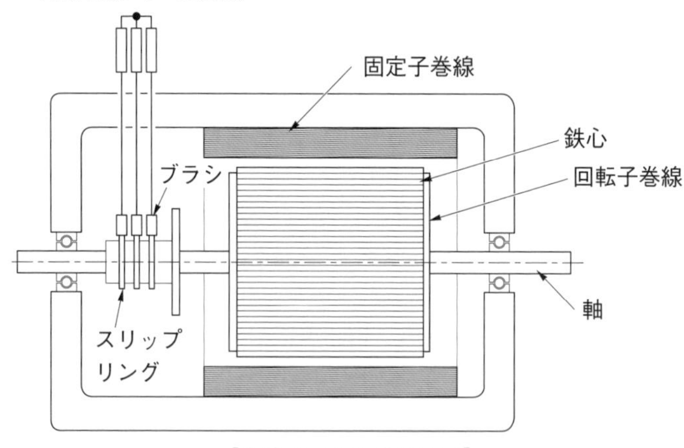

【巻線形三相誘導電動機】

2 直流電動機 **★よく出る！**

◎直流電動機の構造は、巻線形三相誘導電動機とよく似ており、固定子及び回転子ともに巻線になっている。

◎しかし、固定子及び回転子の機能が三相誘導電動機とは異なるため、一次側、二次側とは呼ばず、**固定子を界磁**またはフィールド、**回転子を電機子**またはアーマチュアと呼ぶ。また、**回転子に給電するため**に**整流子**（コミュテーター）が使用される。

◎直流電動機は、速度制御性能が優れているため、高い制御性能が求められるコンテナクレーンやアンローダ等に用いられている。しかし、整流子及びブラシの保守が必要となるため、インバーター制御によるかご形三相誘導電動機を使用することが主流になりつつある。

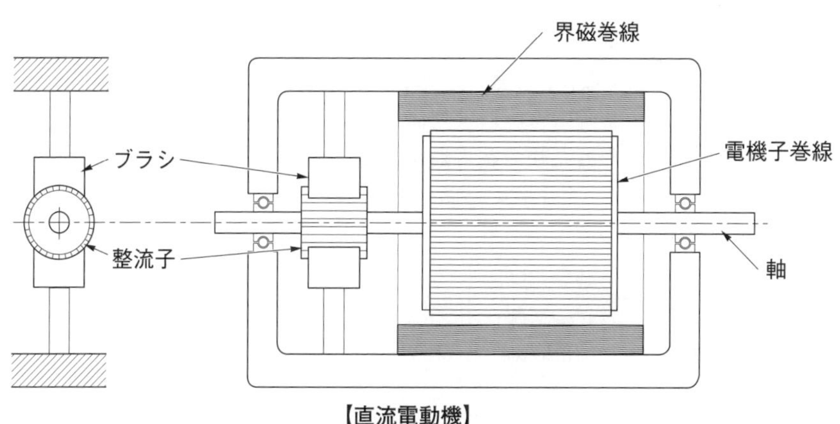

【直流電動機】

3 電動機の付属機器

1 抵抗器

◎抵抗器は、巻線形三相誘導電動機または直流電動機の速度制御に用いられるもので、特殊鉄板を打ち抜いたものまたは鋳鉄製の抵抗体を絶縁ロッドで締め付け、格子状に組み立てたものがある。

◎抵抗器は、運転中に350℃位に上昇することがあるため、可燃物を近くに置かないように注意する必要がある。

◎また、抵抗器が巻線形三相誘導電動機の二次抵抗制御に使用されるときには、二次抵抗器とも呼ばれる。

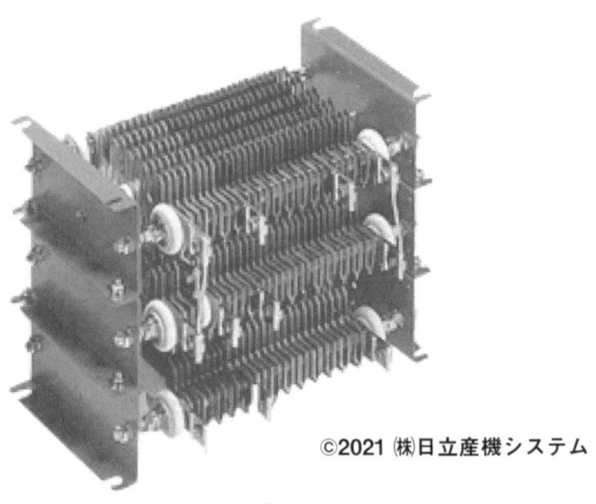
©2021 ㈱日立産機システム

【抵抗器】

2 制御器（コントローラー）とその制御 ★よく出る！

◎制御器は、電動機に**正転、停止、逆転、制御速度の指令**を与えるものである。

◎制御器の種類は、制御の方法により**直接制御器**と**間接制御器**とに大別され、さらに**両者を組み合わせた複合制御器**がある。また、各制御器による電動機を制御する方式をまとめると下表のとおりとなる。

〔制御器とその制御〕

制御器の名称	制御方式
直接制御器	直接制御
間接制御器	間接制御
複合制御器	半間接制御

直接制御器

◎直接制御器は、**ハンドルで回す円弧状のセグメント(*)と、セグメントに接する固定フィンガー**により電動機の一次側及び二次側の**主回路を直接開閉**するものである。通常、**ドラム形直接制御器**と呼ばれる。

◎電動機**容量の大きなもの**では、制御器のセグメントや固定フィンガーなどの内部接点が大きくなり**ハンドル操作が重くなる**ため、回路の開閉が困難になるため**使用することができない**。

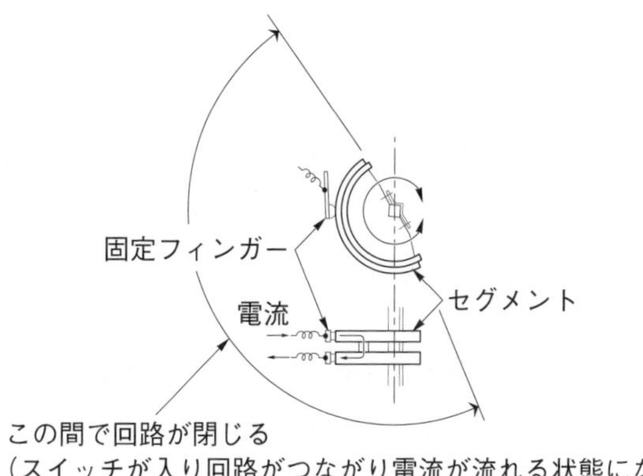

【ドラム形直接制御器】

間接制御器

◎間接制御器は、ハンドルで回すカムと、カム周辺に固定されたスイッチにより、電動機の主回路を開閉する電磁接触器（マグネットコンタクター）の操作回路を開閉するものである。

◎すなわち間接制御は、電動機の主回路を直接開閉せず、電動機の主回路に挿入した**電磁接触器が主回路の開閉**を行い、制御器は、その電磁接触器の**電磁コイル回路を開閉**する方式である。

◎制御器は、電磁接触器の電磁コイル回路を開閉するだけであるため、制御器の開閉電流は小さく、また直接制御器に比べて**小型・軽量**にすることができる。

◎間接制御は直接制御に対して次のような特徴があるが、**設備費は高くなる**。

①制御器ハンドルが軽い

②**シーケンサー**（順番を制御するコントローラー）を使用することで、**色々な自動運転や速度制御**が行える

③**押しボタン操作**で運転することができる

④急激なハンドル操作に対して、加速・減速を自動的に行う回路を組み込んでいる場合、電動機への負担が少ない

◎間接制御器は、その制御の方法によりカム形間接制御器とエンコーダー型間接制御器がある。

①カム形間接制御器

- カム形間接制御器は、ハンドルでカムを回し、カム周辺に固定されたスイッチ（カムスイッチ）により電動機の主回路を開閉する電磁接触器（マグネットコンタクター）の操作回路を開閉する。

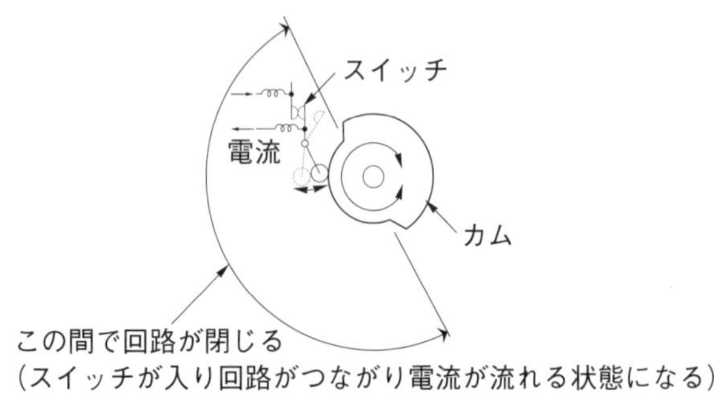

【カム形間接制御器】

②エンコーダー型間接制御器

- エンコーダー型制御器は、ハンドル位置を連続的に検出することができる制御器である。

複合制御器（半間接制御）

◎複合制御器は、巻線形三相誘導電動機の**一次側の制御に間接制御、二次側の制御に直接制御**を採用する場合に使用される制御器である。また、**半間接制御**とも呼ばれる。

◎巻線形三相誘導電動機の半間接制御は、**電流の多い一次側を電磁接触器で制御**し、**電流の比較的少ない二次側を直接制御器で制御**する方式である。

操作ハンドルの構造

◎操作ハンドルの構造は、水平方向に回して操作するクランクハンドル式制御器と、縦方向に操作するレバーハンドル式制御器とがある。

◎レバーハンドル式制御器で、一つのハンドルを前後左右や斜めに操作できるようにし、**二つの制御器を同時に又は単独で操作できる構造**にしたものを**ユニバーサル制御器**という。

◎操作ハンドルの刻みをノッチといい、各刻みを停止位置（０ノッチ）を中心にそれぞれ１ノッチ、２ノッチ、と呼ぶ。

【クランクハンドル式制御器】

〔制御器と操作方法〕

名称	操作方法
クランクハンドル式制御器	**水平方向**にハンドルを回して操作する
レバーハンドル式制御器	**縦方向**にハンドルを操作する
ユニバーサル制御器	**前後左右**や**斜め**にハンドルを操作できる

その他の制御器

①無線操作用の制御器

- 無線操作用の制御器は、間接制御器の一種とされ、**押しボタン式**と**ハンドル操作式**があり、携帯のために軽量化されている。また、誤作動を防止するために**一操作を複数のスイッチ操作構成する**等、工夫されている。
- 押しボタンスイッチは、電動機の**正転と逆転のボタンを同時に押せない構造**となっているものが多い。一段目で低速、二段目で高速運転ができるようにした二段押込み式のものがある。

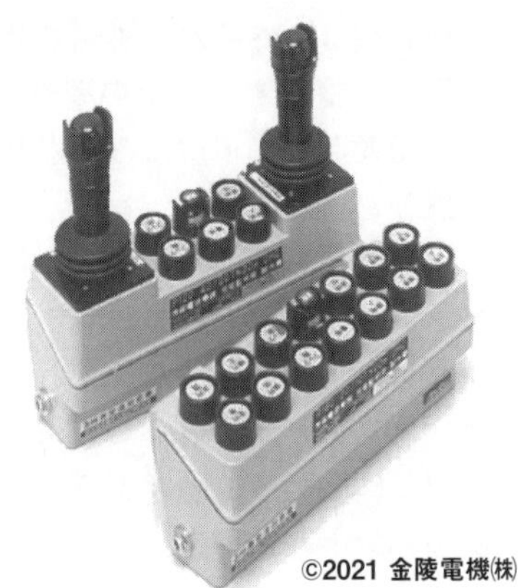

©2021 金陵電機㈱

【無線操作用の制御器】

- 無線操作用の制御器には、切り替え開閉器により、機上運転に切り替えることができる機能を持つものがある。

制御器によるクレーンの制御

◎制御器を用いたクレーンの制御には次のようなものがある。

①逆相制動（プラギング）

- 逆相制動とは、ある方向に回転している電動機を逆方向に回転するように操作を行い制動する減速操作のことである。
- 逆相制動は、機械的、電気的にクレーン各部に負担を掛けるおそれがあり、できるだけ避けることが望ましい。やむを得ず行う場合、必ず１ノッチ（コースチングノッチがある場合には２ノッチ）で行わなければならない。

②コースチングノッチ

- コースチングノッチとは、電磁ブレーキや電動油圧押上機ブレーキが付いている横行、走行等の制御器の惰走ノッチのことをいう。
- コースチングノッチは、制御器の**第１ノッチ**として設けられ、**ブレーキにのみ通電してブレーキを緩める**ようになっているノッチである。
- 横行や走行を止めるときにハンドルを１ノッチに戻せば、電動機への電源が切れ、ブレーキは緩んだままになる。クレーンまたはトロリは惰走(*)状態となり、ある程度惰走、減速した後にハンドルを０ノッチにするとブレーキが掛かり静かに停止することができる。
- コースチングノッチは、停止時の衝撃及び荷振れを防ぐのに有効なノッチである。

3 共用保護盤

◎共用保護盤は、**外部から供給された電力を各制御盤へ配電**するもので、**各電動機や回路を保護するための装置**をひとまとめにしている。鋼板製の箱の中に、主配線用遮断機、主電磁接触器及び電源表示灯等が取り付けられている。単に保護盤とも呼ばれる。

◎クレーンの運転時は、まずこの保護盤の主配線用遮断機のスイッチを入れ、その後主電磁接触器を閉じて通電させる。

主電磁接触器のスイッチを入れるとき、仮にどれかの制御器のハンドルが停止位置以外にあった場合、その電動機は主電磁接触器のスイッチ・オンと同時に回り出し、極めて危険である。これを防ぐため、一般に主電磁接触器は、**各制御器のハンドルが停止位置になければスイッチを入れられない**ように結線されている。これを**ゼロノッチインターロック**と呼んでいる。

◎運転終了時は、押しボタンスイッチを「切」にして主電磁接触器を開き、主配線用遮断機のスイッチを切る。

4 制御盤

◎制御盤は、間接制御または半間接制御の場合に設けられるもので、鋼板製の箱の中に電磁接触器、電流計及び加速継電気等を配線し、設置してある。

◎また、近年の制御盤では、制御コントローラーであるシーケンサー、速度制御用のインバーター装置またはサイリスター装置を搭載したものがある。シーケンサーは、1台で複雑な制御プログラムを処理し、容易にプログラムの変更ができる利点がある。

※サイリスター…電流の導通または阻止を制御することができる半導体整流素子。

【制御盤】

◎制御盤は、大容量のクレーンでは用途別にまとめられ、巻上盤、走行盤等と呼ばれる。小容量のクレーンでは、共用保護盤の中に収納したものが多い。

©2021 富士電機機器制御㈱

配線用遮断器

◎配線用遮断器は、**通常の使用状態の電路の開閉**のほか、過負荷、短絡(*)などの際には、**自動的に電路の遮断を行う**機器である。

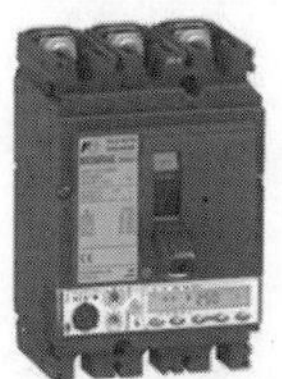

【配線用遮断機】

電磁接触器

◎電磁接触器は、回路を開閉する機器で、マグネットコンタクターまたは単にコンタクターとも呼ばれる。一般的に、電磁石の吸引力で回路を閉じ、重力またはばねの力で回路を開くようになっている。

【電磁接触器】

4 給電装置

◎給電装置は、クレーンやトロリなどに電力を供給する装置である。

◎給電の方法には次のようなものがある。

〔給電方法と給電先〕

給電方法	給電先
1トロリ線給電（トロリレール、トロリバーを含む）	走行体など
2キャブタイヤケーブル給電	走行体など
3スリップリング給電	旋回体など

◎また、クレーン等の電力供給には電線が使われ、**内部配線**は一般に、**絶縁電線を金属管などの電線管又は金属ダクト内に収め、外部からの損傷を防いでいる**。

1 トロリ線給電　☆よく出る！

◎トロリ線とは､パンタグラフを通して電力を供給する架線（電線）をいう。なお、トロリレール及びトロリバーによる給電も含める。

◎トロリ線に接触する集電子は、クレーン本体から絶縁する必要があるため、がいし(*)などの絶縁物を介してクレーン本体に取り付けられる。

◎イヤー式及びすくい上げ式のトロリ線給電は、**トロリ線の充電部が露出**しているため、**接触（感電）のおそれ**がある場所での使用は大変危険である。そのためトロリダクト方式や絶縁トロリ方式を用いる例が増えている。

◎トロリ線により給電する場合、トロリ線の取り付け方法により次のように分類することができる。

イヤー式

◎イヤー式の給電は、イヤーと呼ばれる吊り金物でトロリ線をつり下げ、パンタグラフを用いて集電子をトロリ線に押し付けて集電する方式である。

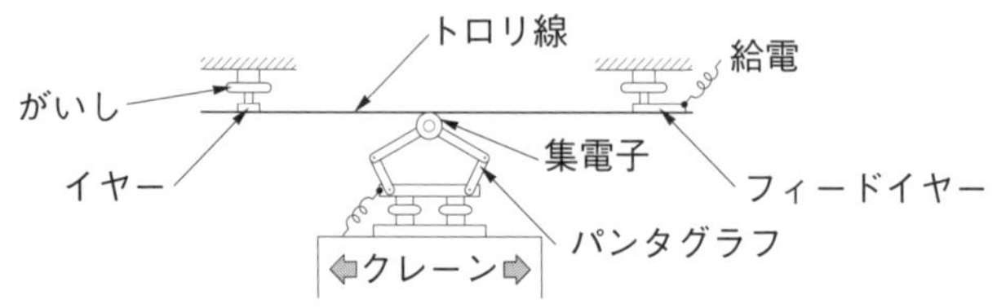

【イヤー式トロリ線給電】

◎集電子にはホイール式やシュー式のパンタグラフが使用されている。

◎パンタグラフのホイールやシューの材質には、砲金、カーボン、黒鉛、その他の特殊合金などが用いられる。

すくい上げ式

◎すくい上げ式の給電は、支え**がいし**により支えられたトロリ線を集電子ですくい上げて集電する方法である。

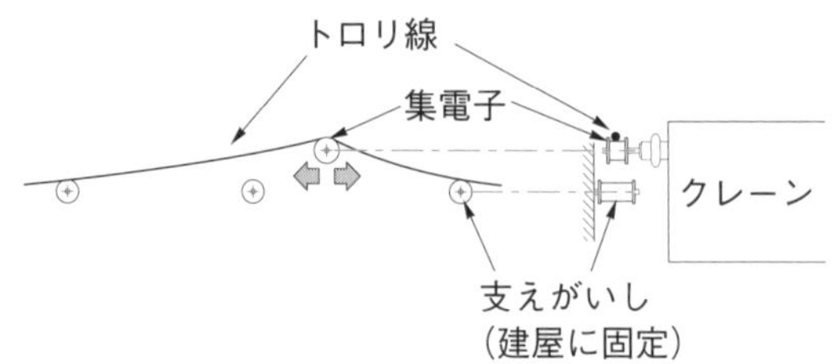

【すくい上げ式トロリ線給電】

トロリダクト方式

◎トロリダクト方式の給電は、金属ダクト内に平銅バーを絶縁物を介して取り付け、その内部をクレーンに取り付けられたトロリシューが移動しながら集電する方法である。

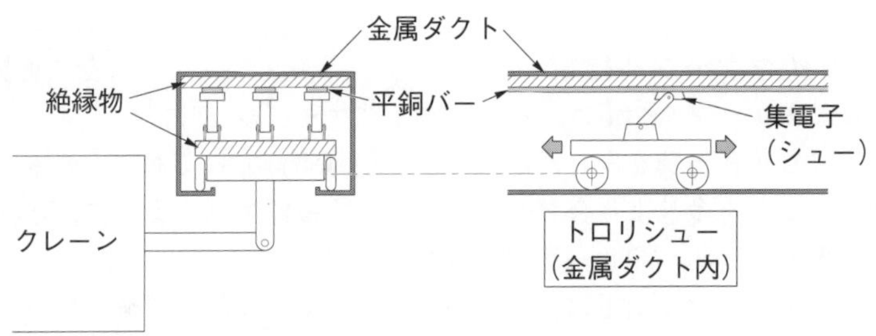

【トロリダクト方式トロリ線給電】

絶縁トロリ線方式

◎絶縁トロリ線方式の給電は、**トロリ線を裾の開いた絶縁被覆で覆い、集電子を下側から接触させて集電する方法**である。
◎裸のトロリ線方式に比べ安全性が高い。

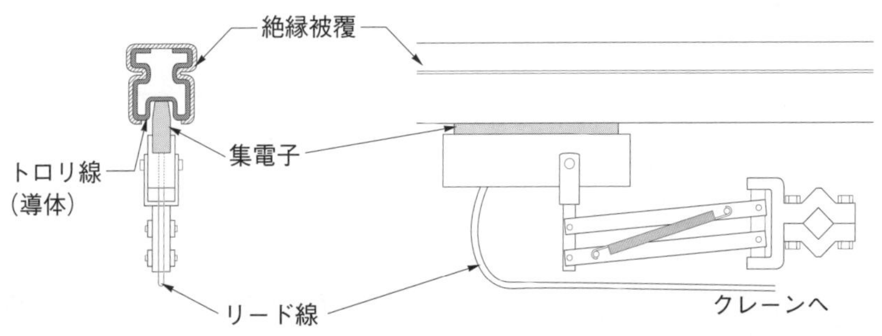

【絶縁トロリ線方式トロリ線給電】

トロリ線の材料

◎トロリ線の材料は、次図のような断面を持つ溝付硬銅トロリ線、丸硬銅トロリ線、平銅バー、アングル銅バー及びレールなどが用いられている。

《溝付硬銅トロリ線》 《丸硬銅トロリ線》 《平銅バー》 《アングル銅バー》 《レール》

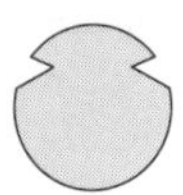  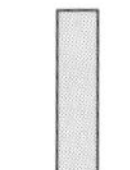  

【トロリ線の材料の断面】

集電子

◎トロリ線に接触するパンタグラフの集電子には、ホイール式及びシュー式が使用されている。材質は、砲金、カーボン、黒鉛及びその他特殊合金などが用いられている。

2 キャブタイヤケーブル給電

★よく出る！

◎キャブタイヤケーブル給電は、キャブタイヤケーブルと呼ばれるゴムやビニール等の丈夫な絶縁被覆を施した電線により給電する方式である。導体に細い素線を使い、これを多数より合わせており、外装被覆も厚く丈夫に作られているので、引きずったり、屈曲を繰り返す用途に適している。

◎キャブタイヤケーブル給電は、充電部が露出している部分が**全くない**ので、感電の**危険性が低い**。

◎**爆発性のガスや粉じん**が発生するおそれのある場所では、**キャブタイヤケーブルを用いた防爆構造**の給電方式が採用されている。

◎キャブタイヤケーブルは通電状態のまま電線を移動させることができるため、クレーンやトロリと共に伸縮したり巻き取られる方式をとることができ、次のように分類することができる。

カーテン式

◎カーテン式は、案内レールにキャブタイヤケーブルをカーテン状に垂らし、クレーンまたはトロリの移動と共に伸縮させる単純な給電方法である。

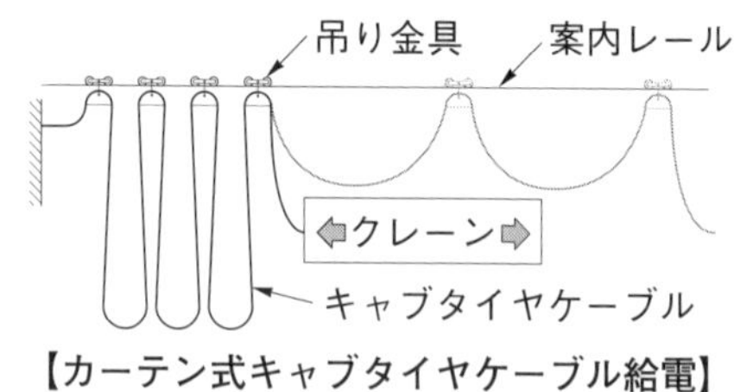

【カーテン式キャブタイヤケーブル給電】

ケーブル巻取式

◎ケーブル巻取式は、クレーンに設置されたケーブル巻き取りドラムが移動に伴って回転し、キャブタイヤケーブルを巻取りもしくは巻戻しを行い給電する方法である。

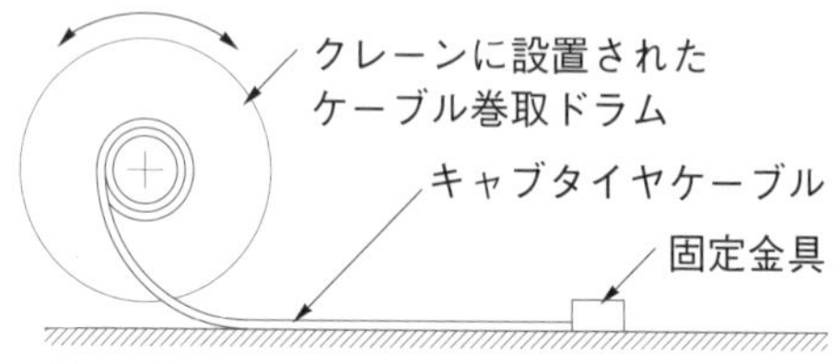

【ケーブル巻取式キャブタイヤケーブル給電】

特殊チェーン式

◎特殊チェーン式は、変形する特殊チェーンの中にケーブルを入れ、クレーンの移動と共に特殊チェーン及びケーブルが変形して給電する方法である。

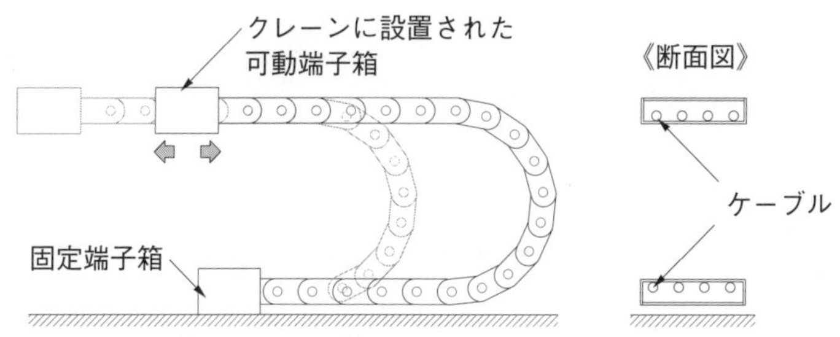

【特殊チェーン式キャブタイヤケーブル給電】

ケーブルキャリア式

◎ケーブルキャリア式は、ケーブルホイールを両端に備えたキャリア（台車）がガイドレール上を移動しながら給電する方法である。

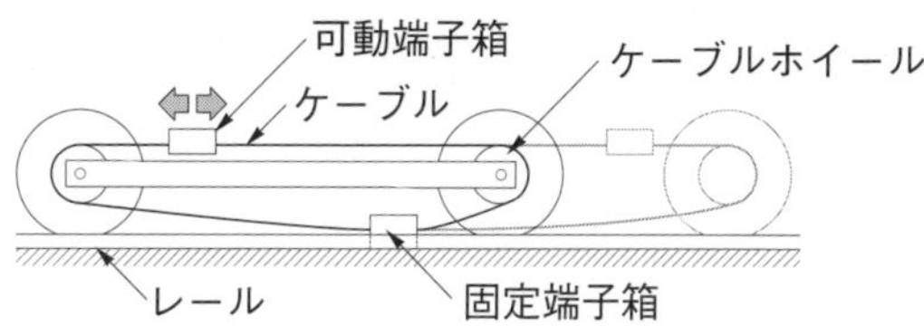

【ケーブルキャリア式キャブタイヤケーブル給電】

3 スリップリング給電 ☆よく出る！

◎**スリップリング**給電は、**クレーンの旋回体**や**ケーブル巻取式**のように回転する部分への給電に用いられる方法である。

◎スリップリングは、電源を供給する中央のリングとリング面上を摺動して集電する集電子（集電ブラシ）で構成されている。

◎リングは固定側、集電子は回転側（旋回側）に取り付けられるが、その逆もある。

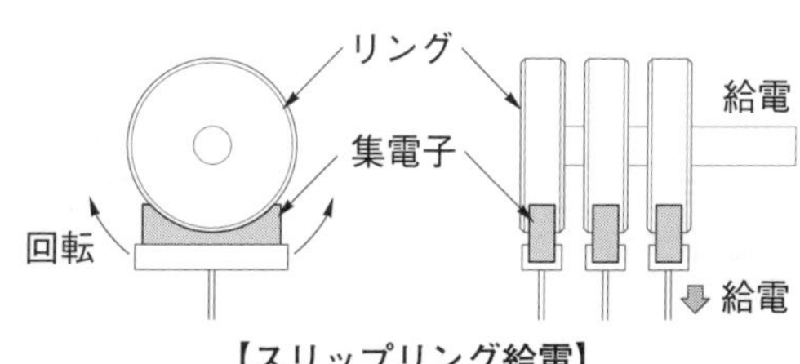

【スリップリング給電】

5 電動機の速度制御

◎クレーンの運転において、電動機の正逆回転はもちろんのこと、地切りや着床時の衝撃を小さくしたり、横行、走行時には停止時の荷振れ等を防ぐため緩やかに起動、停止させることが求められる。

◎電動機の回転方向を変えるには、直流電動機の場合は＋（プラス）と－（マイナス）を入れ換え、三相誘導電動機の場合は電源回路の３線の配線のうち２線を入れ換える。

【三相交流電動機の回転方向の切り換え】

◎また、作業に応じて高速、低速及び中間速度が要求される場合がある。

◎速度を変化させる速度制御は、クレーンの使用目的に応じて様々な方法が採用されている。

〔電動機と制御方法〕

電動機	制御方式		概要	主な使用例
かご形三相誘導電動機	全電圧始動		始動時に電源電圧をそのまま電動機に加える	小容量クレーンの始動時
	緩始動	一次抵抗	電動機の始動回転力を電気的に制御する	横行、走行
		リアクトル		
		サイリスター		
		スターデルタ		
		流体継手	電動機の始動回転力を機械的に吸収する	
		粉体継手		
	インバーター制御		周波数の制御により電動機の回転数を制御	クレーン全般
	極数変換		極数を変えて回転数を変える	小容量クレーン
巻線形三相誘導電動機	二次抵抗制御		抵抗値を変化させ回転数制御を行う	横行、走行、旋回
	二次抵抗制御と併用	電動油圧押上機ブレーキ制御	ブレーキの制動力により低速を得る	天井クレーンの巻上げ
		渦電流ブレーキ制御		ジブクレーンの起伏
		ダイナミックブレーキ制御		天井クレーンの巻上げ、横行、走行
		サイリスター一次電圧制御		大容量天井クレーンの巻上げ、横行、走行
直流電動機	サイリスターレオナード制御		電圧を可変させ速度制御を行う	大容量クレーン
	ワードレオナード制御			

1 かご形三相誘導電動機の速度制御 ★よく出る！

◎かご形三相誘導電動機は、常に同期速度付近で回転する特性があるが、速度制御には次のような方法が用いられている。

全電圧始動（ラインスタート）

◎全電圧始動とは、電源電圧をそのまま電動機に加えて始動させる方法である。

◎巻上装置は、ブレーキを緩めるとつり荷が下降しようとする大きな力が働くため、始動時には大きな力が必要となる。

◎このため、かご形三相誘導電動機の巻上装置の始動は、通常、全電圧始動により行う。

緩始動

◎緩始動は、電気的もしくは機械的な方法により、クレーンの始動を緩やかにする制御方法である。

◎クレーンの横行や走行の始動時等、負荷の小さな状態で全電圧始動を行うと、衝撃によって大きな荷振れが起きる。

◎このため、電動機の**電動回路に抵抗器、リアクトル**（抵抗器の一種）もしくは**サイリスター**（半導体）により**始動電流を抑えて緩やかに始動させる**必要がある。また、機械的に流体継手（フルードカップリング）や粉体継手（パウダーカップリング）を使用して、始動時の衝撃を吸収し緩やかに始動させるものもある。

インバーター制御

◎電動機の回転数は、供給される電源の周波数により変化する。
インバーター制御は、この特性を使用し、電動機に供給する**電源の周波数を変えて速度（回転数）を制御**する方法。

◎**精度の高い速度制御**ができる。

◎インバーター制御は、交流を直流に変換するコンバータと、直流を交流に変換するインバーターにより構成されているが、全体をインバーター装置という。

◎直流に変換された電源を再び交流にする際に、必要とする周波数の三相交流に変換する。また、電圧も変えられることから、VVVF（Variable Voltage Variable Frequency）制御とも呼ばれる。

※「Variable」変動できる。「Voltage」電圧。ボルト。「Frequency」周波数。
可変電圧可変周波数を直訳した和製英語である。

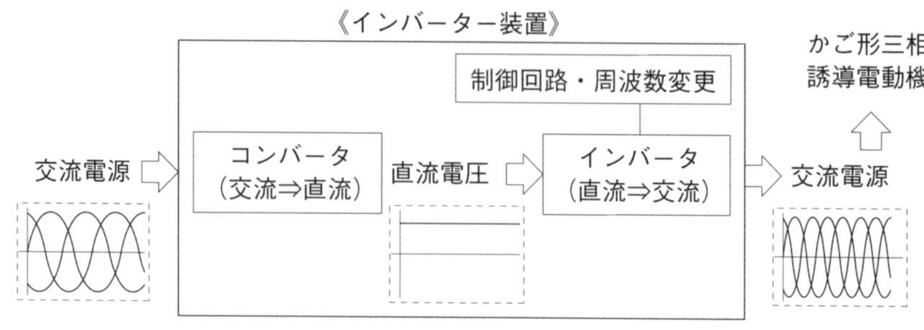

【インバーター制御の概略】

極数変換（ポールチェンジ）

◎電動機の回転数は、極数(*)により決まるため、極数を変えれば回転数を変えることができる。

◎極数変換は、一台の電動機に極数の異なる２巻線または３巻線を設け、これを切り換えることにより２速度または３速度に切り換えることができる。

◎しかし、巻線の数や一つの巻線の局数が多くなるほど電動機が大型となり価格も高くなるので、速度比２：１の２巻線のものが多く用いられる。

2 巻線形三相誘導電動機の速度制御

☆よく出る！

◎巻線形三相誘導電動機には、次のような制御方法が用いられている。

二次抵抗制御

◎二次抵抗制御は、**回転子の巻線に接続した抵抗器の抵抗値を変化させて速度制御**するもので、**始動時には二次抵抗を全抵抗挿入状態から順次、短絡することにより、緩始動する**ことができる。

◎二次抵抗制御は、横行、走行及び旋回等に用いられているが、加重により速度が大きく変化するため安定した低速を得ることができない。従って、電動機が負荷により回される巻下げでは、後述の制御装置と組み合わせて使用する。

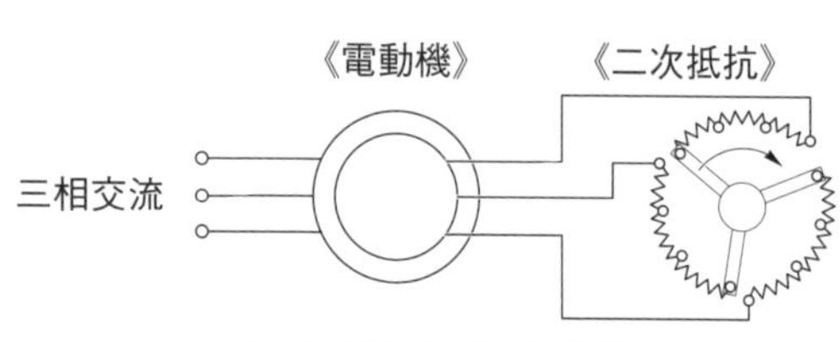

【二次抵抗制御の概略】

電動油圧押上機ブレーキ制御

◎電動油圧押上機ブレーキ制御は、電動油圧押上機ブレーキの制動力を利用して低速を得る方法。速度制御用に設置した電動油圧押上機ブレーキの操作電源を電動機の二次側回路に接続し、制動力を制御するもので、巻下げ時に電動機の回転速度が遅くなれば制動力を小さくするように自動的に調整し、安定した低速運転を行うものである。

◎この制御による低速の限度は、全速の30％程度で、出力が90kW程度以下の電動機の速度制御用に用いられる。しかし、**機械的な摩擦力**を利用しているため、**ブレーキライニングの摩耗**や**ブレーキドラムの過熱による制動力の低下**などが発生するため、使用頻度の高いクレーンには不向きとされている。

渦電流ブレーキ制御（エディカレントブレーキ）

◎渦電流ブレーキ制御は、電動機と同軸上に取り付けた金属製の円盤とそれを挟む電磁石からなり、電磁石に通電すると制御トルクが発生することを利用した制御方法。

◎軽負荷では電動機を回転させ強制的に荷を下げ、重負荷では自重で降下する速度を渦電流ブレーキにより制御する。

◎**電気的なブレーキ**であるため、ブレーキライニングなどの**消耗部品がなく、制御能力も優れ**ている。

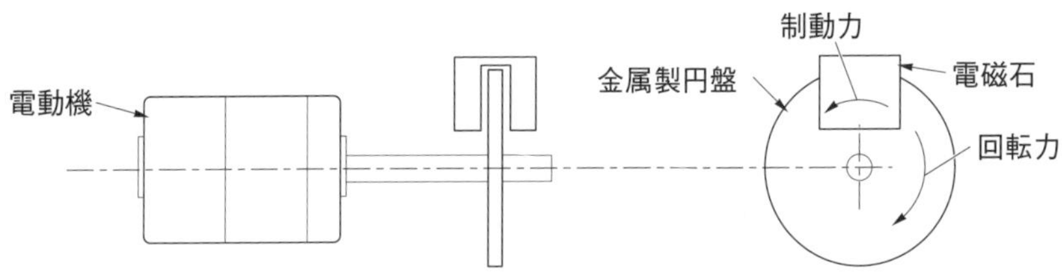

【過電流ブレーキの概略】

ダイナミックブレーキ制御

◎ダイナミックブレーキ制御は、**巻下げの速度制御**に用いられるもので、巻線形三相誘導電動機に供給している交流の代わりに直流を流すと回転子側（二次側）に回転方向とは逆方向の強力な直流励磁が発生する性質を利用したもの。

◎この方式では、全速の10～70％程度の低速を得ることができる。しかし、制動力が大きいため**荷が軽い場合**には**低速では巻き下げできない**ことがある。このため、110kW程度以上の大型電動機の速度制御用として使用されている。

サイリスター一次電圧制御

◎サイリスター一次電圧制御は、一次側に加える電圧により電動機の回転数が変わる性質を利用した速度制御方法。必要とする速度が得られるように一次側に加える電圧を制御する。この電圧を変えるために、サイリスター（半導体）が使用されている。

◎**電動機の回転数を検知**し、**必要とする速度と比較しながら電圧を制御**するため、**安定した速度**を得ることができ、全速の５％程度の低速が得られる。

3 直流電動機の速度制御

◎直流電動機の速度制御には、加える電圧により回転数が変化する特性を利用した可変電圧制御が用いられている。この方式は、低速から高速まで無段階に精度の高い速度制御を行うことができ、負荷に適した速度特性を自由に得ることができる。

◎可変電圧制御には次の２種類がある。

サイリスターレオナード制御

◎サイリスターレオナード制御は、交流電源をサイリスター装置により直流電源に変換し、その直流電源の電圧を変えることで速度制御を行う。

◎後述するワードレオナード制御に比べて設備を小さくすることができるため、多く使用されている。

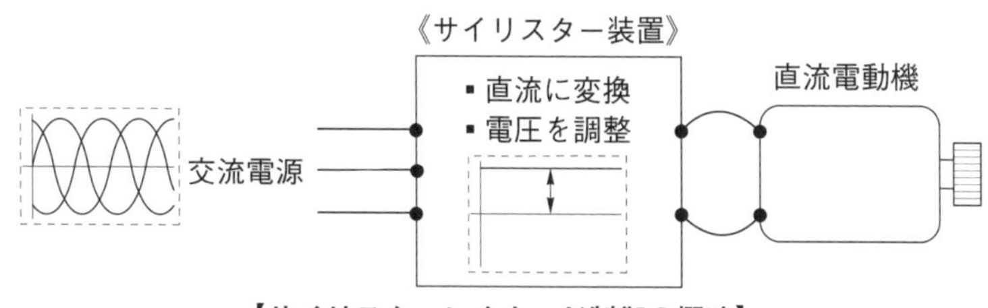

【サイリスターレオナード制御の概略】

ワードレオナード制御

◎ワードレオナード制御は、三相誘導電動機の駆動により発電される直流発電機を設け、その発電電圧を制御することにより速度制御を行う。

◎この方式は、**負荷に適した速度特性が自由に得られる**が、直流電動機の他に三相誘導電動機、直流発電機及び制御装置等が必要になるため、**設備費が高くなる**。従って、精密な速度制御が要求されるアンローダ等に使用されている。

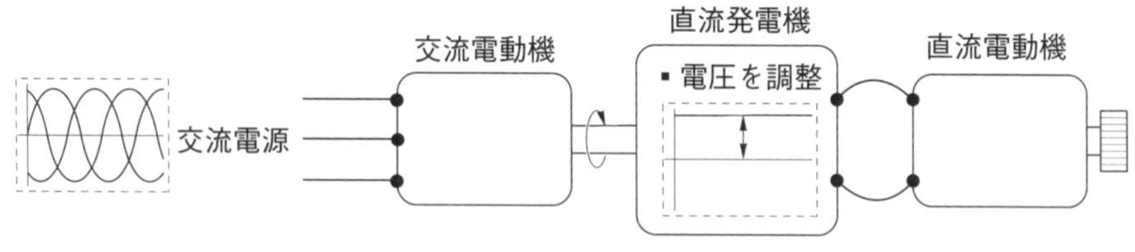

【ワードレオナード制御の概略】

6 電気設備の保守

1 絶縁

☆よく出る！

◎物体（物質）には、電気をよく通す導体と、通しにくい絶縁体及びその中間の性質を持つ半導体がある。

〔導体と半導体及び絶縁体〕

導体の例	半導体の例	絶縁体の例
銅、アルミニウム、鉄、鋳鉄、鋼、ステンレス、ニクロム線、銀、**鉛（黒鉛）**、塩水、大地　など	ゲルマニウム、シリコン、セレン　など	空気、がいし、ゴム、ビニール、ポリエチレン、樹脂、ガラス、**雲母**（鉱物の一種）、大理石、磁器、セラミック、ベークライト、木材　など

◎電気は、一般に金属の導体を通じて供給しているため、必要以外の箇所へ電気が流れないようにしなければならない。そのため電線や電気機器の線間などを絶縁体で包む必要がある。この絶縁体を用いて目的以外の箇所へ電流を流さない処置を絶縁という。

◎電気設備は、導体が確実に絶縁されていなければ極めて危険である。感電災害を防ぐため、電気機器の絶縁状態を点検することを怠らないようにする必要がある。

2 漏えい電流

◎絶縁物は、抵抗が非常に大きく電気を通しにくいものであるが、電気が全く流れないのではない。普通の使用状態であっても、ごくわずかではあるが電気は絶縁体の内部や表面に沿って流れている。このわずかに流れる電流を漏えい電流という。

◎絶縁体が湿気を帯びたり、熱（日光）などにより劣化すると、漏えい電流が多くなる。また、絶縁体の表面がカーボンなどの導体で覆われる事により漏えい電流が多くなる場合もある。

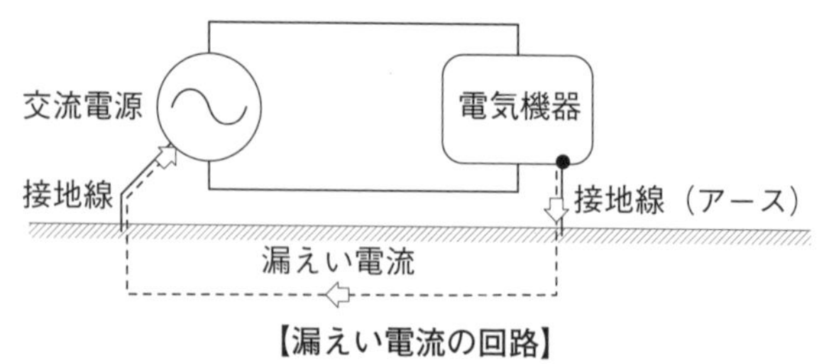

【漏えい電流の回路】

◎また、電気の漏えいを遮る力の大きさを絶縁抵抗といい、回路の電圧と、漏えい電流の比で表すことができる。

$$\textbf{絶縁抵抗} = \frac{\textbf{回路の電圧}}{\textbf{漏えい電流}}$$

◎漏えい電流が多くなると、いわゆる漏電事故を起こし、感電や災害の原因となる。メガーと呼ばれる絶縁抵抗計により定期的に点検を行い、電気機器の絶縁状態を良好に保つ必要がある。

3 スパーク

☆よく出る！

◎スパークは、大きな電圧・電流が流れている回路の電源を遮断する（スイッチを切る）ときなどに発生する電気火花のこと。

◎スパークは、整流子とブラシの間の接点や摺動面が汚れていたり、荒れたりしているときなどに発生しやすい。また、**回路の電圧が高いほど大きなスパークが発生**し、**その熱で接点の損傷や焼付きを発生**させることもある。

◎**火花となって飛んだ粉**はがいしなどの絶縁体に付着すると、劣化させて**漏電、短絡（ショート）などの災害発生の原因**にもなる。スパークの発生をできるだけ少なくするため、次の点に注意する。

①ナイフスイッチで直接負荷を切らず、接触器または遮断器を切って運転を止め、回路に電流が流れなくなってからスイッチを切る。また、その開閉操作は迅速に行う。

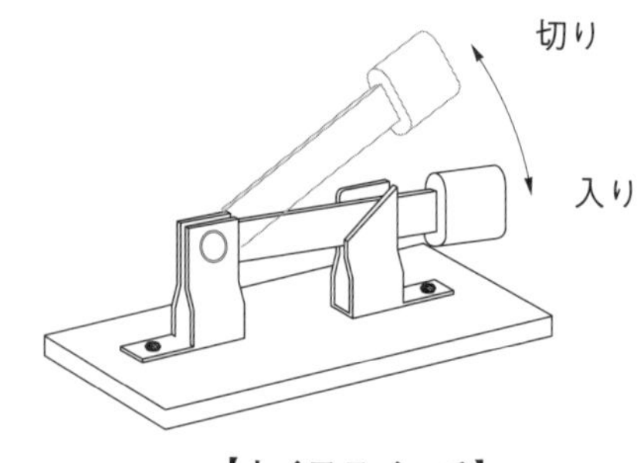

【ナイフスイッチ】

②ナイフスイッチを**入れるときよりも、切るときの方が大きいスパークが発生**する。切るときはスイッチにできるだけ近づかないようにし、**側面などから行う**。

③集電装置、制御器及び接触面などの接点の部分や電動機のスリップリングまたは整流子とブラシの間などの摺動面や接触面は定期的に清掃し、荒れたままでは使用しない。

4 接地（アース） ☆よく出る！

◎変電所に接地されている変圧器の二次側（低圧側）の１線は大地に接続されている。

◎また、電気機器において配線などの絶縁部分が劣化すると、漏えい電流が外被（フレームやケース）などを通り大地に流れようとする。この外被と大地との間の抵抗が大きく電流が流れにくい状況で、仮に大地に立っている人が外被に触れた途端に電気は人体を伝わって大地に流れる（**感電**）。

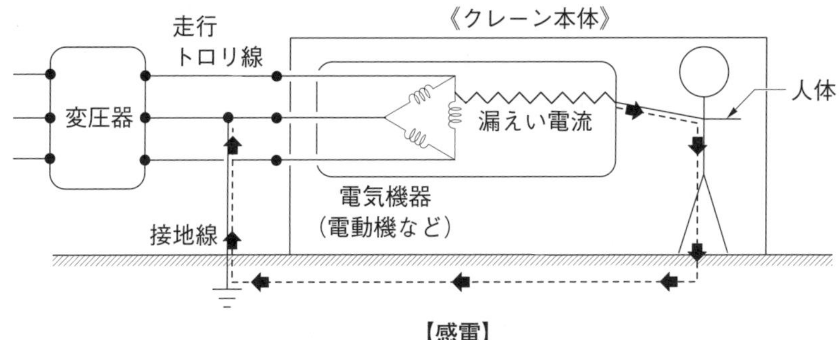

【感電】

◎そこで、伝導性の外被などを導線で大地に接続し、大地に対する伝導性をよくしておけば感電の危険は少なくなり導線を伝わって大地に流れる（漏電）。このように、電気機器の外皮や変圧器の１線を大地につなぐ導線を**接地線（アース）**という。

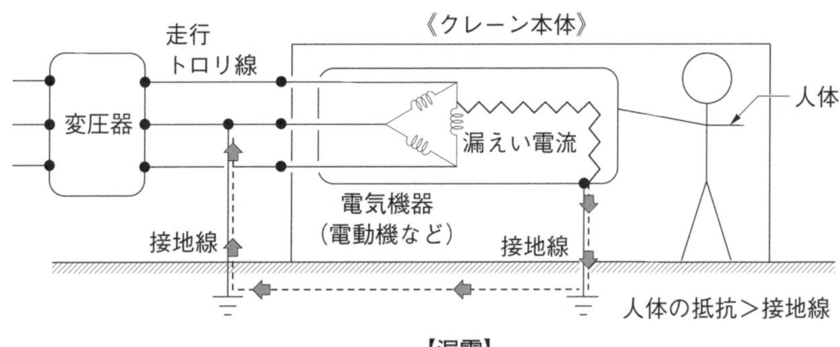

【漏電】

◎接地は、漏電している電気機器のフレームなどに人が接触したとき、**感電の危険を小さくする**効果がある。

◎接地線の接地抵抗は、**小さいほど電気が流れやすくなる**ため**危険性が少なく**なる。従って、接地線は**十分な太さのもの**を使用する必要がある。

◎また、走行式クレーンの場合は鋼製の走行車輪を経て走行レールと接続されているため、走行レールを接地することで接地されていることになる。従って、クレーンを構成している鋼材そのものが接地線の役割を果たすため、電動機や電気機器の接続部分となる取付ボルトをしっかりと締め付けておく必要がある。

◎天井クレーンは、鋼製の走行車輪を経て走行レールに接触しているため、走行レールが接地されている場合でも、クレーンガーダ上で走行トロリ線の充電部分に身体が接触した場合、**感電の危険がある**。

5 感電

★よく出る！

◎感電とは、人体に電流が流れて苦痛や硬直その他の影響を受けることをいう。

◎感電による被害の程度は、人体に流れる電流の経路、電流の大きさ、通電時間、電源の種類（直流もしくは交流）、体質及び健康状態等により異なる。その中で、最も人体に影響を与えるのが「電流の大きさ」と「通電時間」である。

◎電気火傷は、アークなどの高熱による熱傷のほか、電流通過によるジュール熱によって生じる皮膚や内部組織の傷害がある。

◎感電による死亡原因は、電圧により次のように分けられる。

〔電圧と死亡原因〕

電圧	死亡原因	
低い	**心室細動**及び**呼吸停止**	
高い		接触によるアーク熱と通過によるジュール熱による火傷（**電気火傷**）

※心室細動とは、いわゆる心臓麻痺のことで、心臓の筋肉がけいれんをしたような状態になる致死性不整脈の一つ。心臓の収縮・膨張が起こらず、血液の循環機能が失われて死に至る。感電状態を取り除き、AED（自動体外式除細動器）を用いて除細動（電気ショック）し、正常なリズムに戻すことが必要となる。

人体反応曲線図

◎感電の危険を評価する基準は、IEC（国際電気標準会議）による人体反応曲線図により示されている。この図によると、50mA の電流が人体を流れた場合では通電時間約 1 秒で心室細動を起こす可能性があることが分かる。同様に、100mA では 0.5 秒となる

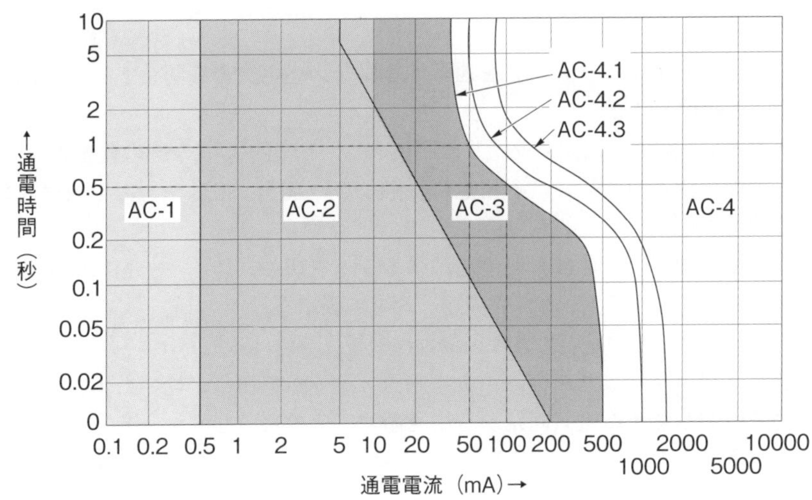

【国際電気標準会議（IEC）による人体反応曲線図】

《電流／時間領域と人体の反応》

AC-1…無反応

AC-2…有害な生理的影響はない

AC-3…人体への障害は予期されないが、電流が２秒以上継続すると痙攣性の筋収縮や呼吸困難、あるいは一時的な心拍停止や心房細動を含んだ回復可能な心臓障害が生じる

AC-4…AC-3 の反応に心停止、呼吸停止、重度の火傷が加わる。

AC-4.1：心室細動の確率が約５％まで増加。

AC-4.2：心室細動の確率が約 50％まで増加。

AC-4.3：心室細動の確率が約 50％以上を超えて増加。

安全限界

◎人体に **50mA** の電流が流れた場合、通電時間が３秒を超えると心室細動を起こして死に至る。このため、**50mA 秒を安全限界**と定めている。

人体の通電電流

◎人体に流れる電流の大きさは、オームの法則により、人体の内部抵抗と電圧により求めることができる。

◎**人体の内部抵抗**は、手～足間で約 500 Ωとされている。一方、人体の内部組織を覆っている**皮膚の抵抗値**は、乾燥している場合は約 4,000 Ω、湿潤時は約 2,000 Ωと**高い**ものの、条件により異なる。従って、感電災害は汗を掻いて皮膚が湿潤状態になり抵抗値が下がっている夏場に多く発生している。

◎仮に人体の抵抗を 500 Ωとして **100V の電圧に感電**した場合でも、人体の通過電流は次のようになり、**死亡の危険**を伴う状態といえる。

$$電流（I）=\frac{電圧（E）}{人体の抵抗（R）}=\frac{100V}{500\ \Omega}=200mA$$

感電対策

◎電気機器を使用するクレーンを運転する場合、感電災害を防止するため次の事項を守らなければならない。

①肌の露出を避けた清潔で乾燥した服装とし、ゴム手袋、ゴム底の靴を着用する。

②作業箇所付近の活線には不用意に接触しないよう、絶縁シートや絶縁管などで防護する。

③点検や修理等のときは、必ず電源スイッチを切り、スイッチ箱には施錠とともに「無断投入禁止」や「作業中」などの表示を行う。

※スイッチ箱の施錠ができない場合は監視人を付ける。

④感電災害が発生した場合は、まず電源スイッチを切り、乾いた木材等の絶縁物で感電した者を電気回路から引き離す。その後、心臓マッサージなどの応急処置を行う。

---

6 測定機器

★よく出る！

◎クレーンに用いられる測定機器には、運転用と整備用のものがある。

◎運転用のものは、電圧計（ボルトメーター）や電流計（アンメーター）などが運転室に設置されている。

◎交流用の電圧計や電流計の計測値は、電圧や電流の実行値を示している。

◎整備用のものは、携帯用の計器となっており、**絶縁抵抗計**（**メガー**）や**回路計**（**サーキット・テスター**）をはじめ、試験に応じて種々の機器が使用されている。

電圧計（ボルトメーター）

◎電圧計は、電圧の大きさを測定するために使用されている。電圧計には交流電圧計と直流電圧計があり、いずれも回路に**並列接続**されている。

◎電圧計で交流高電圧を測定する場合は、**計器用変圧器により降圧した電圧を測定**する。

V 電圧計
負荷

【電圧計の接続】

電流計（アンメーター）

◎電流計は、電流の大きさを測定するために使用されている。電流計には交流電流計と直流電流計があり、いずれも回路に**直列接続**されている。

◎電流計で大電流を測定する場合は、**交流では変流器**を、**直流では分流器**を使用する。

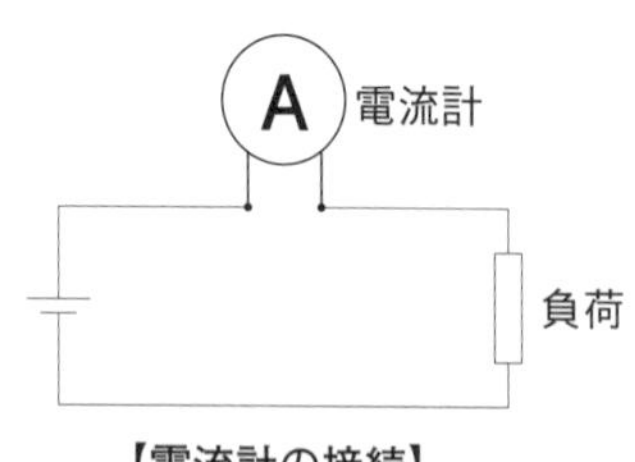

【電流計の接続】

絶縁抵抗計（メガー）

◎絶縁抵抗計は、電気機器の絶縁の良否を測定する測定機器で、保守点検に広く用いられている。絶縁不良により漏えい電流が多くなると、いわゆる漏電事故を起こし、感電や災害の原因となる。絶縁抵抗計により定期的に点検を行い、電気機器の絶縁状態を良好に保つ必要がある。

◎また、電気機器に接地線が使用されていても、その絶縁状態が悪いと漏電事故の原因となる。

◎絶縁抵抗計は、２つの端子（プローブ）を接地線及び被測定物に接続し、その間の絶縁状態を測定する。

漏電していない場合

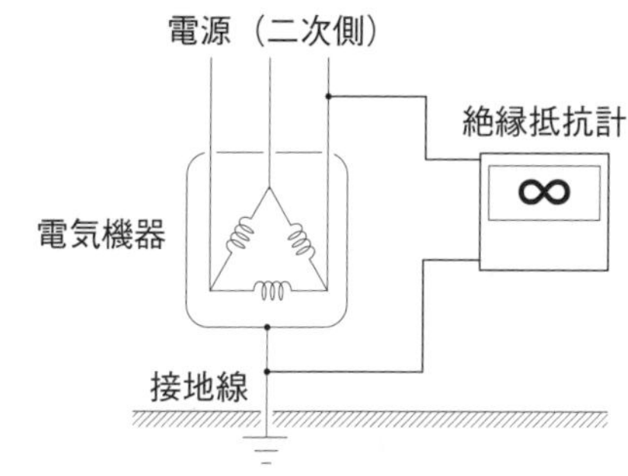

∞：無限に抵抗値は大きく導通なし

漏電時

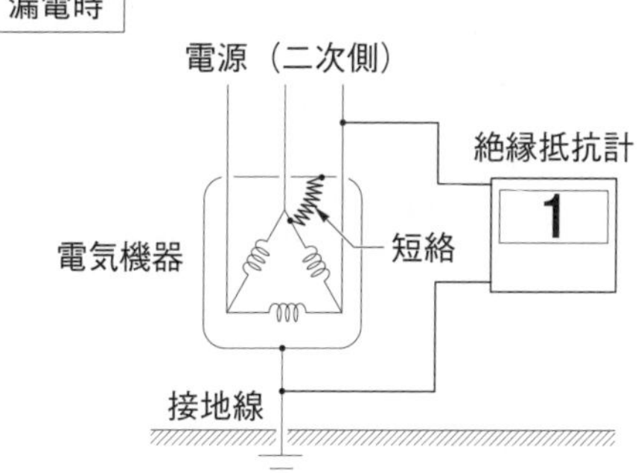

1：導通あり

※絶縁抵抗計の表示は例。
種類により異なる。

【絶縁抵抗計の接続と表示】

回路計（サーキット・テスター）

◎回路計は、電圧、電流及び抵抗等を測定することができるもので、測定する回路の電圧や電流の大きさに応じた作動範囲（測定レンジ）に切り換えて使用する。**測定値の見当が付かない場合**には、まず測定範囲の**最大レンジ**で測定する。

◎また、アナログ式の回路計（アナログテスター）では、測定前に**調整ねじで指針を「0」に合わせる0点調整**を行う必要がある。

7 電気装置の故障

☆よく出る！

◎クレーンの運転中に起こる主な故障と、その原因については次のようなものがある。

故障の状況	原因
①全く動かない	▪停電又は断線 ▪電源の電圧降下が大きい ▪端子の緩み又は外れ
②**電動機がうなるが起動しない**	▪**負荷が大き過ぎる** ▪電動機の故障 ▪ブレーキが故障して緩まない ▪一次側電源回路が断線し、単相運転状態となっている
③振動や衝撃が起こる	▪取付ボルトの緩み ▪軸受けの摩耗など機械部分の不具合
④**回転数が上がらない**	▪**負荷が大き過ぎる** ▪電源の電圧又は周波数の降下が大きい ▪回路の一部断線又は絶縁不良 ▪電動機の故障
⑤**電動機が停止しない**	▪**電磁接触器の主接点が溶着**している
⑥**過電流継電器**の作動又はヒューズ切れ	▪負荷が大き過ぎる ▪インチング頻度が大きい ▪**回路の短絡**
⑦ブレーキが効かない（効きが悪い）	▪ブレーキライニングの摩耗 ▪ブレーキのピン回りの摩耗
⑧電動油圧押上機ブレーキの作動が遅い	▪油量不足 ▪負荷が大き過ぎる
⑨ブレーキドラムの異常過熱	▪電磁コイルの断線等によるブレーキ不作動
⑩巻過防止装置の作動不良	▪リミットスイッチの故障 ▪取付ボルトの緩み
⑪配線端子部が過熱	▪端子の締め付け不足 ▪負荷が大きい
⑫**集電装置の火花が激しい**	▪負荷が大き過ぎる ▪**集電子又はトロリ線の摩耗** ▪トロリ線の曲がり、うねり ▪シューの接触圧力が弱い

第4章 クレーンの運転のために必要な力学に関する知識

◆目次と近年の出題歴・傾向 ※傾向：★＝頻出度／数字＝関連する選択肢の数

項目		傾向	出題年月					
			R6.4	R5.10	R5.4	R4.10	R4.4	R3.10
1 用語と単位	❶ 質量（P.146）							
	❷ 重量（P.146）							
	❸ 荷重（P.146）							
2 力に関する事項	❶ 力（P.147）							
	❷ 力の三要素（P.147）	★★		1	2	2		
	❸ 力の作用と反作用（P.148）							
	❹ 力の合成（P.148）	★★★	4	3	2	2	5	5
	❺ 力の分解（P.149）							
	❻ 力のモーメント（P.150）	★★	1	1	1	1		
	❼ 力のつり合い（P.151）	★★★	5	5	5	5	5	5
3 質量、比重及び体積	❶ 質量（P.155）	★★		4	3		3	5
	❷ 比重（P.156）	★★		1	1		1	
	❸ 体積（P.157）	★★	1		1	5	1	
4 重心及び安定	❶ 重心（P.158）	★★	2		3	3		1
	❷ 物体の安定（座り）（P.161）	★★★	3	1	2	2	5	4
5 運動及び摩擦力	❶ 運動（P.162）	★★★	5	5	5	5	5	5
	❷ 摩擦力（P.166）	★★★	5	5	5	5	5	5
6 荷重及び応力	❶ 荷重（P.169）	★★★	5	5	5	5	5	5
	❷ 応力（P.172）	★★★	5	3		2	2	5
	❸ 材料の強さ（P.172）	★★		2	5	3	3	
7 つり角度	❶ 張力係数（P.175）	★★★	5	5	5	5	5	5
	❷ モード係数（P.177）							
8 滑車装置	❶ 定滑車（P.178）							
	❷ 動滑車（P.179）							
	❸ 組合せ滑車（P.179）	★★★	5	5	5	5	5	5

1 用語と単位

◎質量、重量、力及び荷重等の単位については、平成11年からSI（国際単位系）を主体とした計量単位に移行している。

1 質量

◎質量とは、物体そのものを構成する物質の量で、地球上や宇宙のどこであっても変化することはない。質量は、量記号としてmで表され、単位はkgやtが用いられている。

2 重量

◎重量とは、物体に働く重力の大きさで、地球上と宇宙とでは引力の関係でその重量は異なるものとなる。地球上では引力に起因する重力の加速度は約9.8m/s^{2}であるが、月では約1／6の1.62m/s^{2}となっている。従って、同じ物体であっても地球上に比べて月での重量は約1／6となる。

◎一般に重量は、量記号としてWで表され、単位はN（ニュートン）やkN（キロニュートン）が用いられている。

◎地球上での物体の重量は、次式で算出される。

地球上での物体の重量W（N）＝重力加速度9.8×物体の質量m（kg）

例：物体の質量が100kgである場合、地球上での重量は980Nである。

3 荷重

◎荷重は、力学においては力を表す用語であり、力の単位であるN（ニュートン）やkN（キロニュートン）が用いられている。

2 力に関する事項

1 力

◎力学において力とは、静止している物体を動かし、動いているものの速度を変え、また、運動を止め、あるいは物体を変形させようとする作用をいう。

◎また、右図のように手につり下げられたおもりが静止した状態についても、重力によりおもりが下に引っぱられる力と、手でこれを支える力とがつり合った状態であり、物体の動きに変化が無くても力が作用していることになる。

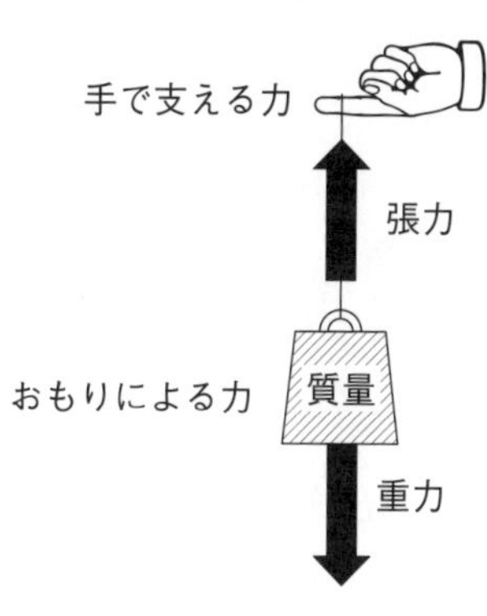

◎力は量記号としてFで表され、単位はN（ニュートン）で表し、tの単位に定数を掛けたときにはkN（キロニュートン）が用いられている。

〔質量と力の大きさ〕

質量	計算式	力の大きさ
1kg	1kg × 9.8	9.8N
100kg	100kg × 9.8	980N
1t	1t × 9.8	9.8kN

2 力の三要素

◎力には、**力の大きさ、力の向き及び力の作用点**の３つの要素があり、これを**力の三要素**という。

〔力の三要素〕

力の三要素	
力の大きさ	どれぐらいの力か
力の向き	どの方向に働いているか
力の作用点	どこに作用しているか

◎力を図で表すには、力の作用点をAとし、Aから力の向きに直線を引き、力の大きさを矢印で示す。例えば、1Nを1cmの長さとすると、5Nは5cmの長さで表すことができる。また、矢印の向きを延長した直線を作用線という。

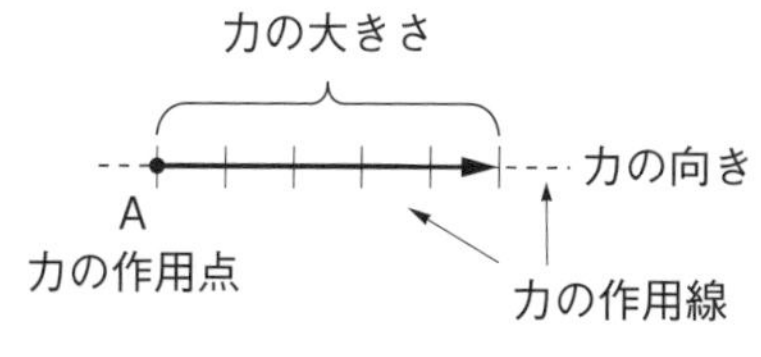

【力の表し方】

◎また、力の作用点は、その作用線上で動かしても効果は同じとなる。

◎一方、力の作用点を**作用線上以外の箇所に移す**と、物体に与える効果が**変わる**。力の大きさと向きが同様であっても、力の作用点が変わると物体に与える効果も変わる。

3 力の作用と反作用

◎2つの物体間で、一方が他方に力を働かせるとき、必ず他方から自分の方に対して力が働いている。このとき、どちらか一方を力の作用といい、他方を反作用という。

◎作用と反作用は同じ直線上で作用し、大きさが等しく向きが反対となる。例えば、ばねを手で引くとき、手はばねを引っ張り、同時にばねは手を引っ張る、という事になる。

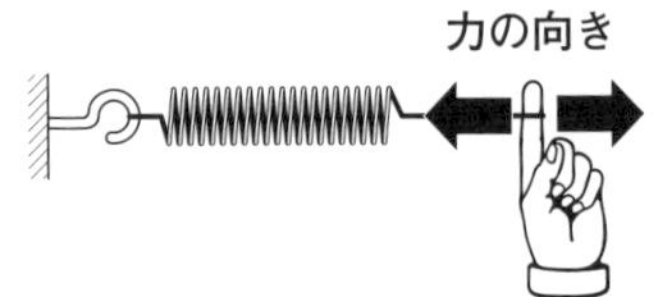

【力の作用と反作用】

4 力の合成

★よく出る！

◎1つの物体に2つ以上の力が作用するとき、これらの力を合成して1つの力にまとめることができる。この二つ以上の力を合成した力を合力といい、合力を求めることを力の合成という。

◎小さな物体の1点に大きさが異なり向きが一直線上にない二つの力が作用して物体が動くとき、その物体は合力の方向に動く。なお、**多数の力が一点に作用**し、**つり合っているとき**、これらの**力の合力は0**になる。

1点に作用する2つの力の合成（平行四辺形の法則）

◎図の点OにF_1とF_2の二つの力が作用する場合、点AからOBに平行な線ACを引き、点BからはOAに平行な線BCを引いて平行四辺形(OACB)を作成する。続いて点Oと点Cまで直線を引くと、F_1とF_2合力Rの大きさ及び力の方向を求めることができる。これを平行四辺形の法則という。

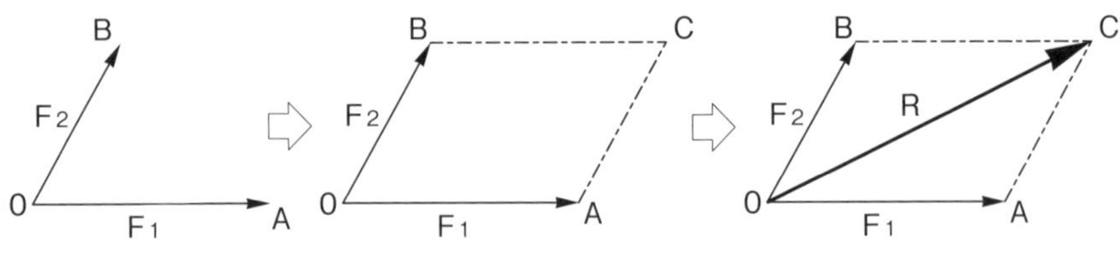

【平行四辺形の法則】

1点に作用する3つ以上の力の合成

◎1点に3つ以上の力が作用している場合の合力も、平行四辺形の法則を繰り返すことで求めることができる。

◎例えば点OにF_1、F_2及びF_3の力が作用している場合、まず、F_1とF_2の合力R_1を求める。次にR_1とF_3の合力R_2を求める。結果、この合力R_2が点Oに作用する力F_1、F_2及びF_3の合力となる。

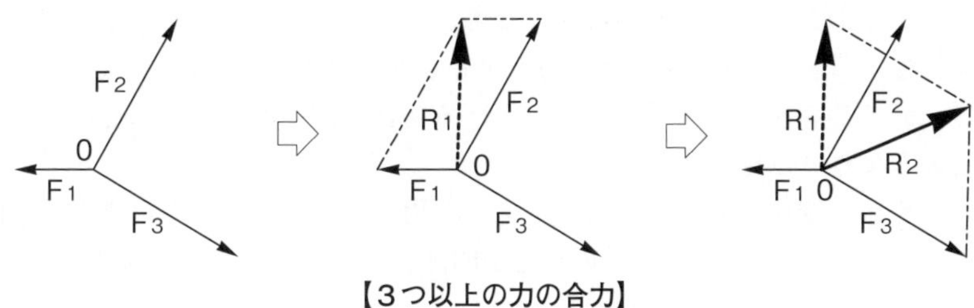

【3つ以上の力の合力】

一直線上に作用する二つの力の合成

◎**一直線上に二つの力が作用**する場合、それらの合力は**力の方向が同じ場合は和**により、**反対の場合は差**によってそれぞれ示される。

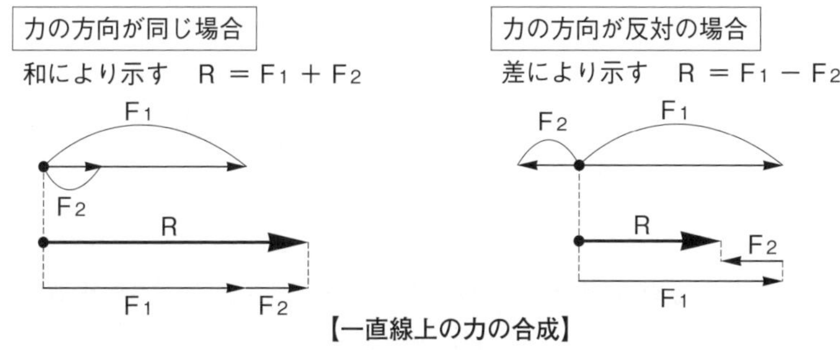

【一直線上の力の合成】

5 力の分解

◎物体に作用する一つの力を、ある角度を持つ２つ以上の力に分けることを力の分解といい、分けられた以前のそれぞれの力を分力という。

◎この分力を求める方法は、平行四辺形の法則を逆に利用して、１つの力を互いにある角度を持つ２つ以上の力に分けることができる。図の点Oに作用している力Fは、垂直及び水平に分解すると、それぞれF_1とF_2となる。

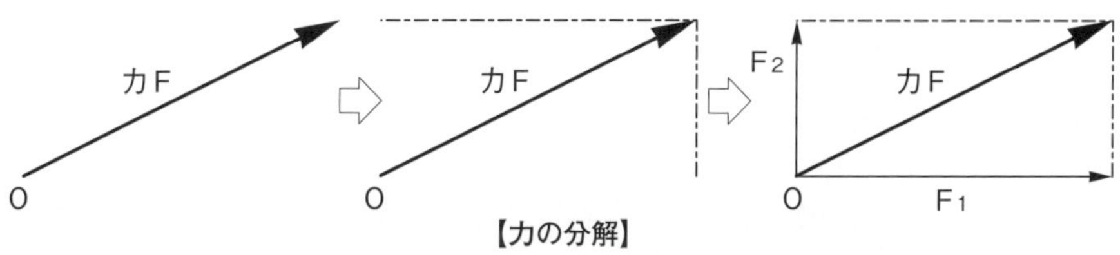

【力の分解】

6 力のモーメント

★よく出る！

◎力のモーメントとは、物体を回転させようとする力の働きをいう。

◎例えばナットをスパナで締め付けるとき、スパナの柄の中程を持って締め付けるよりも、端を持って締め付ける方が小さな力で締め付けることができる。
同様に、てこを使って重量物を持ち上げる場合、握りの位置を支点に近づけるほど大きな力が必要になる。

◎このように、物体を回転させようとする作用は、力の大きさだけでなく、回転軸の中心（O）と力の作用点との距離が関係している。この回転軸中心から力の作用点までの距離を腕の長さという。

◎力のモーメント（M）は、力の大きさ（F）と腕の長さ（L）の積で求めることができる。

力のモーメント（M）＝力の大きさ（F）×腕の長さ（L）

◎力の大きさFをN（ニュートン）、腕の長さLをm（メートル）とすれば、力のモーメントMの単位はN･m（ニュートンメートル）で表される。

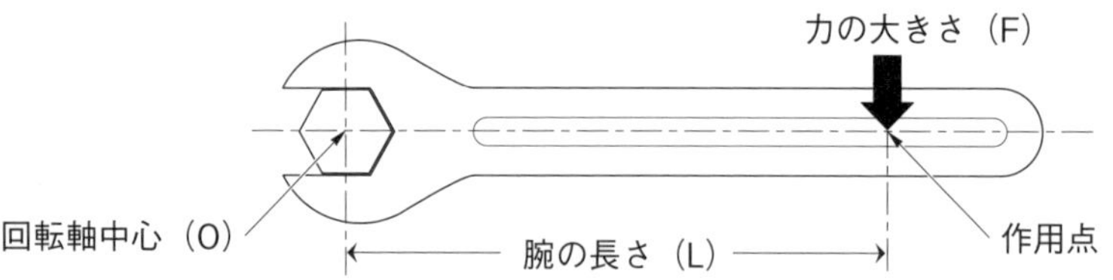

例：Fが10N、Lが0.3mの場合の力のモーメント ＝ 10N × 0.3m ＝ 3N･m

【力のモーメント】

ジブ形クレーンのモーメント

◎ポスト形ジブクレーンで同じ質量の荷を吊り、ホイストを移動させた場合を考える。

◎質量mの荷を吊ったホイストをA点又はB点に置いたときの支点Oからの距離をそれぞれL_1及びL_2とすると、支点Oに関するモーメントMはそれぞれ次のようになる。

$M_1 = 9.8 \times m \times L_1$

$M_2 = 9.8 \times m \times L_2$

※ 9.8は重力の過速度。質量mを下向きの力（重量）に変換するための定数（4章1節の「2 重量」参照）。

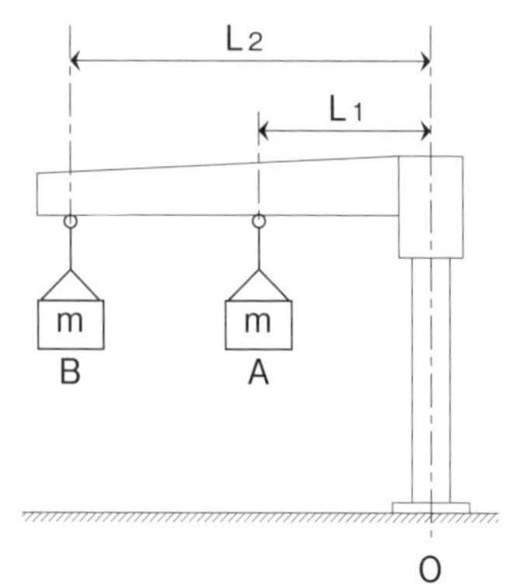

【ポスト形ジブクレーンのモーメント】

◎支点からの距離は、$L_1 < L_2$である。従って、支点Oに関するモーメント、すなわちクレーンを転倒させようとするモーメントは$M_1 < M_2$となる。

◎このように同じ質量のつり荷であっても、作業半径が大きくなるほどクレーンを転倒させようとするモーメントが大きくなる。

【例題】図のようなジブクレーンにおいて、質量300kgの荷をつり上げ、A点からジブの先端方向にB点まで移動させたとき、荷がAの位置のときの支点OにおけるモーメントM_1及び荷がBの位置のときの支点OにおけるモーメントM_2の値は何kNか。

ただし、重力の加速度は9.8m/s²とし、荷以外の質量は考えないものとする。

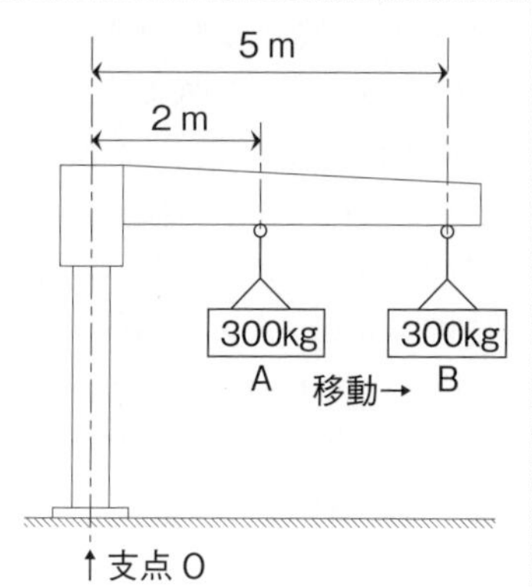

《解答》

- M_1 = 300kg × 2m = 600kg·m
- M_2 = 300kg × 5m = 1,500kg·m

重力の加速度は9.8m/s²を掛けて単位の変換を行う

- M_1 = 600kg·m × 9.8m/s² = 5,880N = 5.88kN
- M_2 = 1,500kg·m × 9.8m/s² = 14,700N = 14.7kN

7 力のつり合い

☆よく出る！

◎1つの物体にいくつかの力が働いていても、静止している場合、それらの力はつり合っているといえる。

1点に作用する力のつり合い

◎右図は質量mの物体をF_1及びF_2の力で持ち上げたときの力のつり合い状態を示す。

◎物体を持ち上げる力F_1及びF_2の合力Rが物体の質量mに生じる下向きの力Fと等しい場合、物体は静止する。

◎従って、1点に2つの力が作用してつり合っているとき、2つの力の大きさは等しく、向きは互いに反対となる。

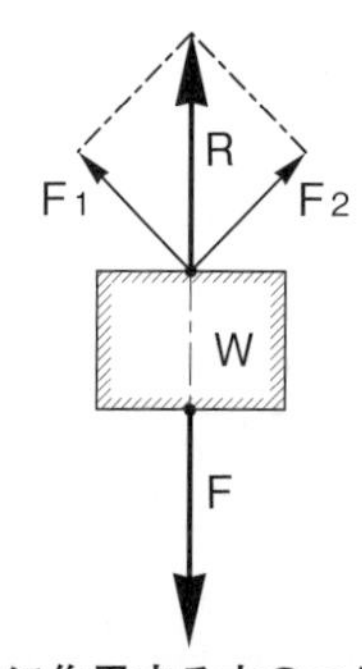

【1点に作用する力のつり合い】

平行力のつり合い

◎平行力のつり合いとは、力のモーメントをつり合わせることで、回転の中心に関する左回りのモーメントと右回りのモーメントを等しくすることである。

◎1点で支えられた天秤棒に2つの荷を吊り、それがつり合っている場合、支えた点の左回り及び右回りのモーメントは等しいことになる。

◎図のように質量の異なる m_1 及び m_2 の荷を天びん棒で吊り、それがつり合っている場合を考える。支点から m_1 までの距離を L_1、同様に m_2 までの距離を L_2 とすると次のようになる。

左回りのモーメント $M_1 = m_1 \times L_1$

右回りのモーメント $M_2 = m_2 \times L_2$

M_1 $(m_1 \times L_1) = M_2$ $(m_2 \times L_2)$　※つり合いの条件

◎また、上記の式を展開することにより、L_1 及び L_2 の距離を求めることができる。

《L_1 の距離》

$m_1 \times L_1 = m_2 \times L_2$

$m_1 \times L_1 = m_2 \times L_2$

$m_1 \times L_1 = m_2 \times (L - L_1)$

$$L_1 = \frac{m_2 \times (L - L_1)}{m_1}$$

《L_2 の距離》

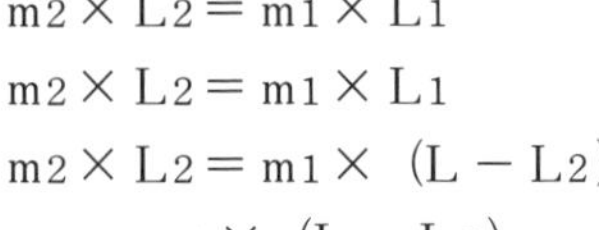

$m_2 \times L_2 = m_1 \times L_1$

$m_2 \times L_2 = m_1 \times L_1$

$m_2 \times L_2 = m_1 \times (L - L_2)$

$$L_2 = \frac{m_1 \times (L - L_2)}{m_2}$$

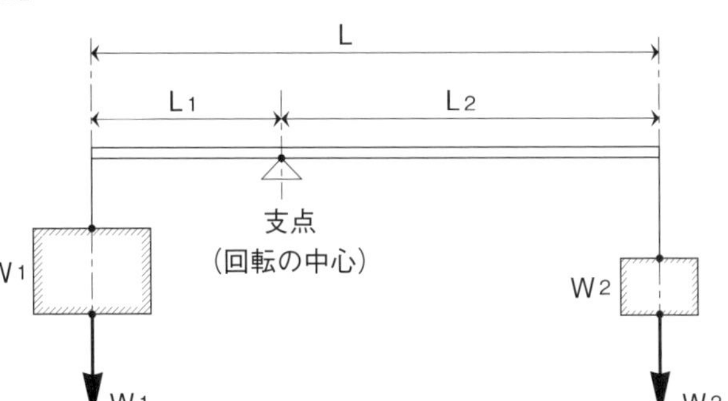

【平行力のつり合い】

【例題】図のような天びん棒で荷Wをワイヤロープでつり下げ、つり合うとき、天びん棒を支えるための力Fの値は何Nか。

　ただし、重力の加速度は 9.8m/s^2 とし、天びん棒及びワイヤロープの質量は考えないものとする。

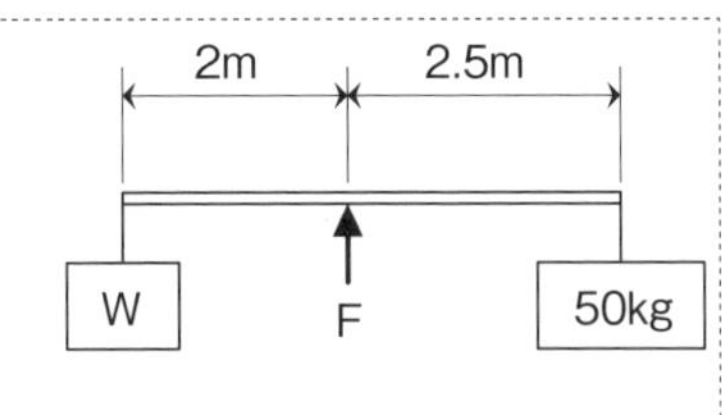

《解答》

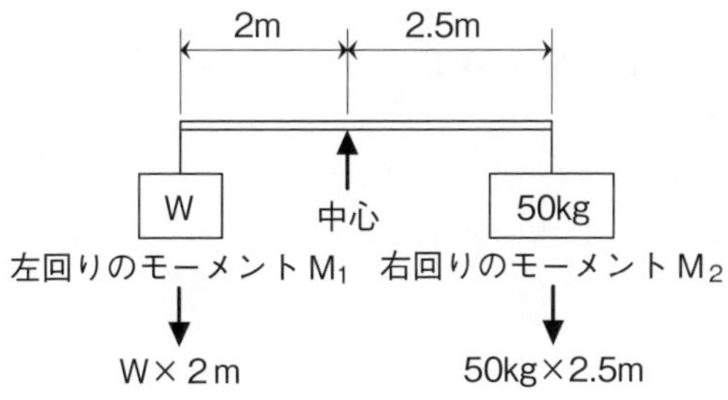

- 天びん棒の支軸を中心としたつり合いの条件

  左回りのモーメント M_1＝右回りのモーメント M_2

  $W \times 2\,m = 50kg \times 2.5m = 125kg \cdot m$

  $W = \dfrac{125kg \cdot m}{2\,m} = 62.5kg$

- 天秤を支える力F（下向きの重量の合計）

  $F =（62.5 + 50）kg \times 9.8m/s^2 = \underline{1{,}102.5N}$

【例題】 図のように天井クレーンで質量10tの荷をつるとき、A及びBの支点が支える力の値はそれぞれ何kNか。

　ただし、重力の加速度は9.8m/s²とし、クレーンガーダ、クラブトロリ及びワイヤロープの質量は考えないものとする。

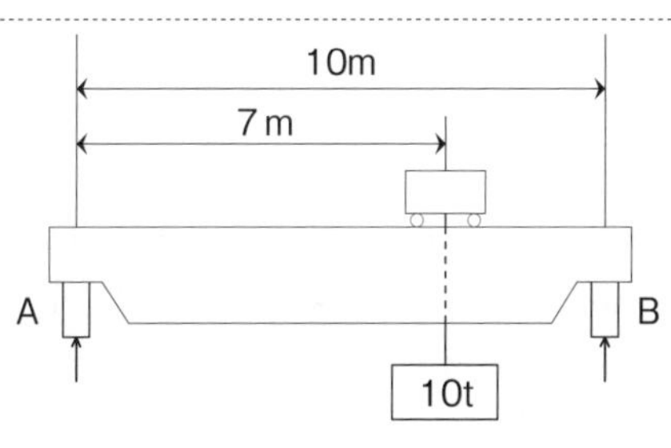

《解答》

- 支点Aが支える力 $= 質量 \times 9.8m/s^2 \times \dfrac{荷重中心から支点Bまでの距離}{ガータの長さ}$

  $= 10t \times 9.8m/s^2 \times \dfrac{3\,m}{10m}$

  $= 29.4kN$

- 支点Bが支える力 $= 質量 \times 9.8m/s^2 \times \dfrac{荷重中心から支点Aまでの距離}{ガータの長さ}$

  $= 10t \times 9.8m/s^2 \times \dfrac{7\,m}{10m}$

  $= \underline{68.6kN}$

【例題】図のように３つのおもりをつるした天びんが支点Ｏでつり合っているときＢ点にあるおもりＰの質量は何 kg か。

ただし、天びん棒及びワイヤロープの質量は考えないものとする。

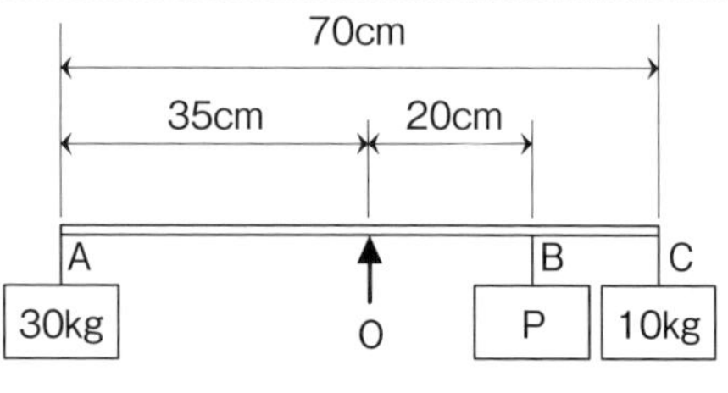

《解答》

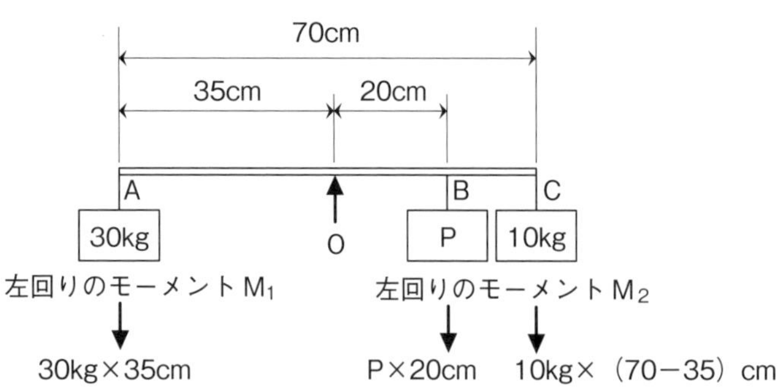

- 支点Ｏを中心としたつり合いの条件

左回りのモーメント M_1＝右回りのモーメント M_2

$30kg \times 35cm = 10kg \times 35cm + P \times 20cm$

$1{,}050kg \cdot cm = 350kg \cdot cm + 20P\ cm$

$20P\ cm = 1{,}050kg \cdot cm - 350kg \cdot cm = 700kg \cdot cm$

$P = \dfrac{700kg \cdot cm}{20cm} = \underline{35kg}$

【例題】図のように一体となっている滑車Ａ及びＢがあり、Ａに質量４ｔの荷をかけたとき、この荷を支えるために必要なＢにかける力Ｆは何 kN か。

ただし、重力の加速度は $9.8m/s^2$ とし、ワイヤロープの質量及び摩擦等は考えないものとする。

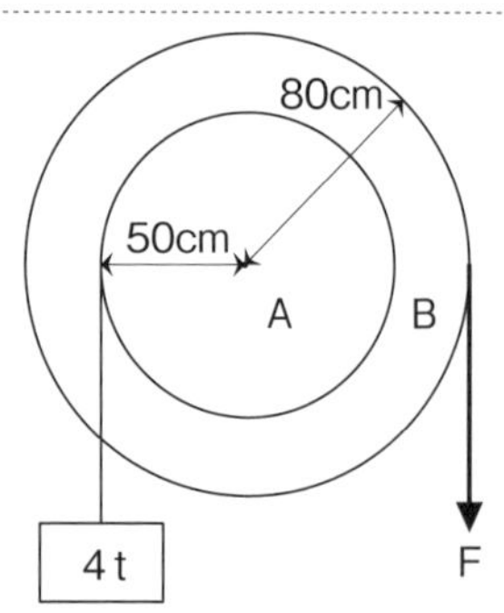

《解答》

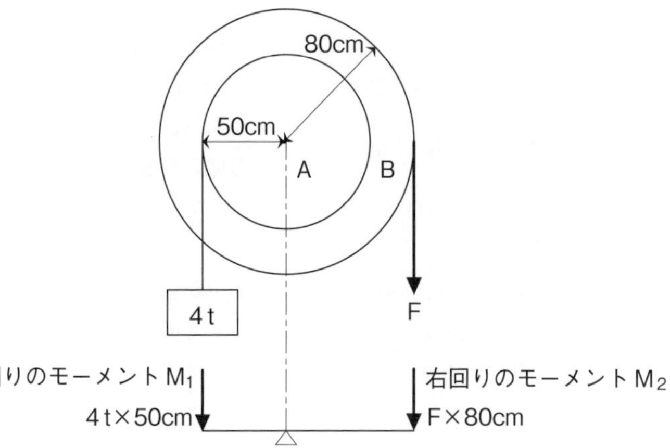

- 滑車の中心にしたつり合いの条件

左回りのモーメント M_1＝右回りのモーメント M_2

4 t × 50cm ＝ F × 80cm

200t・cm ＝ 80F cm

80F cm ＝ 200t・cm

$$F = \frac{200\text{t}\cdot\text{cm}}{80\text{cm}} = 2.5\text{t}$$

- 荷重を力の大きさに変換

$2.5\text{t} \times 9.8\text{m/s}^2 =$ 24.5kN

3 質量、比重及び体積

1 質量

★よく出る！

◎前述のとおり質量とは、物体そのものを構成する物質の量で、地球上や宇宙のどこであっても変化することはない。質量は、量記号としてmで表され、単位はkgやtが用いられている。

◎形状が立方体で均質な材質でできている物体では、縦、横、高さ３辺の長さが**それぞれ４倍になると質量は64倍**になる。また、形状が円柱の場合、直径が３倍になると質量は９倍になる。

◎物体の質量は、体積が同じであっても材質が異なると違う。例えば、アルミニウムは鉄より軽い。

◎従って、物体の質量は、物体の体積とその物体の単位体積当たりの質量の積で求めることができる。

物体の質量（W）＝物体の体積（V）×物体の単位体積当たりの質量（d）

◎また、上記の式は次のように展開することができる。

$$\textbf{物体の単位体積当たりの質量（d）} = \frac{\textbf{物体の質量（W）}}{\textbf{物体の体積（V）}}$$

◎次表は主な物質の1 m^3 あたりの質量を示したものである。

〔1 m^3 当たりの質量〕

物質	1 m^3 あたりの質量(t)
鉛	**11.4**
銅	**8.9**
鋼	**7.8**
鋳鉄	**7.2**
アルミニウム	**2.7**
コンクリート	**2.3**
土	**2.0**
砂利	1.9
砂	1.9

物質	1 m^3 あたりの質量(t)
石炭塊	0.8
水	**1.0**
石炭粉	1.0
コークス	0.5
かし（樫）	0.9
けやき（欅）	0.7
すぎ（杉）	0.4
ひのき（檜）	0.4
きり（桐）	0.3

※木材類は大気中で乾燥させた質量。

※土、砂利、砂、石炭及びコークスはばらの状態で測定した見かけの質量。

2 比重

◎比重は、物体の質量と、その物体と同じ体積の4℃の純水の質量との比で表すことができる。

$$\textbf{比重} = \frac{\textbf{物体の質量}}{\textbf{物体と同じ体積の4℃の純水の質量}}$$

◎4℃の純水の比重は0.999972 g/cm^3 であり、ほぼ1 g/cm^3 であるため、比重は1とされている。従って、物質の比重は表〔1 m^3 当たりの質量〕に示す値と同じとなる。

3 体積

☆よく出る！

◎体積は、立体が占める空間の部分の大きさをいい、次の計算式により求めることができる。

〔体積の計算式〕※ $\pi = 3.14$

形状		体積の計算式
直方体	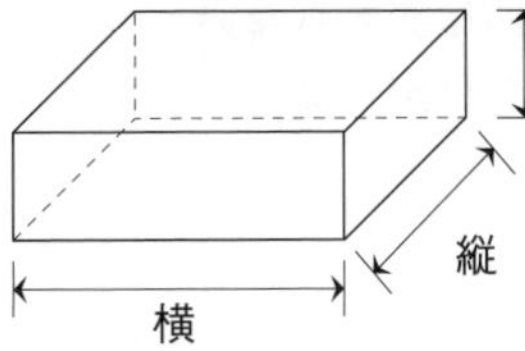 高さ／縦／横	縦×横×高さ
三角柱		縦×横×高さ×$\frac{1}{2}$
円柱	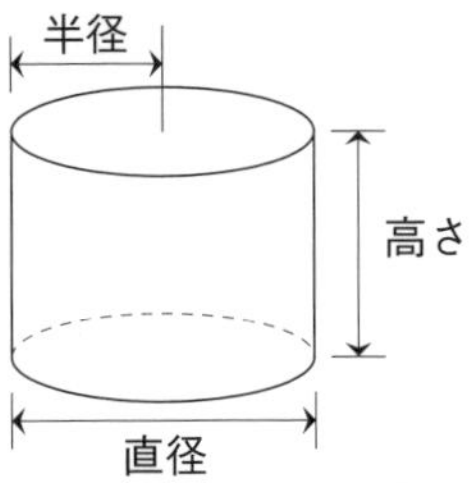 半径／高さ／直径	半径^2×π×高さ
円筒	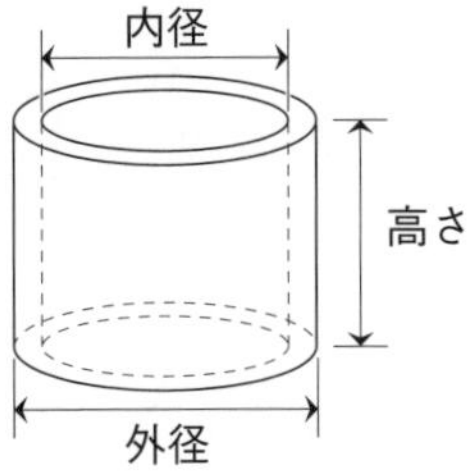 内径／高さ／外径	$\left(\frac{外径}{2}\right)^2-\left(\frac{内径}{2}\right)^2$×$\pi$×高さ
球体	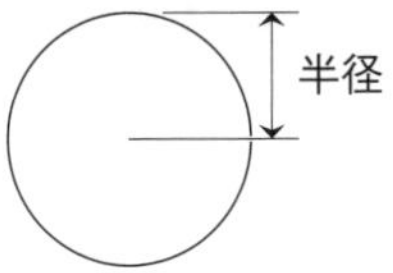 半径	半径^3×π×$\frac{4}{3}$
円錐体	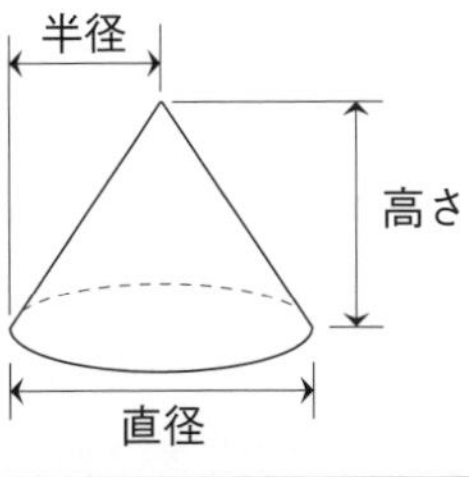 半径／高さ／直径	半径^2×π×高さ×$\frac{1}{3}$

4　重心及び安定

1 重心　☆よく出る！

◎重心とは、**物体の各部分に働く重力の合力が作用する点**のこと。質量中心。重力中心。**複雑な形状の物体であっても**、物体の重心は**常に１つの点**である。

◎物体の位置や置き方を変えても**重心の位置は変わらない**。

◎また、重心は必ずしも**物体の内部にあるとは限らない**。

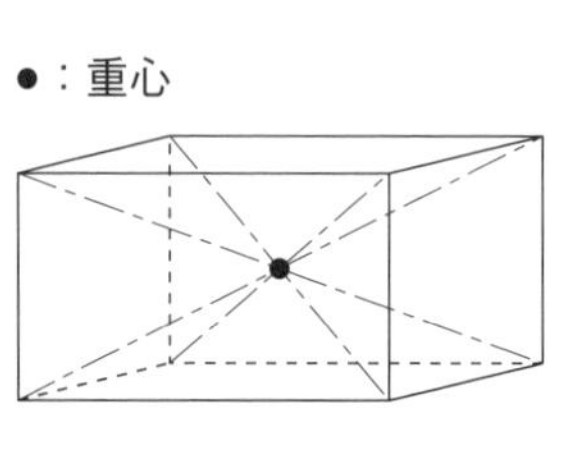

※物体の内側に重心がある

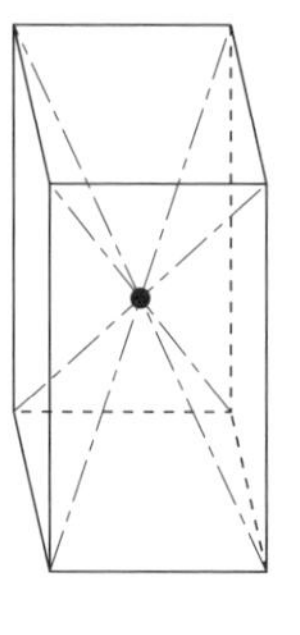

※物体の外側に重心がある

【重心の位置】

◎重心が片寄った状態で荷をつると、つり荷が傾き、荷の落下の原因となる。クレーンで荷をつる場合、重心の真上にフックを移動させ、荷を水平につり上げる必要がある。

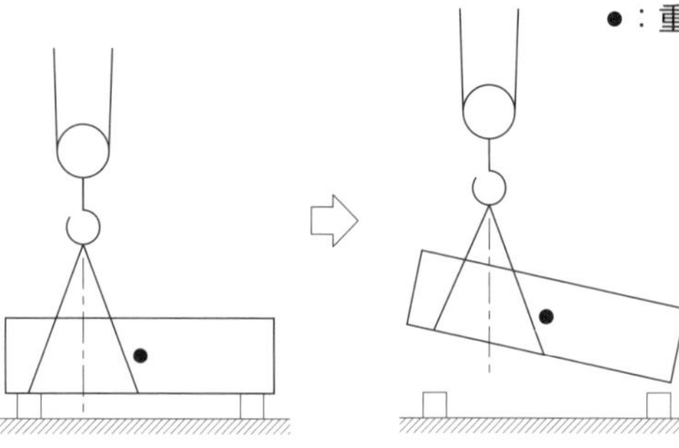

【つり荷の重心が片寄った位置】

◎つり荷を水平につり上げるには、重心が分かり易い立方体の場合、右図のように同じ長さのワイヤロープを使用し、AとBを同じ間隔にしてつり上げる。

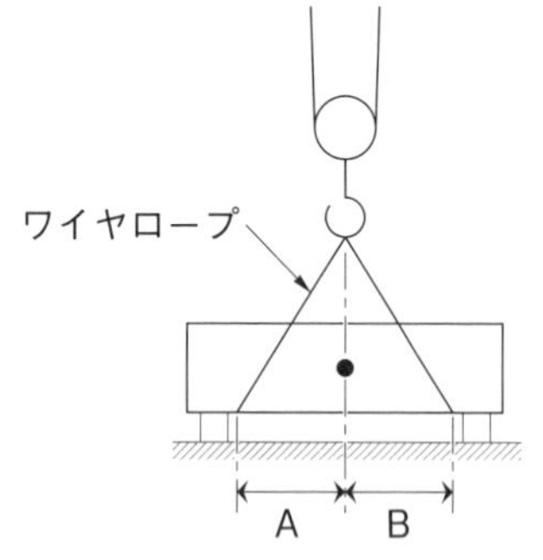

【つり荷の重心の真上でつったとき】

◎重心の分かりにくい物体をつり上げる場合、次の手順により知ることができる。

①目安で重心位置を定め、その真上にクレーンのフックを移動し玉掛けを行う。

②荷を少しつり上げ、傾きを確認する。

- つり荷が左に傾く場合…重心がフックの真下より左側（傾斜の低い側）にある
  ⇒つり荷を下ろし、左側にフック及びワイヤロープをずらす。
- つり荷が右に傾く場合…重心がフックの真下より右側（傾斜の低い側）にある
  ⇒つり荷を下ろし、右側にフック及びワイヤロープをずらす。

③水平になるまで上記の手順を繰り返す。

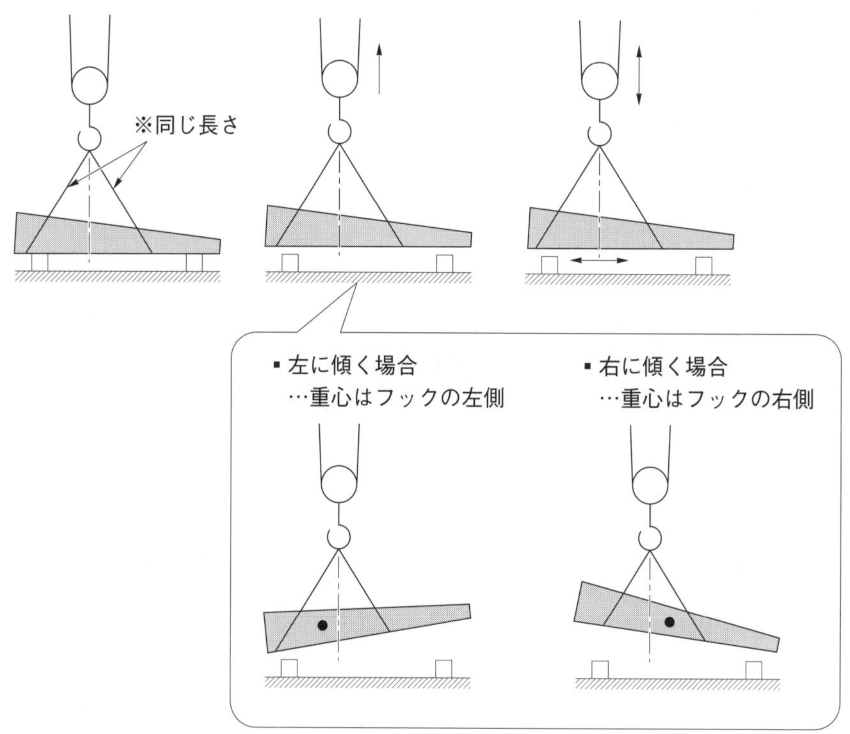

【つり荷の重心の求め方】

〔重心位置の例〕

形状		重心の位置（•：重心）	
平面形	三角形	各頂点と、その対辺の中点を結ぶ３つの線の交点 または 中央の底辺から１/３の高さ	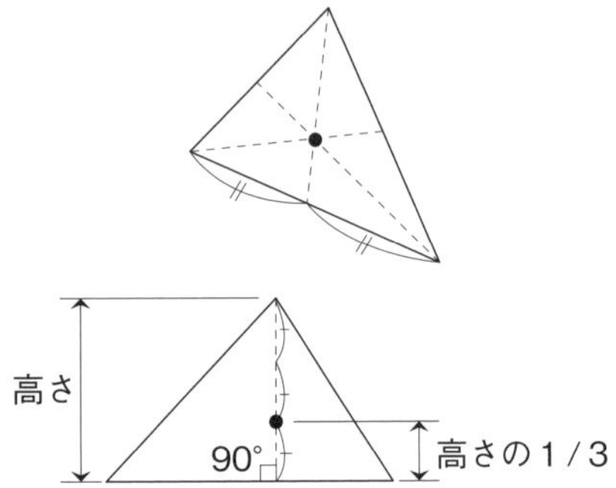 高さ 90° 高さの1/3
	平行四辺形	対角線の交点	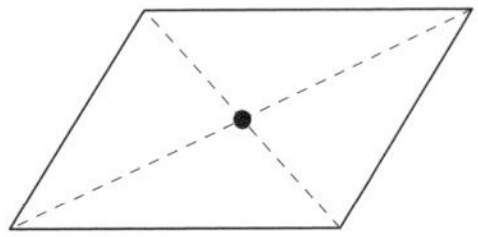
	台形	２つの三角形に分け、その重心を結ぶ直線と上辺底辺の中点を結ぶ２つの線の交点	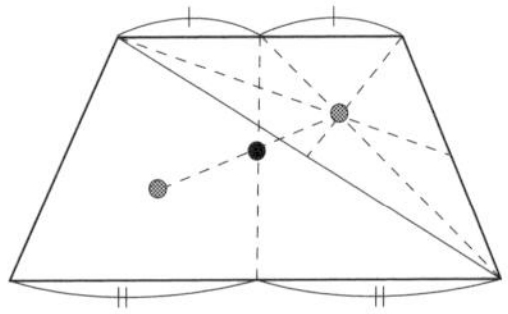
立体形	立方体	上下面の重心位置を結ぶ直線の１/２の距離	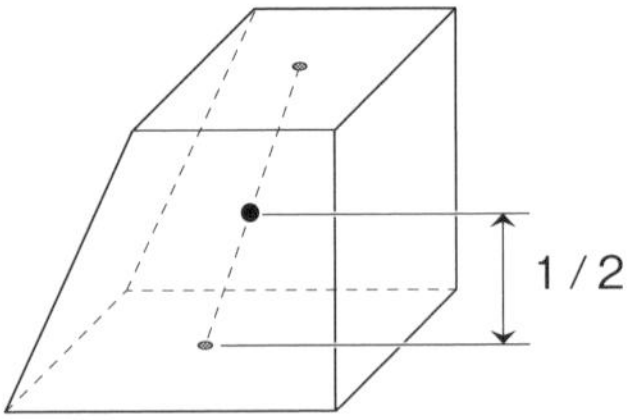 1/2
	円錐体	頂点と底面の中心を結んだ線分の底面から１/４の高さ	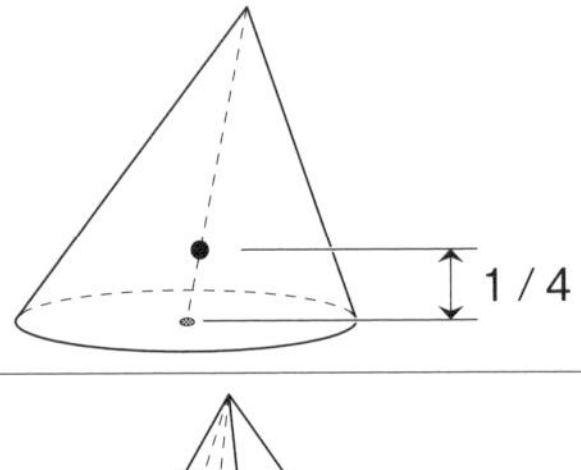 1/4
	四角錐		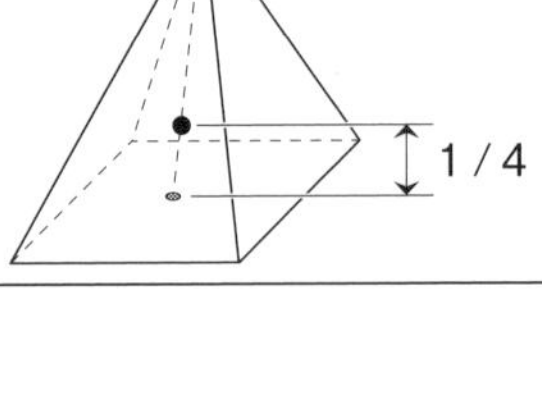 1/4

2 物体の安定（座り） ☆よく出る！

◎静止している物体を手で傾け、手を離すと元の状態に戻ろうとする場合、その物体は安定な状態という。一方、手を離したときにその物体が転倒する場合は、不安定な状態という。

◎例えば水平面に置いてある物体を下図①の程度傾けた場合、手を離すと元に戻る。これは重心Gに働く重力が回転の中心Oを支点として、物体を元に戻そうとする方向にモーメントとして働くからである。一方、下図②のように重心が物体の底面を外れた場合、重心Gに働く重力は物体を倒そうとするモーメントとして働く。従って、下図①の状態は安定、②の状態は不安定な状態といえる。

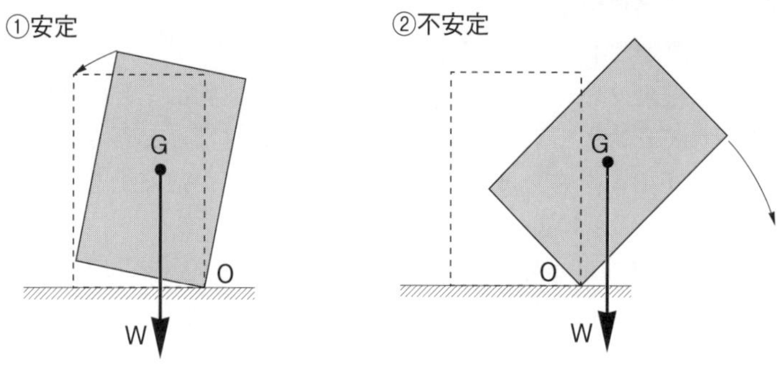

【物体の安定】

◎また、静止している物体を少し傾けただけですぐ倒れる安定性の悪い（座りが悪い）状態と、多少傾けても手を離すと元に戻る安定性の良い（座りが良い）状態がある。

◎物体を床面に置いたとき、**重心位置が低く、底面の広がりが大きいほど安定**する。一方で、**重心が高く、底面の広がりが小さいほど不安定**な状態となる。このため同じ物体であっても、置き方により安定性が異なる。右図の物体の場合、①の置き方よりも底面積が大きく重心位置が低くなる②の置き方の方が安定する。

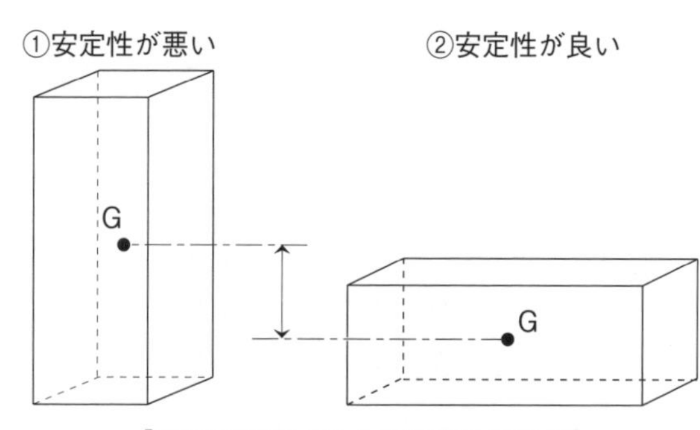

【置き方の違いによる安定性の変化】

5　運動及び摩擦力

1 運動　☆よく出る！

◎運動とは、物体が時間の経過につれて、その空間的位置を変えることをいう。例えば、走行しているクレーンの運転席に座っている人を考えるとクレーンに対しては静止しているが、大地に対しては運動していることになる。

◎また、走っている列車の中を歩いている人は、列車に対しても大地に対しても運動していることになる。すなわち日常的には、大地を基準としてその物体が運動しているかを考える。

等速運動と不等速運動

◎運動は、等速運動と不等速運動がある。

◎等速運動は、速度が常に一定な運動のこと。等速運動は、どの時間をとっても同じ速さとなるため、一般的には完全な等速運動はほとんどないが、クレーンで一定のノッチで荷を巻上げているときや、自動車が道路上を一定の速度で走行している運動がこれに近い例となる。

◎不等速運動は、自動車が停止状態から加速し、交通の流れに合わせて走行し、ブレーキを踏んで停止するような速度が一定でない運動のこと。

①等速運動

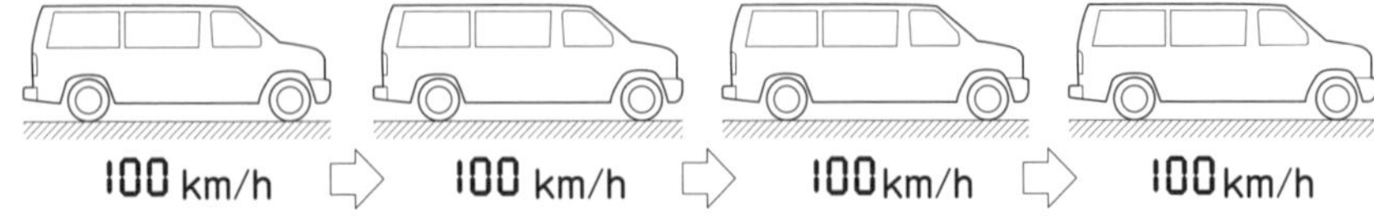

②不等速運動

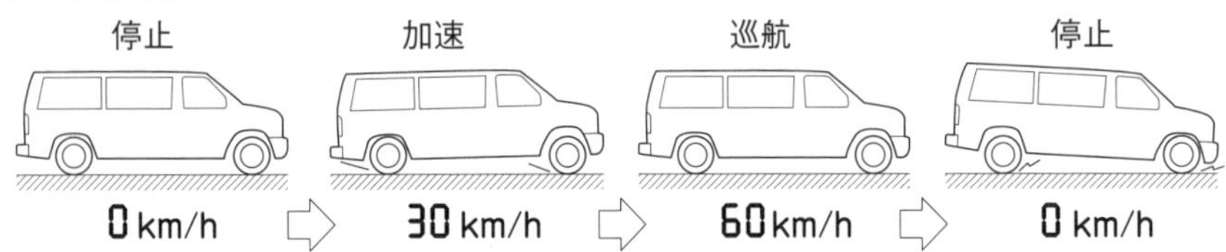

【等速運動と不等速運動】

【例題】天井クレーンで荷をつり上げ、つり荷を移動させるためにクレーンを10秒間に4m移動する速度で走行させながら10秒間に3m移動する速度で横行させ続けているとき、つり荷が10秒間に移動する距離は何mか。

《解答》

走行した距離4mを底辺、横行した距離3mを高さとする三角形として考えると右図のようになる。

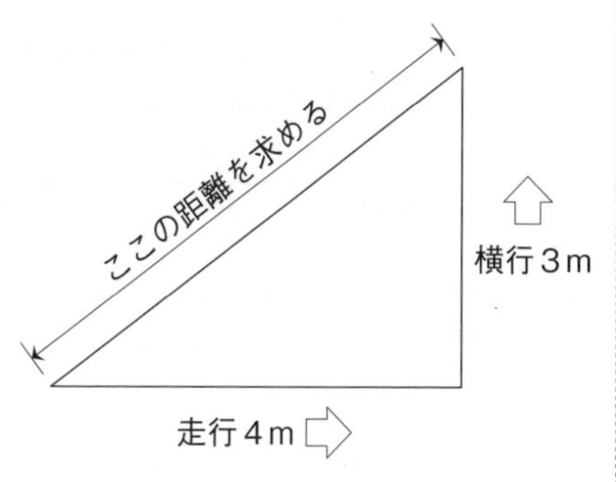

従って、斜辺を求めればつり荷が10秒間に移動する距離を求めることができる。

斜辺の長さ$=\sqrt{4^2+3^2}=\sqrt{25}$

$=\sqrt{5\times5}=5$ (m)

速さと速度

◎速さと速度は一般に同義語として扱われているが、厳密には次のように区別されている。

①**速さ**

- 速さとは、**運動の速い遅いの程度を表す量**のことをいう。動きの度合。
- **単位時間に物体が移動する距離**で表す。例えば、等速運動をしている物体が1秒間に3m（メートル）移動した場合、そのときの速さは3m/秒となる。
- 速さは、次の式により求めることができる。ただし、不等速運動の場合は速度が一定ではないため、平均の速さとなる。

$$\textbf{速さ}=\frac{\textbf{距離}}{\textbf{時間}}$$

〔速さの単位の例〕

読み	単位
センチメートル毎秒	cm/s
メートル毎秒	m/s
メートル毎分	m/min
キロメートル毎時	km/h

※「s」second（秒）の一文字。
「min」minute（分）の一部分。
「h」hour（時間）の一文字。

②**速度**

- 速度は、物体の運動を表す量のことで、大きさと向きを有する。例えば、つり荷を上方へ3m/s移動させる、というように方向と速さで示される量を速度という。

【例題】ジブクレーンのジブが作業半径10mで1分間に1回転する速度で旋回を続けているとき、このジブの先端の速度の値は何m/sか。

《解答》

- 距離：円の直径× 3.14 ＝ 10m × 2 × 3.14 ＝ 62.8m
- 時間： 1 min ＝ 1 × 60s ＝ 60s
- 速さ ＝ $\frac{距離}{時間}$ ＝ $\frac{62.8m}{60s}$ ＝ 1.04…m/s

【例題】天井クレーンを 40m/min で走行させながら 30m/min で横行させるとき、つり荷の速度の値は何 m/min か。

《解答》

走行速度 40m/min を底辺、横行速度 30m/min を高さとする三角形として考えると右図のようになる。

従って、斜辺を求めればつり荷の速度を求めることができる。

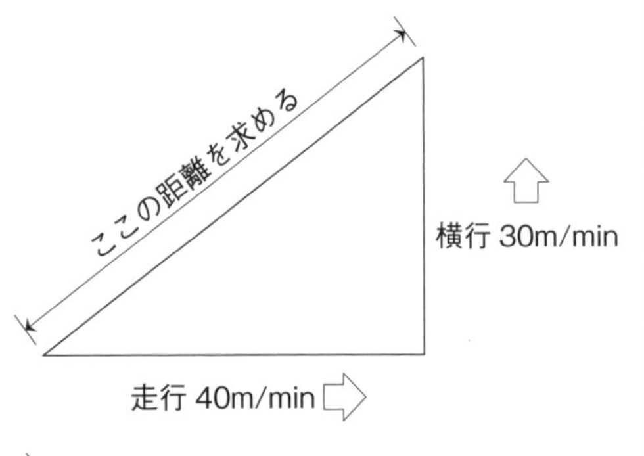

斜辺の長さ $=\sqrt{40^2+30^2}$

$=\sqrt{2500}$

$=\sqrt{50\times 50}=$ 50（m/min）

加速度

◎加速度は、物体が速度を変えながら運動するときの変化の度合いをいう。

◎加速度には正（＋）と負（－）があり、次第に速度を増加させる場合を正の加速度、速度を減少させる場合を負の加速度という。

◎速度 V_1（m/s）が t 秒後に速度 V_2（m/s）となった場合の加速度は、次の式により求めることができる。すなわち、速度変化の時間に対する割合となる。

$$加速度=\frac{V_2-V_1}{t}\ (m/s^2)$$

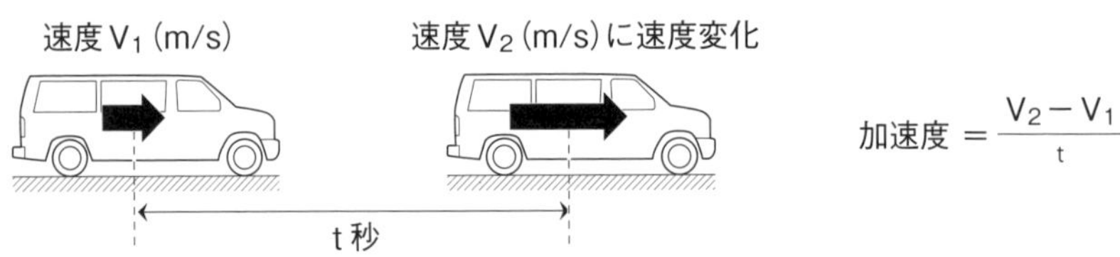

【加速度】

◎加速度の単位には、m/s^2（メートル毎秒毎秒）や cm/s^2（センチメートル毎秒毎秒）が用いられている。

【例題】物体の速度が2秒間に10m/sから20m/sになったときの加速度は、何m/s^2か。

《解答》

$$加速度 = \frac{20m/s - 10m/s}{2s} = \frac{10m/s}{2s} = \underline{5m/s^2}$$

慣性

◎慣性とは、**力が働かない限り、物体がその運動状態を持続する性質**をいう。静止している物体は、外から力を作用させない限り静止している。一方、運動している物体は、同一の運動状態を永久に続けようとする性質がある。

◎また、物体が慣性により動く力を慣性力という。

◎例えば、停車している電車が発車する場合、中に立っている人は電車が進行する方向とは逆に倒れそうになる。これは、静止状態を保とうとする慣性力が人間に対して働くためである。

◎逆に停車する場合、中に立っている人は電車が進行する方向に倒れそうになる。これは人間に発生する運動状態を保とうとする慣性力によるものとなる。

◎荷をつったクレーンやトロリを急加速させたり急停止させたりすると、荷に発生する慣性力により大きな力がワイヤロープなどに生じる。これによりワイヤロープが切れることもあるため注意が必要となる。

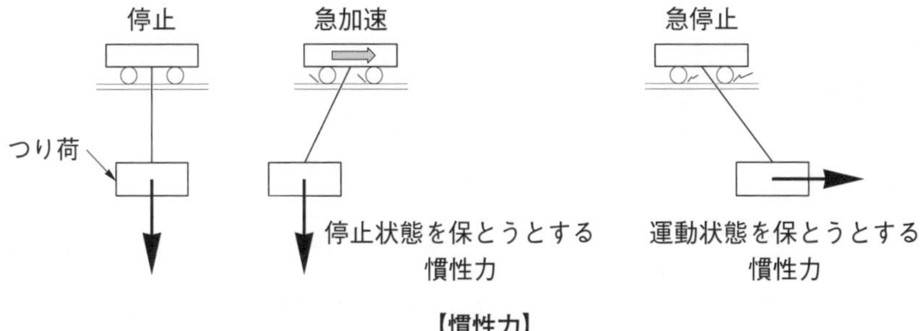

【慣性力】

遠心力及び向心力（求心力）

◎ひもの一端に物体Aを結び、もう一端を手で振り回すと手は物体Aに引っ張られる力を感じる。このとき、手を中心に物体が円運動を行っており、物体が円の外に飛び出そうとする力である遠心力と、物体が外に飛び出さないようにする力である向心力が作用し、つり合いを保っている場合は円運動を続ける。このとき手を離した場合、物体Aは慣性により手を離した場合、円の接線方向に飛んでいき、回転運動は終了する。

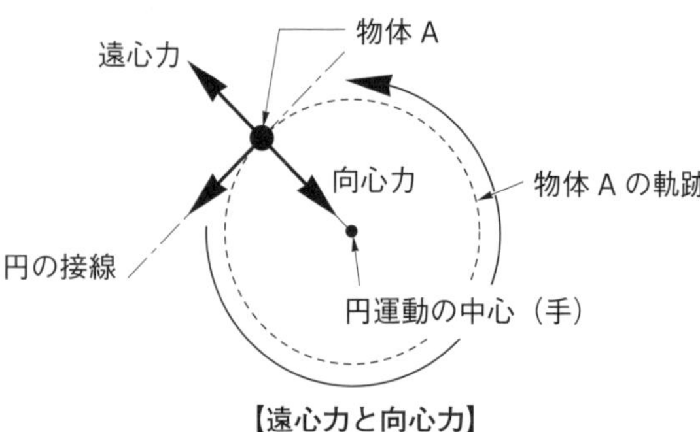

【遠心力と向心力】

◎円運動を続けている場合、遠心力と求心力は、力の大きさが等しく、向きが反対となる。

◎ジブクレーンにつり荷を吊った状態で旋回運動を行うと、荷に遠心力が働いて荷は外側に振られる。このときワイヤロープは傾斜し、荷は**旋回する前の作業半径より大きな半径で回るようになる**。さらに、遠心力は**物体の質量が大きいほど、速度が速いほど大きくなる**。

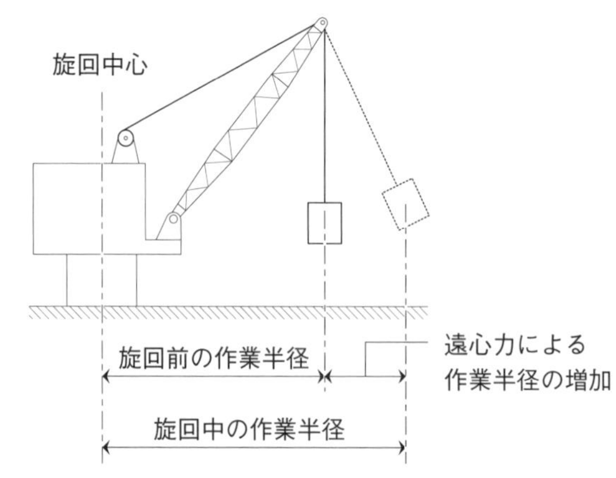

【遠心力によるつり荷の飛び出しと作業半径】

2 摩擦力

★よく出る！

◎摩擦は、接触している2つの物体が相対的に運動し、または運動し始めるとき、その接触面で運動を妨げようとする向きに力の働く現象、又はその力。

静止摩擦力

◎他の物体に接触し、その**接触面に沿う方向の力が作用している物体が静止**しているとき、**接触面に働いている摩擦力**を静止摩擦力という。

◎加えた力が静止摩擦力を上回ると物体は動き出す。

◎床面で静止している物体には、その物体を床面に沿って引っ張るなどして**力を加えなければ、静止摩擦力は働かない**。

◎また、摩擦力Fは、物体に力Pを加えていき、物体が動き始める瞬間が最大となる。このときの摩擦力を最大静止摩擦力Fmaxといい、物体の接触面に作用する垂直力Fwと最大静止摩擦力との比を静止摩擦係数μ（ミュー）という。

◎静止摩擦係数μ、最大静止摩擦力Fmax及び垂直力Fwは、次の式により求めることができる。

$$\textbf{静止摩擦係数}\ \mu = \frac{\textbf{最大静止摩擦力 Fmax}}{\textbf{垂直力 Fw}}$$

$$\textbf{最大静止摩擦力 Fmax} = \textbf{静止摩擦係数}\ \mu \times \textbf{垂直力 Fw}$$

$$\textbf{垂直力 Fw} = \frac{\textbf{最大静止摩擦力 Fmax}}{\textbf{静止摩擦係数}\ \mu}$$

【例題】図のように、水平な床面に置いた質量Wの物体を床面に沿って引っ張り、動き始める直前の力Fの値が980 Nであったとき、Wの値は何kgか。

ただし、接触面の静止摩擦係数は0.4とし、重力の加速度は9.8m/s²とする。

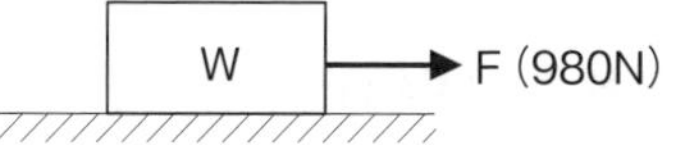

《解答》

$$垂直力\ Fw = \frac{最大静止摩擦力\ Fmax}{静止摩擦係数\ \mu} = \frac{980N}{0.4} = 2{,}450\ (N)$$

▪ 単位をkgに変換

$2{,}450N \div 9.8m/s^2 = \underline{250kg}$

【例題】図のように、水平な床面に置いた質量100kgの物体を床面に沿って引っ張るとき、動き始める直前の力Fの値は何Nか。

ただし、接触面の静止摩擦係数は0.4とし、重力の加速度は9.8m/s²とする。

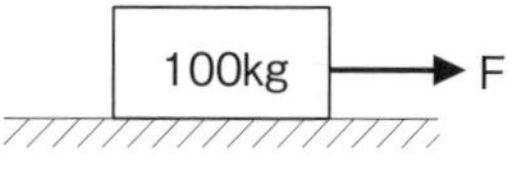

《解答》

$$最大静止摩擦力\ Fmax = 静止摩擦係数\ \mu \times 垂直力\ Fw$$
$$= 0.4 \times 100kg \times 9.8m/s^2 = \underline{392N}$$

【例題】図はブレーキのモデルを示したものである。質量3tの荷が落下しないようにするためにブレーキシューを押す最小の力Fは、何kNか。

ただし、接触面の静止摩擦係数は0.6とし、重力の加速度は9.8m/s²とする。

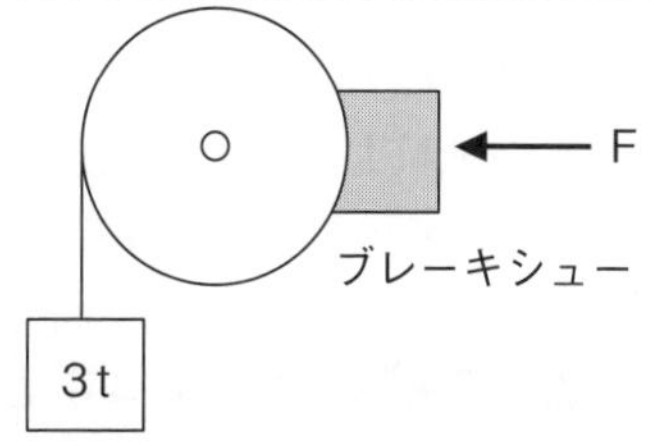

《解答》

Fの値と3tのつり荷がつりあうことで保持することができる。従って次の式により求めることができる。

F×静止摩擦係数＝3t×9.8m/s^2

F×0.6＝29.4kN

$$F = \frac{29.4\text{kN}}{0.6} = \underline{49\text{kN}}$$

F× 静止摩擦係数（0.6）

3t

3t×9.8m/s^2

なお、つり荷の支点からドラム中心までの距離と、ブレーキシューからドラム中心までの距離は等しいためドラムの径を考慮する必要はない。

運動摩擦力

◎**運動している物体に作用する摩擦力を運動摩擦力**といい、**運動摩擦力は最大静止摩擦力よりも小さい**値を示す。

◎従って、静止している物体に力を加え、動き出すまで、すなわち加えた力が最大静止摩擦力を超えるまで大きな力を必要とするが、一度動き出すと加える力は小さくてすむ。

◎静止摩擦力及び運動摩擦力は、垂直力に比例するが、物体の接触面積の大きさは関係しない。

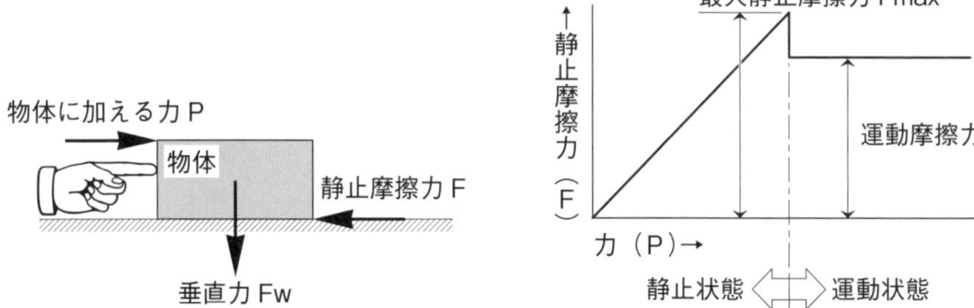

【静止摩擦力と運動摩擦力】

転がり摩擦力及び滑り摩擦力

◎転がり摩擦力とは、ある面上をころがる物体（円柱体または球体）に働く、面からの抵抗力のこと。例えばボールを転がした場合、いつまでも回ることはなく停止するのは転がり摩擦力によるためである。

◎転がり摩擦力は、物体が面で接触し、表面をすべる時に生じる摩擦力、すなわち**滑り摩擦よりはるかに小さい**。このため軸受けにボールベアリングやローラベアリング等が使用されている。

荷重及び応力

1 荷重

★よく出る！

◎前述のとおり荷重は、力学において力を表す用語であり、N（ニュートン）やkN（キロニュートン）といった単位が用いられている。

◎物体に外部から加える力（荷重）について、力の方向などにより分類することができる。

外力が働く向きによる荷重の分類

①引張荷重

- 引張荷重は、物体を引き延ばすように働く力。
- 荷を吊ったワイヤロープにかかる荷重がこれに該当する。

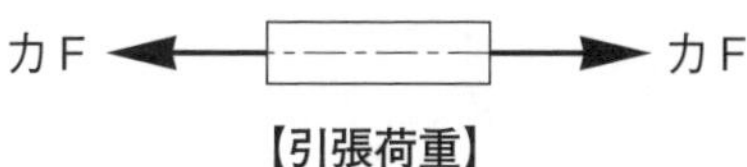

【引張荷重】

②圧縮荷重

- 圧縮荷重は、引張荷重とは反対に物体を押しつぶすように働く力。
- 走行レールが車輪によって受ける荷重等。

力F　力F

【圧縮荷重】

③せん断荷重

- せん断荷重は、物体を横からはさみで切るように働く荷重。
- 二枚の鋼板を締め付けているボルトが受ける荷重がこれに該当する。

力F　力F

【せん断荷重】

④曲げ荷重

- 曲げ荷重は、物体を曲げるように働く荷重。
- クレーンのシーブを通る巻上げ用ワイヤロープ、つり荷やトロリによって天井クレーンのガータにかかる荷重及びジブを曲げようとする荷重がこれに該当する。

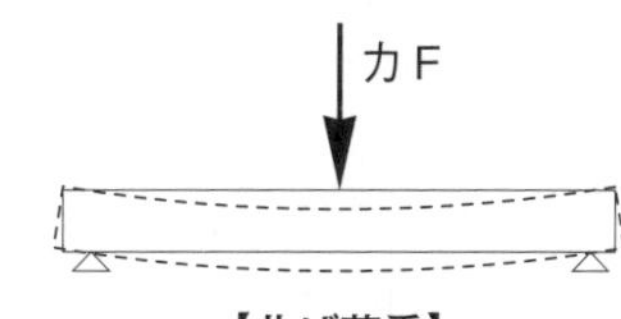

【曲げ荷重】

⑤ねじり荷重

- ねじり荷重は、物体をねじるように働く荷重。
- 左図のように軸の一端を固定し、他端の外周に向きが反対の力Fが加わると軸はねじられる。
- 動力を伝える電動機の回転軸にかかる荷重がこれに該当する。

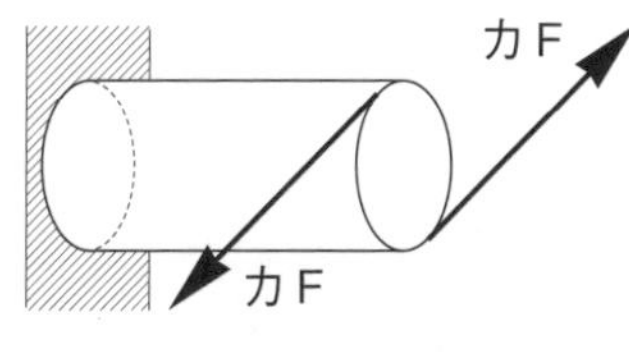

【ねじり荷重】

〔クレーンの装置とかかる荷重〕

装置	主な荷重の種類	
ドラム及びシーブ部分のワイヤロープ	**曲げ荷重**	**引張荷重**
フック		
巻上げドラムの軸		**ねじり荷重**
クレーンガータ		

速度による荷重の分類

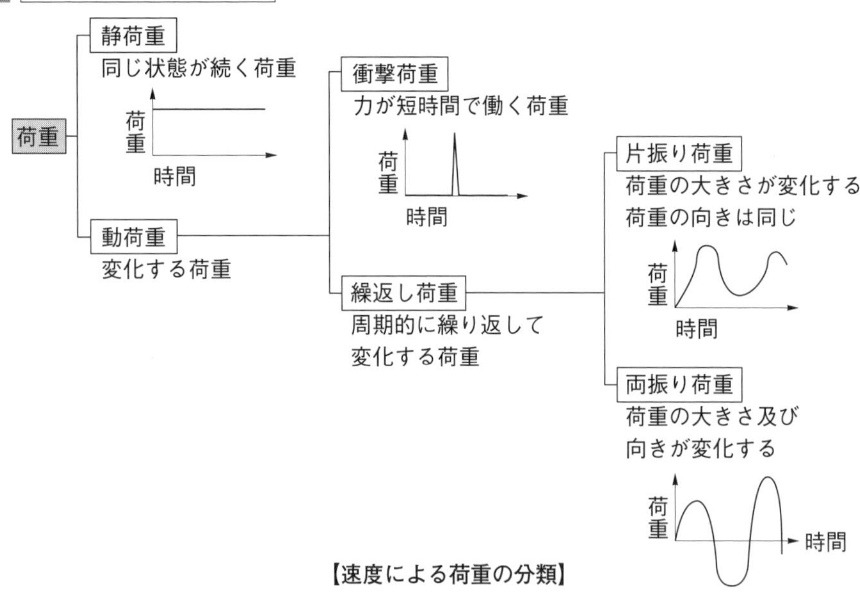

【速度による荷重の分類】

①静荷重

- 静荷重は、静止している物体にかかる荷重で、クレーンや静止しているつり荷自体の自重のように力の大きさと向きが変わらず、同じ状態が続く荷重。

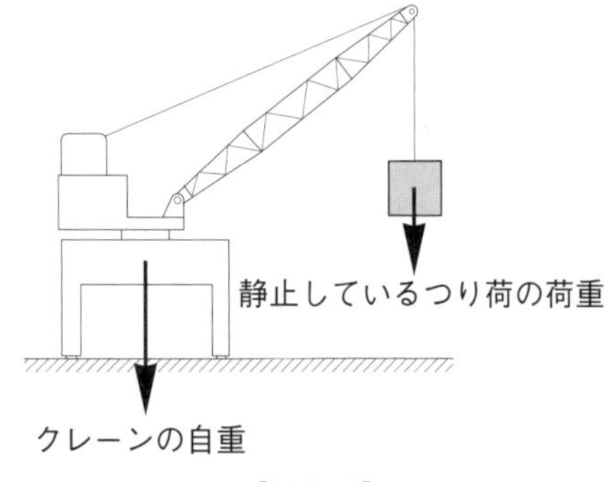

【静荷重】

②動荷重

- 動荷重は、力の大きさや向きが変化する荷重のこと。動荷重は、繰返し荷重と衝撃荷重に分類することができる。

1．繰返し荷重

繰返し荷重は、荷重の大きさが時間と共に連続して変化する荷重。繰り返し荷重が作用するとき、静荷重より小さい荷重でもクレーンの構造部を疲労させて破壊することがある。このような現象を疲労破壊という。

また、繰返し荷重は、片振り荷重と両振り荷重に分類することができる。

・片振り荷重

片振り荷重は、**荷重の向きは同じ**であるが、その**大きさが時間と共に変化する**荷重。例えば、クレーンのワイヤロープやウインチの軸受けなどが受ける荷重が該当する。

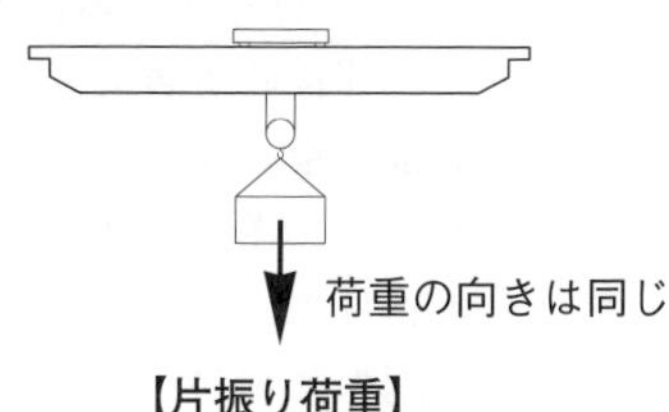

【片振り荷重】

・両振り荷重

両振り荷重は、**荷重の向き及び大きさが時間と共に変わる**荷重。例えば、歯車軸が受ける荷重が該当する。

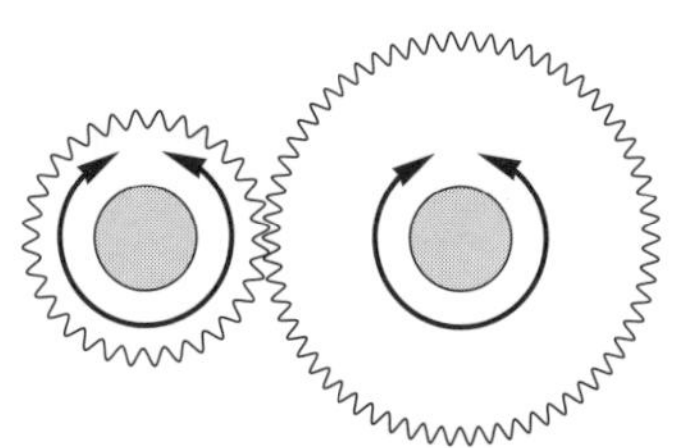

【両振り荷重】

2．衝撃荷重

衝撃荷重は、ハンマーで物を叩くように、急激な力が短時間で加わる荷重をいう。例えば、つり荷を**巻き下げているときに急制動を行った場合**や、玉掛け用ワイヤロープが**緩んでいる状態から全速で巻上げる場合**、大きな荷重がワイヤロープに生じて切断する場合がある。

外力の分布状態による荷重の分類

◎外力の作用を分布状態により分類すると、１箇所又は非常に狭い範囲に作用する集中荷重と、広い面積に広がって作用する分布荷重に分けることができる。

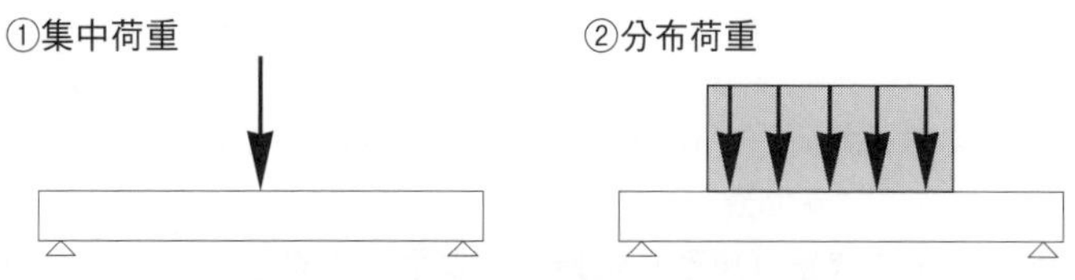

【外力の分布状態による荷重の分類】

2 応力 ★よく出る！

◎物体に荷重（外力）をかけると、物体の内部にはその**荷重に抵抗しつり合いを保とうとする力**が生じる。この力を**内力**といい、内力は荷重に等しく、向きは反対となる。

◎この荷重によって内部に生じる内力を応力といい、その部材の断面積で除した単位面積当たりの力の大きさで求めることができる。また、単位は、N/mm^2が用いられている。

$$\textbf{応力} = \frac{\textbf{部材に作用する荷重}}{\textbf{部材の断面積}} \ (N/mm^2)$$

◎物体が引張荷重を受けたときに生じる応力を引張応力といい、同様に圧縮圧力を受けたときに生じる応力を圧縮応力、せん断圧力を受けたときに生じる応力をせん断応力という。

◎例えば、図の部材に引張荷重 1,000N が作用し、棒の断面積が 100mm^2の場合、引張応力は 10N/mm^2となる。
同様に、圧縮荷重が 1,000N 作用している場合、圧縮応力は 10N/mm^2となり、せん断荷重が 1,000N 作用している場合、せん断応力は 10N/mm^2となる。

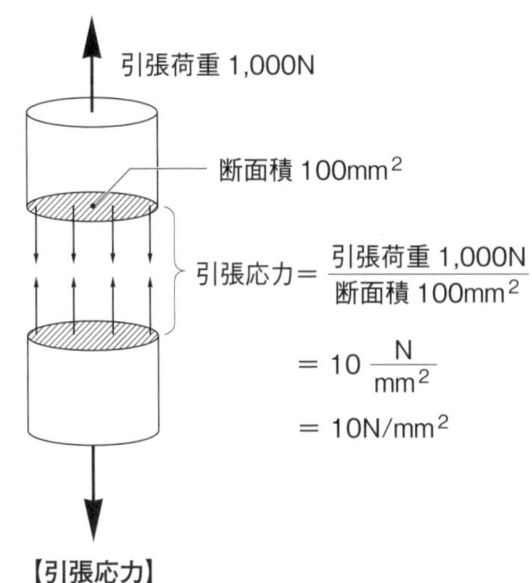

【引張応力】

3 材料の強さ ★よく出る！

◎物体に引張荷重や圧縮荷重が作用すると、材料は伸びたり縮んだりする。このように形が変わることを**変形**という。

◎**荷重が作用する前の状態（原形）に対する変形した割合**をひずみという。引張荷重によるひずみを引張ひずみ、圧縮荷重によるひずみを圧縮ひずみという。

◎ひずみは、材料を材料試験機にかけ、徐々に荷重を加えて調べることができる。この荷重試験において得られる応力とひずみの関係を表したグラフを応力−ひずみ曲線という。

◎応力−ひずみ曲線は、一般的にひずみεを横軸に、応力σを縦軸にとって描かれる。材料によって、応力−ひずみ曲線は異なる。軟鋼や高張力鋼の場合、次のような特性をみせる。

①**荷重をかけると変形して長さが伸び、荷重を取り除くと元の形に戻る**点Aを有する。

⇒この点Aを**比例限度**という

②点Aを超え、それ以上の荷重をかけると荷重を取り除いても元の形に戻らなくなり、更に引っ張ると荷重は増加し点Bに達する。

⇒点Bを**引張強さ**という（引張強さは**材料が破断するまでに掛けられる最大の荷重を、元の断面積で除して**求めることができる）

③点Bを超え、荷重を増加しなくてもひずみは更に増大し、点Cに達して材料は破断する。

⇒点Cを破断点という

※「σ」シグマ（小文字）。総和記号。繰り返し足し算する時に表記される記号。

※「ε」イプシロン（小文字）。非常に小さな数を表す記号として用いられる。

《軟鋼の例》

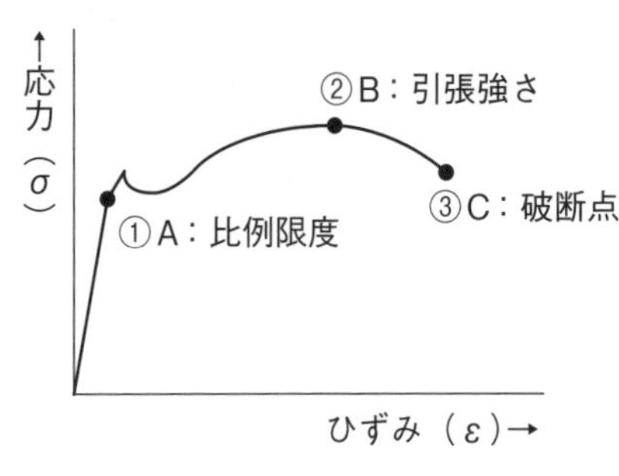

《高張力鋼の例》

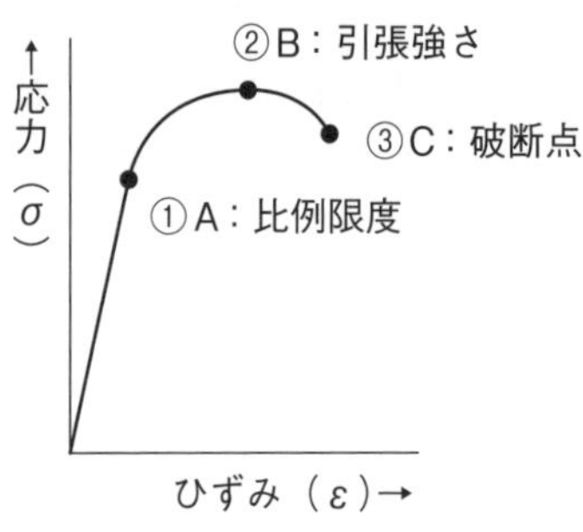

【応力−ひずみ曲線】

◎クレーンに用いられる材料には、比例限度を超える荷重をかけないようにする必要がある。しかし、衝撃荷重などが加わり、予想以上の大きな応力が発生することもある。そこで通常の使用状況では材料に生じる応力が比例限度に達しないよう安全係数が定められ、クレーンは設計・製作されている。従って、クレーンの運転において応力の最大値を超えるような、例えば許容荷重以上のつり荷を吊るような運転操作を行ってはならない。この応力の最大値を許容応力といい、クレーン構造規格（告示）において計算式が定められている。

基本安全荷重

◎ワイヤロープ及びフック等のつり具についても、予想以上の大きな応力が発生することもある。そこで、つり具が破壊するときの荷重より低いところに基準を設け、その基準の荷重以上では使用しないよう定められている。この使用の限度となる荷重に対応する質量を基本安全荷重という。

◎また、つり具を安全に使用するために設けられた係数を安全係数といい、次のように定められている。

〔玉掛け用つり具の安全係数〕（※第２章第６節❶玉掛用具の安全係数　参照）

種別	安全係数
玉掛け用ワイヤロープ	**６以上**
玉掛け用フック、シャックル	**５以上**
要件を満たさない玉掛け用つりチェーン	
要件を満たす玉掛け用つりチェーン	**４以上**

◎例えばワイヤロープの切断荷重が６ｔの場合、基本安全荷重は１ｔとなる。

7　つり角度

◎２本の玉掛け用ワイヤロープで荷を吊ったとき、つり荷の質量を支える力は２本の玉掛け用ワイヤロープにかかる張力の合力となる。ロープのつり角度が０°の場合、張力 F_1 及び F_2 はそれぞれＦの１/２となる。

◎しかし、ロープのつり角度を０°以上とした場合、ワイヤロープを内側に引き寄せる力Ｐを生じるようになる。結果、張力 F_1 及び F_2 はそれぞれＦの１/２より大きい値となる。従って、同じ質量のつり荷であってもつり角度が大きくなると、ワイヤロープにかかる張力 F_1 及び F_2 も大きくなる。

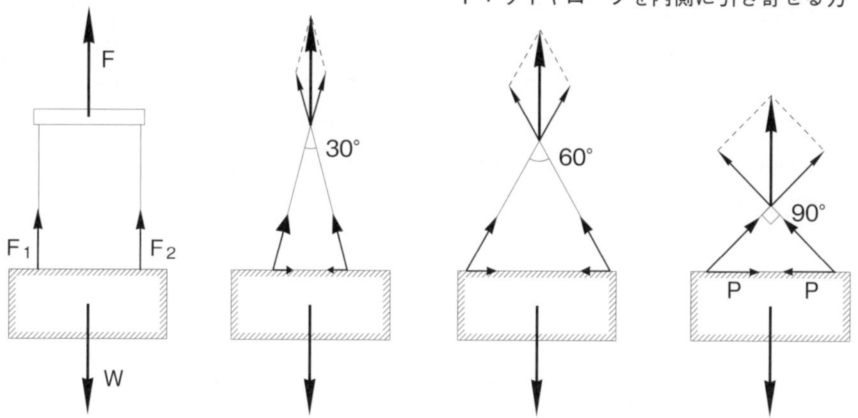

【玉掛け用ワイヤロープの張力と内向きの力】

1 張力係数

★よく出る！

◎玉掛け用ワイヤロープにかかる張力の大きさは、つり角度により異なる。例えば基本安全荷重が１tのワイヤロープ２本ではつり角度０°、質量２tの積荷をつることができる。しかし、角度０°以上にすると、ワイヤロープにかかる張力はつり荷の質量の１／２を超えるため、つることはできない。

◎玉掛け用ワイヤロープの選定に際し、つり荷の質量とつり角度による張力の変化量を知る必要がある。この張力の変化量の度合いを張力係数という。これによりワイヤロープ１本にかかる張力は次の式により求めることができる。

$$\text{張力} = \frac{\text{つり荷の質量}}{\text{つり本数}} \times 9.8 \times \text{張力係数}$$

〔つり角度と張力係数〕

つり角度	張力係数
0	1.00
30	1.04
60	1.16
90	1.41
120	2.00

◎また、次の式により張力係数を求めることができる。

$$\text{張力係数} = \frac{1}{\cos\ \theta}$$

【例題】図のように、直径１ｍ、高さ４ｍのコンクリート製の円柱を同じ長さの２本の玉掛け用ワイヤロープを用いてつり角度70°でつるとき、１本のワイヤロープにかかる張力の値はいくつか。

ただし、コンクリートの１m^3当たりの質量は2.3t、重力の加速度は9.8m/s^2、cos35° = 0.82とする。また、荷の左右のつり合いは取れており、左右のワイヤロープの張力は同じとし、ワイヤロープ及び荷のつり金具の質量は考えないものとする。

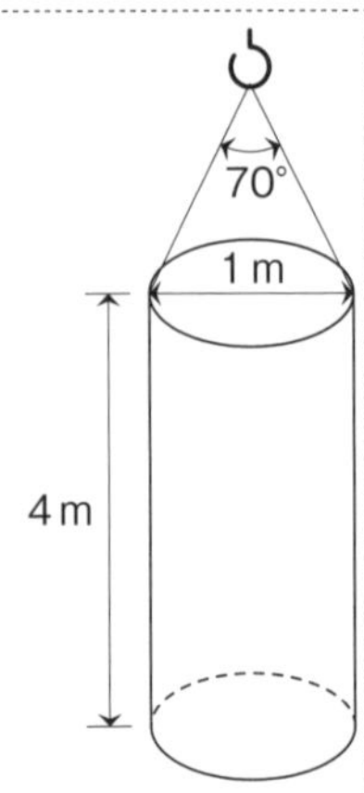

《解答》

- 円柱の体積：$0.5\text{m} \times 0.5\text{m} \times 3.14 \times 4\text{ m} = 3.14\text{m}^3$
- 円柱の質量：$2.3\text{t/m}^3 \times 3.14\text{m}^3 = 7.222\text{t}$
- 張力係数＝$\dfrac{1}{\cos 35°} = \dfrac{1}{0.82} = 1.2195\cdots$
- ワイヤロープ１本にかかる張力 $= \dfrac{\text{つり荷の質量}}{\text{つり本数}} \times 9.8\text{m/s}^2 \times$張力係数

$$= \frac{7.222}{2} \times 9.8\text{m/s}^2 \times 1.2195\cdots = \underline{43.15\cdots\text{kN}}$$

【例題】図のように質量36tの荷を４本の玉掛け用ワイヤロープを用いてつり角度90°でつるとき、使用することができるワイヤロープの最小径は(1)～(5)のうちどれか。

ただし、重力の加速度は9.8m/s^2、ワイヤロープの切断荷重はそれぞれに記載したとおりとし、また、４本のワイヤロープには均等に荷重がかかり、ワイヤロープ及び荷のつり金具の質量は考えないものとする。

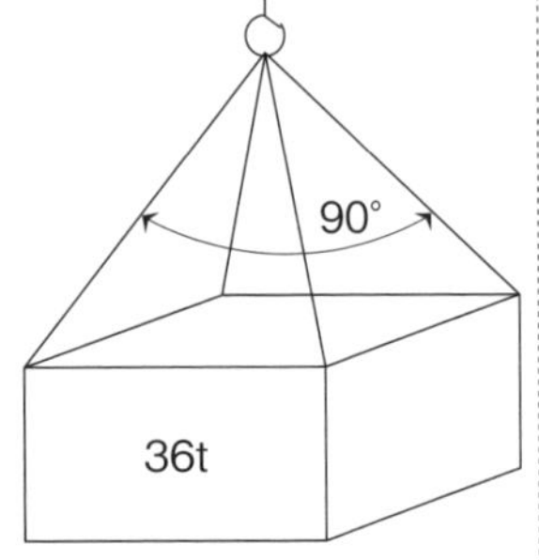

	ワイヤロープの直径（mm）	切断荷重（kN）
(1)	32	544
(2)	36	688
(3)	40	850
(4)	44	1,030
(5)	48	1,220

《解答》

- ワイヤロープ1本にかかる張力

$$張力 = \frac{つり荷の質量}{つり本数} \times 9.8\mathrm{m/s^2} \times 張力係数$$

$$= \frac{36\mathrm{t}}{4} \times 9.8\mathrm{m/s^2} \times 1.41\cdots = \underline{124.362\mathrm{kN}}$$

- 玉掛け用ワイヤロープの安全係数は6以上必要。従って、ワイヤロープ1本にかかる張力の6倍の切断荷重に耐える必要がある
124.362kN × 6 = 746.172kN
- 選択肢より、切断荷重 746.172kN 以上の最小値は 850kN であり、(3) 40mm となる

2 モード係数

◎モード係数とは、玉掛用ワイヤロープの掛け本数及びつり角度の影響を考慮し、その掛け本数及びつり角度のときにつることができる最大の質量と基本安全荷重との比をいう。

◎モード係数は、本来つり角度に応じて値が連続的に変わるが、通常つり角度を30°で区切り、使用上の便宜が図られている。

〔掛け本数及びつり角度によるモード係数〕

つり角度 / 掛け本数	0°	0°超 30°以下	30°超 60°以下	60°超 90°以下	90°超 120°以下
2本	2.0	1.9	1.7	1.4	1.0
3本	3.0	2.8	2.5	2.1	1.5
4本	4.0	3.8	3.4	2.8	2.0

※掛け本数が4本の場合は、玉掛用ワイヤロープに荷重が均等に掛かりにくいため、4本掛けであっても、原則として3本掛け用のモード係数を使用する必要がある。ただし、4本のワイヤロープに均等な荷重が掛かる場合は、4本掛用のモード係数を使用しても差し支えない。

◎ある質量のつり荷をつるために必要な玉掛け用具の基本安全荷重は、次の式により求めることができる。

$$\textbf{基本安全荷重（質量）} = \frac{\textbf{つり荷の質量}}{\textbf{モード係数}}$$

8 滑車装置

◎荷をワイヤロープで吊り上げようとすると、つり荷が重くなるにつれて大きな力が必要になる。そこで､いくつかの滑車（シーブ）を組み合わせてワイヤロープの掛け数を増やし、ワイヤロープ１本にかかる荷重を少なくするよう工夫されている。これを滑車装置という。

◎クレーンに用いられている滑車装置には次のようなものがある。

1 定滑車

◎定滑車は、滑車が天井などの定位置に固定されているもので、ロープを引っ張っても滑車の位置は変わらない。

◎定滑車は力の向きを変えるために用いられ、力の方向は変わるが力の大きさは変わらない。質量 100kg の荷を吊り上げるには力＝ 9.8 × 100 ＝ 980N が必要となる。

◎定滑車で荷を１m 上げるには、ロープを１m 引っ張る必要がある。

◎定滑車は、天井クレーンのトロリに使用されている。

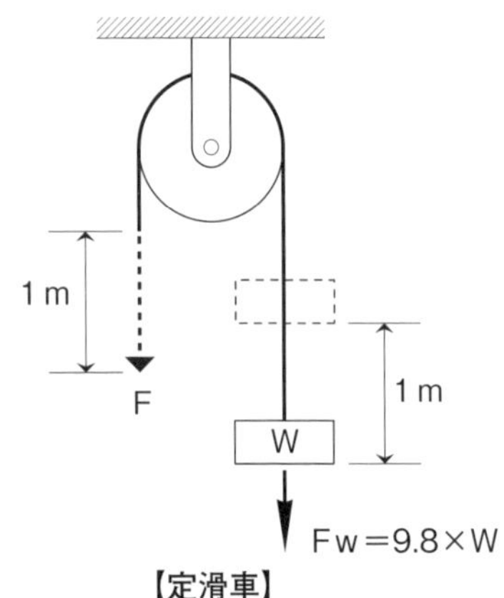

【定滑車】

2 動滑車

◎動滑車は、天井などに固定されておらず、ロープを引っ張るとつり荷と共に移動する。動滑車はつり荷に吊されており、動滑車のロープを引っ張る方向は、つり荷の移動する方向と同じで、力の向きは変わらない。

◎動滑車はロープを引っ張る力を低減させるために用いられ、荷の重力の半分の力でつり上げることができる。しかし、ロープを1m引っ張っても、荷はその半分の0.5mしか上げることができない。
すなわち、力は半分ですむがロープは2倍に引く必要がある。

◎動滑車は、クレーンのフックブロックに使用されている。

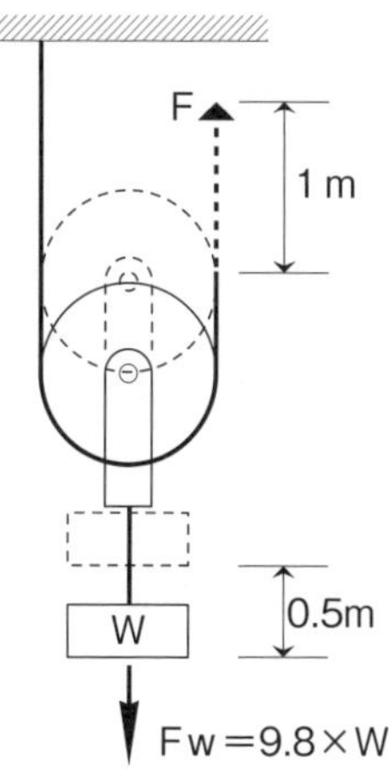

【動滑車】

3 組合せ滑車

★よく出る！

◎組合せ滑車は、いくつかの定滑車と動滑車を組み合わせたもので、より小さな力で重いものを上げ下げすることができる。

◎例えば定滑車と動滑車、それぞれ3個を組み合わせた場合を考える。定滑車は力の向きを変えるものであるが、動滑車3個により荷の重さの1/6の力で荷を吊り上げることができる。また、荷が上がる量はロープを引く量の1/6となる。よって、ロープを1m引っ張っても荷は1/6mしか上がることができない。

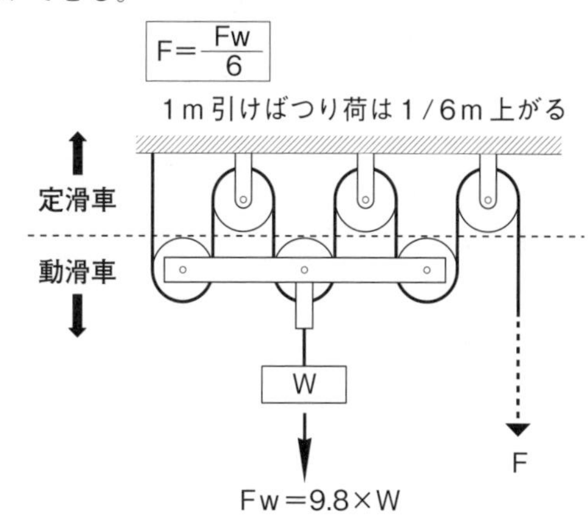

【定滑車3個及び動滑車3個組合せの例】

《出題パターン①》

◎図のような組合せ滑車を用いて質量 m kgの荷をつるとき、これを支えるために必要な力Fの値はいくつか。

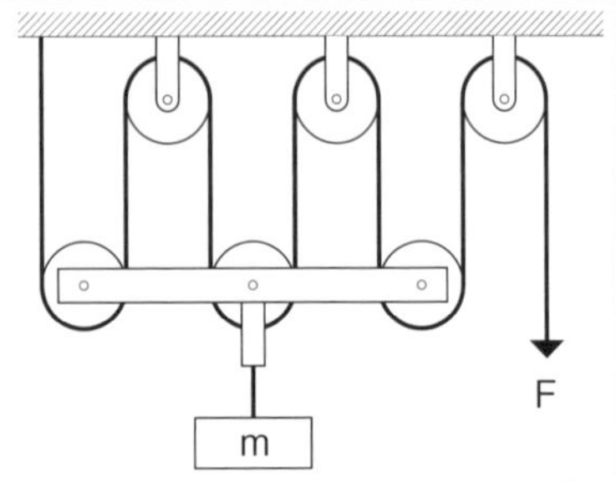

◎この場合、つり荷の質量を荷をつっているロープの数で除すことにより求めることができる。

$$F = \frac{\text{質量m} \times 9.8\ \text{m/s}^2}{\text{荷をつっているロープの数}}$$

◎なお、荷をつっているロープの数は「動滑車の数×２」と同じとなる。

$$F = \frac{\text{質量m} \times 9.8\ \text{m/s}^2}{\text{動滑車の数} \times 2}$$

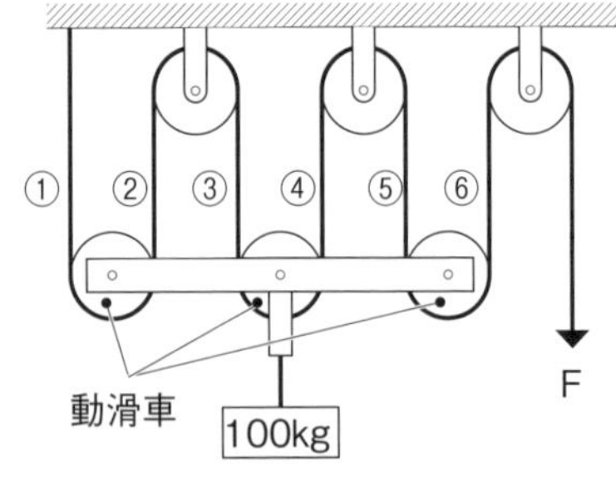

合計６本のロープで荷をつっている

【例題】図のような組合せ滑車を用いて質量100kgの荷をつるとき、これを支えるために必要な力Fの値はいくつか。

ただし、重力の加速度は9.8m/s^2とし、滑車及びワイヤロープの質量並びに摩擦は考えないものとする。

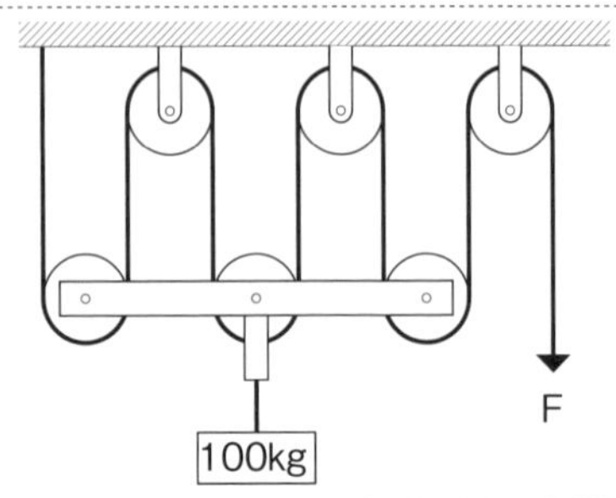

《解答》

$$F = \frac{\text{質量m} \times 9.8\text{m/s}^2}{\text{荷をつっているロープの数（動滑車の数}\times 2\text{）}}$$

$$= \frac{100\text{kg} \times 9.8\text{m/s}^2}{6\text{本（3個}\times 2\text{）}} = \frac{980\text{N}}{6} = \underline{163.33\cdots\text{N}}$$

《出題パターン②》

◎図のような組合せ滑車を用いて質量m kgの荷をつるとき、これを支えるために必要な力Fの値はいくつか。

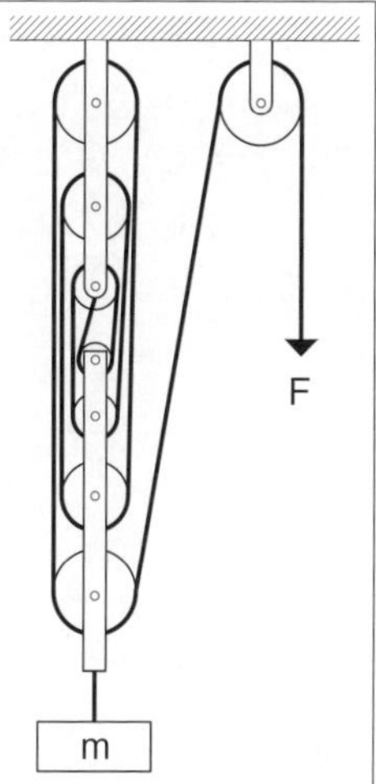

◎この場合、つり荷の質量を荷をつっているロープの数で除すことにより求めることができる。

$$F = \frac{\text{質量m kg} \times 9.8\text{m/s}^2}{\text{荷をつっているロープの数}}$$

◎なお、荷をつっているロープの数は「動滑車の数×2」と同じとなる。

$$F = \frac{\text{質量m kg} \times 9.8\text{m/s}^2}{\text{動滑車の数} \times 2}$$

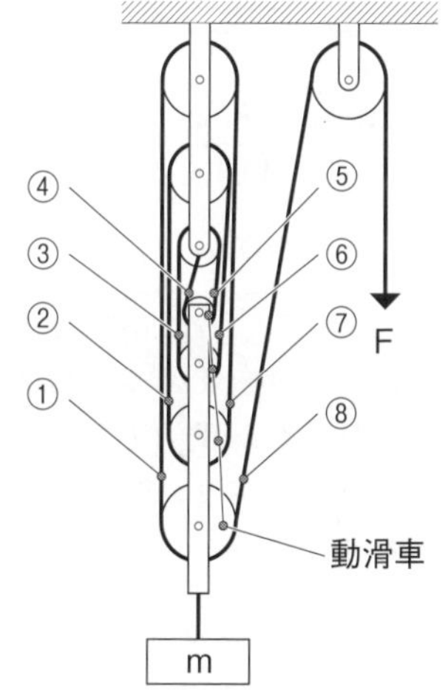

合計８本のロープで荷をつっている

【例題】図のような組合せ滑車を用いて質量200kgの荷をつるとき、これを支えるために必要な力Fの値はいくつか。

ただし、重力の加速度は$9.8m/s^2$とし、滑車及びワイヤロープの質量並びに摩擦は考えないものとする。

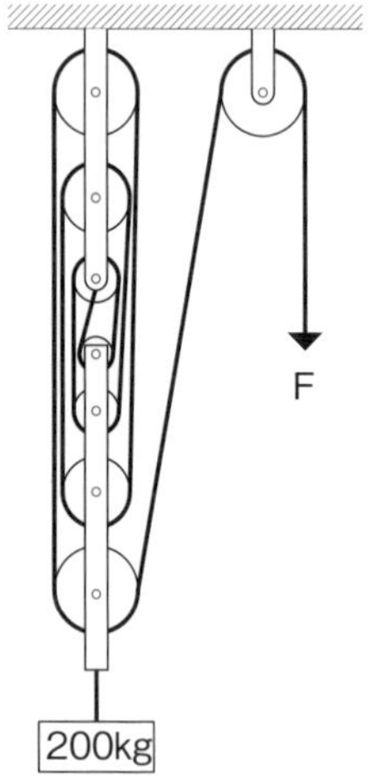

《解答》

$$F = \frac{質量m \times 9.8m/s^2}{荷をつっているロープの数（動滑車の数 \times 2）}$$

$$= \frac{200kg \times 9.8m/s^2}{8本（4個 \times 2）} = \frac{1,960N}{8} = \underline{245N}$$

《出題パターン③》

◎図のような組合せ滑車を用いて質量m kgの荷をつるとき、これを支えるために必要な力Fの値はいくつか。ただし、重力の加速度は$9.8m/s^2$とし、滑車及びワイヤロープの質量並びに摩擦は考えないものとする。

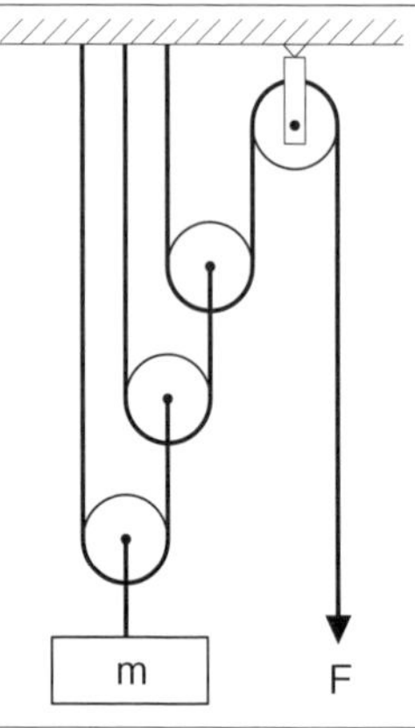

◎ロープの端が別の動滑車につられている。荷の質量は１つめの動滑車によりW/２⇒２つめでW/４⇒３つめでW/８となる。

従って、この組合せ滑車の場合、つり荷を動滑車の数毎に1/２を掛けることでＦの値を求めることができる。

◎また、次の公式により求めることができる。

$$F = \frac{質量m\ kg \times 9.8m/s^2}{2^n} \quad （n＝動滑車の数）$$

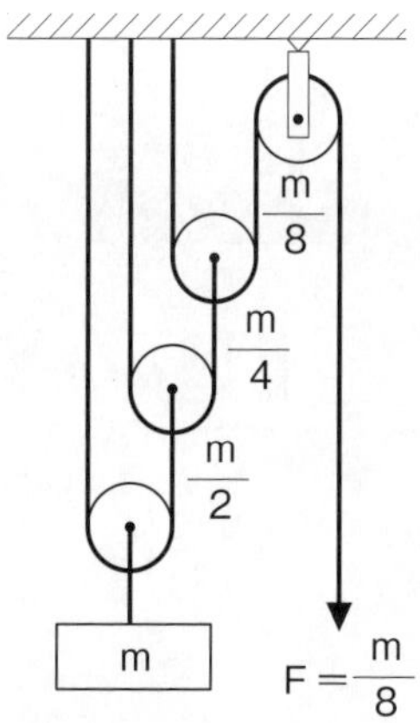

【例題】図のような組合せ滑車を用いて質量300kgの荷をつるとき、これを支えるために必要な力Ｆの値はいくつか。ただし、重力の加速度は$9.8m/s^2$とし、滑車及びワイヤロープの質量並びに摩擦は考えないものとする。

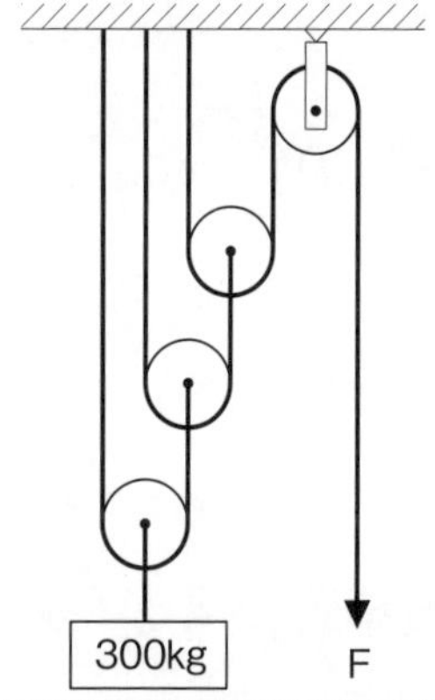

《解答》

$$F = \frac{質量m \times 9.8m/s^2}{2^n} \quad （n＝動滑車の数）$$

$$= \frac{300kg \times 9.8m/s^2}{2^3} = \frac{2,940N}{2 \times 2 \times 2} = \frac{2,940N}{8} = \underline{367.5N}$$

第Ⅱ部 練習問題集

試験の注意事項

1 実際の試験時の解答方法

◎解答は、マークシート方式となっている。別に用意されている解答用紙に記入（マーク）する。

◎使用できる鉛筆（シャープペンシルも可）は、「HB」又は「B」である。
※ボールペン、サインペンなどは使用できない。

◎解答用紙は、機械で採点する。折ったり、曲げたり、汚したりしない。

◎解答を訂正するときは、消しゴムできれいに消してから書き直す。

◎問題は、五肢択一式で、正答は一問につき一つだけとなっている。２つ以上に記入（マーク）したもの、判読が困難なものは、得点とならない。

◎計算、メモなどは、解答用紙に書かずに試験問題の余白を利用する。

2 試験時間

◎試験時間は２時間 30 分で、試験問題は問１～問 40 の全 40 問となっている。
※「クレーンの運転のために必要な力学に関する知識」の免除者の試験時間は２時間で、試験問題は問１～問 30 の全 30 問となる。

◎試験開始後、１時間以内は退室できない。

◎試験開始から１時間経過の後、試験時間終了前に退室するときは、着席のまま無言で手を挙げる。
※退室した後は、再び試験室に入ることはできない。

◎試験問題は、持ち帰ることはできない。

習熟度を確認

◎各回「解答と解説」の冒頭にある「◆正解一覧」で間違えた問題にチェック！
どこが苦手なのかを把握して、該当箇所のテキストをもう一度読み返して学習！

（例）

◆正解一覧

問題	正解	チェック				
〔クレーンに関する知識〕						
問１	(2)	✓	○	○		
問２	(4)	○	○	○		
問３	(4)	✓	✓	○		

第1回目　令和6年4月公表問題

〔クレーンに関する知識〕

【問1】クレーンに関する用語の記述として、適切でないものは次のうちどれか。

(1) ジブクレーンの作業半径とは、旋回中心とつり具の中心との水平距離をいう。

(2) 揚程とは、つり具を有効に上げ下げできる上限と下限との間の垂直移動距離をいう。

(3) ジブの傾斜角を変える運動を起伏といい、橋形クレーンのカンチレバーの傾斜角を変える場合も起伏という。

(4) 天井クレーンの定格荷重とは、クレーンの構造及び材料に応じて負荷させることができる最大の荷重をいい、フックなどのつり具分が含まれる。

(5) 走行とは、走行レールに沿ってクレーン全体が移動する運動をいい、天井クレーンの場合、その運動方向は、通常、横行方向に直角である。

【問2】クレーンの構造部分に関する記述として、適切なものは次のうちどれか。

(1) Ｉビームガーダは、Ｉ形鋼を用いたクレーンガーダで、Ｉビームガーダ単独では水平力を支えることができないので、必ず補桁を設ける。

(2) ジブクレーンのジブは、荷をより多くつり上げることができるように、自重をできるだけ軽くするとともに、剛性を持たせる必要があるため、パイプトラス構造やボックス構造のものが用いられる。

(3) プレートガーダは、細長い部材を三角形に組んだ骨組構造で、強度が大きい。

(4) 橋形クレーンの脚部には、剛脚と揺脚があり、剛脚はクレーンガーダに作用する水平力に耐える構造とするため、クレーンガーダとピンヒンジで接合されている。

(5) ボックスガーダは、鋼板を箱形状の断面に構成したものであるが、その断面形状では水平力を十分に支えることができないため、補桁と組み合わせて用いられる。

【問3】ワイヤロープのより方を表した図に関する次のAからDの組合せとして、適切なものは（1）～（5）のうちどれか。

	A	B	C	D
(1)	普通Zより	ラングSより	普通Sより	ラングZより
(2)	普通Zより	ラングZより	普通Sより	ラングSより
(3)	ラングZより	ラングSより	普通Zより	普通Sより
(4)	普通Sより	ラングSより	普通Zより	ラングZより
(5)	ラングSより	普通Zより	ラングZより	普通Sより

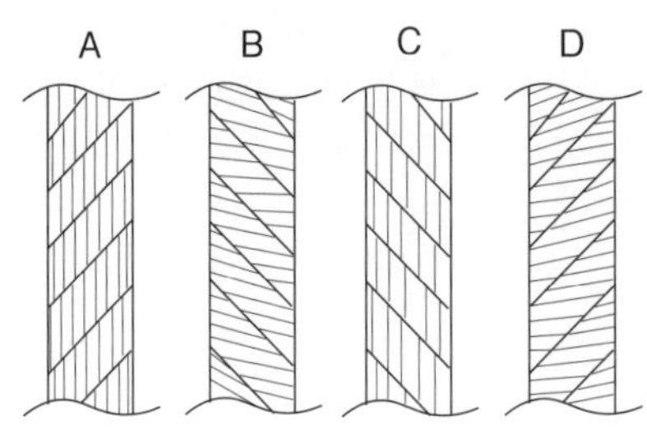

【問4】クレーンの運動とそれに対する安全装置などの組合せとして、適切でないものは（1）～（5）のうちどれか。

(1) 巻上げ……… 重錘（すい）形リミットスイッチを用いた巻過防止装置
(2) 巻下げ……… ねじ形リミットスイッチを用いた巻過防止装置
(3) 起伏………… 傾斜角指示装置
(4) 横行………… 横行車輪直径の４分の１以上の高さの車輪止め
(5) 走行………… 走行車輪直径の３分の１以上の高さの車輪止め

【問5】クレーンの機械要素に関する記述として、適切なものは次のうちどれか。

(1) フランジ形たわみ軸継手は、流体を利用したたわみ軸継手で、二つの軸のずれや傾きの影響を緩和するために用いられる。

(2) はすば歯車は、歯が軸につる巻状に斜めに切られており、平歯車より減速比を大きくできるが、動力の伝達にむらが多い。

(3) ローラチェーン軸継手は、たわみ軸継手の一種で、2列のローラチェーンと2個のスプロケットから成り、ピンの抜き差しで両軸の連結及び分離が簡単にできる。

(4) リーマボルトは、ボルト径が穴径よりわずかに小さく、取付け精度は良いが、横方向にせん断力を受けるため、構造部材の継手に用いることはできない。

(5) 歯車形軸継手は、外筒の内歯車と内筒の外歯車がかみ合う構造で、外歯車にはクラウニングが施してあるため、二つの軸のずれや傾きがあると円滑に動力を伝えることができない。

【問6】クレーンのブレーキに関する記述として、適切でないものは次のうちどれか。

(1) つり上げ装置のブレーキの制動トルクの値は、定格荷重に相当する荷重の荷をつった場合における当該装置のトルクの値の150%以上に調整する。

(2) バンドブレーキには、バンドを締め付けたときにバンドが平均して締まるように、バンドの外周にすき間を調整する摩擦パッドが配置されている。

(3) ドラム形電磁ブレーキは、電磁石、リンク機構及びばねにより構成されており、電磁石の励磁を交流で行うものを交流電磁ブレーキ、直流で行うものを直流電磁ブレーキという。

(4) 電動油圧押上機ブレーキは、ばねにより制動を行い、油圧によって押上げ力を得て制動力を解除する。

(5) 足踏み油圧式ディスクブレーキは、油圧シリンダ、ブレーキピストン及びこれらをつなぐ配管などに油漏れや空気の混入があると、制動力が生じなくなることがある。

【問7】クレーンの給油及び点検に関する記述として、適切でないものは次のうちどれか。

(1) グリースの給油方法には、グリースカップ式、グリースガン式、集中給油式などがある。

(2) グリースカップ式の給油方法は、グリースカップから一定の圧力で自動的にグリースが圧送されるので、給油の手間がかからない。

(3) ワイヤロープは、シーブ通過による繰り返し曲げを受ける部分、ロープ端部の取付け部分などに重点を置いて点検する。

(4) ワイヤロープには、摩耗や腐食を防ぐため、ロープ専用のグリースを塗布する。

(5) 集中給油式の給油方式は、ポンプから給油管、分配管及び分配弁を通じて、各給油箇所に一定量の給油を行う方式である。

【問8】クレーンの種類、型式及び用途に関する記述として、適切なものは次のうちどれか。

(1) 引込みクレーンには、水平引込みをさせるための機構により、ロープトロリ式及びマントロリ式などがある。

(2) テルハは、走行、旋回及び起伏の運動を行うクレーンで、工場での材料や製品の運搬などに使用される。

(3) 屋外の架構上に設けられたランウェイのレール上を走行するクレーンは、天井クレーンと同じ構造及び形状のものであっても橋形クレーンという。

(4) レードルクレーンは、埠頭においてコンテナを専用のつり具であるスプレッダでつり上げて、陸揚げ及び積込みを行うクレーンである。

(5) クライミング式ジブクレーンのクライミング方法には、マストクライミング方式とフロアークライミング方式がある。

【問9】クレーンのトロリ及び作動装置に関する記述として、適切なものは次のうちどれか。

(1) ホイストは、電動機、減速装置、巻上げドラム、ブレーキなどを小型のケーシング内に収めたもので、巻上装置と走行装置が一体化されている。

(2) 巻上装置に主巻と補巻を設ける場合、一般に、主巻の巻上げ速度は、補巻より速い。

(3) 電動機、制動用ブレーキ、減速機、ドラムなどにより構成される巻上装置では、巻下げの際、荷により電動機が回されようとするので、荷による加速を防止するために、同じ電動機軸に速度制御用ブレーキを取り付け、速度の制御を行うものが多い。

(4) 天井クレーンの1電動機式走行装置は、片側のサドルに電動機と減速装置を備え、電動機側の走行車輪のみを駆動する。

(5) ワイヤロープ式のホイストには、トップランニング式と呼ばれる普通形ホイストとサスペンション式と呼ばれるダブルレール形ホイストがある。

【問10】クレーンの運転時の取扱い方法及び注意事項に関する記述として、適切でないものは次のうちどれか。

(1) インバーター制御のクレーンは、低速から高速まで無段階に精度の高い速度制御ができるので、インチング動作をせずに微速運転で位置を合わせることができる。

(2) 巻下げ過ぎ防止装置のないクレーンのフックを巻き下げ続けると、逆巻きになるおそれがある。

(3) ジブクレーンで荷をつるときは、マストやジブのたわみにより作業半径が大きくなるので、定格荷重に近い質量の荷をつる場合には、当該つり荷の質量が、たわみにより大きくなったときの作業半径における定格荷重を超えないことを確認する。

(4) 停止時の荷振れを防止するために行う追いノッチは、移動を続けるつり荷が目標位置の少し手前まで来たときに移動の操作を一旦停止し、慣性で移動を続けるつり荷が振り切れた後、ホイストの真下に戻ってきたときに再び移動のスイッチを入れ、その直後に移動のスイッチを切り、つり荷を停止させる手順で行う。

(5) 無線操作方式のクレーンで、運転者自身が玉掛け作業を行うときは、制御器の操作スイッチなどへの接触による誤動作を防止するため、制御器の電源スイッチを切っておく。

〔関係法令〕

【問 11】建設物の内部に設置する走行クレーン（以下、本問において「クレーン」という。）に関する記述として、法令上、違反となるものは次のうちどれか。

(1) クレーンガーダに歩道を有するクレーンの集電装置の部分を除いた最高部と、当該クレーンの上方にある建設物のはりとの間隔を 0.5 m としている。

(2) クレーンガーダの歩道と当該歩道の上方にある建設物のはりとの間隔が 1.7 m であるため、当該歩道上に当該歩道からの高さが 1.6 m の天がいを設けている。

(3) クレーンと建設物との間の歩道のうち、建設物の柱に接する部分以外の歩道の幅を 0.7 m としている。

(4) クレーンと建設物との間の歩道のうち、建設物の柱に接する部分の歩道の幅を 0.3 m としている。

(5) クレーンの運転室の端から労働者が墜落するおそれがあるため、当該運転室の端と運転室に通ずる歩道の端との間隔を 0.2 m としている。

【問 12】クレーンに係る作業を行う場合における、つり上げられている荷の下への労働者の立入りに関する記述として、法令上、違反とならないものは次のうちどれか。

(1) ハッカー２個を用いて玉掛けをした荷がつり上げられているとき、つり上げられている荷の下へ労働者を立ち入らせた。

(2) つりクランプ１個を用いて玉掛けをした荷がつり上げられているとき、つり上げられている荷の下へ労働者を立ち入らせた。

(3) ワイヤロープを用いて、荷に設けられた穴に当該ワイヤロープを通して、１箇所に玉掛けをした荷がつり上げられているとき、つり上げられている荷の下へ労働者を立ち入らせた。

(4) 複数の荷が一度につり上げられている場合であって、当該複数の荷が結束され、箱に入れられる等により固定されていないとき、つり上げられている荷の下へ労働者を立ち入らせた。

(5) 磁力により吸着させるつり具を用いて玉掛けをした荷がつり上げられているとき、つり上げられている荷の下へ労働者を立ち入らせた。

【問13】クレーンの組立て等の作業時における事業者の講ずべき措置に関する次のAからEの記述について、法令上、正しいもののみを全て挙げた組合せは(1)～(5)のうちどれか。

A　作業を指揮する者（以下、本問において「作業指揮者」という。）に、作業の方法及び労働者の配置を決定させること。

B　作業を行う区域に関係労働者以外の労働者を立ち入らせるときは、作業指揮者に、当該立ち入らせる労働者の作業状況を監視させること。

C　強風等の悪天候のため、作業の実施について危険が予想されるときは、当該作業を行う区域に関係労働者以外の労働者が立ち入ることを禁止し、かつ、その旨を見やすい箇所に表示した上で当該作業に労働者を従事させること。

D　作業指揮者に、材料の欠点の有無並びに器具及び工具の機能を点検し、不良品を取り除かせること。

E　作業中、作業指揮者に、要求性能墜落制止用器具（改正前の法令条文上の旧名称「安全帯」）等及び保護帽の使用状況を監視させること。

(1) A，B
(2) A，D，E
(3) B，C
(4) B，C，D
(5) C，D，E

【問14】次のうち、法令上、クレーンの玉掛用具として使用禁止とされていないものはどれか。

(1) 伸びが製造されたときの長さの6％のつりチェーン
(2) ワイヤロープ1よりの間において素線（フィラ線を除く。以下同じ。）の数の11％の素線が切断したワイヤロープ
(3) エンドレスでないワイヤロープで、その両端にフック、シャックル、リング又はアイのいずれも備えていないもの
(4) 使用する際の安全係数が5となるワイヤロープ
(5) 直径の減少が公称径の6％のワイヤロープ

【問 15】クレーンの自主検査及び点検に関する記述として、法令上、誤っているものは次のうちどれか。

(1) 1年以内ごとに1回行う定期自主検査における荷重試験は、定格荷重に相当する荷重の荷をつって、つり上げ、走行等の作動を定格速度により行うものとする。

(2) 1か月以内ごとに1回行う定期自主検査においては、巻過防止装置の異常の有無について検査を行わなければならない。

(3) 作業開始前の点検においては、ワイヤロープが通っている箇所の状態について点検を行わなければならない。

(4) 定期自主検査又は作業開始前の点検を行った場合において、異常を認めたときは、直ちに補修しなければならない。

(5) 定期自主検査を行ったときは、当該自主検査結果をクレーン検査証に記録しなければならない。

【問 16】つり上げ荷重 10 t の転倒するおそれのあるジブクレーン（以下、本問において「クレーン」という。）の検査に関する記述として、法令上、誤っているものは次のうちどれか。

(1) クレーンのジブに変更を加えた者は、所轄労働基準監督署長が検査の必要がないと認めたものを除き、変更検査を受けなければならない。

(2) 変更検査においては、クレーンの各部分の構造及び機能について点検を行うほか、荷重試験及び安定度試験を行うものとする。

(3) 使用再開検査における安定度試験は、定格荷重の 1.27 倍に相当する荷重の荷をつって、逸走防止装置を作用させ、安定に関し最も不利な条件で地切りすることにより行うものとする。

(4) 使用再開検査を受ける者は、当該検査に立ち会わなければならない。

(5) 登録性能検査機関は、クレーンに係る性能検査に合格したクレーンについて、クレーン検査証の有効期間を更新するものとするが、性能検査の結果により2年未満又は2年を超え3年以内の期間を定めて更新することができる。

【問 17】クレーン・デリック運転士免許及び免許証に関する次のAからEの記述について、法令上、誤っているもののみを全て挙げた組合せは (1) ～ (5) のうちどれか。

A　免許証を他人に譲渡又は貸与したときは、免許の取消し又は効力の一時停止の処分を受けることがある。

B　労働安全衛生法違反により免許の取消しの処分を受けた者は、処分を受けた日から起算して30日以内に、免許の取消しをした都道府県労働局長に免許証を返還しなければならない。

C　労働安全衛生法違反により免許を取り消され、その取消しの日から起算して1年を経過しない者は、免許を受けることができない。

D　免許に係る業務に現に就いている者は、氏名を変更したときは、免許証の書替えを受けなければならない。ただし、変更後の氏名を確認することができる他の技能講習修了証等を携帯するときは、この限りでない。

E　免許証の書替えを受けようとする者は、免許証書替申請書を免許証の交付を受けた都道府県労働局長又はその者の所属する事業場の住所を管轄する都道府県労働局長に提出しなければならない。

(1) A，B，D　　(2) A，C　　(3) B，C，D
(4) B，D，E　　(5) C，E

【問 18】クレーンに係る許可、設置、検査及び検査証に関する記述として、法令上、誤っているものは次のうちどれか。

ただし、計画の届出に係る免除認定を受けていない場合とする。

(1) クレーン検査証を受けたクレーンを設置している者に異動があったときは、クレーンを設置している者は、当該異動後30日以内に、クレーン検査証書替申請書にクレーン検査証を添えて、所轄労働基準監督署長に提出し、書替えを受けなければならない。

(2) つり上げ荷重2ｔのスタッカー式クレーンを設置しようとする事業者は、当該工事の開始の日の30日前までに、クレーン設置届を所轄労働基準監督署長に提出しなければならない。

(3) つり上げ荷重1ｔの天井クレーンを設置しようとする事業者は、あらかじめ、クレーン設置報告書を所轄労働基準監督署長に提出しなければならない。

(4) クレーン検査証の有効期間は、原則として2年であるが、所轄労働基準監督署長は、落成検査の結果により当該期間を2年未満とすることができる。

(5) つり上げ荷重4ｔのジブクレーンを製造しようとする者は、原則として、あらかじめ、所轄都道府県労働局長の製造許可を受けなければならない。

【問 19】クレーンの運転の業務に関する記述として、法令上、誤っているものは次のうちどれか。

(1) 床上運転式クレーンに限定したクレーン・デリック運転士免許では、つり上げ荷重 10 t のマントロリ式橋形クレーンの運転の業務に就くことができない。

(2) 床上操作式クレーン運転技能講習の修了で、つり上げ荷重 8 t の床上運転式クレーンである天井クレーンの運転の業務に就くことができる。

(3) クレーンに限定したクレーン・デリック運転士免許で、つり上げ荷重 20 t の無線操作方式の橋形クレーンの運転の業務に就くことができる。

(4) クレーンの運転の業務に係る特別の教育の受講では、つり上げ荷重 6 t のジブクレーンの運転の業務に就くことができない。

(5) 限定なしのクレーン・デリック運転士免許で、つり上げ荷重 30 t のアンローダの運転の業務に就くことができる。

【問 20】クレーンの使用に関する記述として、法令上、誤っているものは次のうちどれか。

(1) クレーンの直働式以外の巻過防止装置は、つり具の上面又は当該つり具の巻上げ用シーブの上面とドラムその他当該上面が接触するおそれのある物（傾斜したジブを除く。）の下面との間隔が 0.25 m 以上となるように調整しておかなければならない。

(2) クレーン検査証を受けたクレーンを貸与するときは、クレーン検査証とともにするのでなければ、貸与してはならない。

(3) クレーンの運転者を、荷をつったままで、運転位置から離れさせてはならない。ただし、作業の性質上やむを得ない場合又は安全な作業の遂行上必要な場合に、電源を切り、かつ、ブレーキをかけるときは、この限りでない。

(4) 玉掛け用ワイヤロープ等がフックから外れることを防止するための外れ止め装置を具備するクレーンを用いて荷をつり上げるときは、当該外れ止め装置を使用しなければならない。

(5) クレーンを用いて作業を行うときは、クレーンの運転者及び玉掛けをする者が当該クレーンの定格荷重を常時知ることができるよう、表示その他の措置を講じなければならない。

〔原動機及び電気に関する知識〕

【問 21】電気に関する記述として、適切なものは次のうちどれか。

(1) 交流は、電流及び電圧の大きさ並びにそれらの方向が周期的に変化する。
(2) 直流は AC、交流は DC と表される。
(3) 直流は、変圧器によって容易に電圧を変えることができる。
(4) 電力として工場の動力用に配電される交流は、地域によらず、60Hz の周波数で供給されている。
(5) 交流用の電圧計や電流計の計測値は、電圧や電流の最大値を示している。

【問 22】電圧、電流、抵抗及び電力に関する記述として、適切でないものは次のうちどれか。

(1) 電圧の単位はボルト（V）で、1000 V は 1 kV とも表す。
(2) 導体でできた円形断面の電線の場合、断面の直径が同じまま長さが 2 倍になると抵抗の値は 2 倍になり、長さが同じまま断面の直径が 2 倍になると抵抗の値は 2 分の 1 になる。
(3) 抵抗を並列につないだときの合成抵抗の値は、個々の抵抗の値のどれよりも小さい。
(4) 回路に流れる電流の大きさは、回路にかかる電圧に比例し、回路の抵抗に反比例する。
(5) 回路が消費する電力Ｐ（W）は、回路にかかる電圧をＥ（V）、回路に流れる電流をＩ（A）とすれば、Ｐ（W）＝Ｅ（V）×Ｉ（A）で表される。

【問 23】クレーンの電動機に関する記述として、適切でないものは次のうちどれか。

(1) 巻線形三相誘導電動機は、固定子側、回転子側ともに巻線を用いた構造で、回転子側の巻線はスリップリングを通して外部抵抗と接続するようになっている。
(2) かご形三相誘導電動機の回転子は、鉄心の周りに太い導線（バー）がかご形に配置された簡単な構造である。
(3) 直流電動機は、一般に、速度制御性能が優れているが、整流子及びブラシの保守が必要である。
(4) 巻線形三相誘導電動機では、固定子側を一次側、回転子側を二次側と呼ぶ。
(5) 三相誘導電動機の同期速度は、周波数を一定とすれば、極数が少ないほど遅くなる。

【問 24】クレーンの電動機の付属機器に関する記述として、適切なものは次のうちどれか。

(1) ユニバーサル制御器は、1本の操作ハンドルを前後左右や斜めに操作することにより、3個の制御器を同時に又は単独で操作できる構造にしたものである。

(2) 制御器は、電動機に正転、停止、逆転及び制御速度の指令を与えるもので、制御の方式により直接制御器と間接制御器に大別され、さらに、両者の混合型である複合制御器がある。

(3) 無線操作用の制御器には、押しボタン式とハンドル操作式があり、誤操作を防止するため、複数の操作を1回のスイッチ操作で行うことができるように工夫されている。

(4) エンコーダー型制御器は、ハンドル位置を連続的に検出し、電動機の主回路を直接開閉する直接制御器である。

(5) ドラム形直接制御器は、ハンドルで回される円弧状のフィンガーとそれに接する固定セグメントにより電磁接触器の操作回路を開閉する制御器である。

【問 25】クレーンの給電装置に関する記述として、適切なものは次のうちどれか。

(1) トロリ線給電には、トロリ線の取付け方法により、カーテン式とケーブルキャリア式がある。

(2) 旋回体、ケーブル巻取式などの回転部分への給電には、トロリバーが用いられる。

(3) キャブタイヤケーブル給電は、充電部が露出している部分が多いので、感電の危険性が高い。

(4) トロリ線給電のうち絶縁トロリ線方式のものは、一本一本のトロリ線が、すその開いた絶縁物で被覆されており、集電子はその間を摺動して集電する。

(5) 爆発性のガスや粉じんが発生するおそれのある場所では、トロリダクトを用いた防爆構造の給電方式が採用される。

【問 26】クレーンの電動機の制御に関する記述として、適切でないものは次のうちどれか。

(1) ゼロノッチインターロックは、各制御器のハンドルが停止位置になければ、主電磁接触器を投入できないようにしたものである。

(2) 間接制御では、シーケンサーを使用することにより、直接制御に比べ、いろいろな自動運転や速度制御を容易に行うことができる。

(3) 間接制御は、直接制御に比べ、制御器は小型･軽量であるが、設備費が高い。

(4) 直接制御は、容量の大きな電動機では制御器のハンドル操作が重くなるので使用できない。

(5) 半間接制御は、巻線形三相誘導電動機の一次側を直接制御器で直接制御し、二次側を電磁接触器で間接制御する方式である。

【問 27】クレーンの三相誘導電動機の速度制御方式などに関する記述として、適切でないものは次のうちどれか。

(1) かご形三相誘導電動機で、電源電圧を直接電動機の端子にかけて始動させることを全電圧始動という。

(2) かご形三相誘導電動機では、電源回路に抵抗器、リアクトル、サイリスターなどを挿入し、電動機の始動電流を抑えて、緩始動を行う方法がある。

(3) 巻線形三相誘導電動機の二次抵抗制御は、固定子の巻線に接続した抵抗器の抵抗値を変化させて速度制御するもので、始動時に緩始動ができる。

(4) 巻線形三相誘導電動機の渦電流ブレーキ制御は、電気的なブレーキであり機械的な摩擦力を利用しないため、消耗部分がなく、制御性も優れている。

(5) 巻線形三相誘導電動機の電動油圧押上機ブレーキ制御は、速度制御用に設置した電動油圧押上機ブレーキの操作電源を電動機の二次側回路に接続し、制動力を制御するもので、巻下げ時に電動機の回転速度が遅くなれば制動力を小さくするように自動的に調整し、安定した低速運転を行うものである。

【問28】クレーンの電気機器の故障の原因などに関する記述として、適切でないものは次のうちどれか。

(1) 電動機が起動した後、回転数が上がらない場合の原因の一つとして、電源の電圧降下が大きいことが挙げられる。

(2) 電動機が全く起動しない場合の原因の一つとして、配線の端子が外れていることが挙げられる。

(3) 過電流継電器が作動する場合の原因の一つとして、回路が短絡していることが挙げられる。

(4) 三相誘導電動機がうなるが起動しない場合の原因の一つとして、一次側電源回路の三相の配線のうち２線が断線していることが挙げられる。

(5) 集電装置の火花が激しい場合の原因の一つとして、集電子が摩耗していることが挙げられる。

【問29】一般的に電気をよく通す導体及び電気を通しにくい絶縁体（不導体）に区分されるものの組合せとして、適切なものは (1) ～ (5) のうちどれか。

	導体	絶縁体（不導体）
(1)	銅	塩水
(2)	空気	ガラス
(3)	鋼	大理石
(4)	ステンレス	黒鉛
(5)	雲母	磁器

【問30】感電及びその防止に関する次のＡからＥの記述について、適切なもののみを全て挙げた組合せは (1) ～ (5) のうちどれか。

Ａ　感電による人体への影響の程度は、電流の大きさ、通電時間、電流の種類、体質などの条件により異なる。

Ｂ　電気によるやけどには、アークなどの高熱による熱傷のほか、電流通過に伴い発生するジュール熱によって引き起こされる、皮膚や内部組織の傷害がある。

Ｃ　接地抵抗は小さいほど良いので、接地線は十分な太さのものを使用する。

Ｄ　天井クレーンは、鋼製の走行車輪を経て走行レールに接触しているため、走行レールが接地されている場合は、クレーンガーダ上で走行トロリ線の充電部分に身体が接触しても、感電の危険はない。

Ｅ　感電による危険を電流と時間の積によって評価する場合、一般に、500ミリアンペア秒が安全限界とされている。

(1) Ａ，Ｂ，Ｃ　　(2) Ａ，Ｃ　　(3) Ｂ，Ｃ，Ｄ

(4) Ｃ，Ｄ，Ｅ　　(5) Ｄ，Ｅ

次の科目の免除者は、問３１～問４０は解答しないでください。

〔クレーンの運転のために必要な力学に関する知識〕

【問 31】 力に関する記述として、適切なものは次のうちどれか。

(1) 多数の力が一点に作用し、つり合っているとき、これらの力の合力は「０」になる。

(2) 一直線上に作用する二つの力の合力の大きさは、その二つの力の大きさを乗じて求められる。

(3) 力の大きさと向きが変わらなければ、力の作用点が変わっても物体に与える効果は変わらない。

(4) 力の大きさをＦ、回転軸の中心から力の作用線に下ろした垂線の長さをＬとすれば、力のモーメントＭは、Ｍ＝Ｆ／Ｌで求められる。

(5) 小さな物体の一点に大きさが異なり向きが一直線上にない二つの力が作用して物体が動くとき、その物体は大きい力の方向に動く。

【問 32】 図のような天びん棒で荷Ｗをワイヤロープでつり下げ、つり合うとき、天びん棒を支えるための力Ｆの値は (1) ～ (5) のうちどれか。

ただし、重力の加速度は $9.8 m/s^2$ とし、天びん棒及びワイヤロープの質量は考えないものとする。

(1) 147 N
(2) 294 N
(3) 441 N
(4) 735 N
(5) 980 N

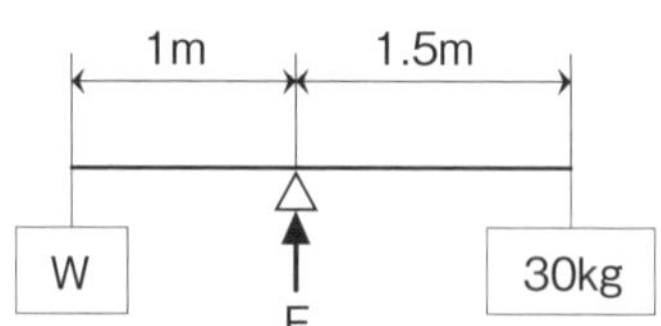

【問 33】下記に掲げる物体の体積を求める計算式として、適切でないものは（1）～（5）のうちどれか。
ただし、π は円周率とする。

	形状名称	立体図形	体積計算式
(1)	円柱	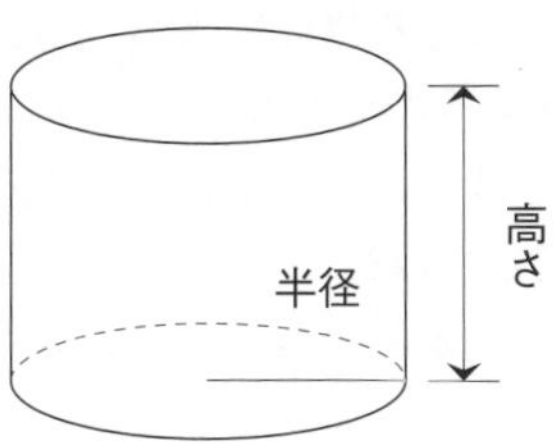	半径^2×π×高さ
(2)	球	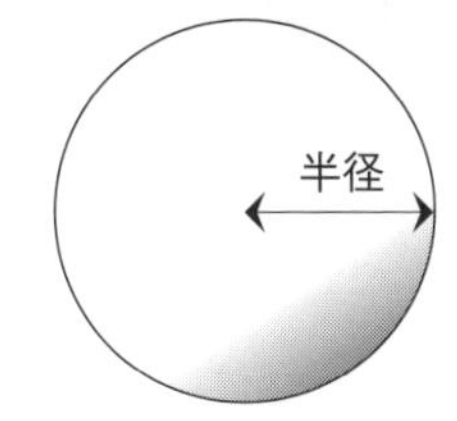	半径^3×π×$\frac{4}{3}$
(3)	三角柱	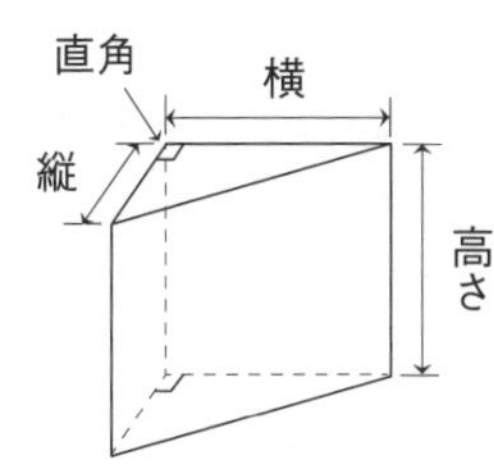	縦×横×高さ×$\frac{1}{2}$
(4)	円錐（すい）体	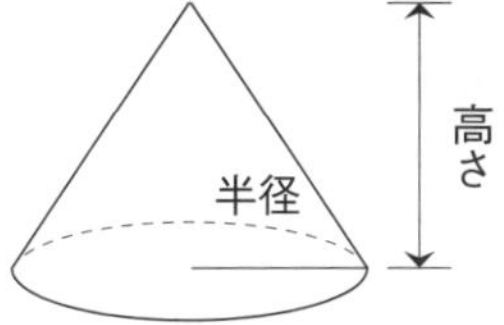	半径^2×π×高さ×$\frac{1}{3}$
(5)	直方体	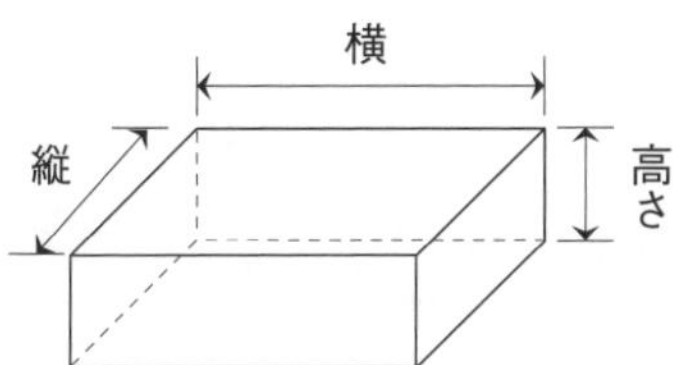	縦×横×高さ×$\frac{1}{2}$

【問 34】均質な材料でできた固体の物体（以下、本問において「物体」という。）の重心及び安定に関する次のAからEの記述について、適切でないもののみをすべて挙げた組合せは (1) ～ (5) のうちどれか。

A　直方体の物体の置き方を変える場合、重心の位置が高くなるほど安定性は悪くなる。

B　重心の位置が物体の外部にある物体であっても、置き方を変えると重心の位置が物体の内部に移動する場合がある。

C　複雑な形状の物体の重心は、二つ以上の点になる場合があるが、重心の数が多いほどその物体の安定性は良くなる。

D　直方体の物体の置き方を変える場合、物体の底面積が小さくなるほど安定性は悪くなる。

E　水平面上に置いた直方体の物体を傾けた場合、重心からの鉛直線がその物体の底面を通るときは、その物体は元の位置に戻らないで倒れる。

(1) A，B，C
(2) A，D
(3) B，C，D
(4) B，C，E
(5) C，D，E

【問 35】物体の運動に関する記述として、適切でないものは次のうちどれか。

(1) 物体の運動の「速い」、「遅い」の程度を示す量を速さといい、単位時間に物体が移動した距離で表す。

(2) 物体が円運動をしているとき、遠心力は、物体の質量が小さいほど小さくなる。

(3) 物体が一定の加速度で加速し、その速度が2秒間に10m/sから40m/sになったときの加速度は、$4\,m/s^2$である。

(4) 物体には、外から力が作用しない限り、静止しているときは静止の状態を、運動しているときは同じ速度で運動を続けようとする性質があり、このような性質を慣性という。

(5) 荷をつった状態でジブクレーンのジブを旋回させると、荷は旋回する前の作業半径より大きい半径で回るようになる。

【問 36】図のように、水平な床面に置いた質量Wの物体を床面に沿って引っ張り、動き始める直前の力Fの値が 490 Nであったとき、Wの値は（1）～（5）のうちどれか。

ただし、接触面の静止摩擦係数は 0.2 とし、重力の加速度は 9.8m/s^2 とする。

（1） 10kg
（2） 98kg
（3） 250kg
（4） 480kg
（5） 960kg

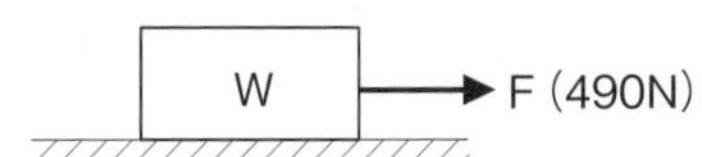

【問 37】荷重に関する記述として、適切なものは次のうちどれか。

（1）荷を巻き下げているときに急制動すると、玉掛け用ワイヤロープには、圧縮荷重とせん断荷重がかかる。
（2）片振り荷重は、大きさは同じであるが、向きが時間とともに変わる荷重である。
（3）荷重が繰返し作用すると、比較的小さな荷重であっても機械や構造物が破壊することがあるが、このような現象を引き起こす荷重を静荷重という。
（4）クレーンのフックには、主に圧縮荷重がかかる。
（5）クレーンの巻上げドラムには、曲げ荷重とねじり荷重がかかる。

【問 38】図AからCのとおり、同一形状で質量が異なる三つの荷を、それぞれ同じ長さの２本の玉掛け用ワイヤロープを用いて、それぞれ異なるつり角度でつり上げるとき、これらの荷を、１本のワイヤロープにかかる張力の値が小さい順に並べたものは（1）～（5）のうちどれか。

ただし、いずれも荷の左右のつり合いは取れており、左右のワイヤロープの張力は同じとし、ワイヤロープの質量は考えないものとする。

	張力		
	小	→	大
（1）	A	B	C
（2）	A	C	B
（3）	B	A	C
（4）	B	C	A
（5）	C	A	B

A 60° 3 t
B 90° 4 t
C 120° 2 t

【問 39】天井から垂直につるした直径 2 cm の丸棒の先端に質量 100kgの荷をつり下げるとき、丸棒に生じる引張応力の値に最も近いものは (1) ～ (5) のうちどれか。

ただし、重力の加速度は 9.8m/s^2 とし、丸棒の質量は考えないものとする。

(1) $1\ \text{N/mm}^2$
(2) $2\ \text{N/mm}^2$
(3) $3\ \text{N/mm}^2$
(4) $6\ \text{N/mm}^2$
(5) $8\ \text{N/mm}^2$

【問 40】図のような滑車を用いて、質量Wの荷をつり上げるとき、荷を支えるために必要な力Fを求める式がそれぞれの図の下部に記載してあるが、これらの力Fを求める式として、誤っているものは (1) ～ (5) のうちどれか。

ただし、g は重力の加速度とし、滑車及びワイヤロープの質量並びに摩擦は考えないものとする。

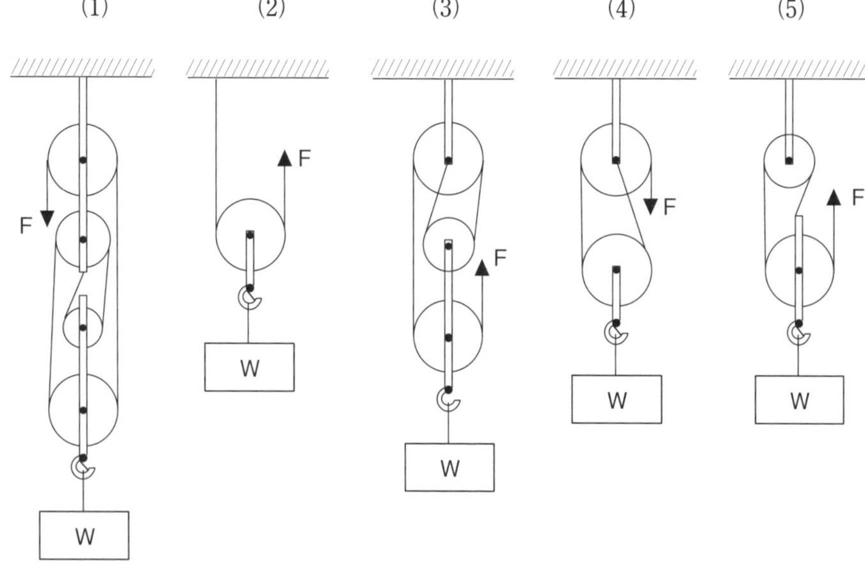

(1)	(2)	(3)	(4)	(5)
$F = \frac{W}{5}g$	$F = \frac{W}{2}g$	$F = \frac{W}{4}g$	$F = \frac{W}{2}g$	$F = \frac{W}{3}g$

第1回目　令和6年4月公表問題　解答と解説

◆正解一覧

問題	正解	チェック				
〔クレーンに関する知識〕						
問1	(4)					
問2	(2)					
問3	(1)					
問4	(5)					
問5	(3)					
問6	(2)					
問7	(2)					
問8	(5)					
問9	(3)					
問10	(4)					
小計点						

問題	正解	チェック				
〔関係法令〕						
問11	(4)					
問12	(3)					
問13	(2)					
問14	(5)					
問15	(5)					
問16	(3)					
問17	(4)					
問18	(1)					
問19	(2)					
問20	(3)					
小計点						

問題	正解	チェック				
〔原動機及び電気に関する知識〕						
問21	(1)					
問22	(2)					
問23	(5)					
問24	(2)					
問25	(4)					
問26	(5)					
問27	(3)					
問28	(4)					
問29	(3)					
問30	(1)					
小計点						

問題	正解	チェック				
〔クレーンの運転のために必要な力学に関する知識〕						
問31	(1)					
問32	(4)					
問33	(5)					
問34	(4)					
問35	(3)					
問36	(3)					
問37	(5)					
問38	(2)					
問39	(3)					
問40	(1)					
小計点						

合計点		
	1回目	/40
	2回目	/40
	3回目	/40
	4回目	/40
	5回目	/40

◆解説

〔クレーンに関する知識〕

【問1】(4) が不適切。⇒1章2節 _ 8. 定格速度(P.12～)参照

(4) 天井クレーンのつり上げ荷重〔定格荷重×〕とは、クレーンの構造及び材料に応じて負荷させることができる最大の荷重をいい、フックなどのつり具分が含まれる。

【問2】(2) が適切。⇒1章5節 _ クレーンの構造部分(P.30～)参照

(1) Ｉビームガーダは、Ｉ形鋼を用いたクレーンガーダで、Ｉビームガーダ単独では水平力を支えることができるため、補桁なしで用いることもある〔できないので、必ず補桁を設ける×〕。

(3) プレートガーダは、鋼板をＩ形状断面に構成したガーダ。設問の内容は、「トラスガーダ」。

(4) 橋形クレーンの脚部には、剛脚と揺脚があり、剛脚はクレーンガーダに作用する水平力に耐える構造とするため、クレーンガーダと剛接合されている。ピンヒンジで接合されているのは「揺脚」。

(5) ボックスガーダは、鋼板を箱形状の断面に構成したものであるが、この断面のみで水平力を支えることができるため、補桁を必要としない〔その断面形状では水平力を十分に支えることができないため、補桁と組み合わせて用いられる×〕。

【問3】(1) が適切。⇒1章7節 _ 2. ワイヤロープのより方(P.42～)参照

【問4】(5) が不適切。⇒1章10節 _ 6. 緩衝装置等(P.69～)参照

(5) 走行レールの車輪止めの高さは、走行車輪直径の1／2以上とすることが定められている。

【問5】(3) が適切。⇒1章9節 _ クレーンの機械要素等(P.48～)参照

(1) フランジ形たわみ軸継手は、ゴムの弾力性〔流体×〕を利用したたわみ軸継手で、二つの軸のずれや傾きの影響を緩和するために用いられる。

(2) はすば歯車は、歯が軸につる巻状に斜めに切られており、平歯車より減速比を大きくできるが、動力の伝達にむらが少ない〔多い×〕。

(4) リーマボルトは、ボルト径が穴径よりわずかに大きく〔小さく×〕、取付け精度は良いが、横方向にせん断力を受けるため、大きな力に耐えることができるため、構造部材の継手などに用いられる〔構造部材の継手に用いることはできない×〕。

(5) 歯車形軸継手は、外筒の内歯車と内筒の外歯車がかみ合う構造で、外歯車にはクラウニングが施してあるため、二つの軸のずれや傾きに対しても円滑に動力を伝えることができる〔二つの軸のずれや傾きがあると円滑に動力を伝えることができない×〕。

【問6】(2) が不適切。⇒1章11節_2．バンドブレーキ（P.73～）参照

(2) バンドブレーキには、バンドを緩めたときにバンドが平均して緩むように、バンドの外周にすき間を調整するボルトが配置されている。〔締め付けたときにバンドが平均して締まるように、バンドの外周にすき間を調整する摩擦パッドが配置されている×〕。

【問7】(2) が不適切。⇒1章12節_6．クレーンの給油（P.79～）参照

(2) グリースカップ式の給油方法は、グリースカップの蓋をねじ込みグリースに圧力を掛けて圧送する〔一定の圧力で～×〕ので、給油には手間や時間がかかる〔かからない×〕。

【問8】(5) が適切。⇒1章4節_クレーンの種類及び形式（P.15～）参照

(1) 引込みクレーンには、水平引込みをさせるための機構により、ダブルリンク式、スイングレバー式、ロープバランス式〔ロープトロリ式及びマントロリ式×〕などがある。

(2) テルハは、荷の巻上げ・巻下げとレールに沿った横行のみ〔走行、旋回及び起伏の運動×〕を行うクレーンで、工場での材料や製品の運搬などに使用される。

(3) 屋外の架構上に設けられたランウェイのレール上を走行するクレーンは、天井クレーンと同じ構造及び形状のものは天井クレーンに分類される〔であっても橋形クレーンという×〕。

(4) レードルクレーンは、製鋼関係の工場で用いられる特殊な構造の天井クレーンのひとつ。設問は、「コンテナクレーン」。

【問9】(3) が適切。⇒1章5節_6．ホイスト（P.36～）、
1章6節_クレーンの作動装置（P.37～）参照

(1) ホイストは、電動機、減速装置、巻上げドラム、ブレーキなどを小型のケーシング内に収めたもので、巻上装置と横行〔走行×〕装置が一体化されている。

(2) 巻上装置に主巻と補巻を設ける場合、一般に、主巻の巻上げ速度は、補巻より遅い〔速い×〕。

(4) 天井クレーンの1電動機式走行装置は、クレーンガーダの中央付近に電動機と減速装置を備え、減速装置に連結されている走行長軸を介して両側のサドルのピニオンとギヤを駆動させ、車輪を駆動する。

(5) ワイヤロープ式のホイストには、トップランニング式と呼ばれるダブルレール形ホイスト〔普通形ホイスト×〕とサスペンション式と呼ばれる普通型ホイスト〔ダブルレール形ホイスト×〕がある。

【問10】(4) が不適切。⇒1章12節_3. 荷振れ防止 (P.77～) 参照

(4) 停止時の荷振れを防止するために行う追いノッチは、移動を続けるつり荷が目標位置の少し手前まで来たときに移動の操作を一旦停止し、慣性で移動を続けるつり荷が振り切れる直前に、ホイストを一瞬動かすことでホイストが移動して振れを抑えられながら停止する〔振り切れた後、ホイストの真下に戻ってきたときに再び移動のスイッチを入れ、その直後に移動のスイッチを切り、つり荷を停止させる手順で行う×〕。

〔関係法令〕

【問11】(4) が法令違反。

⇒2章1節_7. クレーンと建設物等との間隔 (P.87～) 参照

(4) クレーンと建設物との間の歩道のうち、建設物の柱に接する部分の歩道の幅を0.4m 以上〔0.3 m×〕とすること。

【問12】(3) が違反とならない (立入可能)。

⇒2章2節_13. 立入禁止 (P.93～) 参照

(1) ハッカー2個を用いて玉掛けをした荷がつり上げられているとき、つり上げられている荷の下へ労働者を立ち入らせることは禁止されている。

(2) つりクランプ1個を用いて玉掛けをした荷がつり上げられているとき、つり上げられている荷の下へ労働者を立ち入らせる行為は禁止されている。

(4) 複数の荷が一度につり上げられている場合であって、当該複数の荷が結束され、箱に入れられる等により固定されているときは、つり荷の下に労働者を立ち入らせることは禁止されていない。

(5) 磁力により吸着させるつり具を用いて玉掛けをした荷がつり上げられているとき、つり上げられている荷の下へ労働者を立ち入らせる行為は禁止されている。

【問13】(2) が正しい。⇒2章2節_17. 強風時の作業中止 (P.95～)、
2章2節_20. 組立て作業 (P.95～) 参照

B　作業を行う区域に関係労働者以外の労働者が立ち入ることを禁止し、かつ、その旨を見やすい箇所に表示すること

C　強風等の悪天候のため、作業の実施について危険が予想されるときは、当該作業を中止しなければならない。

【問14】(5) が禁止とされていない(使用可能)。⇒

2章6節 _ 玉掛用具(P.102 ~)参照

(1) 伸びが製造されたときの長さの5%を超える〔6%×〕のつりチェーンは、クレーンの玉掛け用具として使用してはならない。

(2) ワイヤロープ1よりの間において素線(フィラ線を除く。以下同じ。)の数の10%以上〔11%×〕の素線が切断したワイヤロープは、クレーンの玉掛け用具として使用してはならない。

(3) エンドレスでないワイヤロープで、その両端にフック、シャックル、リング又はアイのいずれも備えていないものは使用禁止。

(4) 使用する際の安全係数が6以上〔5×〕となるワイヤロープでなければ、クレーンの玉掛け用具として使用してはならない。

【問15】(5) が誤り。⇒2章3節 _ 5. 自主検査等の記録(P.97 ~)参照

(5) 定期自主検査を行ったときは、当該自主検査結果を〔クレーン検査証に×〕記録しなければならない。

【問16】(3) が誤り。⇒2章5節 _ 3. クレーンの使用再開(P.101 ~)参照

(3) 使用再開検査における安定度試験は、定格荷重の1.27倍に相当する荷重の荷をつって、〔逸走防止装置を作用させ、×〕安定に関し最も不利な条件で地切りすることにより行うものとする。

【問17】(4) が誤り。⇒2章7節 _ クレーンの運転士免許(P.107 ~)参照

B　労働安全衛生法違反により免許の取消しの処分を受けた者は、遅滞なく〔処分を受けた日から起算して30日以内に×〕、免許の取消しをした都道府県労働局長に免許証を返還しなければならない。

D　免許に係る業務に現に就いている者は、氏名を変更したときは、免許証の書替えを受けなければならない。〔ただし、変更後の氏名を確認することができる他の技能講習修了証等を携帯するときは、この限りでない。×〕

E　免許証の書替えを受けようとする者は、免許証書替申請書を免許証の交付を受けた都道府県労働局長又はその者の〔所属する事業場の×〕住所を管轄する都道府県労働局長に提出しなければならない。

【問18】(1) が誤り。⇒2章1節 _ 5. クレーン検査証(P.86 ~)参照

(1) クレーン検査証を受けたクレーンを設置している者に異動があったときは、クレーンを設置している者は、当該異動後10〔30〕日以内に、クレーン検査証書替申請書にクレーン検査証を添えて、所轄労働基準監督署長に提出し、書替えを受けなければならない。

【問19】(2) が誤り。⇒2章7節_1．クレーン運転士の資格（P.107～）参照

(2) 床上操作式クレーン運転技能講習の修了で、つり上げ荷重8tの床上運転式クレーンである天井クレーンの運転の業務に就くことができない。

【問20】(3) が誤り。⇒2章2節_19．運転位置からの離脱の禁止（P.95～）、

(3) クレーンの運転者を、荷をつったままで、運転位置から離れさせてはならない。〔ただし、作業の性質上やむを得ない場合又は安全な作業の遂行上必要な場合に、電源を切り、かつ、ブレーキをかけるときは、この限りでない。×〕

〔原動機及び電気に関する知識〕

【問21】(1) が適切。⇒3章1節_1．電流（P.113～）参照

(2) 直流はDC〔AC×〕、交流はAC〔DC×〕と表される。

(3) 交流〔直流×〕は、変圧器によって容易に電圧を変えることができる。

(4) 電力として工場の動力用に配電される交流は、東日本は50Hz、西日本は60Hzがある〔地域によらず、60Hzの周波数で供給されている×〕。

(5) 交流用の電圧計や電流計の計測値は、電圧や電流の実効値〔最大値×〕を示している。

【問22】(2) が不適切。⇒3章1節_3．抵抗（P.115～）参照

(2) 導体でできた円形断面の電線の場合、断面の直径が同じまま長さが2倍になると抵抗の値は2倍になり、長さが同じまま断面の直径が2倍になると抵抗の値は4分の1〔2分の1×〕になる。

【問23】(5) が不適切。⇒3章2節_1．交流電動機（P.119～）参照

(5) 三相誘導電動機の同期速度は、周波数を一定とすれば、極数が少ないほど速く〔遅く×〕なる。

【問24】(2) が適切。⇒
3章3節_2．制御器（コントローラー）とその制御（P.122～）参照

(1) ユニバーサル制御器は、1本の操作ハンドルを前後左右や斜めに操作することにより、2個〔3個×〕の制御器を同時に又は単独で操作できる構造にしたものである。

(3) 無線操作用の制御器には、押しボタン式とハンドル操作式があり、誤操作を防止するため、1回の操作を複数〔複数の操作を1回×〕のスイッチ操作で行うことができるように工夫されている。

(4) エンコーダー型制御器は、ハンドル位置を連続的に検出し、電動機の主回路を直接開閉する関節〔直接×〕制御器である。

(5) ドラム形直接制御器は、ハンドルで回される円弧状のセグメント〔フィンガー×〕とそれに接する固定フィンガー〔セグメント×〕により電磁接触器の操作回路を開閉する制御器である。

【問 25】(4) が適切。⇒3章4節 _ 給電装置 (P.127 ～) 参照

(1) トロリ線給電には、トロリ線の取付け方法により、イヤー式、すくい上げ式、トロリダクト式、絶縁線方式〔カーテン式とケーブルキャリア式×〕がある。

(2) 旋回体、ケーブル巻取式などの回転部分への給電には、スリップリング給電〔トロリバー×〕が用いられる。

(3) キャブタイヤケーブル給電は、充電部が露出している部分が全くない〔多い×〕ので、感電の危険性が低い〔高い×〕。

(5) 爆発性のガスや粉じんが発生するおそれのある場所では、キャブタイヤケーブル〔トロリダクト×〕を用いた防爆構造の給電方式が採用される。

【問 26】(5) が不適切。

⇒3章3節 _ 2. 制御器 (コントローラー) とその制御 (P.122 ～) 参照

(5) 半間接制御は、巻線形三相誘導電動機の一次側を電磁接触器で間接制御〔直接制御器で直接制御×〕し、二次側を直接制御器で直接制御〔電磁接触器で間接制御×〕する方式である。

【問 27】(3) が不適切。

⇒3章5節 _ 2. 巻線形三相誘導電動機の速度制御 (P.131 ～) 参照

(3) 巻線形三相誘導電動機の二次抵抗制御は、回転子〔固定子×〕の巻線に接続した抵抗器の抵抗値を変化させて速度制御するもので、始動時に緩始動ができる。

【問 28】(4) が不適切。⇒3章6節 _ 7. 電気装置の故障 (P.144 ～) 参照

(4) 三相誘導電動機がうなるが起動しない場合の原因の一つとして、一次側電源回路が断線し、単相運転状態となっている〔の三相の配線のうち2線が断線している×〕ことが挙げられる。

【問29】(3) が適切。⇒3章6節_1．絶縁（P.137～）参照

	導体	絶縁体
(1)	銅	塩水 ⇒ 導体
(2)	空気 ⇒ 絶縁体	ガラス
(3)	鋼	大理石
(4)	ステンレス	黒鉛 ⇒ 導体
(5)	雲母 ⇒ 絶縁体	磁器

【問30】(1) が適切。⇒3章6節_4．接地（P.139～）、3章6節_5．感電（P.140～）参照

D　天井クレーンは、鋼製の走行車輪を経て走行レールに接触しているため、走行レールが接地されている場合は、クレーンガーダ上で走行トロリ線の充電部分に身体が接触している場合、感電の危険がある〔も、感電の危険はない×〕。

E　感電による危険を電流と時間の積によって評価する場合、一般に、50〔500×〕ミリアンペア秒が安全限界とされている。

〔クレーンの運転のために必要な力学に関する知識〕

【問31】(1) が適切。⇒4章2節_力に関する事項（P.147～）参照

(2) 一直線上に作用する二つの力の合力の大きさは、力の方向が同じ場合は和により、反対の場合は差によってそれぞれ示される〔その二つの力の大きさを乗じて求められる×〕。

(3) 力の大きさと向きが変わらなくても、力の作用点が変われば〔なければ、力の作用点が変わっても×〕物体に与える効果は変わる〔変わらない×〕。

(4) 力の大きさをF、回転軸の中心から力の作用線に下ろした垂線の長さをLとすれば、力のモーメントMは、M＝F×L〔M＝F／L×〕で求められる。

(5) 小さな物体の一点に大きさが異なり向きが一直線上にない二つの力が作用して物体が動くとき、その物体は合力〔大きい力×〕の方向に動く。

【問 32】(4) 735N ⇒ 4章2節 _ 7. 力のつり合い（P.151 ～）参照

- 天秤棒の支点を中心とした力のつり合いを考える
- つり合いの条件
  左回りのモーメント M_1
  ＝右回りのモーメント M_2
  W × 1 m ＝ 30kg × 1.5m
  W ＝ 45kg

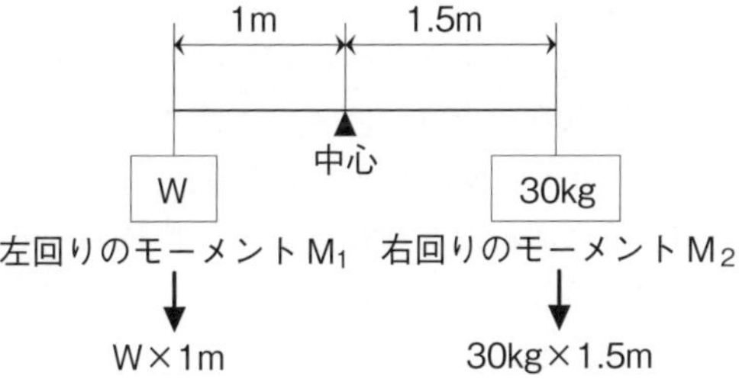

- 天秤を支える力F（下向きの重量の合計）
  F ＝（45 ＋ 30）kg × 9.8m/s^2 ＝ 735N

【問 33】(5) が不適切。⇒ 4章3節 _ 3. 体積（P.157 ～）参照

(5) 直方体の体積は「縦×横×高さ」で求める。

【問 34】(4) が不適切。⇒ 4章4節 _ 重心及び安定（P.158 ～）参照

B　重心の位置が物体の外部にある物体であっても、置き方を変えても重心が物体の内部に移動することはない〔置き方を変えると重心の位置が物体の内部に移動する場合がある×〕。

C　複雑な形状の物体の重心は、常に一つの点〔二つ以上の点になる場合があるが、重心の数が多いほどその物体の安定性は良くなる×〕。

E　水平面上に置いた直方体の物体を傾けた場合、重心からの鉛直線がその物体の底面を通るときは、その物体は元の位置に戻る〔戻らないで倒れる×〕。

【問 35】(3) が不適切。⇒ 4章5節 _ 1. 運動（P.162 ～）参照

(3) $\text{加速度} = \dfrac{40\text{m/s} - 10\text{m/s}}{2\text{ s}} = \dfrac{30\text{m/s}}{2\text{ s}} = 15\text{m/s}^2$

【問 36】(3) 250kg ⇒ 4章5節 _ 2. 摩擦力（P.166 ～）参照

- $\text{垂直力 Fw} = \dfrac{\text{最大静止摩擦力 Fmax}}{\text{静止摩擦係数}\ \mu} = \dfrac{490\text{N}}{0.2} = 2{,}450\text{N}$
- 単位を kg に変換：2,450N ÷ 9.8m/s^2 ＝ 250kg

【問 37】(5) が適切。⇒4章6節 _ 1．荷重（P.169 ～）参照

(1) 荷を巻き下げているときに急制動すると、玉掛け用ワイヤロープには、衝撃荷重〔圧縮荷重とせん断荷重×〕ががかかる。

(2) 片振り荷重は、向き〔大きさ×〕は同じであるが、大きさ〔向き×〕が時間とともに変わる荷重である。

(3) 荷重が繰返し作用すると、比較的小さな荷重であっても機械や構造物が破壊することがあるが、このような現象を引き起こす荷重を繰返し荷重〔静荷重×〕という。

(4) クレーンのフックには、主に曲げ荷重及び引張荷重〔圧縮荷重×〕がかかる。

【問 38】(2) A＜C＜B ⇒4章7節 _ 1．張力係数（P.175 ～）参照

- ワイヤロープ１本にかかる張力＝$\dfrac{\text{つり荷の質量}}{\text{つり本数}}\times 9.8\text{m/s}^2\times$張力係数
- 張力係数 ⇒ 60°＝1.16、90°＝1.41、120°＝2.0

$$A=\frac{3\,\text{t}}{2\ (\text{本})}\times 9.8\text{m/s}^2\times 1.16=17.052\text{kN}$$

$$B=\frac{4\,\text{t}}{2\ (\text{本})}\times 9.8\text{m/s}^2\times 1.41=27.636\text{kN}$$

$$C=\frac{2\,\text{t}}{2\ (\text{本})}\times 9.8\text{m/s}^2\times 2.0=19.6\text{kN}$$

＝**A（17.052）＞C（19.6）＞B（27.636）**

【問 39】(3) 3 N/mm² が最も近い。⇒4章6節 _ 2．応力（P.172 ～）参照

- 丸棒の面積：$1\text{ cm}\times 1\text{ cm}\times 3.14=3.14\text{cm}^2=314\text{mm}^2$
- 加重：$100\text{kg}\times 9.8\text{m/s}^2=980\text{N}$
- 応力＝$\dfrac{\text{部材に作用する荷重}}{\text{部材の断面積}}=\dfrac{980\text{N}}{314\text{mm}^2}=3.12\cdots\fallingdotseq 3\text{ N/mm}^2$

【問 40】**（1）が誤り。⇒4章8節 _ 3．組合せ滑車（P.179 〜）参照**

- 力 F は、次の公式により求めることができる。

$$F = \frac{\text{質量（W）} \times 9.8\text{m/s}^2}{\text{動滑車の数} \times 2\ \text{（荷をつっているロープの数）}}$$

- 従って、設問の図における動滑車の数（荷をつっているロープの数）を当てはめる。

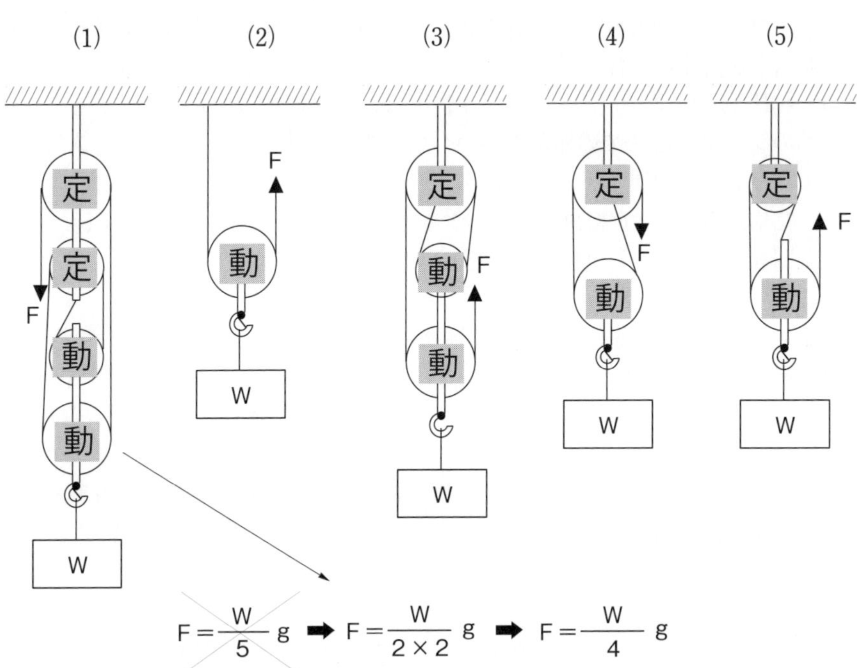

第2回目　令和5年10月公表問題

〔クレーンに関する知識〕

【問 1】クレーンに関する用語の記述として、適切でないものは次のうちどれか。

(1) つり上げ荷重とは、クレーンの構造及び材料に応じて負荷させることができる最大の荷重をいい、フックなどのつり具分が含まれる。

(2) 天井クレーンのスパンとは、クレーンが走行するレールの中心間の水平距離をいう。

(3) ジブの傾斜角を変える運動を起伏といい、橋形クレーンのカンチレバーの傾斜角を変える場合も起伏という。

(4) 起伏するジブクレーンの作業半径とは、ジブの取付けピン中心からジブ先端のシーブ中心までの距離をいい、引込みクレーンでは、水平引込み機構により、ジブを起伏させると作業半径が変化する。

(5) 定格速度とは、定格荷重に相当する荷重の荷をつって、巻上げ、走行、横行、旋回などの作動を行う場合の、それぞれの最高の速度をいう。

【問 2】クレーンの構造部分に関する記述として、適切でないものは次のうちどれか。

(1) ジブクレーンのジブは、自重をできるだけ軽くするとともに、剛性を持たせる必要があるため、パイプトラス構造やボックス構造のものが用いられる。

(2) サドルは、主として天井クレーンにおいて、クレーンガーダを支え、クレーン全体を走行させる車輪を備えた構造物で、その構造は鋼板や溝形鋼を接合したボックス構造である。

(3) Ｉビームガーダは、Ｉ形鋼を用いたクレーンガーダで、補桁を設けないこともある。

(4) 橋形クレーンの脚部の構造は、ボックス構造やパイプ構造が多い。

(5) プレートガーダは、細長い部材を三角形に組んだ骨組構造で、強度が大きい。

【問 3】次のワイヤロープＡからＤについて、「ラングＳよりワイヤロープ」及び「普通Ｚよりワイヤロープ」の組合せとして、正しいものは(1)～(5)のうちどれか。

	ラングＳより	普通Ｚより
(1)	A	B
(2)	A	C
(3)	B	C
(4)	B	D
(5)	C	D

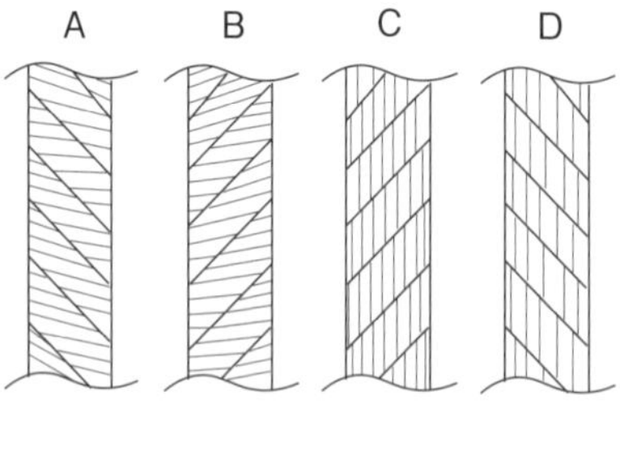

A　B　C　D

【問 4】クレーンの運動とそれに対する安全装置などの組合せとして、適切でないものは（1）～（5）のうちどれか。

（1）走行………… 走行車輪直径の２分の１以上の高さの車輪止め

（2）横行………… 横行車輪直径の４分の１以上の高さの車輪止め

（3）起伏………… 傾斜角指示装置

（4）巻上げ……… ねじ形リミットスイッチを用いた巻過防止装置

（5）巻下げ……… 重錘（すい）形リミットスイッチを用いた巻過防止装置

【問 5】クレーンの機械要素に関する記述として、適切でないものは次のうちどれか。

（1）全面機械仕上げしたフランジ形固定軸継手は、バランスが良いため、回転が速い軸の連結に用いられる。

（2）割形軸継手は、二つの軸の心が一直線上にない場合は使用できない。

（3）フランジ形たわみ軸継手は、二つの軸端に取り付けたフランジをゴムブシュが付いた継手ボルトでつなぎ合わせた構造で、ゴムのたわみ性を利用して、起動及び停止時の衝撃や荷重変化による二軸のわずかなずれや傾きの影響を緩和し、軸の折損や軸受の発熱を防ぐために用いられる。

（4）リーマボルトは、ボルト径が穴径よりわずかに小さく、取付け精度は良いが、横方向にせん断力を受けるため、構造部材の継手に用いることはできない。

（5）歯車形軸継手は、外筒の内歯車と内筒の外歯車がかみ合う構造で、外歯車にはクラウニングが施してあるため、二つの軸のずれや傾きがあっても円滑に動力を伝えることができる。

【問 6】クレーンのブレーキに関する記述として、適切でないものは次のうちどれか。

（1）つり上げ装置のブレーキの制動トルクの値は、定格荷重に相当する荷重の荷をつった場合における当該装置のトルクの値の 150％以上に調整する。

（2）電動油圧押上機ブレーキは、油圧により押上げ力を得て制動を行い、ばねの復元力によって制動力を解除する。

（3）ドラム形電磁ブレーキは、電磁石、リンク機構及びばねにより構成されており、電磁石の励磁を交流で行うものを交流電磁ブレーキ、直流で行うものを直流電磁ブレーキという。

（4）バンドブレーキには、緩めたときにバンドが平均して緩むように、バンドの外周にすき間を調整するボルトが配置されている。

（5）足踏み油圧式ディスクブレーキは、油圧シリンダ、ブレーキピストン及びこれらをつなぐ配管などに油漏れや空気の混入があると、制動力が生じなくなることがある。

【問7】クレーンの給油及び点検に関する記述として、適切でないものは次のうちどれか。

(1) グリースカップ式の給油方法は、グリースカップから一定の圧力で自動的にグリースが圧送されるので、給油の手間がかからない。
(2) 油浴式給油方式の減速機箱の油が白く濁っている場合は、水分が多く混入しているおそれがある。
(3) ワイヤロープは、シーブ通過により繰り返し曲げを受ける部分、ロープ端部の取付け部分などに重点を置いて点検する。
(4) 給油装置は、配管の穴あき、詰まりなどにより給油されないことがあるので、給油部分から古い油が押し出されている状態などにより、新油が給油されていることを確認する。
(5) 軸受へのグリースの給油は、平軸受（滑り軸受）では毎日１回程度、転がり軸受では６か月に１回程度の間隔で行う。

【問8】クレーンの種類、型式及び用途に関する記述として、適切でないものは次のうちどれか。

(1) コンテナクレーンは、埠(ふ)頭においてコンテナをスプレッダでつり上げて、陸揚げ及び積込みを行うクレーンである。
(2) 橋形クレーンは、クレーンガーダに脚部を設けたクレーンで、一般に、地上又は床上に設けたレール上を移動する。
(3) 塔形ジブクレーンは、高い塔状の構造物の上に起伏するジブを設けたクレーンで、巻上げ、起伏及び旋回の運動を行うが、造船所で艤(ぎ)装に使用されるものなどには走行を行うものもある。
(4) ケーブルクレーンは、二つの塔の間に張り渡したメインロープ上をトロリが移動するクレーンである。
(5) レードルクレーンは、主に造船所で使用される特殊な構造のクレーンで、ダブルリンク式水平引込み機構により、荷の水平引込みができる。

【問 9】クレーンのトロリ及び作動装置に関する記述として、適切でないものは次のうちどれか。

(1) 巻上装置に主巻と補巻を設ける場合、一般に、主巻の巻上げ速度は、補巻より遅い。

(2) ワイヤロープ式のホイストには、トップランニング式と呼ばれるダブルレール形ホイストとサスペンション式と呼ばれる普通形ホイストがある。

(3) クラブとは、トロリフレーム上に巻上装置と走行装置を備え、２本のレール上を自走するトロリをいう。

(4) 天井クレーンの走行装置の電動機は、１電動機式ではクレーンガーダのほぼ中央に取り付けられている。

(5) ジブクレーンの起伏装置には、ジブが安全･確実に停止及び保持されるよう、電動機軸又はドラム外周に制動用又は保持用のブレーキが取り付けられている。

【問 10】クレーンの運転時の取扱い方法及び注意事項に関する記述として、適切でないものは次のうちどれか。

(1) 停止時の荷振れを防止するために行う追いノッチは、移動を続けるつり荷が目標位置の少し手前まで来たときに移動の操作を一旦停止し、慣性で移動を続けるつり荷が振り切れた後、ホイストの真下に戻ってきたときに再び移動のスイッチを入れ、その直後に移動のスイッチを切り、つり荷を停止させる手順で行う。

(2) 巻下げ過ぎ防止装置のないクレーンのフックを巻き下げ続けると、逆巻きになるおそれがある。

(3) 床上操作式クレーンでつり荷を移動させるときは、運転者はつり荷の後方又は横の位置から、つり荷について歩くようにする。

(4) 無線操作方式のクレーンで、運転者自身が玉掛け作業を行うときは、制御器の操作スイッチなどへの接触による誤動作を防止するため、制御器の電源スイッチを切っておく。

(5) インバーター制御のクレーンは、低速から高速まで無段階に精度の高い速度制御ができるので、インチング動作をせずに微速運転で位置を合わせることができる。

〔関係法令〕

【問 11】建設物の内部に設置する走行クレーン（以下、本問において「クレーン」という。）に関する記述として、法令上、違反とならないものは次のうちどれか。

(1) クレーンガーダに歩道を有しないクレーンの集電装置の部分を除いた最高部と、当該クレーンの上方にある建設物のはりとの間隔を 0.3 m としている。

(2) クレーンガーダの歩道と当該歩道の上方にある建設物のはりとの間隔が 1.7 m であるため、当該歩道上に当該歩道からの高さが 1.4 m の天がいを設けている。

(3) クレーンの運転室の端から労働者が墜落するおそれがあるため、当該運転室の端と運転室に通ずる歩道の端との間隔を 0.4 m としている。

(4) クレーンと建設物との間の歩道の幅を、柱に接する部分は 0.3 m とし、それ以外の部分は 0.4 m としている。

(5) クレーンガーダの歩道と当該歩道の上方にある建設物のはりとの間隔を 2.5 m とし、当該クレーンの集電装置の部分を除いた最高部と、当該クレーンの上方にある建設物のはりとの間隔を 0.3 m としている。

【問 12】クレーンの運転及び玉掛けの業務に関する記述として、法令上、正しいものは次のうちどれか。

(1) 床上操作式クレーン運転技能講習の修了で、つり上げ荷重 8 t の床上運転式クレーンである天井クレーンの運転の業務に就くことができる。

(2) 床上運転式クレーンに限定したクレーン・デリック運転士免許では、つり上げ荷重 6 t の無線操作方式の橋形クレーンの運転の業務に就くことができない。

(3) クレーンに限定したクレーン・デリック運転士免許では、つり上げ荷重 30 t のアンローダの運転の業務に就くことができない。

(4) クレーンの運転の業務に係る特別の教育の受講では、つり上げ荷重 4 t の機上で運転する方式の天井クレーンの運転の業務に就くことができない。

(5) 玉掛けの業務に係る特別の教育の受講で、つり上げ荷重 2 t のポスト形ジブクレーンで行う 0.9 t の荷の玉掛けの業務に就くことができる。

【問 13】次のうち、法令上、クレーンの玉掛用具として使用禁止とされていないものはどれか。

(1) ワイヤロープ1よりの間において素線（フィラ線を除く。以下同じ。）の数の11％の素線が切断したワイヤロープ

(2) 直径の減少が公称径の８％のワイヤロープ

(3) リンクの断面の直径の減少が、製造されたときの当該直径の９％のつりチェーン

(4) 伸びが製造されたときの長さの６％のつりチェーン

(5) 使用する際の安全係数が４となるフック

【問 14】クレーンに係る作業を行う場合における、つり上げられている荷又はつり具の下への労働者の立入りに関する記述として、法令上、違反とならないものは次のうちどれか。

(1) 陰圧により吸着させるつり具を用いて玉掛けをした荷がつり上げられているとき、つり上げられている荷の下へ労働者を立ち入らせた。

(2) つりクランプ１個を用いて玉掛けをした荷がつり上げられているとき、つり上げられている荷の下へ労働者を立ち入らせた。

(3) ハッカー２個を用いて玉掛けをした荷がつり上げられているとき、つり上げられている荷の下へ労働者を立ち入らせた。

(4) 動力下降の方法によってつり具を下降させるとき、つり具の下へ労働者を立ち入らせた。

(5) つりチェーンを用いて、荷に設けられた穴又はアイボルトを通さず、１箇所に玉掛けをした荷がつり上げられているとき、つり上げられている荷の下へ労働者を立ち入らせた。

【問 15】クレーンの組立て時、点検時又は悪天候時の措置に関する次のAからEの記述について、法令上、違反となるもののみを全て挙げた組合せは (1) ～ (5) のうちどれか。

A　運転中の天井クレーンのクレーンガーダの上で当該天井クレーンの点検作業を行う必要が生じたが、当該作業中は、天井クレーンが設置されている建屋内への関係労働者以外の労働者の立入りを禁止したため、特に危険防止措置を講ずることなく作業を実施した。

B　同一のランウェイに並置されている走行クレーンの点検作業を行う必要が生じたため、当該作業中の危険防止措置として、監視人をおき、ランウェイの上にストッパーを設置した上で作業を行った。

C　クレーンの組立て作業中に大雨となり、作業の実施について危険が予想されることとなったので、監視人をおき、当該作業を行う区域への関係労働者以外の労働者の立入りを監視させた上で作業を行った。

D　屋外に設置されているジブクレーンを用いて作業中に強風となり、作業の実施について危険が予想されることとなったので、監視人をおき、ジブの損壊により労働者に危険が及ぶ範囲への労働者の立入りを監視させた上で作業を行った。

E　瞬間風速が毎秒 30 m をこえる風が吹いた後に屋外に設置されているクレーンに係る作業を行う必要が生じたので、あらかじめ、クレーンの各部分の異常の有無についての点検を行った後、当該作業を開始した。

(1)　A，B，C
(2)　A，C，D
(3)　B，C
(4)　B，D
(5)　C，D，E

【問16】つり上げ荷重10 tの転倒するおそれのあるジブクレーン（以下、本問において「クレーン」という。）の検査に関する記述として、法令上、誤っているものは次のうちどれか。

(1) 性能検査においては、クレーンの各部分の構造及び機能について点検を行うほか、荷重試験及び安定度試験を行うものとする。

(2) クレーンのジブに変更を加えた者は、所轄労働基準監督署長が検査の必要がないと認めたものを除き、変更検査を受けなければならない。

(3) 所轄労働基準監督署長は、変更検査のために必要があると認めるときは、当該検査に係るクレーンについて、当該検査を受ける者に塗装の一部をはがすことを命ずることができる。

(4) クレーン検査証の有効期間をこえて使用を休止したクレーンを再び使用しようとする者は、使用再開検査を受けなければならない。

(5) 使用再開検査を受ける者は、当該検査に立ち会わなければならない。

【問17】クレーン・デリック運転士免許及び免許証に関する記述として、法令上、誤っているものは次のうちどれか。

(1) 免許に係る業務に現に就いている者は、氏名を変更したときは、免許証の書替えを受けなければならない。

(2) 免許証の書替えを受けようとする者は、免許証書替申請書を免許証の交付を受けた都道府県労働局長又はその者の住所を管轄する都道府県労働局長に提出しなければならない。

(3) 重大な過失により、免許に係る業務について重大な事故を発生させたときは、免許の取消し又は効力の一時停止の処分を受けることがある。

(4) 免許の取消しの処分を受けた者は、処分を受けた日から起算して30日以内に、免許の取消しをした都道府県労働局長に免許証を返還しなければならない。

(5) 労働安全衛生法違反により免許を取り消され、その取消しの日から起算して1年を経過しない者は、免許を受けることができない。

【問18】クレーンに係る許可、設置、検査及び検査証に関する記述として、法令上、誤っているものは次のうちどれか。

ただし、計画の届出に係る免除認定を受けていない場合とする。

(1) つり上げ荷重4.9 tのジブクレーンを製造しようとする者は、原則として、あらかじめ、所轄都道府県労働局長の製造許可を受けなければならない。

(2) つり上げ荷重3.9 tの天井クレーンを設置しようとする事業者は、当該工事の開始の日の30日前までに、クレーン設置届を所轄労働基準監督署長に提出しなければならない。

(3) つり上げ荷重0.9 tのスタッカー式クレーンを設置した事業者は、設置後10日以内に、クレーン設置報告書を所轄労働基準監督署長に提出しなければならない。

(4) つり上げ荷重3.5 tの橋形クレーンを設置した者は、所轄労働基準監督署長が検査の必要がないと認めたクレーンを除き、落成検査を受けなければならない。

(5) クレーン検査証を受けたクレーンを設置している者に異動があったときは、クレーンを設置している者は、当該異動後10日以内に、クレーン検査証書替申請書にクレーン検査証を添えて、所轄労働基準監督署長に提出し、書替えを受けなければならない。

【問19】次の文章はクレーンの巻過ぎの防止に係る法令条文であるが、この文中の□内に入れるA及びBの数値の組合せが、当該法令条文の内容と一致するものは(1)～(5)のうちどれか。

「事業者は、クレーンの巻過防止装置については、フック、グラブバケット等のつり具の上面又は当該つり具の巻上げ用シーブの上面とドラム、シーブ、トロリフレームその他当該上面が接触するおそれのある物(傾斜したジブを除く。)の下面との間隔がⒶm以上(直働式の巻過防止装置にあっては、Ⓑm以上)となるように調整しておかなければならない。」

	A	B
(1)	0.05	0.15
(2)	0.05	0.25
(3)	0.15	0.05
(4)	0.15	0.25
(5)	0.25	0.05

【問 20】クレーンの自主検査及び点検に関する記述として、法令上、正しいものは次のうちどれか。

(1) 1年以内ごとに1回行う定期自主検査においては、つり上げ荷重に相当する荷重の荷をつって行う荷重試験を実施しなければならない。

(2) 1か月をこえる期間使用せず、当該期間中に1か月以内ごとに1回行う定期自主検査を実施しなかったクレーンについては、その使用を再び開始した後 30 日以内に、所定の事項について自主検査を行わなければならない。

(3) 定期自主検査を行ったときは、当該自主検査結果をクレーン検査証に記録しなければならない。

(4) 作業開始前の点検においては、ワイヤロープが通っている箇所の状態について点検を行わなければならない。

(5) 1か月以内ごとに1回行う定期自主検査を実施し、異常を認めたときは、次回の定期自主検査までに補修しなければならない。

〔原動機及び電気に関する知識〕

【問 21】電気に関する記述として、適切でないものは次のうちどれか。

(1) 単相交流を三つ集め、電流及び電圧の大きさ並びに電流の方向が時間の経過に関係なく一定となるものを三相交流という。

(2) 発電所から消費地の変電所までの送電には、電力の損失を少なくするため、特別高圧の交流が使用されている。

(3) 直流は DC、交流は AC と表される。

(4) 交流は、変圧器によって電圧を変えることができる。

(5) 交流は、整流器で直流に変換できるが、得られた直流は完全に平滑ではなく波が多少残るため、脈流と呼ばれる。

【問 22】図のような回路について、A B間の合成抵抗の値に最も近いものは (1) ～ (5) のうちどれか。

(1) 20 Ω
(2) 23 Ω
(3) 26 Ω
(4) 30 Ω
(5) 40 Ω

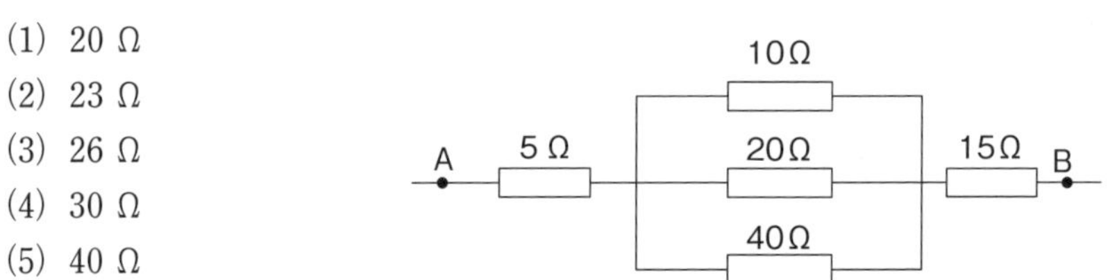

【問 23】クレーンの電動機に関する記述として、適切でないものは次のうちどれか。

(1) かご形三相誘導電動機は、スリップリングやブラシがない極めて簡単な構造である。

(2) 三相誘導電動機の回転子は、固定子の回転磁界により回転するが、負荷がかかると同期速度より 15 ～ 20％遅く回転する性質がある。

(3) 直流電動機では、固定子を界磁と呼ぶ。

(4) 三相誘導電動機の同期速度は、周波数を一定とすれば、極数が少ないほど速くなる。

(5) 巻線形三相誘導電動機は、固定子側、回転子側ともに巻線を用いた構造で、回転子側の巻線はスリップリングを通して外部抵抗と接続するようになっている。

【問 24】クレーンの電動機の付属機器に関する記述として、適切でないものは次のうちどれか。

(1) 制御器は、電動機に正転、停止、逆転及び制御速度の指令を与えるもので、制御の方式により直接制御器と間接制御器に大別され、さらに、両者の混合型である複合制御器がある。

(2) ユニバーサル制御器は、１本の操作ハンドルを前後左右や斜めに操作することにより、２個の制御器を同時に又は単独で操作できる構造にしたものである。

(3) 押しボタンスイッチには、一段目で低速、二段目で高速運転ができるようにした二段押込み式のものがある。

(4) ドラム形制御器は、ハンドルで回される円弧状のフィンガーとそれに接する固定セグメントにより操作回路を開閉する間接制御器である。

(5) 無線操作用の制御器には、切替え開閉器により、機上運転に切り替えることができる機能を持つものがある。

【問 25】クレーンの給電装置に関する記述として、適切でないものは次のうちどれか。

(1) イヤー式のトロリ線給電は、トロリ線の充電部が露出しており、設置する場所によっては感電する危険がある。

(2) 爆発性のガスや粉じんが発生するおそれのある場所では、キャブタイヤケーブルを用いた防爆構造の給電方式が採用される。

(3) パンタグラフのホイール式やシュー式の集電子の材質には、砲金、カーボン、特殊合金などが用いられる。

(4) トロリ線給電のうち絶縁トロリ線方式のものは、一本一本のトロリ線が、すその開いた絶縁物で被覆されており、集電子はその間を摺(しゅう)動して集電する。

(5) 旋回体、ケーブル巻取式などの回転部分への給電には、トロリバーが用いられる。

【問 26】クレーンの電動機の制御に関する記述として、適切でないものは次のうちどれか。

(1) 半間接制御は、巻線形三相誘導電動機の一次側を直接制御器で直接制御し、二次側を電磁接触器で間接制御する方式である。

(2) 間接制御は、電動機の主回路に電磁接触器を挿入し、主回路の開閉を電磁接触器に行わせる方式で、制御器は、主回路を開閉する電磁接触器の電磁コイル回路の開閉を受け持つ。

(3) 容量の大きな電動機を直接制御にすると、制御器のハンドル操作が重くなる。

(4) 間接制御は、直接制御に比べ、制御器は小型・軽量であるが、設備費が高い。

(5) 操作用制御器の第１ノッチとして設けられるコースチングノッチは、ブレーキにのみ通電してブレーキを緩めるようになっているノッチで、停止時の衝撃や荷振れを防ぐために有効である。

【問 27】クレーンの電動機の速度制御方式などに関する記述として、適切でないものは次のうちどれか。

(1) かご形三相誘導電動機の全電圧始動は、電源電圧をそのまま電動機の端子にかけて始動させるものである。

(2) 巻線形三相誘導電動機の渦電流ブレーキ制御は、電気的なブレーキであり機械的な摩擦力を利用しないため、消耗部分がなく、制御性も優れている。

(3) かご形三相誘導電動機のインバーター制御は、インバーター装置により電源の周波数や電圧を変えて電動機に供給し、速度制御を行うものである。

(4) 巻線形三相誘導電動機の二次抵抗制御は、固定子に接続した抵抗器の抵抗値を変えることにより速度制御を行うものである。

(5) 巻線形三相誘導電動機のサイリスター一次電圧制御は、電動機の一次側に加える電圧を変えると、同じ負荷に対して回転数が変わる性質を利用して速度制御を行うものである。

【問 28】電気回路の絶縁、絶縁体、スパークなどに関する記述として、適切なものは次のうちどれか。

(1) ナイフスイッチは、切るときよりも入れるときの方がスパークが大きいので、入れるときはできるだけスイッチに近づかないようにして、側方などから行う。

(2) 絶縁物の絶縁抵抗は、漏えい電流を回路電圧で除したものである。

(3) 絶縁物は、表面がカーボンや銅の粉末などのような導電性の物で汚損されると、漏えい電流が増す。

(4) 黒鉛は、電気の絶縁体（不導体）である。

(5) 電気回路の絶縁抵抗は、アンメーターと呼ばれる絶縁抵抗計を用いて測定する。

【問 29】クレーンの電気機器の故障の原因などに関する記述として、適切でないものは次のうちどれか。

(1) 電動機が全く起動しない場合の原因の一つとして、配線の端子が外れていることが挙げられる。

(2) 過電流継電器が作動する場合の原因の一つとして、電動機の回路が断線していることが挙げられる。

(3) 集電装置の火花が激しい場合の原因の一つとして、集電子が摩耗していることが挙げられる。

(4) 電動機がうなるが起動しない場合の原因の一つとして、負荷が大きすぎることが挙げられる。

(5) 電動機が起動した後、回転数が上がらない場合の原因の一つとして、電源の電圧降下が大きいことが挙げられる。

【問 30】感電及びその防止に関する記述として、適切でないものは次のうちどれか。

(1) 接地とは、電気装置の導電性のフレームやケースなどを導線で大地につなぐことをいう。

(2) 接地抵抗は小さいほど良いので、接地線は十分な太さのものを使用する。

(3) 天井クレーンは、鋼製の走行車輪を経て走行レールに接触しているため、走行レールが接地されている場合は、クレーン上の電気機器も取付けボルトの締め付けが良ければ接地されることになる。

(4) 人体は身体内部の電気抵抗が皮膚の電気抵抗よりも大きいため、電気によるやけどの影響は皮膚深部には及ばないが、皮膚表面は極めて大きな傷害を受ける。

(5) 感電による危険を電流と時間の積によって評価する場合、50 ミリアンペアの電流が１秒間人体を流れると、心室細動を起こすおそれがあるとされている。

次の科目の免除者は、問３１～問４０は解答しないでください。

〔クレーンの運転のために必要な力学に関する知識〕

【問 31】力に関する記述として、適切でないものは次のうちどれか。

(1) 一直線上に作用する互いに同じ方向を向く二つの力の合力の大きさは、その二つの力の大きさを乗じて求められる。

(2) 力の大きさをＦ、回転軸の中心から力の作用線に下ろした垂線の長さをＬとすれば、力のモーメントＭは、Ｍ＝Ｆ×Ｌで求められる。

(3) 物体の一点に二つ以上の力が働いているとき、その二つ以上の力をそれと同じ効果を持つ一つの力にまとめることができる。

(4) 多数の力が一点に作用し、つり合っているとき、これらの力の合力は「０」になる。

(5) 力の三要素とは、力の大きさ、力の向き及び力の作用点をいう。

【問 32】図のような天びん棒で荷Ｗをワイヤロープでつり下げ、つり合うとき、天びん棒を支えるための力Ｆの値は (1) ～ (5) のうちどれか。

ただし、重力の加速度は $9.8m/s^2$ とし、天びん棒及びワイヤロープの質量は考えないものとする。

(1) 98N

(2) 196N

(3) 294N

(4) 392N

(5) 490N

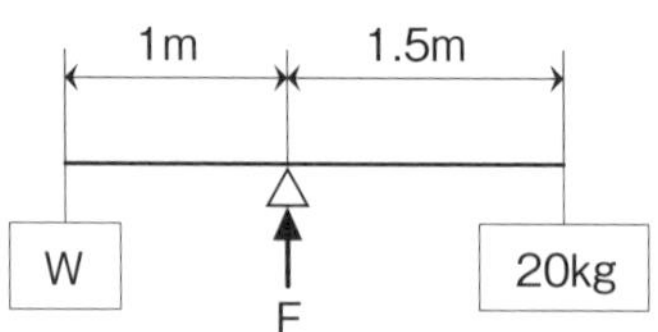

【問 33】物体の質量及び比重に関する記述として、適切でないものは次のうちどれか。

(1) 物体の体積をＶ、その単位体積当たりの質量をｄとすれば、その物体の質量Ｗは、Ｗ＝Ｖ×ｄで求められる。

(2) 物体の質量と、その物体と同じ体積の４℃の純水の質量との比をその物体の比重という。

(3) 形状が立方体で均質な材料でできている物体では、縦、横、高さ３辺の長さがそれぞれ４倍になると質量は 12 倍になる。

(4) 鉛１ m^3 の質量は、約 11.4 ｔである。

(5) 鋼の比重は、銅の比重より小さい。

【問 34】次の文中の□内に入れるAからCの語句の組合せとして、正しいものは (1) ～ (5) のうちどれか。

「水平面に置いてある物体が図に示すように傾いているとき、この物体の各部分に作用するAにより生じている力の合力Wが重心Gに鉛直に作用し、回転の中心△を支点として、物体をBとする方向にCとして働く。」

	A	B	C
(1)	重力	倒そう	モーメント
(2)	重力	元に戻そう	モーメント
(3)	復元力	元に戻そう	モーメント
(4)	復元力	元に戻そう	向心力
(5)	遠心力	倒そう	引張応力

【問 35】ジブクレーンのジブが作業半径 17 m で 2 分間に 1 回転する速度で旋回を続けているとき、このジブの先端の速度の値に最も近いものは (1) ～ (5) のうちどれか。

(1) 0.3m/s
(2) 0.4m/s
(3) 0.9m/s
(4) 1.2m/s
(5) 1.8m/s

【問 36】図のように、水平な床面に置いた質量Wの物体を床面に沿って引っ張り、動き始める直前の力Fの値が 980 N であったとき、Wの値は (1) ～ (5) のうちどれか。

ただし、接触面の静止摩擦係数は 0.5 とし、重力の加速度は $9.8m/s^2$ とする。

(1) 50kg
(2) 100kg
(3) 125kg
(4) 200kg
(5) 250kg

【問 37】荷重に関する記述として、適切でないものは次のうちどれか。

(1) 天井クレーンのクレーンガーダには、主に引張荷重がかかる。

(2) クレーンのシーブを通る巻上げ用ワイヤロープには、引張荷重と曲げ荷重がかかる。

(3) 片振り荷重と衝撃荷重は、動荷重である。

(4) せん断荷重は、材料をはさみで切るように働く荷重である。

(5) クレーンの巻上げドラムには、曲げ荷重とねじり荷重がかかる。

【問 38】図のように、直径１ m、高さ１ mのアルミニウム製の円柱を同じ長さの２本の玉掛け用ワイヤロープを用いてつり角度 90° でつるとき、１本のワイヤロープにかかる張力の値に最も近いものは (1) ～ (5) のうちどれか。

ただし、アルミニウムの１ m^3 当たりの質量は 2.7 t、重力の加速度は 9.8m/s^2 とする。また、荷の左右のつり合いは取れており、左右のワイヤロープの張力は同じとし、ワイヤロープ及び荷のつり金具の質量は考えないものとする。

(1) 7 kN

(2) 11kN

(3) 12kN

(4) 15kN

(5) 20kN

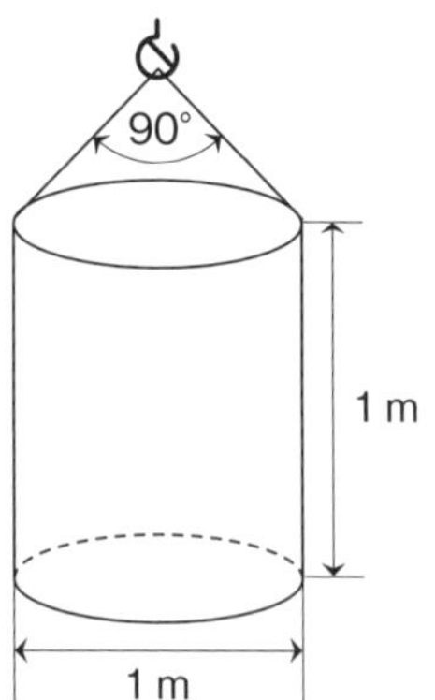

【問 39】クレーンに使用される鉄鋼材料（以下、本問において「材料」という。）の強さ、応力、変形などに関する記述として、適切でないものは次のうちどれか。

(1) 材料に荷重が作用し変形するとき、荷重が作用する前の元の量（原形）に対する変形量の割合をひずみという。

(2) 引張試験において、材料の試験片を材料試験機に取り付けて静かに引張荷重をかけると、加えられた荷重に応じて試験片に変形が生じるが、荷重の大きさが「荷重－伸び線図」における比例限度以内であれば、荷重を取り除くと、試験片は荷重が作用する前の形状に戻る。

(3) 引張試験で、材料が破断するまでにかけられる最大の荷重を、荷重をかける前の材料の断面積で除した値を引張強さという。

(4) 材料に荷重をかけると、材料の内部にはその荷重に抵抗し、つり合いを保とうとする内力が生じる。

(5) 引張応力は、材料に作用する引張荷重を材料の表面積で除して求められる。

【問 40】図のような組合せ滑車を用いて質量 400kg の荷をつるとき、これを支えるために必要な力Fの値は (1) ～ (5) のうちどれか。

ただし、重力の加速度は $9.8 m/s^2$ とし、滑車及びワイヤロープの質量並びに摩擦は考えないものとする。

(1) 392 N
(2) 490 N
(3) 560 N
(4) 653 N
(5) 980 N

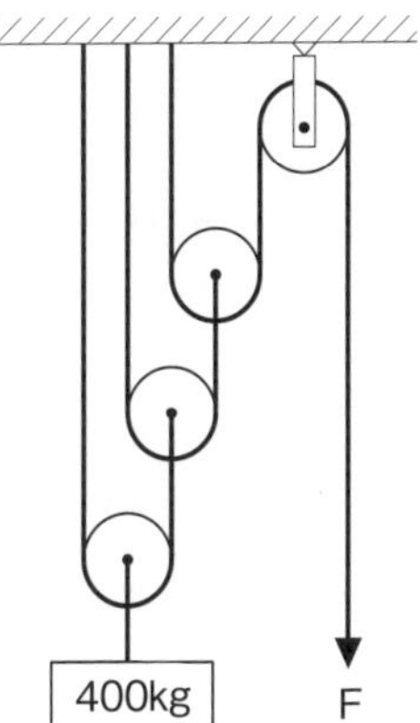

第2回目　令和5年10月公表問題　解答と解説

◆正解一覧

問題	正解	チェック				
〔クレーンに関する知識〕						
問1	(4)					
問2	(5)					
問3	(2)					
問4	(5)					
問5	(4)					
問6	(2)					
問7	(1)					
問8	(5)					
問9	(3)					
問10	(1)					
小計点						

問題	正解	チェック				
〔関係法令〕						
問11	(1)					
問12	(2)					
問13	(3)					
問14	(4)					
問15	(2)					
問16	(1)					
問17	(4)					
問18	(3)					
問19	(5)					
問20	(4)					
小計点						

問題	正解	チェック				
〔原動機及び電気に関する知識〕						
問21	(1)					
問22	(3)					
問23	(2)					
問24	(4)					
問25	(5)					
問26	(1)					
問27	(4)					
問28	(3)					
問29	(2)					
問30	(4)					
小計点						

問題	正解	チェック				
〔クレーンの運転のために必要な力学に関する知識〕						
問31	(1)					
問32	(5)					
問33	(3)					
問34	(2)					
問35	(3)					
問36	(4)					
問37	(1)					
問38	(4)					
問39	(5)					
問40	(2)					
小計点						

合計点		
	1回目	/40
	2回目	/40
	3回目	/40
	4回目	/40
	5回目	/40

◆解説

〔クレーンに関する知識〕

【問１】(4) が不適切。⇒１章２節 _ クレーンに関する用語（P.10 ～）参照

(4) 起伏するジブクレーンの作業半径とは、旋回中心とつり具の中心との水平距離をいう〔ジブの取付けピン中心からジブ先端のシーブ中心までの距離をいい、引込みクレーンでは、水平引込み機構により、ジブを起伏させると作業半径が変化する×〕。

【問２】(5) が不適切。⇒１章５節 _ クレーンの構造部分（P.30 ～）参照

(5) トラス〔プレート×〕ガーダは、細長い部材を三角形に組んだ骨組構造で、強度が大きい。

【問３】(2) が正しい。⇒１章７節 _ ２．ワイヤロープのより方（P.42）参照

【問４】(5) が不適切。⇒１章 10 節 _ クレーンの安全装置等（P.64 ～）参照

(5) 巻上げ〔巻下げ×〕……… 重錘（すい）形リミットスイッチを用いた巻過防止装置

【問５】(4) が不適切。⇒１章９節 _ ３．ボルト（P.52 ～）参照

(4) リーマボルトは、ボルト径が穴径よりわずかに大きく〔小さく×〕取付け精度は良いが、横方向にせん断力を受けるため、大きな力に耐えることができ、構造部材の継手に用いられる〔構造部材の継手に用いることはできない×〕。

【問６】(2) が不適切。⇒１章 11 節 _ クレーンのブレーキ（P.72 ～）参照

(2) 電動油圧押上機ブレーキは、圧による力によってブレーキの制動を開放し、〔油圧により押上げ力を得て制動を行い×〕ばねの復元力によって制動を行う〔ばねの復元力によって制動力を解除する×〕。

【問７】(1) が不適切。⇒１章 12 節 _ ６．クレーンの給油（P.79 ～）、

(1) グリースカップ式の給油方法は、グリースカップの蓋をねじ込みグリースに圧力を掛けて圧送する〔一定の圧力で～×〕ので、給油には手間や時間がかかる〔かからない×〕。

【問８】(5) が不適切。⇒１章４節 _ クレーンの種類及び形式（P.16 ～）参照

(5) レードルクレーンは、製鋼関係の工場で用いられる特殊な構造の天井クレーンのひとつ。設問は、「ジブクレーン、引き込みクレーン」。

【問9】(3) が不適切。⇒1章5節_クレーンの構造部分 (P.30～)、
6節_クレーンの作動装置 (P.37) 参照

(3) クラブとは、トロリフレーム上に巻上装置と横行装置〔走行装置×〕装置を備え、2本のレール上を自走するトロリをいう。

【問10】(1) が不適切。⇒1章12節_クレーンの取扱い (P.75～) 参照

(1) 停止時の荷振れを防止するために行う追いノッチは、移動を続けるつり荷が目標位置の少し手前まで来たときに移動の操作を一旦停止し、慣性で移動を続けるつり荷が振り切れる直前に、ホイストを一瞬動かすことでホイストが移動して振れを抑えられながら停止する〔振り切れた後、ホイストの真下に戻ってきたときに再び移動のスイッチを入れ、その直後に移動のスイッチを切り、つり荷を停止させる手順で行う×〕。

〔関係法令〕

【問11】(1) が違反とならない。
⇒2章1節_7. クレーンと建設物等との間隔 (P.87～) 参照

(1)「クレーンガーダに歩道を有しないもの」においては定めがない。〈安全規則・13条〉

(2) クレーンガーダの歩道と当該歩道の上方にある建設物のはりとの間隔が1.8 m以上〔1.7 m×〕であるため、当該歩道上に当該歩道からの高さが1.5 m以上〔1.4 m×〕の天がいを設けている。

(3) クレーンの運転室の端から労働者が墜落するおそれがあるため、当該運転室の端と運転室に通ずる歩道の端との間隔を0.3 m以下〔0.4 m×〕としている。

(4) クレーンと建設物との間の歩道の幅を、柱に接する部分は0.4 m以上〔0.3 m×〕とし、それ以外の部分は0.6 m以上〔0.4 m×〕としている。

(5) クレーンガーダの歩道と当該歩道の上方にある建設物のはりとの間隔を1.8 m以上〔2.5 m○〕とし、当該クレーンの集電装置の部分を除いた最高部と、当該クレーンの上方にある建設物のはりとの間隔を0.4 m以上〔0.3 m×〕としている。

【問12】(2) が正しい。⇒2章7節_1. クレーン運転士の資格 (P.107～) 参照

(1) 床上運転式クレーンに限定したクレーン・デリック運転士免許では、無線操作方式のクレーンの運転の業務に就くことはできない。

(3) クレーンに限定したクレーン・デリック運転士免許では、つり上げ荷重30 tのアンローダの運転の業務に就くことができる。

(4) クレーンの運転の業務に係る特別の教育を受講することで、つり上げ荷重5 t未満の天井クレーン運転業務に就くことができる。

(5) 玉掛けの業務に係る特別の教育の受講では、つり上げ荷重1 t以上のクレーンで行う玉掛けの業務に就くことはできない。また、荷の質量による制限ではない点に注意。

【問 13】(3) が禁止されていない。⇒2章6節 _ 玉掛用具（P.102 ～）参照

(1) ワイヤロープ1よりの間において素線（フィラ線を除く。以下同じ。）の数の 10%以上〔11%×〕の素線が切断したワイヤロープをクレーンの玉掛用具として使用してはならない。

(2) 直径の減少が公称径の7％をこえる〔8％×〕のワイヤロープをクレーンの玉掛用具として使用してはならない。

(4) 伸びが製造されたときの長さの5％をこえる〔6％×〕のつりチェーンをクレーンの玉掛用具として使用してはならない。

(5) 使用する際の安全係数が5以上〔4×〕となるフックでなければ使用してはならない。

【問 14】(4) が違反とならない。⇒2章2節 _13. 立入禁止（P.93 ～）参照

(1) 陰圧により吸着させるつり具を用いて玉掛けをした荷がつり上げられているとき、つり上げられている荷の下へ労働者を立ち入らせてはならない。

(2) つりクランプ1個を用いて玉掛けをした荷がつり上げられているとき、つり上げられている荷の下へ労働者を立ち入らせてはならない。

(3) 個数を問わず、ハッカーを用いて玉掛けをした荷がつり上げられているときは、つり上げられている荷の下へ労働者を立ち入らせる行為は禁止されている。

(5) つりチェーンを用いて、荷に設けられた穴又はアイボルトを通さず、1箇所に玉掛けをした荷がつり上げられているとき、つり上げられている荷の下へ労働者を立ち入らせてはならない。

【問 15】(2) が違反となる。⇒2章2節 _17. 強風時の作業中止（P.95 ～）、
2節 _20. 組立て等の作業（P.95 ～）参照

A　運転中の天井クレーンのクレーンガーダの上で当該天井クレーンの点検作業を行う必要が生じたが、当該作業中は、天井クレーンが設置されている建屋内への関係労働者以外の労働者の立入りを禁止し、かつ、その旨を見やすい箇所に表示すること。

C　クレーンの組立て作業中に大雨となり、作業の実施について危険が予想されるときは、当該作業に労働者を従事させないこと。

D　屋外に設置されているジブクレーンを用いて作業中に強風となり、作業の実施について危険が予想されるときは、当該作業を中止しなければならない。

【問 16】(1) が誤り。⇒２章４節 _ クレーンの性能検査（P.98 ～）参照

(1) 性能検査においては、クレーンの各部分の構造及び機能について点検を行うほか、荷重試験を行うものとする。性能検査において安定度試験は行わない。

【問 17】(4) が誤り。⇒２章７節 _ ７．免許証の返還（P.110 ～）参照

(4) 免許の取消しの処分を受けた者は、処分を受けた日から遅滞なく〔起算して 30 日以内に×〕、免許の取消しをした都道府県労働局長に免許証を返還しなければならない。

【問 18】(3) が誤り。⇒２章１節 _ ６．設置報告書（P.96 ～）参照

(3) つり上げ荷重 0.9 t のスタッカー式クレーンを設置した事業者は、あらかじめ〔設置後 10 日以内に×〕、クレーン設置報告書を所轄労働基準監督署長に提出しなければならない。

【問 19】(5) が正しい。⇒２章２節 _ ４．巻過ぎの防止（P.89 ～）参照

「事業者は、クレーンの巻過防止装置については、フック、グラブバケット等のつり具の上面又は当該つり具の巻上げ用シーブの上面とドラム、シーブ、トロリフレームその他当該上面が接触するおそれのある物（傾斜したジブを除く。）の下面との間隔が 0.25 m 以上（直働式の巻過防止装置にあっては、0.05 m 以上）となるように調整しておかなければならない。」

【問 20】(4) が正しい。⇒２章３節 _ 定期自主検査等（P.96 ～）参照

(1) １年以内ごとに１回行う定期自主検査においては、定格荷重〔つり上げ荷重×〕に相当する荷重の荷をつって行う荷重試験を実施しなければならない。

(2) １か月をこえる期間使用せず、当該期間中に１か月以内ごとに１回行う定期自主検査を実施しなかったクレーンについては、その使用を再び開始する際に〔した後 30 日以内に×〕所定の事項について自主検査を行わなければならない。

(3) 定期自主検査を行ったときは、当該自主検査結果を〔クレーン検査証に×〕記録しなければならない。

(5) １か月以内ごとに１回行う定期自主検査を実施し、異常を認めたときは、直ちに〔次回の定期自主検査までに×〕補修しなければならない。

〔原動機及び電気に関する知識〕

【問 21】(1) が不適切。⇒３章１節 _ １．電流（P.113 ～）参照

(1) 単相交流を三つ集め、一定間隔にした〔電流及び電圧の大きさ並びに電流の方向が時間の経過に関係なく一定となる×〕ものを三相交流という。

【問 22】(3) 26 Ωが最も近い。⇒3章1節_3．抵抗（P.115～）参照

▪ AB 間の合成抵抗Rの値

$$合成抵抗R = 5\,\Omega + \cfrac{1}{\cfrac{1}{10\,\Omega} + \cfrac{1}{20\,\Omega} + \cfrac{1}{40\,\Omega}} + 15\,\Omega$$

$$5\,\Omega + \cfrac{1}{\cfrac{7}{40\,\Omega}} + 15\,\Omega$$

$$5\,\Omega + \frac{40\,\Omega}{7} + 15\,\Omega$$

$$\fallingdotseq \underline{25.7\,\Omega}$$

【問 23】(2) が不適切。⇒3章2節_1．交流電動機（P.118～）参照

(2) 三相誘導電動機の回転子は、固定子の回転磁界により回転するが、負荷がかかると同期速度より2～5％〔15～20％×〕遅く回転する性質がある。

【問 24】(4) が不適切。

⇒3章3節_2．制御器（コントローラー）とその制御（P.122～）参照

(4) ドラム形制御器は、ハンドルで回される円弧状のセグメント〔フィンガー×〕とそれに接する固定フィンガー〔セグメント×〕により操作回路を開閉する間接制御器である。

【問 25】(5) が不適切。⇒3章4節_給電装置（P.127～）参照

(5) 旋回体、ケーブル巻取式などの回転部分への給電には、スリップリング給電〔トロリバー×〕用いられる。

【問 26】(1) が不適切。⇒3章3節_電動機の付属機器（P.121～）参照

(1) 半間接制御は、巻線形三相誘導電動機の一次側を電磁接触器で間接制御〔直接制御器で直接制御×〕し、二次側を直接制御器で直接制御〔電磁接触器で間接制御×〕する方式である。

【問 27】(4) が不適切。⇒3章5節_電動機の速度制御（P.131～）参照

(4) 巻線形三相誘導電動機の二次抵抗制御は、回転子〔固定子×〕に接続した抵抗器の抵抗値を変えることにより速度制御を行うものである。

【問 28】(3) が適切。⇒3章6節_電気設備の保守（P.137～）参照

(1) ナイフスイッチは、入れるときよりも切るとき〔切るときよりも入れるとき×〕の方がスパークが大きいので、切るとき〔入れるとき×〕はできるだけスイッチに近づかないようにして、側方などから行う。

(2) 絶縁物の絶縁抵抗は、回路電圧を漏えい電流〔漏えい電流を回路電圧×〕で除したものである。

(4) 黒鉛は、電気の導体〔絶縁体（不導体）×〕である。

(5) 電気回路の絶縁抵抗は、メガー〔アンメーター×〕と呼ばれる絶縁抵抗計を用いて測定する。

【問 29】（2）が不適切。⇒３章６節＿７．電気装置の故障（P.144 〜）参照

(2) 過電流継電器が作動する場合の原因の一つとして、電動機の回路が短絡〔断線×〕していることが挙げられる。

【問 30】（4）が不適切。⇒３章６節＿電気設備の保守（P.137 〜）参照

(4) 人体は身体内部の電気抵抗が皮膚の電気抵抗よりも小さい〔大きい×〕ため、電気によるやけどの影響は皮膚深部に及ぶことがある〔は及ばない皮膚表面は極めて大きな傷害を受ける×〕。

次の科目の免除者は、問３１～問４０は解答しないでください。

〔クレーンの運転のために必要な力学に関する知識〕

【問 31】（1）が不適切。⇒４章２節＿４．力の合成（P.148 〜）参照

(1) 一直線上に作用する互いに同じ方向を向く二つの力の合力の大きさは、力の方向が同じ場合は和により、反対の場合は差によってそれぞれ示される〔その二つの力の大きさを乗じて求められる×〕。

【問 32】（5）490N ⇒４章２節＿７．力のつり合い（P.151 〜）参照

- 天秤棒の支点を中心とした力のつり合いを考える
- つり合いの条件
  左回りのモーメント M_1
  ＝右回りのモーメント M_2
  $W \times 1\,m = 20kg \times 1.5m$
  $W = 30kg$
- 天秤を支える力 F（下向きの重量の合計）
  $F = (30 + 20)\ kg \times 9.8m/s^2 = 490N$

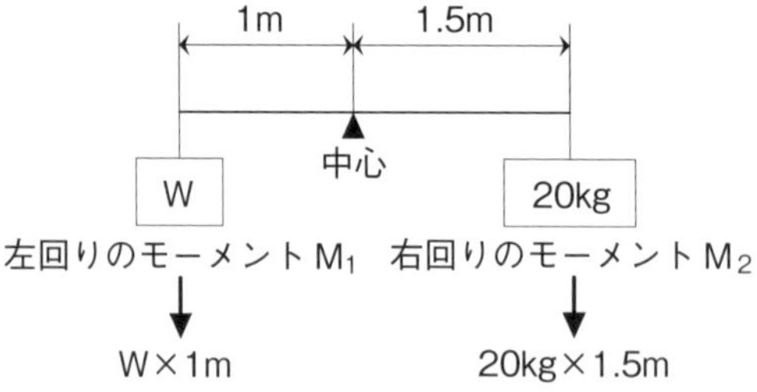

1m
1.5m
中心
W
20kg
左回りのモーメント M_1
右回りのモーメント M_2
W×1m
20kg×1.5m

【問33】(3) が不適切。 ⇒4章3節 _ 1. 質量(P.155 〜)参照

(3) 形状が立方体で均質な材料でできている物体では、縦、横、高さ3辺の長さがそれぞれ4倍になると質量は64倍〔12倍×〕になる。

【問34】(2) が正しい。 ⇒4章4節 _ 2. 物体の安定(P.161 〜)参照

「水平面に置いてある物体が図に示すように傾いているとき、この物体の各部分に作用する重力により生じている力の合力Wが重心Gに鉛直に作用し、回転の中心△を支点として、物体を元に戻そうとする方向にモーメントとして働く。」

【問35】(3) 0.9m/s ⇒4章5節 _ 1. 運動(P.162 〜)参照

- 距離:円の直径× 3.14 = 17m × 2 × 3.14 = 106.76m
- 時間:2分(min)= 2 × 60s = 120s
- 速さ $= \dfrac{\text{距離}}{\text{時間}} = \dfrac{106.76\text{m}}{120\text{s}} = 0.889\cdots \fallingdotseq 0.9 = \underline{0.9\text{m/s}}$

【問36】(4) 200kg ⇒4章5節 _ 2. 摩擦力(P.166 〜)参照

- 垂直力 Fw $= \dfrac{\text{最大静止摩擦力 Fmax}}{\text{静止摩擦係数}\ \mu} = \dfrac{980\text{N}}{0.5} = 1{,}960\text{N}$
- 単位を kg に変換:$1{,}960\text{N} \div 9.8\text{m/s}^2 = \underline{200\text{kg}}$

【問37】(1) が不適切。⇒4章6節 _ 1. 荷重(P.169 〜)参照

(1) 天井クレーンのクレーンガーダには、主に曲げ荷重〔引張荷重×〕がかかる。

【問38】(4) 16kN ⇒4章7節 _ 1. 張力係数(P.175 〜)参照

- 円柱の体積:0.5m(半径)× 0.5m(半径)× 3.14 × 1 m(高さ)$= 0.785\text{m}^3$
- 円柱の質量:2.7t/m^3(アルミニウム)$\times 0.785\text{m}^3$(円柱の体積)= 2.1195t
- ワイヤロープ1本にかかる張力 $= \dfrac{\text{つり荷の質量}}{\text{つり本数}} \times 9.8\text{m/s}^2 \times \text{張力係数}$

$$= \frac{2.1195\text{t}}{2} \times 9.8\text{m/s}^2 \times 1.41$$

$$= 14.643\cdots \fallingdotseq \underline{15\text{kN}}$$

【問39】(5) が不適切。⇒4章6節 _ 2. 応力(P.172 〜)参照

(5) 引張応力は、材料に作用する引張荷重を材料の断面積〔表面積×〕で除して求められる。

【問 40】（2）490N　⇒４章８節＿３．組合せ滑車（P.179 ～）参照

$$F = \frac{質量 m \times 9.8m/s^2}{2^n} N$$

（n ＝動滑車の数）

$$= \frac{400kg \times 9.8m/s^2}{2^3} N$$

$$= \frac{3,920N}{2 \times 2 \times 2} = \underline{490N}$$

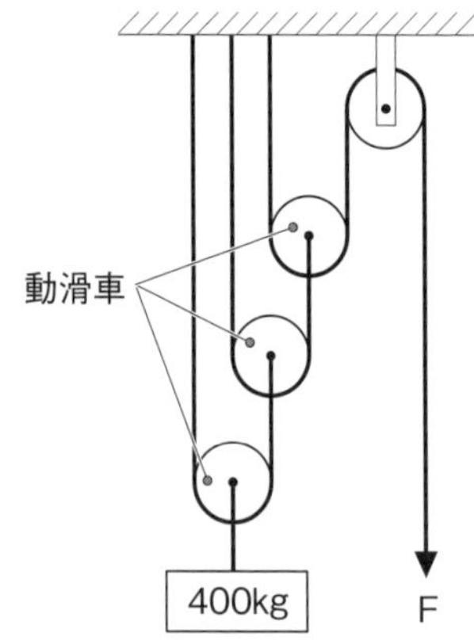

第3回目　令和５年４月公表問題

〔クレーンに関する知識〕

【問１】クレーンに関する用語の記述として、適切でないものは次のうちどれか。

(1) ジブの傾斜角を変える運動を起伏といい、橋形クレーンのカンチレバーを取付部を中心に上下させる場合も起伏という。

(2) 引込みクレーンでジブを起伏させるとき、つり荷がほぼ水平に移動する運動を引込み、押出しという。

(3) ケーブルクレーンで、メインロープに沿ってトロリが移動する運動を走行という。

(4) 天井クレーンのスパンとは、クレーンが走行するレールの中心間の水平距離をいう。

(5) 定格速度とは、定格荷重に相当する荷重の荷をつって、巻上げ、走行、横行、旋回などの作動を行う場合の、それぞれの最高の速度をいう。

【問２】図において、電動機の回転軸に固定された歯車Aが電動機の駆動により毎分1200回転し、これにかみ合う歯車の回転により、歯車Dが毎分75回転しているとき、歯車Cの歯数の値として、正しいものは (1) ～ (5) のうちどれか。

ただし、歯車A、B及びDの歯数は、それぞれ18枚、72枚及び120枚とし、BとCの歯車は同じ軸に固定されているものとする。

(1) 20枚
(2) 23枚
(3) 25枚
(4) 30枚
(5) 36枚

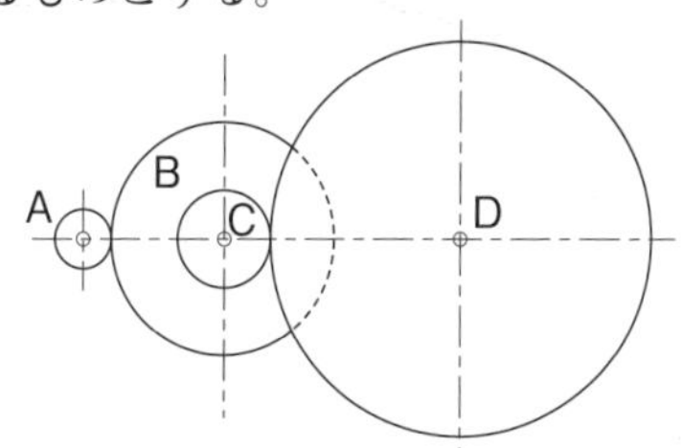

【問３】次のワイヤロープAからDについて、「普通Ｚよりワイヤロープ」及び「ラングＳよりワイヤロープ」の組合せとして、正しいものは (1) ～ (5) のうちどれか。

	普通Ｚより	ラングＳより
(1)	A	B
(2)	A	C
(3)	B	C
(4)	B	D
(5)	C	D

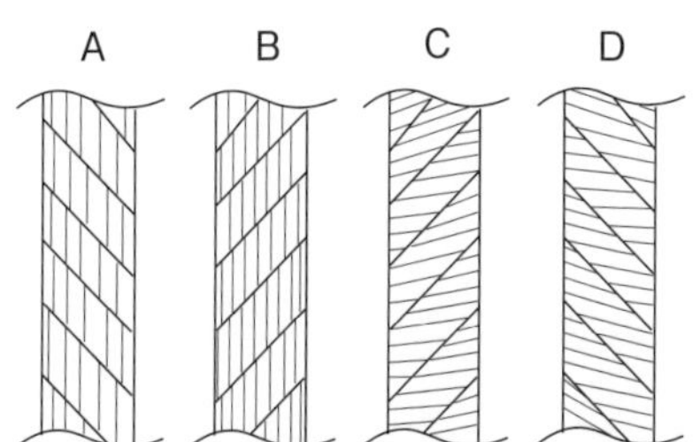

【問4】クレーンの給油及び点検に関する記述として、適切なものは次のうちどれか。

(1) ワイヤロープの点検で直径を測定する場合は、フックブロックのシーブを通過する頻度が高い部分を避け、エコライザシーブの下方1ｍ程度の位置で行う。

(2) 潤滑油としてギヤ油を用いた減速機箱は、箱内が密封されているので、油の交換は不要である。

(3) 軸受へのグリースの給油は、転がり軸受では毎日1回程度、平軸受（滑り軸受）では6か月に1回程度の間隔で行う。

(4) ワイヤロープには、ロープ専用のマシン油を塗布する。

(5) 給油装置は、配管の穴あき、詰まりなどにより給油されないことがあるので、給油部分から古い油が押し出されていることなどの状態により、新油が給油されていることを確認する。

【問5】ボルトの締め付けや緩み止めに用いられる部品名とその図の組合せとして、適切でないものは（1）～（5）のうちどれか。

(1) ダブルナット

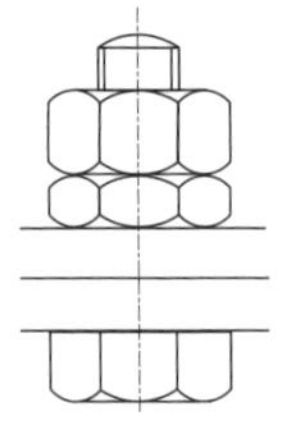

(2) ばね座金

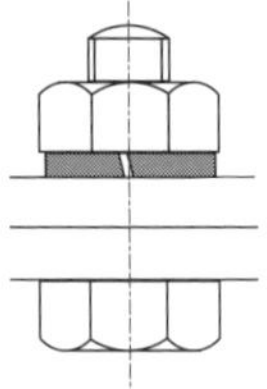

(3) こう配座金

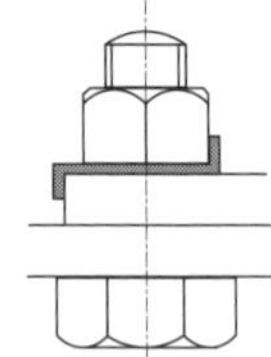

(4) 溝付きナット

(5) ばねナット

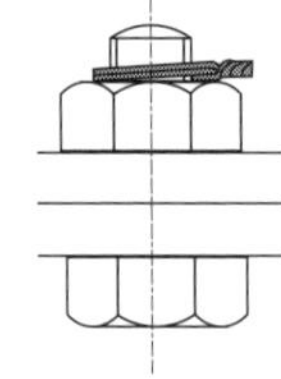

【問6】クレーンの安全装置などに関する記述として、適切でないものは次のうちどれか。

(1) 天井クレーンなどでは、運転室からクレーンガーダへ上がる階段の途中にフートスイッチを設け、点検などの際に階段を上がると主回路が開いて感電災害を防ぐようになっているものがある。

(2) クレーンのフックの外れ止め装置には、スプリング式とウエイト式があるが、小型・中型のクレーンでは、スプリング式のものが多く使われている。

(3) カム形リミットスイッチを用いた巻過防止装置は、巻上げドラムの回転によってカムを回転させリミットスイッチを働かせる方式で、複数の接点を設けることができる。

(4) ねじ形リミットスイッチを用いた巻過防止装置は、巻上げ用ワイヤロープを交換した場合は、フックの位置とトラベラーの作動位置を再調整する必要がある。

(5) 直働式巻過防止装置のうちレバー形リミットスイッチ式のものは、ワイヤロープを交換した後のリミットスイッチの接点の作動位置の再調整は必要ないが、重錘(すい)形リミットスイッチ式のものは再調整が必要である。

【問7】クレーンのブレーキに関する記述として、適切なものは次のうちどれか。

(1) 電動油圧押上機ブレーキは、油圧により押上げ力を得て制動を行い、ばねの復元力によって制動力を解除する。

(2) ディスクブレーキは、ディスクをブレーキ片（パッド）で両側からはさみ付けて制動する構造のものであるが、ディスクが過熱しやすいため、ドラム形ブレーキなどに比べ、装置全体を小型化することができない。

(3) 電磁式バンドブレーキは、ブレーキドラムの周りにバンドを巻き付け、電磁石に電流を通じることにより締め付けて制動する。

(4) 足踏み油圧式ディスクブレーキは、油圧シリンダ、ブレーキピストン及びこれらをつなぐ配管などに油漏れや空気の混入があると、制動力が生じなくなることがある。

(5) つり上げ装置のブレーキの制動トルクの値は、定格荷重に相当する荷重の荷をつった場合における当該装置のトルクの値の120％に調整する。

【問8】クレーンの種類、型式及び用途に関する記述として、適切でないものは次のうちどれか。

(1) 屋外の架構上に設けられたランウェイのレール上を走行するクレーンは、天井クレーンと同じ構造及び形状のものであっても橋形クレーンという。

(2) 引込みクレーンには、水平引込みをさせるための機構により、ダブルリンク式、スイングレバー式、ロープバランス式などがある。

(3) 塔形ジブクレーンは、高い塔状の構造物の上に起伏するジブを設けたクレーンで、巻上げ、起伏、旋回の運動を行うが、造船所で艤装に使用されるものなどには走行の運動を行うものもある。

(4) 壁クレーンは、建屋の壁又は柱に取り付けられたジブクレーンで、固定形でジブが旋回するもの、クレーン全体が走行するものがある。

(5) テルハは、通常、工場、倉庫などの天井に取り付けられたレールであるI形鋼の下フランジに、電気ホイスト又は電動チェーンブロックをつり下げたクレーンで、荷の巻上げ、巻下げとレールに沿った横行のみを行う。

【問9】クレーンの運転時の荷振れの基本的性質について、適切でないものは次のうちどれか。

(1) 走行、横行などの加速又は減速が大きいほど、振れ幅は大きくなる。

(2) 巻上げロープが長いほど、振れ幅は大きくなる。

(3) 巻上げロープが長いほど、振れの周期は長くなる。

(4) つり荷が重いほど、振れの周期は長くなる。

(5) つり荷が重いほど慣性が大きく、動きにくく、止まりにくい。

【問10】クレーンのトロリ及び作動装置に関する記述として、適切なものは次のうちどれか。

(1) クラブとは、台車のフレーム上に巻上装置と走行装置を備え、2本のレール上を自走するトロリをいう。

(2) ジブクレーンなどの旋回装置の旋回方式には、センターポスト方式、旋回環方式などがある。

(3) ワイヤロープ式のホイストには、トップランニング式と呼ばれる普通形ホイストとサスペンション式と呼ばれるダブルレール形ホイストがある。

(4) 天井クレーンの1電動機式走行装置は、片側のサドルに電動機と減速装置を備え、電動機側の走行車輪のみを駆動する。

(5) 巻上装置に主巻と補巻を設ける場合、一般に、補巻の巻上げ速度は、主巻より遅い。

〔関係法令〕

【問 11】建設物の内部に設置する走行クレーン（以下、本問において「クレーン」という。）に関する記述として、法令上、違反となるものは次のうちどれか。

(1) クレーンガーダの歩道と当該歩道の上方にある建設物のはりとの間隔が 1.7 m であるため、当該歩道上に当該歩道からの高さが 1.4 m の天がいを設けている。

(2) クレーンの運転室の端から労働者が墜落するおそれがあるため、当該運転室の端と運転室に通ずる歩道の端との間隔を 0.2 m としている。

(3) クレーンガーダの歩道と当該歩道の上方にある建設物のはりとの間隔を 2.5 m とし、当該クレーンの集電装置の部分を除いた最高部と、当該クレーンの上方にある建設物のはりとの間隔を 0.5 m としている。

(4) クレーンガーダに歩道を有しないクレーンの集電装置の部分を除いた最高部と、当該クレーンの上方にある建設物のはりとの間隔を 0.3 m としている。

(5) クレーンと建設物との間の歩道の幅を、柱に接する部分は 0.5 m とし、それ以外の部分は 0.7 m としている。

【問 12】クレーンの運転及び玉掛けの業務に関する記述として、法令上、正しいものは次のうちどれか。

(1) クレーンの運転の業務に係る特別の教育の受講では、つり上げ荷重４ｔの機上で運転する方式の天井クレーンの運転の業務に就くことができない。

(2) 床上運転式クレーンに限定したクレーン・デリック運転士免許で、つり上げ荷重８ｔの無線操作方式の橋形クレーンの運転の業務に就くことができる。

(3) クレーンに限定したクレーン・デリック運転士免許では、つり上げ荷重７ｔのケーブルクレーンの運転の業務に就くことができない。

(4) 玉掛けの業務に係る特別の教育の受講で、つり上げ荷重２ｔのポスト形ジブクレーンで行う 0.9 ｔの荷の玉掛けの業務に就くことができる。

(5) 床上操作式クレーン運転技能講習の修了では、つり上げ荷重６ｔの床上運転式クレーンである天井クレーンの運転の業務に就くことができない。

【問 13】次のうち、法令上、クレーンの玉掛用具として使用禁止とされていないものはどれか。

(1) ワイヤロープ1よりの間において素線（フィラ線を除く。以下同じ。）の数の 11%の素線が切断したワイヤロープ

(2) 直径の減少が公称径の８%のワイヤロープ

(3) リンクの断面の直径の減少が、製造されたときの当該直径の 12%のつりチェーン

(4) 使用する際の安全係数が５となるワイヤロープ

(5) 伸びが製造されたときの長さの４%のつりチェーン

【問 14】クレーンの組立て時、点検時又は悪天候時の措置に関する記述として、法令上、誤っているものは次のうちどれか。

(1) 同一のランウェイに並置されている走行クレーンの点検の作業を行うときは、監視人をおくこと、ランウェイの上にストッパーを設けること等、労働者の危険を防止するための措置を講じなければならない。

(2) 天井クレーンのクレーンガーダの上で当該天井クレーンの点検の作業を行うときは、原則として、当該天井クレーンの運転を禁止するとともに、当該天井クレーンの操作部分に運転を禁止する旨の表示をしなければならない。

(3) クレーンの組立ての作業を行うときは、作業を指揮する者を選任して、その者の指揮のもとに作業を実施させるとともに、当該組立作業中に組立作業を行う区域へ関係労働者以外の労働者を立ち入らせる場合には、当該関係労働者以外の労働者についても、当該作業を指揮する者にその作業状況を監視させなければならない。

(4) 強風のため、ジブクレーンに係る作業の実施について危険が予想され、当該作業を中止した場合であって、当該ジブクレーンのジブが損壊するおそれがあるときは、当該ジブの位置を固定させる等の措置を講じなければならない。

(5) 屋外に設置されているクレーンを用いて瞬間風速が毎秒 30 m をこえる風が吹いた後に作業を行うときは、あらかじめ、クレーンの各部分の異常の有無について点検を行わなければならない。

【問 15】クレーンに係る作業を行う場合における、つり上げられている荷の下への労働者の立入りに関する記述として、法令上、違反とならないものは次のうちどれか。

(1) 複数の荷が一度につり上げられている場合であって、当該複数の荷が結束され、箱に入れられる等により固定されていないとき、つり上げられている荷の下へ労働者を立ち入らせた。

(2) つりクランプ1個を用いて玉掛けをした荷がつり上げられているとき、つり上げられている荷の下へ労働者を立ち入らせた。

(3) つりチェーンを用いて、荷に設けられた穴又はアイボルトを通さず、1箇所に玉掛けをした荷がつり上げられているとき、つり上げられている荷の下へ労働者を立ち入らせた。

(4) ハッカー2個を用いて玉掛けをした荷がつり上げられているとき、つり上げられている荷の下へ労働者を立ち入らせた。

(5) 繊維ベルトを用いて2箇所に玉掛けをした荷がつり上げられているとき、つり上げられている荷の下へ労働者を立ち入らせた。

【問 16】つり上げ荷重 10 t の天井クレーン（以下、本問において「クレーン」という。）の検査及び届出に関する記述として、法令上、誤っているものは次のうちどれか。ただし、計画の届出に係る免除認定を受けていない場合とする。

(1) 性能検査においては、クレーンの各部分の構造及び機能について点検を行うほか、荷重試験を行うものとする。

(2) 性能検査における荷重試験は、定格荷重に相当する荷重の荷をつって、つり上げ、走行等の作動を定格速度により行うものとする。

(3) クレーンのつり上げ機構を変更しようとする事業者は、当該工事の開始の日の 30 日前までに、クレーン変更届を所轄労働基準監督署長に提出しなければならない。

(4) 使用再開検査を受けようとする者は、クレーン使用再開検査申請書を登録性能検査機関に提出しなければならない。

(5) 使用再開検査における荷重試験は、原則として定格荷重の 1.25 倍に相当する荷重の荷をつって、つり上げ、走行等の作動を行うものとする。

【問 17】クレーン・デリック運転士免許及び免許証に関する次のAからEの記述について、法令上、誤っているもののみを全て挙げた組合せは（1）～（5）のうちどれか。

A　故意により、免許に係る業務について重大な事故を発生させたときは、免許の取消し又は効力の一時停止の処分を受けることがある。

B　免許に係る業務に従事するときは、当該業務に係る免許証を携帯しなければならないが、屋外作業等、作業の性質上、免許証を滅失するおそれのある業務に従事するときは、免許証に代えてその写しを携帯することで差し支えない。

C　免許に係る業務に現に就いている者は、氏名を変更したときは、免許証の書替えを受けなければならないが、変更後の氏名を確認することができる他の技能講習修了証等を携帯するときは、この限りでない。

D　免許証を他人に譲渡又は貸与したときは、免許の取消し又は効力の一時停止の処分を受けることがある。

E　免許に係る業務に現に就いている者は、免許証を滅失したときは、免許証の再交付を受けなければならないが、当該免許証の写し及び事業者による当該免許証の所持を証明する書面を携帯するときは、この限りでない。

（1）A，B，C　　（2）A，D　　（3）B，C，D
（4）B，C，E　　（5）C，D，E

【問 18】クレーンに係る許可、設置、検査及び検査証に関する記述として、法令上、誤っているものは次のうちどれか。ただし、計画の届出に係る免除認定を受けていない場合とする。

（1）つり上げ荷重４ｔのジブクレーンを製造しようとする者は、原則として、あらかじめ、所轄都道府県労働局長の製造許可を受けなければならない。

（2）クレーン検査証の有効期間は、原則として３年であるが、所轄労働基準監督署長は、落成検査の結果により当該期間を３年未満とすることができる。

（3）つり上げ荷重１ｔの橋形クレーンを設置しようとする事業者は、あらかじめ、クレーン設置報告書を所轄労働基準監督署長に提出しなければならない。

（4）つり上げ荷重２ｔのスタッカー式クレーンを設置しようとする事業者は、当該工事の開始の日の 30 日前までに、クレーン設置届を所轄労働基準監督署長に提出しなければならない。

（5）クレーン検査証を受けたクレーンを設置している者に異動があったときは、クレーンを設置している者は、当該異動後 10 日以内に、クレーン検査証書替申請書にクレーン検査証を添えて、所轄労働基準監督署長に提出し、検査証の書替えを受けなければならない。

【問 19】クレーンの自主検査及び点検に関する記述として、法令上、正しいものは次のうちどれか。

(1) 1年以内ごとに1回行う定期自主検査においては、つり上げ荷重に相当する荷重の荷をつって行う荷重試験を実施しなければならない。

(2) 1か月をこえる期間使用せず、当該期間中に1か月以内ごとに1回行う定期自主検査を実施しなかったクレーンについては、その使用を再び開始した後遅滞なく、所定の事項について自主検査を行わなければならない。

(3) 作業開始前の点検においては、ランウェイの上及びトロリが横行するレールの状態について点検を行わなければならない。

(4) 1か月以内ごとに1回行う定期自主検査を実施し、異常を認めたときは、次回の定期自主検査までに補修しなければならない。

(5) 定期自主検査を行ったときは、当該自主検査結果をクレーン検査証に記録しなければならない。

【問 20】クレーンの使用に関する記述として、法令上、誤っているものは次のうちどれか。

(1) クレーンを用いて作業を行うときは、クレーンの運転者及び玉掛けをする者が当該クレーンの定格荷重を常時知ることができるよう、表示その他の措置を講じなければならない。

(2) クレーンの運転者を、荷をつったままで、運転位置から離れさせてはならない。

(3) クレーンの直働式以外の巻過防止装置については、つり具の上面又は当該つり具の巻上げ用シーブの上面とドラムその他当該上面が接触するおそれのある物（傾斜したジブを除く。）の下面との間隔が 0.25 m以上となるように調整しておかなければならない。

(4) 油圧を動力として用いるクレーンの安全弁については、原則として、つり上げ荷重に相当する荷重をかけたときの油圧に相当する圧力以下で作用するように調整しておかなければならない。

(5) 労働者からクレーンの安全装置の機能が失われている旨の申出があったときは、すみやかに、適当な措置を講じなければならない。

〔原動機及び電気に関する知識〕

【問 21】電気に関する記述として、適切なものは次のうちどれか。

(1) 交流用の電圧計や電流計の計測値は、電圧や電流の最大値を示している。

(2) 直流は、変圧器によって容易に電圧を変えることができる。

(3) 電力として配電される交流は、同一地域内であっても家庭用と工場の動力用では周波数が異なる。

(4) 電動機は、電気エネルギーを機械力に変換する装置である。

(5) 単相交流を三つ集め、電流及び電圧の大きさ並びに電流の方向が時間の経過に関係なく一定となるものを三相交流という。

【問 22】電圧、電流、抵抗及び電力に関する記述として、適切でないものは次のうちどれか。

(1) 抵抗を直列につないだときの合成抵抗の値は、個々の抵抗の値のどれよりも大きい。

(2) 導体でできた円形断面の電線の場合、断面の直径が同じまま長さが2倍になると抵抗の値は2倍になり、長さが同じまま断面の直径が2倍になると抵抗の値は4分の1になる。

(3) 抵抗の単位はオーム(Ω)で、1000000 Ωは1 MΩとも表す。

(4) 回路の抵抗が同じ場合、回路に流れる電流が大きいほど回路が消費する電力は大きくなる。

(5) 回路に流れる電流の大きさは、回路の抵抗に比例し、回路にかかる電圧に反比例する。

【問 23】クレーンの電動機に関する記述として、適切でないものは次のうちどれか。

(1) かご形三相誘導電動機は、スリップリングやブラシがない極めて簡単な構造である。

(2) 三相誘導電動機の回転子は、固定子の回転磁界により回転するが、負荷がかかると同期速度より15～20%遅く回転する性質がある。

(3) 直流電動機では、固定子を界磁と呼ぶ。

(4) 三相誘導電動機の同期速度は、周波数を一定とすれば、極数が少ないほど速くなる。

(5) 巻線形三相誘導電動機は、固定子側、回転子側ともに巻線を用いた構造で、回転子側の巻線はスリップリングを通して外部抵抗と接続するようになっている。

【問 24】クレーンの電動機の付属機器に関する記述として、適切でないものは次のうちどれか。

(1) 押しボタン制御器は、直接制御器の一種であり、電動機の正転と逆転のボタンを同時に押せない構造となっている。

(2) ユニバーサル制御器は、一つのハンドルを前後左右や斜めに操作できるようにし、二つの制御器を同時に又は単独で操作できる構造になっている。

(3) ドラム形直接制御器は、ハンドルで回される円弧状のセグメントと固定フィンガーにより主回路を開閉する構造である。

(4) 共用保護盤は、外部から供給された電力を各制御盤へ配電することを主目的とし、各電動機やその回路を保護するための装置をひとまとめにしたものである。

(5) 配線用遮断器は、通常の使用状態の電路の開閉のほか、過負荷、短絡などの際には、自動的に電路の遮断を行う機器である。

【問 25】クレーンの給電装置に関する記述として、適切なものは次のうちどれか。

(1) 爆発性のガスや粉じんが発生するおそれのある場所では、トロリダクトを用いた防爆構造の給電方式が採用される。

(2) すくい上げ式トロリ線給電は、がいしでトロリ線をつり下げ、パンタグラフを用いてトロリ線をすくい上げて集電する方式である。

(3) 旋回体、ケーブル巻取式などの回転部分への給電には、トロリバーが用いられる。

(4) キャブタイヤケーブル給電は、充電部が露出している部分が多いので、感電の危険性が高い。

(5) トロリ線給電のうち絶縁トロリ線方式のものは、一本一本のトロリ線が、すその開いた絶縁物で被覆されており、集電子はその間を摺(しゅう)動して集電する。

【問 26】クレーンの電動機の制御に関する記述として、適切でないものは次のうちどれか。

(1) コースチングノッチは、制御器の第 1 ノッチとして設けられ、ブレーキにのみ通電してブレーキを緩めるようになっているノッチである。

(2) 間接制御は、電動機の主回路に電磁接触器を挿入し、主回路の開閉を電磁接触器に行わせる方式で、制御器は、主回路を開閉する電磁接触器の電磁コイル回路の開閉を受け持つ。

(3) 直接制御は、間接制御に比べ、制御器は小型・軽量であるが、設備費が高い。

(4) 巻線形三相誘導電動機の半間接制御は、電流の多い一次側を電磁接触器で間接制御し、電流の比較的少ない二次側を直接制御器で直接制御する方式である。

(5) ゼロノッチインターロックは、各制御器のハンドルが停止位置になければ、主電磁接触器を投入できないようにしたものである。

【問 27】クレーンの巻線形三相誘導電動機の速度制御方式などに関する記述として、適切でないものは次のうちどれか。

(1) 二次抵抗制御は、回転子の巻線に接続した抵抗器の抵抗値を変化させて速度制御するもので、始動時には二次抵抗を全抵抗挿入状態から順次短絡することにより、緩始動することができる。

(2) 渦電流ブレーキ制御は、電気的なブレーキのためブレーキライニングのような消耗部分がなく、制御性も優れている。

(3) サイリスター一次電圧制御は、電動機の回転数を検出し、指定された速度と比較しながら制御するため、極めて安定した速度が得られる。

(4) 電動油圧押上機ブレーキ制御は、機械的な摩擦力を利用して制御するため、ブレーキライニングの摩耗を伴う。

(5) ダイナミックブレーキ制御は、巻下げの速度制御時に電動機の一次側を交流電源から切り離し、一次側に直流電源を接続して通電し、直流励磁を加えることにより制動力を得るものであるが、つり荷が重い場合には低速での巻下げができない。

【問 28】電気回路の絶縁、絶縁体、スパークなどに関する記述として、適切なものは次のうちどれか。

(1) ナイフスイッチは、切るときよりも入れるときの方がスパークが大きいので、入れるときはできるだけスイッチに近づかないようにして、側方などから行う。

(2) スパークは、回路にかかる電圧が高いほど大きくなり、その熱で接点の損傷や焼付きを発生させることがある。

(3) 絶縁物の絶縁抵抗は、漏えい電流を回路電圧で除したものである。

(4) 雲母は、電気の導体である。

(5) 電気回路の絶縁抵抗は、ボルトメーターと呼ばれる絶縁抵抗計を用いて測定する。

【問 29】電気計器の使用方法に関する記述として、適切でないものは次のうちどれか。

(1) 回路計（テスター）では、測定する回路の電圧や電流の大きさの見当がつかない場合は、最初に測定範囲の最小レンジで測定する。

(2) アナログテスターでは、正確な値を測定するため、あらかじめ調整ねじで指針を「0」に合わせる0点調整を行ってから測定する。

(3) 電流計は、測定する回路に直列に接続して測定し、電圧計は、測定する回路に並列に接続して測定する。

(4) 電流計で大電流を測定する場合は、交流では変流器を、直流では分流器を使用する。

(5) 電圧計で交流高電圧を測定する場合は、計器用変圧器により降圧した電圧を測定する。

【問 30】感電及びその防止に関する記述として、適切なものは次のうちどれか。

(1) 感電による死亡原因としては、心室細動の発生、呼吸停止及び電気火傷があげられる。

(2) 天井クレーンは、鋼製の走行車輪を経て走行レールに接触しているため、走行レールが接地されている場合は、クレーンガーダ上で走行トロリ線の充電部分に身体が接触しても、感電の危険はない。

(3) 接地線には、できるだけ電気抵抗の大きな電線を使った方が丈夫で、安全である。

(4) 感電による危険を電流と時間の積によって評価する場合、一般に500ミリアンペア秒が安全限界とされている。

(5) 人体は身体内部の電気抵抗が皮膚の電気抵抗よりも大きいため、電気火傷の影響は皮膚深部には及ばないが、皮膚表面は極めて大きな傷害を受ける。

次の科目の免除者は、問３１～問４０は解答しないでください。

〔クレーンの運転のために必要な力学に関する知識〕

【問 31】力に関する記述として、適切なものは次のうちどれか。

(1) 一直線上に作用する互いに逆を向く二つの力の合力の大きさは、その二つの力の大きさの差で求められる。

(2) 力の三要素とは、力の大きさ、力のつり合い及び力の作用点をいう。

(3) 力の大きさをＦ、回転軸の中心から力の作用線に下ろした垂線の長さをＬとすれば、力のモーメントＭは、Ｍ＝Ｆ／Ｌで求められる。

(4) 小さな物体の１点に大きさが異なり向きが一直線上にない二つの力が作用して物体が動くとき、その物体は大きい力の方向に動く。

(5) 力の大きさと向きが変わらなければ、力の作用点が変わっても物体に与える効果は変わらない。

【問 32】図のように天井クレーンが質量６ｔの荷をつるとき、Ｂの支点が支える力の値に最も近いものは (1) ～ (5) のうちどれか。

ただし、重力の加速度は9.8m/s²とし、クレーンガーダ、クラブトロリ及びワイヤロープの質量は考えないものとする。

(1) 4kN
(2) 12kN
(3) 23kN
(4) 36kN
(5) 94kN

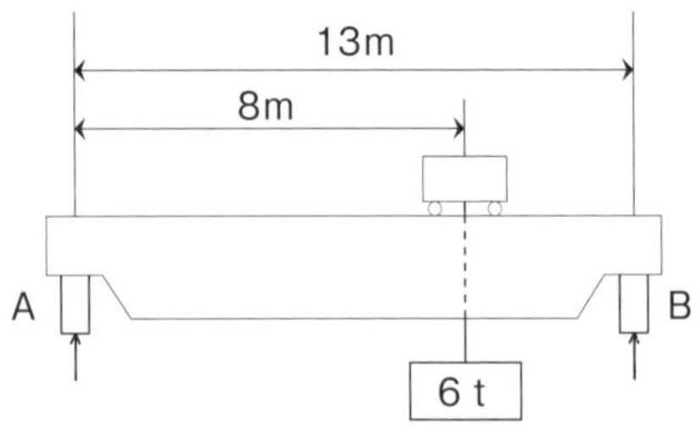

【問 33】物体の質量及び比重に関する記述として、適切でないものは次のうちどれか。

(1) 鉛１ｍ³の質量は、コンクリート１ｍ³の質量の約５倍である。

(2) アルミニウム１ｍ³の質量と水2.7 ｍ³の質量は、ほぼ同じである。

(3) 鋼、銅、木材及びコンクリートを比重の大きい順に並べると、「銅、鋼、コンクリート、木材」となる。

(4) 鋼の丸棒が、その長さは同じで、直径が３倍になると、質量は９倍になる。

(5) 物体の体積をＶ、その単位体積当たりの質量をｄとすれば、その物体の質量Ｗは、Ｗ＝Ｖ／ｄで求められる。

【問 34】均質な材料でできた固体の物体の重心に関する記述として、適切でないものは次のうちどれか。

(1) 直方体の物体の置き方を変える場合、重心の位置が高くなるほど安定性は悪くなる。

(2) 物体を構成する各部分には、それぞれ重力が作用しており、それらの合力の作用点を重心という。

(3) 複雑な形状の物体であっても、物体の重心は、一つの点である。

(4) 重心は、物体の形状によっては必ずしも物体の内部にあるとは限らない。

(5) 水平面上に置いた直方体の物体を傾けた場合、重心からの鉛直線がその物体の底面を通るときは、その物体は倒れる。

【問 35】ジブクレーンのジブが作業半径 15 m で 2 分間に 1 回転する速度で旋回を続けているとき、このジブの先端の速度の値に最も近いものは (1) ～ (5) のうちどれか。

(1) 0.5 m/s　(2) 0.8 m/s　(3) 1.6 m/s

(4) 3.1 m/s　(5) 4.7 m/s

【問 36】物体に働く摩擦力に関する記述として、適切でないものは次のうちどれか。

(1) 他の物体に接触し、その接触面に沿う方向の力が作用している物体が静止しているとき、接触面に働いている摩擦力を静止摩擦力という。

(2) 床面で静止している物体には、その物体を床面に沿って引っ張るなどして力を加えなければ、静止摩擦力は働かない。

(3) 静止摩擦係数を μ、物体の接触面に作用する垂直力をNとすれば、最大静止摩擦力Fは、$F = \mu / N$で求められる。

(4) 円柱状の物体を動かす場合、転がり摩擦力は滑り摩擦力に比べると小さい。

(5) 物体に働く運動摩擦力は、最大静止摩擦力より小さい。

【問 37】荷重に関する記述として、適切なものは次のうちどれか。

(1) 荷重が繰返し作用すると、比較的小さな荷重であっても機械や構造物が破壊することがあるが、このような現象を引き起こす荷重を静荷重という。

(2) 片振り荷重は、大きさは同じであるが、向きが時間とともに変わる荷重である。

(3) 荷を巻き下げているときに急制動すると、玉掛け用ワイヤロープには、圧縮荷重とせん断荷重がかかる。

(4) クレーンのフックには、主に圧縮荷重がかかる。

(5) クレーンの巻上げドラムには、曲げ荷重とねじり荷重がかかる。

【問 38】図のように、直径１ m、高さ 0.5 mの鋳鉄製の円柱を同じ長さの２本の玉掛け用ワイヤロープを用いてつり角度 60° でつるとき、１本のワイヤロープにかかる張力の値に最も近いものは (1) ～ (5) のうちどれか。

ただし、鋳鉄の１ m^3 当たりの質量は 7.2 t 、重力の加速度は 9.8 m/s^2 とする。また、荷の左右のつり合いは取れており、左右のワイヤロープの張力は同じとし、ワイヤロープ及び荷のつり金具の質量は考えないものとする。

(1) 12kN
(2) 14kN
(3) 16kN
(4) 20kN
(5) 28kN

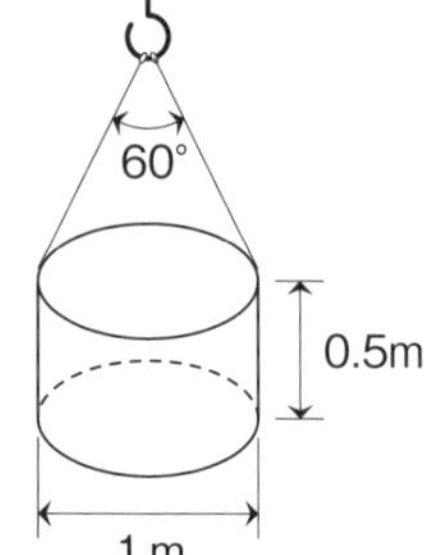

【問 39】天井から垂直につるした直径１ cm の丸棒の先端に質量 100kgの荷をつり下げるとき、丸棒に生じる引張応力の値に最も近いものは (1) ～ (5) のうちどれか。

ただし、重力の加速度は 9.8 m/s^2 とし、丸棒の質量は考えないものとする。

(1) 1 N/mm^2　(2) 6 N/mm^2　(3) 12 N/mm^2
(4) 25 N/mm^2　(5) 31 N/mm^2

【問 40】図のような組合せ滑車を用いて質量 200kg の荷をつるとき、これを支えるために必要な力Fの値は (1) ～ (5) のうちどれか。

ただし、重力の加速度は 9.8 m/s^2 とし、滑車及びワイヤロープの質量並びに摩擦は考えないものとする。

(1) 245 N
(2) 280 N
(3) 327 N
(4) 490 N
(5) 653 N

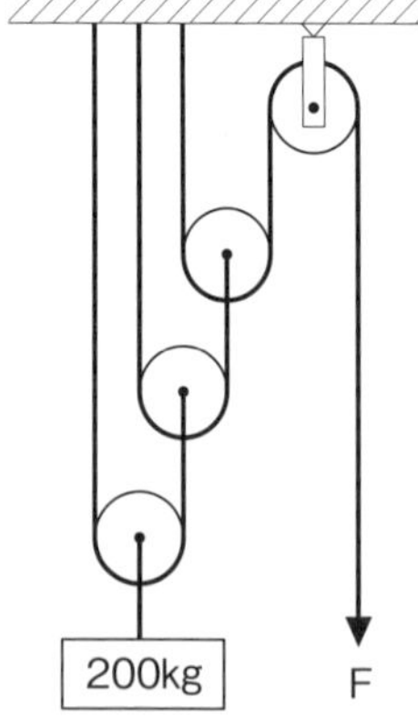

第3回目　令和5年4月公表問題　解答と解説

◆正解一覧

問題	正解	チェック				
〔クレーンに関する知識〕						
問1	(3)					
問2	(4)					
問3	(4)					
問4	(5)					
問5	(3)					
問6	(5)					
問7	(4)					
問8	(1)					
問9	(4)					
問10	(2)					
小計点						

問題	正解	チェック				
〔関係法令〕						
問11	(1)					
問12	(5)					
問13	(5)					
問14	(3)					
問15	(5)					
問16	(4)					
問17	(4)					
問18	(2)					
問19	(3)					
問20	(4)					
小計点						

問題	正解	チェック				
〔原動機及び電気に関する知識〕						
問21	(4)					
問22	(5)					
問23	(2)					
問24	(1)					
問25	(5)					
問26	(3)					
問27	(5)					
問28	(2)					
問29	(1)					
問30	(1)					
小計点						

問題	正解	チェック				
〔クレーンの運転のために必要な力学に関する知識〕						
問31	(1)					
問32	(4)					
問33	(5)					
問34	(5)					
問35	(2)					
問36	(3)					
問37	(5)					
問38	(3)					
問39	(3)					
問40	(1)					
小計点						

合計点	1回目	/40
	2回目	/40
	3回目	/40
	4回目	/40
	5回目	/40

◆**解説**

〔クレーンに関する知識〕

【問１】(3) が不適切。⇒１章３節 _ ２．横行と走行（P.14 ～）参照

(3) ケーブルクレーンで、メインロープに沿ってトロリが移動する運動を横行〔走行×〕という。

【問２】(4) 30 枚　⇒１章９節 _ ２．減速比（P.50 ～）参照

$$減速比 = \frac{1{,}200\text{rpm（歯車 A の回転数）}}{75\text{rpm（歯車 D の回転数）}} = 16$$

歯車 C の歯数を χ とすると次のとおり。

$$16\text{（減速比）} = \frac{72\text{（歯車 B の歯数）}}{18\text{（歯車 A の歯数）}} \times \frac{120\text{（歯車 D の歯数）}}{\chi\text{（歯車 C の歯数）}}$$

$$= 4 \times \frac{120}{\chi} = \frac{480}{\chi}$$

両辺に χ を掛ける

$16\,\chi = 480$

$\chi = 30$

【問３】(4) が正しい。⇒１章７節 _ ２．ワイヤロープのより方（P.42 ～）参照

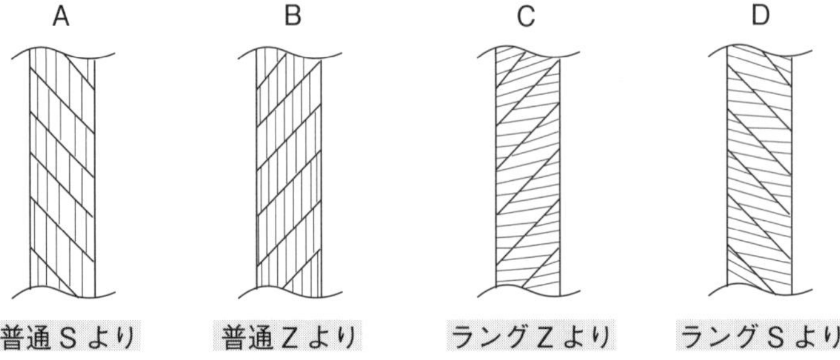

普通Ｓより　普通Ｚより　ラングＺより　ラングＳより

【問４】(5) が適切。⇒１章 12 節 _ ６．クレーンの給油（P.79 ～）、７．点検及び保守管理（P.81 ～）参照

(1) ワイヤロープの点検で直径を測定する場合は、シーブの通過による繰り返し曲げを受ける部分、ロープ端部の取付部付近、エコライザシーブに掛かっている周辺の部分に重点を置いて行う。

(2) ギヤ油は長時間の使用による劣化や、金属粉やゴミの混入による変質が生じるため、定期的に点検し、必要に応じて交換する必要がある。

(3) 軸受へのグリースの給油は、平軸受（滑り軸受）〔転がり軸受×〕では毎日１回程度、転がり軸受〔平軸受（滑り軸受）×〕では６か月に１回程度行う。

(4) ワイヤロープには、ロープ専用のグリース〔マシン油×〕を塗布する。

【問5】(3) が不適切。⇒1章9節 _ 4．座金（P.54 ～）、
5．緩み止め（P.55 ～）参照

選択肢 (3) は「舌付き座金」。舌付き座金は、座金の一部突き出た部分を折り曲げてナットなどに巻きつけてゆるみを止め、ボルトやナットの緩みを防ぐ。

【問6】(5) が不適切。⇒1章10節 _ クレーンの安全装置等（P.64 ～）参照

(5) 直働式巻過防止装置のうち重錘形リミットスイッチ式のものは、動作位置の誤差が少なく、巻上用ワイヤロープ交換後の再調整も不要となる。

【問7】(4) が適切。⇒1章11節 _ クレーンのブレーキ（P.72 ～）参照

(1) 電動油圧押上機ブレーキは、油圧による力によってブレーキの制動を開放し、〔油圧により押上げ力を得て制動を行い×〕ばねの復元力によって制動を行う〔ばねの復元力によって制動力を解除する×〕。

(2) ディスクブレーキは、ディスクをブレーキ片（パッド）で両側からはさみ付けて制動する構造のものであるが、ブレーキディスクが露出して回転しているので放熱性に優れ、装置全体を小型化しやすい特徴がある。

(3) 電磁式バンドブレーキは、ブレーキドラムの周りにバンドを巻き付け、おもりの力で締め付けられているブレーキバンドを電磁石に電流を通じて制動力を開放する〔電磁石に電流を通じることにより締め付けて制動する×〕。

(5) つり上げ装置のブレーキの制動トルクの値は、定格荷重に相当する荷重の荷をつった場合における当該装置のトルクの値の 1.5 倍の制動力を持つものでなければならない〔120％に調整する×〕。

【問8】(1) が不適切。⇒1章4節 _ クレーンの種類及び形式（P.16 ～）参照

(1) 屋外の架構上に設けられたランウェイのレール上を走行するクレーンも、同じ構造及び形状のものは天井クレーンに分類される。

【問9】(4) が不適切。⇒1章12節 _ 3．荷振れ防止（P.77 ～）参照

(4) つり荷の質量と振れの周期は、関係がない。

【問10】(2) が適切。⇒1章5節 _ クレーンの構造部分（P.30 ～）、
6節 _ クレーンの作動装置（P.37 ～）参照

(1) クラブとは、台車のフレーム上に巻上装置と横行装置〔走行装置×〕を備え、2本のレール上を自走するトロリをいう。

(3) ワイヤロープ式のホイストには、トップランニング式と呼ばれるダブルレール形ホイスト〔普通形ホイスト×〕とサスペンション式と呼ばれる普通型ホイスト〔ダブルレール形ホイスト×〕がある。

(4) 天井クレーンの１電動機式走行装置は、クレーンガーダの中央付近に電動機と減速装置を備え、減速装置に連結されている走行長軸を介して両側のサドルのピニオンとギヤを駆動させ、車輪を駆動する。

(5) 巻上装置に主巻と補巻を設ける場合、一般に、補巻の巻上げ速度は、主巻より速い〔遅い×〕。

〔関係法令〕

【問 11】(1) が法令違反。

⇒２章１節 _ 7．クレーンと建設物等との間隔（P.87 〜）参照

(1) クレーンガーダの歩道と当該歩道の上方にある建設物のはりとの間隔が 1.8 m以上〔1.7 m×〕でなければならない。ただし、当該歩道からの高さが 1.5 m以上〔1.4 m×〕の天がいを取り付けるときは、この限りでない。どちらも条件を満たしていないため、法令違反。

(2) クレーンの運転室の端から労働者が墜落するおそれがある場合は、当該運転室の端と運転室に通ずる歩道の端との間隔を 0.3 m以下〔0.2 m○〕としなければならない。

(3) クレーンガーダの歩道と当該歩道の上方にある建設物のはりとの間隔は 1.8 m以上〔2.5 m○〕とすること。また、当該クレーンの集電装置の部分を除いた最高部と、当該クレーンの上方にある建設物のはりとの間隔は 0.4 m以上〔0.5 m○〕とすること。

(4)「クレーンガーダに歩道を有しないもの」においては定めがない。〈安全規則・13 条〉

(5) クレーンと建設物との間の歩道のうち、建設物の柱に接する部分の歩道の幅を 0.4 m以上〔0.5 m○〕、建設物の柱に接する部分以外の歩道の幅は 0.6 m以上〔0.7 m○〕としなければならない。

【問 12】(5) が正しい。⇒２章７節 _ １．クレーン運転士の資格（P.107 〜）、
２章８節 _ 玉掛け（P.111 〜）参照

(1) クレーンの運転の業務に係る特別の教育を受講することで、つり上げ荷重５t 未満の天井クレーン運転業務に就くことができる。

(2) 床上運転式クレーンに限定したクレーン・デリック運転士免許では、無線操作方式のクレーンの運転の業務に就くことはできない。

(3) クレーンに限定したクレーン・デリック運転士免許で、すべての天井クレーンの運転の業務に就くことができる。

(4) 玉掛けの業務に係る特別の教育の受講では、つり上げ荷重１ t 以上のクレーンで行う玉掛けの業務に就くことはできない。また、荷の質量による制限ではない点に注意。

【問 13】(5) が使用禁止とされていない（使用可能）。

⇒2章6節 _ 玉掛用具（P.102 〜）参照

(1) ワイヤロープ１よりの間で素線（フィラ線を除く）の数の10％以上〔11％×〕の素線が切断したワイヤロープは、クレーンの玉掛け用具として使用してはならない。

(2) 直径の減少が公称径の７％を超える〔８％×〕ワイヤロープは、クレーンの玉掛け用具として使用してはならない。

(3) リンクの断面の直径の減少が、製造されたときの当該直径の10％を超える〔12％×〕つりチェーンは、クレーンの玉掛け用具として使用してはならない。

(4) クレーンの玉掛用具であるワイヤロープの安全係数については、６以上〔５×〕でなければ使用してはならない

(5) 伸びが製造されたときの長さの５％を超える〔４％○〕つりチェーンは、クレーンの玉掛け用具として使用してはならない。

【問 14】(3) が誤り。⇒２章２節 _20. 組立て等の作業（P.95 〜）参照

(3) クレーンの組立ての作業を行うときは、作業を行なう区域に関係労働者以外の労働者を立ち入らせてはならない。

【問 15】(5) が違反とならない（立入可能）。

⇒２章２節 _13. 立入禁止（P.93 〜）参照

(1) 複数の荷が一度につり上げられている場合であって、当該複数の荷が結束され、箱に入れられる等により固定されていないときは、つり上げられている荷の下へ労働者を立ち入らせる行為は禁止されている。

(2) つりクランプ１個を用いて玉掛けをした荷がつり上げられているとき、つり上げられている荷の下へ労働者を立ち入らせる行為は禁止されている。

(3) つりチェーンを用いて、荷に設けられた穴又はアイボルトを通さず、１箇所に玉掛けをした荷がつり上げられているとき、つり上げられている荷の下へ労働者を立ち入らせる行為は禁止されている。

(4) 個数を問わず、ハッカーを用いて玉掛けをした荷がつり上げられているときは、つり上げられている荷の下へ労働者を立ち入らせる行為は禁止されている。

【問 16】(4) が誤り。⇒２章５節 _ ３．クレーンの使用再開（P.101 〜）参照

(4) 使用再開検査を受けようとする者は、クレーン使用再開検査申請書を所轄労働基準監督署長〔登録性能検査機関×〕に提出しなければならない。

【問 17】(4) B、C、E が誤り。⇒２章７節 _ ３．免許証の携帯（P.109 〜）、
２章７節 _ ４．免許証の再交付または書替え（P.109 〜）参照

B　免許に係る業務に従事するときは、当該業務に係る免許証を携帯しなければならない。※例外はない。

C　免許に係る業務に現に就いている者は、氏名を変更したときは、免許証の書替えを受けなければならない。※例外はない。

E　免許に係る業務に現に就いている者は、免許証を滅失したときは、免許証の再交付を受けなければならない。※例外はない。

【問 18】(2) が誤り。⇒２章１節 _ ５．クレーン検査証（P.86 〜）参照

(2) クレーン検査証の有効期間は、原則として2年〔３年×〕であるが、所轄労働基準監督署長は、落成検査の結果により当該期間を2年未満〔３年未満×〕とすることができる。〈安全規則・10 条〉

【問 19】(3) が正しい。⇒２章３節 _ 定期自主検査等（P.96 〜）参照

(1) １年以内ごとに１回行う定期自主検査においては、定格荷重〔つり上げ荷重×〕に相当する荷重の荷をつって行う荷重試験を実施しなければならない。

(2) １か月をこえる期間使用せず、当該期間中に１か月以内ごとに１回行う定期自主検査を実施しなかったクレーンについては、その使用を再び開始する際に〔した後遅滞なく×〕、所定の事項について自主検査を行わなければならない。

(4) １か月以内ごとに１回行う定期自主検査を実施し、異常を認めたときは、直ちに〔次回の定期自主検査までに×〕補修しなければならない。

(5) 定期自主検査を行ったときは、当該自主検査結果を記録しなければならない。ただし、クレーン検査証に記録しなければならない旨の定めはない。

【問 20】(4) が誤り。⇒２章２節 _ ５．安全弁の調整（P.90 〜）参照

(4) 油圧を動力として用いるクレーンの安全弁については、原則として、定格荷重〔つり上げ荷重×〕に相当する荷重をかけたときの油圧に相当する圧力以下で作用するように調整しておかなければならない。

〔原動機及び電気に関する知識〕

【問 21】(4) が適切。⇒３章１節 _ １．電流（P.113 〜）参照

(1) 交流用の電圧計や電流計の計測値は、電圧や電流の実効値〔最大値×〕を示している。

(2) 交流〔直流×〕は、変圧器によって容易に電圧を変えることができる。

(3) 家庭用と工場の動力用で周波数が変わることはない〔異なる×〕。

(5) 単相交流を三つ集め、一定間隔にした〔電流及び電圧の大きさ並びに電流の方向が時間の経過に関係なく一定となる×〕ものを三相交流という。

【問 22】(5) が不適切。⇒3章1節_4. オームの法則 (P.117〜) 参照

(5) 回路に流れる電流の大きさは、回路の抵抗に反比例〔比例×〕し、回路にかかる電圧に比例〔反比例×〕する。

【問 23】(2) が不適切。⇒3章2節_1. 交流電動機 (P.119〜) 参照

(2) 三相誘導電動機の回転子は、固定子の回転磁界により回転するが、負荷がかかると同期速度より2%〜5%〔15〜20%×〕遅く回転する性質がある。

【問 24】(1) が不適切。

⇒3章3節_2. 制御器 (コントローラー) とその制御 (P.122〜) 参照

(1) 押しボタン制御器は、間接制御器〔直接制御器×〕の一種であり、電動機の正転と逆転のボタンを同時に押せない構造となっている。

【問 25】(5) が適切。⇒3章4節_給電装置 (P.127〜) 参照

(1) 爆発性のガスや粉じんが発生するおそれのある場所では、キャブタイヤケーブル〔トロリダクト×〕を用いた防爆構造の給電方式が採用される。

(2) すくい上げ式トロリ線給電は、支えがいしにより支えられたトロリ線を集電子ですくい上げて〔がいしでトロリ線をつり下げ、パンタグラフを用いてトロリ線をすくい上げて×〕集電する方式である。

(3) 旋回体、ケーブル巻取式などの回転部分への給電には、スリップリング〔トロリバー×〕が用いられる。

(4) キャブタイヤケーブル給電は、充電部が露出している部分が全くない〔多い×〕ので、感電の危険性が低い〔高い×〕。

【問 26】(3) が不適切。

⇒3章3節_2. 制御器 (コントローラー) とその制御 (P.122〜) 参照

(3) 間接制御は、直接制御〔直接制御は、間接制御×〕に比べ、制御器は小型・軽量であるが、設備費が高い。

【問 27】(5) が不適切。

⇒3章5節_2. 巻線形三相誘導電動機の速度制御 (P.134〜) 参照

(5) ダイナミックブレーキ制御は、巻下げの速度制御時に電動機の一次側を交流電源から切り離し、一次側に直流電源を接続して通電し、直流励磁を加えることにより制動力を得るものであるが、つり荷が軽い〔重い×〕場合には低速での巻下げができない。

【問 28】(2) が適切。⇒3章6節＿電気設備の保守（P.137～）参照

(1) ナイフスイッチは、入れるときよりも切るとき〔切るときよりも入れるとき×〕の方がスパークが大きいので、切るとき〔入れるとき×〕はできるだけスイッチに近づかないようにして、側方などから行う。

(3) 絶縁物の絶縁抵抗は、回路電圧を漏えい電流で〔漏えい電流を回路電圧×〕で除したものである。

(4) 雲母は、電気の絶縁体〔導体×〕である。

(5) 電気回路の絶縁抵抗は、メガー〔ボルトメーター×〕と呼ばれる絶縁抵抗計を用いて測定する。

【問 29】(1) が不適切。⇒3章6節＿6．測定機器（P.142～）参照

(1) 回路計(テスター)では、測定する回路の電圧や電流の大きさの見当がつかない場合は、最初に測定範囲の最大〔最小×〕レンジで測定する。

【問 30】(1) が適切。⇒3章6節＿4．接地（アース）（P.139～）、3章6節＿5．感電（P.140～）参照

(2) 天井クレーンは、鋼製の走行車輪を経て走行レールに接触しているため、走行レールが接地されている場合でも、クレーンガーダ上で走行トロリ線の充電部分に身体が接触している場合、感電の危険がある。

(3) 接地線には、できるだけ電気抵抗の小さい、十分な太さの〔大きな×〕電線を使った方が丈夫で、安全である。

(4) 感電による危険を電流と時間の積によって評価する場合、一般に 50〔500 ×〕ミリアンペア秒が安全限界とされている。

(5) 人体は身体内部の電気抵抗が皮膚の電気抵抗よりも小さい〔大きい×〕ため、電気火傷の影響は皮膚深部に及ぶことがあり〔及ばない×〕、皮膚表面は極めて大きな傷害を受ける。

〔クレーンの運転のために必要な力学に関する知識〕

【問 31】(1) が適切。⇒4章2節＿力に関する事項（P.147～）参照

(2) 力の三要素とは、力の大きさ、力の向き〔力のつり合い×〕及び力の作用点をいう。

(3) 力の大きさをＦ、回転軸の中心から力の作用線に下ろした垂線の長さをＬとすれば、力のモーメントＭは、Ｍ＝Ｆ×Ｌ〔Ｍ＝Ｆ／Ｌ×〕で求められる。

(4) 小さな物体の１点に大きさが異なり向きが一直線上にない二つの力が作用して物体が動くとき、その物体は合力〔大きい力×〕の方向に動く。

(5) 力の大きさと向きが同様であっても、力の作用点が変わると物体に与える効果も変わる。

【問32】(4) 36kN ⇒4章2節_7. 力のつり合い (P.151～) 参照

- 支点Bが支える力 ＝ 質量× 9.8m/s^2 × $\dfrac{\text{荷重中心から支点Aまでの距離}}{\text{ガータの長さ}}$

$$= 6\,\text{t} \times 9.8\text{m/s}^2 \times \frac{8\,\text{m}}{13\text{m}}$$

$$= 36.1846\cdots \fallingdotseq \underline{36\text{kN}}$$

【問33】(5) が不適切。⇒4章3節_1. 質量 (P.155～) 参照

(5) 物体の体積をV、その単位体積当たりの質量をdとすれば、その物体の質量Wは、W＝V×dで求められる。

【問34】(5) が不適切。⇒4章4節_2. 物体の安定 (座り) (P.161～) 参照

(5) 水平面上に置いた直方体の物体を傾けた場合、重心からの鉛直線がその物体の底面を通るときは、その物体は倒れることなく元に戻る〔倒れる×〕。

【問35】(2) 0.8m/s ⇒4章5節_1. 運動 (P.162～) 参照

- 距離：円の直径× 3.14 ＝ 15m × 2 × 3.14 ＝ 94.2m
- 時間：2分 (min) ＝ 2 × 60s ＝ 120s
- 速さ ＝ $\dfrac{\text{距離}}{\text{時間}} = \dfrac{94.2\text{m}}{120\text{s}} = 0.785 \fallingdotseq 0.8 = \underline{0.8\text{m/s}}$

【問36】(3) が不適切。⇒4章5節_2. 摩擦力 (P.166～) 参照

(3) 静止摩擦係数をμ、物体の接触面に作用する垂直力をNとすれば、最大静止摩擦力Fは、F＝μ×Nで求められる。

【問37】(5) が適切。⇒4章6節_1. 荷重 (P.169～) 参照

(1) 荷重が繰返し作用すると、比較的小さな荷重であっても機械や構造物が破壊することがあるが、このような現象を引き起こす荷重を繰返し荷重〔静荷重×〕という。

(2) 片振り荷重は、向き〔大きさ×〕は同じであるが、大きさ〔向き×〕が時間とともに変わる荷重である。

(3) 荷を巻き下げているときに急制動すると、玉掛け用ワイヤロープには、衝撃荷重〔圧縮荷重とせん断荷重×〕がかかる。

(4) クレーンのフックには、主に曲げ荷重及び引張荷重〔圧縮荷重×〕がかかる。

【問 38】(3) 16kN ⇒4章7節 _ 1．張力係数（P.175 ～）参照

- 円柱の体積：0.5m（半径）× 0.5m（半径）× 3.14 × 0.5m（高さ）＝ $0.3925m^3$
- 円柱の質量：$7.2t/m^3$（鋳鉄）× $0.3925m^3$（円柱の体積）＝ 2.826t
- ワイヤロープ１本にかかる張力＝ $\dfrac{\text{つり荷の質量}}{\text{つり本数}} \times 9.8m/s^2 \times$ 張力係数

$$= \frac{2.826t}{2} \times 9.8m/s^2 \times 1.16$$

$$= 16.062984\cdots \fallingdotseq \underline{16kN}$$

【問 39】(3) $12N/mm^2$ ⇒4章6節 _ 2．応力（P.172 ～）参照

- 丸棒の面積：0.5cm（半径）× 0.5cm（半径）× 3.14 ＝ $0.785cm^2$ ＝ $78.5mm^2$
- 加重：100kg × $9.8m/s^2$ ＝ 980N
- 応力＝ $\dfrac{\text{部材に作用する荷重}}{\text{部材の断面積}} = \dfrac{980N}{78.5mm^2} = 12.484076\cdots \fallingdotseq \underline{12N/mm^2}$

【問 40】(1) 245 N ⇒4章8節 _ 3．組合せ滑車（P.179 ～）参照

$$F = \frac{\text{質量}\, m \times 9.8m/s^2}{2^n} N$$

（n ＝動滑車の数）

$$= \frac{200kg \times 9.8m/s^2}{2^3} N$$

$$= \frac{1{,}960N}{2 \times 2 \times 2} = \underline{245N}$$

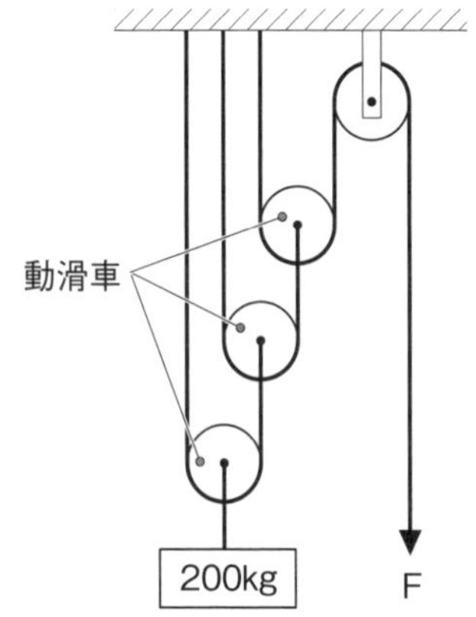

第4回目　令和４年10月公表問題

〔クレーンに関する知識〕

【問１】クレーンに関する用語の記述として、適切なものは次のうちどれか。

(1) 天井クレーンのキャンバとは、クレーンガーダに荷重がかかったときに生じる下向きのそり（曲がり）をいう。

(2) 定格速度とは、つり上げ荷重に相当する荷重の荷をつって、巻上げ、走行、横行、旋回などの作動を行う場合のそれぞれの最高の速度をいう。

(3) 天井クレーンの定格荷重とは、クレーンの構造及び材料に応じて負荷させることができる最大の荷重をいい、フックなどのつり具分が含まれる。

(4) クレーンの作業範囲とは、クレーンの各種運動を組み合わせてつり荷を移動することができる範囲をいう。

(5) ケーブルクレーンのトロリがメインロープに沿って移動することを走行という。

【問２】クレーンの構造部分に関する記述として、適切でないものは次のうちどれか。

(1) サドルは、主として天井クレーンにおいて、クレーンガーダを支え、クレーン全体を走行させる車輪を備えた構造物で、その構造は一般に、鋼板や溝形鋼を接合したボックス構造である。

(2) 橋形クレーンの脚部には、剛脚と揺脚があり、その構造は、ボックス構造やパイプ構造が多い。

(3) ジブクレーンのジブは、自重をできるだけ軽くするとともに、剛性を持たせる必要があるため、パイプトラス構造やボックス構造のものが用いられる。

(4) Ｉビームガーダは、Ｉ形鋼を用いたクレーンガーダで、単独では水平力を支えることができないので、必ず補桁を設ける。

(5) トラスガーダは、細長い部材を三角形に組んだ骨組構造の主桁と補桁を組み合わせたクレーンガーダである。

【問３】クレーンの運動とそれに対する安全装置などの組合せとして、適切なものは（1）～（5）のうちどれか。

(1) 走行………… 走行車輪直径の４分の１以上の高さの車輪止め

(2) 横行………… 横行車輪直径の５分の１以上の高さの車輪止め

(3) 起伏………… 逸走防止装置

(4) 巻下げ……… 重錘（すい）形リミットスイッチを用いた巻過防止装置

(5) 巻上げ……… ねじ形リミットスイッチを用いた巻過防止装置

【問４】ワイヤロープ端末の止め方とこれを表した図に関する次のＡからＤについて、適切なもののみを全て挙げた組合せは（1）～（5）のうちどれか。

	止め方	図
Ａ	クサビ止め	
Ｂ	クリップ止め	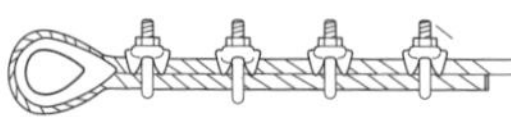
Ｃ	圧縮止め	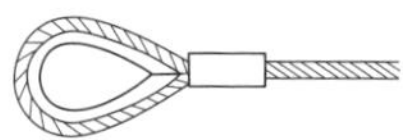
Ｄ	合金詰めソケット止め	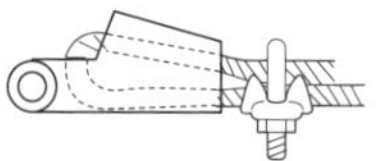

(1) Ａ，Ｂ
(2) Ａ，Ｂ，Ｃ
(3) Ｂ，Ｃ
(4) Ｂ，Ｃ，Ｄ
(5) Ｃ，Ｄ

【問５】クレーンの機械要素に関する記述として、適切でないものは次のうちどれか。

(1) こう配キーは、軸のキー溝に打ち込んで歯車などを軸に固定し、動力を伝えるために用いられる。

(2) 歯車形軸継手は、外筒の内歯車と内筒の外歯車がかみ合う構造で、外歯車にはクラウニングが施してあるため、二つの軸のずれや傾きがあっても円滑に動力を伝えることができる。

(3) 転がり軸受は、玉やころを使った軸受で、平軸受（滑り軸受）に比べて動力の損失が少ない。

(4) 割形軸継手は、円筒を二つ割りにした形の軸継手をボルトで締め付けて回転力を伝える構造で、取付けや取外しのときに軸を軸方向に移動させる必要がない。

(5) フランジ形たわみ軸継手は、流体を利用したたわみ軸継手で、二つの軸のずれや傾きの影響を緩和するために用いられる。

【問６】クレーンのブレーキに関する記述として、適切でないものは次のうちどれか。

(1) 電動油圧押上機ブレーキは、油圧により押上げ力を得て制動を行い、ばねの復元力によって制動力を解除する。

(2) バンドブレーキには、緩めたときにバンドが平均して緩むように、バンドの外周にすき間を調整するボルトが配置されている。

(3) 足踏み油圧式ディスクブレーキは、油圧シリンダ、ブレーキピストン及びこれらをつなぐ配管などに油漏れや空気の混入があると、制動力が生じなくなることがある。

(4) ドラム形電磁ブレーキは、ばねによりドラムの両側をシューで締め付けて制動し、電磁石に電流を通じることによって制動力を解除する。

(5) つり上げ装置のブレーキの制動トルクの値は、定格荷重に相当する荷重の荷をつった場合における当該装置のトルクの値の150％以上に調整する。

【問７】クレーンの給油及び点検に関する記述として、適切なものは次のうちどれか。

(1) ワイヤロープの点検で直径を測定する場合は、フックブロックのシーブを通過する頻度が高い部分を避け、エコライザシーブの下方１ｍ程度の位置で行う。

(2) 集中給油式の給油方式は、ポンプから給油管、分配管及び分配弁を通じて、各給油箇所に一定量の給油を行う方式である。

(3) 潤滑油としてギヤ油を用いた減速機箱は、箱内が密封されているので、油の交換は不要である。

(4) 軸受へのグリースの給油は、転がり軸受では毎日１回程度、平軸受（滑り軸受）では６か月に１回程度の間隔で行う。

(5) ワイヤロープには、ロープ専用のギヤ油を塗布する。

【問8】クレーンの種類、型式及び用途に関する記述として、適切でないものは次のうちどれか。

(1) スタッカー式クレーンは、運転室又は運転台が巻上げ用ワイヤロープ又はつりチェーンによりつられ、かつ、荷の昇降とともに昇降する方式のクレーンで、直立したガイドフレームに沿って上下するフォークなどを有し、昇降（荷の上下）、走行などの運動により、倉庫の棚などの荷の出し入れを行う。

(2) アンローダは、船から鉄鉱石などのばら物をグラブバケットを用いて陸揚げする専門のクレーンで、多くの場合、ばら物を受け入れるためのホッパーとコンベヤが組み込まれている。

(3) 屋外の架構上に設けられたランウェイのレール上を走行するクレーンは、天井クレーンと同じ構造及び形状のものであっても橋形クレーンという。

(4) クライミング式ジブクレーンのクライミング方法には、マストクライミング方式とフロアークライミング方式がある。

(5) 引込みクレーンには、水平引込みをさせるための機構により、ダブルリンク式、スイングレバー式、ロープバランス式などがある。

【問9】クレーンのトロリ及び作動装置に関する記述として、適切でないものは次のうちどれか。

(1) クラブとは、トロリフレーム上に巻上装置と走行装置を備え、2本のレール上を自走するトロリをいう。

(2) ホイストは、電動機、減速装置、巻上げドラム、ブレーキなどを小型のケーシング内に収めたもので、巻上装置と横行装置が一体化されている。

(3) ジブクレーンの起伏装置には、ジブが安全・確実に保持されるよう、電動機軸又はドラム外周に、制動用又は保持用ブレーキが取り付けられている。

(4) 巻上装置に主巻と補巻を設ける場合、一般に、主巻の巻上げ速度は、補巻より遅い。

(5) 天井クレーンの走行装置の電動機は、一電動機式ではクレーンガーダのほぼ中央に取り付けられている。

【問 10】クレーンの運転時の取扱い方法及び注意事項に関する記述として、適切でないものは次のうちどれか。

(1) 巻下げ過ぎ防止装置のないクレーンのフックを巻き下げ続けると、逆巻きになるおそれがある。

(2) 巻上げ操作による荷の横引きを行うときは、周囲に人がいないことを確認してから行う。

(3) 停止時の荷振れを防止するために行う追いノッチは、移動を続けるつり荷が目標位置の少し手前まで来たときに移動の操作を一旦停止し、慣性で移動を続けるつり荷が振り切れる直前に再び移動のスイッチを入れ、その直後に移動のスイッチを切り、つり荷を停止させる手順で行う。

(4) インバーター制御のクレーンは、低速から高速まで無段階に精度の高い速度制御ができるので、インチング動作をせずに微速運転で位置を合わせることができる。

(5) 無線操作方式のクレーンで、運転者自身が玉掛け作業を行うときは、制御器の操作スイッチなどへの接触による誤動作を防止するため、制御器の電源スイッチを切っておく。

〔関係法令〕

【問 11】建設物の内部に設置する走行クレーン（以下、本問において「クレーン」という。）に関する記述として、法令上、違反となるものは次のうちどれか。

(1) クレーンガーダに歩道を有するクレーンの集電装置の部分を除いた最高部と、当該クレーンの上方にある建設物のはりとの間隔を 0.5 m としている。

(2) クレーンガーダの歩道と当該歩道の上方にある建設物のはりとの間隔が 1.7 m であるため、当該歩道上に当該歩道からの高さが 1.6 m の天がいを設けている。

(3) クレーンと建設物との間の歩道のうち、建設物の柱に接する部分以外の歩道の幅を 0.7 m としている。

(4) クレーンと建設物との間の歩道のうち、建設物の柱に接する部分の歩道の幅を 0.3 m としている。

(5) クレーンの運転室の端から労働者が墜落するおそれがあるため、当該運転室の端と運転室に通ずる歩道の端との間隔を 0.2 m としている。

【問 12】クレーンに係る作業を行う場合における、つり上げられている荷の下への労働者の立入りに関する記述として、法令上、違反とならないものは次のうちどれか。

(1) 動力下降以外の方法によって荷を下降させるとき、つり上げられている荷の下へ労働者を立ち入らせた。

(2) つりチェーンを用いて、荷に設けられた穴又はアイボルトを通さず、1箇所に玉掛けをした荷がつり上げられているとき、つり上げられている荷の下へ労働者を立ち入らせた。

(3) つりクランプ2個を用いて玉掛けをした荷がつり上げられているとき、つり上げられている荷の下へ労働者を立ち入らせた。

(4) 複数の荷が一度につり上げられている場合であって、当該複数の荷が結束され、箱に入れられるなどにより固定されていないとき、つり上げられている荷の下へ労働者を立ち入らせた。

(5) 陰圧により吸着させるつり具を用いて玉掛けをした荷がつり上げられているとき、つり上げられている荷の下へ労働者を立ち入らせた。

【問 13】次のうち、法令上、クレーンの玉掛用具として使用禁止とされていないものはどれか。

(1) 伸びが製造されたときの長さの6％のつりチェーン

(2) ワイヤロープ1よりの間において素線（フィラ線を除く。以下同じ。）の数の11％の素線が切断したワイヤロープ

(3) エンドレスでないワイヤロープで、その両端にフック、シャックル、リング又はアイのいずれも備えていないもの

(4) 使用する際の安全係数が5となるワイヤロープ

(5) 直径の減少が公称径の6％のワイヤロープ

【問 14】クレーンの使用に関する記述として、法令上、誤っているものは次のうちどれか。

(1) 油圧を動力として用いるクレーンの安全弁については、原則として、つり上げ荷重に相当する荷重をかけたときの油圧に相当する圧力以下で作用するように調整しておかなければならない。

(2) ジブクレーンについては、クレーン明細書に記載されているジブの傾斜角（つり上げ荷重が３ｔ未満のジブクレーンにあっては、これを製造した者が指定したジブの傾斜角）の範囲をこえて使用してはならない。

(3) クレーンの直働式の巻過防止装置は、つり具の上面又は当該つり具の巻上げ用シーブの上面とドラムその他当該上面が接触するおそれのある物（傾斜したジブを除く。）の下面との間隔が 0.05 m 以上となるように調整しておかなければならない。

(4) クレーン検査証を受けたクレーンを用いて作業を行うときは、当該作業を行う場所に、当該クレーンのクレーン検査証を備え付けておかなければならない。

(5) 労働者からクレーンの安全装置の機能が失われている旨の申出があったときは、すみやかに、適当な措置を講じなければならない。

【問 15】クレーンの組立て時、点検時又は悪天候時の措置に関する記述として、法令上、誤っているものは次のうちどれか。

(1) クレーンの組立ての作業を行うときは、作業を指揮する者を選任して、その者の指揮のもとに作業を実施させなければならない。

(2) クレーンの組立ての作業を行うときは、作業を行う区域に関係労働者以外の労働者が立ち入ることを禁止し、かつ、その旨を見やすい箇所に表示しなければならない。

(3) 大雨のため、クレーンの組立ての作業の実施について危険が予想されるときは、当該作業に労働者を従事させてはならない。

(4) 屋外に設置されているクレーンを用いて瞬間風速が毎秒 30 m をこえる風が吹いた後に作業を行うときのクレーンの各部分の異常の有無についての点検は、当該クレーンに係る作業の開始後、遅滞なく行わなければならない。

(5) 同一のランウェイに並置されている走行クレーンの点検の作業を行うときは、監視人をおくこと、ランウェイの上にストッパーを設けること等、労働者の危険を防止するための措置を講じなければならない。

【問 16】つり上げ荷重10 tの転倒するおそれのあるクレーンの検査に関する記述として、法令上、誤っているものは次のうちどれか。

(1) クレーン検査証の有効期間の更新を受けようとする者は、原則として、登録性能検査機関が行う性能検査を受けなければならない。

(2) 性能検査においては、クレーンの各部分の構造及び機能について点検を行うほか、荷重試験及び安定度試験を行うものとする。

(3) クレーンのジブに変更を加えた者は、所轄労働基準監督署長が検査の必要がないと認めたものを除き、変更検査を受けなければならない。

(4) 所轄労働基準監督署長は、変更検査に合格したクレーンについて、当該クレーン検査証に検査期日、変更部分及び検査結果について裏書を行うものとする。

(5) クレーン検査証の有効期間をこえて使用を休止したクレーンを再び使用しようとする者は、使用再開検査を受けなければならない。

【問 17】クレーン・デリック運転士免許及び免許証に関する次のAからEの記述について、法令上、誤っているもののみを全て挙げた組合せは (1) ～ (5) のうちどれか。

A　免許に係る業務に従事するときは、当該業務に係る免許証を携帯しなければならない。ただし、屋外作業等、作業の性質上、免許証を滅失するおそれのある業務に従事するときは、免許証に代えてその写しを携帯することで差し支えない。

B　免許に係る業務に現に就いている者は、氏名を変更したときは、免許証の書替えを受けなければならない。ただし、変更後の氏名を確認することができる他の技能講習修了証等を携帯するときは、この限りでない。

C　免許証を他人に譲渡又は貸与したときは、免許の取消し又は効力の一時停止の処分を受けることがある。

D　労働安全衛生法違反により免許の取消しの処分を受けた者は、処分を受けた日から起算して30日以内に、免許の取消しをした都道府県労働局長に免許証を返還しなければならない。

E　労働安全衛生法違反により免許を取り消され、その取消しの日から起算して1年を経過しない者は、免許を受けることができない。

(1) A，B，C，D

(2) A，B，D

(3) B，C，D

(4) B，D，E

(5) C，E

【問 18】クレーンに係る設置、検査及び検査証に関する記述として、法令上、誤っているものは次のうちどれか。

ただし、計画届の免除認定を受けていない場合とする。

(1) つり上げ荷重３ｔ以上のクレーンを設置しようとする事業者は、当該工事の開始の日の 30 日前までにクレーン設置届を所轄労働基準監督署長に提出しなければならない。

(2) 定格荷重が 200 ｔをこえるクレーンの落成検査における荷重試験は、定格荷重に 25 ｔを加えた荷重の荷をつって、つり上げ、走行、旋回、トロリの横行等の作動を行うものとする。

(3) 転倒するおそれのあるクレーンの落成検査における安定度試験は、定格荷重の 1.27 倍に相当する荷重の荷をつって、逸走防止装置、レールクランプ等の装置を作用させずに、安定に関し最も不利な条件で地切りすることにより行うものとする。

(4) クレーン検査証の有効期間は、原則として２年であるが、所轄労働基準監督署長は、落成検査の結果により当該期間を２年未満とすることができる。

(5) クレーン検査証を受けたクレーンを設置している者に異動があったときは、クレーンを設置している者は、当該異動後 10 日以内に、クレーン検査証書替申請書にクレーン検査証を添えて、所轄労働基準監督署長に提出し、書替えを受けなければならない。

【問 19】クレーンの運転及び玉掛けの業務に関する記述として、法令上、正しいものは次のうちどれか。

(1) クレーンに限定したクレーン・デリック運転士免許では、つり上げ荷重８ｔのケーブルクレーンの運転の業務に就くことができない。

(2) 床上運転式クレーンに限定したクレーン・デリック運転士免許で、つり上げ荷重７ｔの無線操作方式の天井クレーンの運転の業務に就くことができる。

(3) 玉掛けの業務に係る特別の教育の受講で、つり上げ荷重２ｔのポスト形ジブクレーンで行う 0.9 ｔの荷の玉掛けの業務に就くことができる。

(4) 床上操作式クレーン運転技能講習の修了で、つり上げ荷重 10 ｔの床上運転式クレーンである橋形クレーンの運転の業務に就くことができる。

(5) クレーンの運転の業務に係る特別の教育の受講では、つり上げ荷重６ｔの床上操作式クレーンである天井クレーンの運転の業務に就くことができない。

【問 20】クレーンの自主検査及び点検に関する記述として、法令上、正しいものは次のうちどれか。

(1) 1年以内ごとに1回行う定期自主検査においては、つり上げ荷重に相当する荷重の荷をつって行う荷重試験を実施しなければならない。

(2) 1か月をこえる期間使用せず、当該期間中に1か月以内ごとに1回行う定期自主検査を実施しなかったクレーンについては、その使用を再び開始した後遅滞なく、所定の事項について自主検査を行わなければならない。

(3) 作業開始前の点検においては、ワイヤロープが通っている箇所の状態について点検を行わなければならない。

(4) 1か月以内ごとに1回行う定期自主検査を実施し、異常を認めたときは、次回の定期自主検査までに補修しなければならない。

(5) 1年以内ごとに1回行う定期自主検査の結果の記録は3年間保存し、1か月以内ごとに1回行う定期自主検査の結果の記録は1年間保存しなければならない。

〔原動機及び電気に関する知識〕

【問 21】電気に関する記述として、適切なものは次のうちどれか。

(1) 直流はＡＣ、交流はＤＣと表される。

(2) 電力として工場の動力用に配電される交流は、地域によらず、60Hz の周波数で供給されている。

(3) 交流用の電圧計や電流計の計測値は、電圧や電流の最大値を示している。

(4) 交流は、電流及び電圧の大きさ並びにそれらの方向が周期的に変化する。

(5) 直流は、変圧器によって容易に電圧を変えることができる。

【問 22】図のような回路について、ＢＣ間の合成抵抗Ｒの値と、ＡＣ間に 200 Ｖの電圧をかけたときに流れる電流Ｉの値の組合せとして、正しいものは (1) ～ (5) のうちどれか。

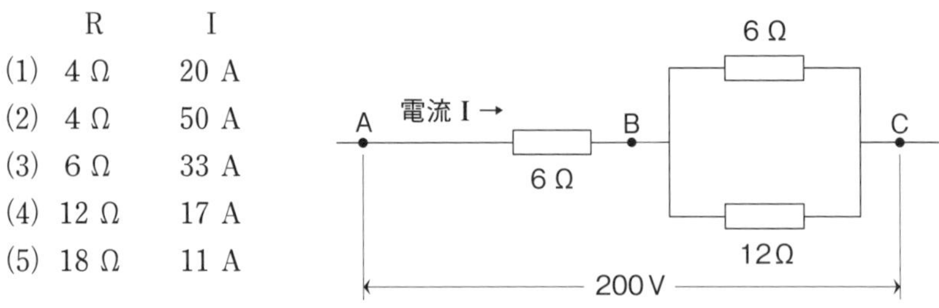

	R	I
(1)	4 Ω	20 A
(2)	4 Ω	50 A
(3)	6 Ω	33 A
(4)	12 Ω	17 A
(5)	18 Ω	11 A

【問 23】クレーンの電動機に関する記述として、適切でないものは次のうちどれか。

(1) 三相誘導電動機の同期速度は、周波数を一定とすれば、極数が多いほど遅くなる。

(2) 三相誘導電動機の回転子は、固定子の回転磁界により回転するが、負荷がかかると同期速度より２～５％遅く回転する性質がある。

(3) 直流電動機では、回転子に給電するために整流子が使用される。

(4) 直流電動機では、固定子を界磁と呼ぶ。

(5) 三相誘導電動機の固定子の構造は、かご形では太い導線（バー）がかご形に配置され、巻線形では三層の巻線になっている。

【問 24】クレーンの電動機の付属機器に関する記述として、適切なものは次のうちどれか。

(1) ユニバーサル制御器は、１本の操作ハンドルを前後左右や斜めに操作することにより、３個の制御器を同時に又は単独で操作できる構造にしたものである。

(2) 制御器は、電動機に正転、停止、逆転及び制御速度の指令を与えるもので、制御の方式により直接制御器と間接制御器に大別され、さらに、両者の混合型である複合制御器がある。

(3) 無線操作用の制御器には、押しボタン式とハンドル操作式があり、誤操作を防止するため、複数の操作を１回のスイッチ操作で行うことができるように工夫されている。

(4) エンコーダー型制御器は、ハンドル位置を連続的に検出し、電動機の主回路を直接開閉する直接制御器である。

(5) ドラム形直接制御器は、ハンドルで回される円弧状のフィンガーとそれに接する固定セグメントにより電磁接触器の操作回路を開閉する制御器である。

【問 25】クレーンの給電装置及び配線に関する記述として、適切でないものは次のうちどれか。

(1) イヤー式のトロリ線給電は、トロリ線の充電部が露出しており、設置する場所によっては感電する危険がある。

(2) 爆発性のガスや粉じんが発生するおそれのある場所では、キャブタイヤケーブルを用いた防爆構造の給電方式が採用される。

(3) 旋回体、ケーブル巻取式などの回転部分への給電には、トロリバーが用いられる。

(4) トロリ線給電のうち絶縁トロリ線方式のものは、一本一本のトロリ線が、すその開いた絶縁物で被覆されており、集電子はその間を摺（しゅう）動して集電する。

(5) 内部配線は、一般に、絶縁電線を金属管などの電線管又は金属ダクト内に収め、外部からの損傷を防いでいる。

【問 26】クレーンの電動機の制御に関する記述として、適切でないものは次のうちどれか。

(1) ゼロノッチインターロックは、各制御器のハンドルが停止位置になければ、主電磁接触器を投入できないようにしたものである。

(2) 間接制御は、シーケンサーを使用することにより、直接制御に比べ、いろいろな自動運転や速度制御を容易に行うことができる。

(3) 間接制御は、直接制御に比べ、制御器は小型･軽量であるが、設備費が高い。

(4) 直接制御は、容量の大きな電動機では制御器のハンドル操作が重くなるので使用できない。

(5) 半間接制御は、巻線形三相誘導電動機の一次側を直接制御器で直接制御し、二次側を電磁接触器で間接制御する方式である。

【問 27】クレーンの電動機の速度制御方式などに関する記述として、適切でないものは次のうちどれか。

(1) かご形三相誘導電動機では、電源回路に抵抗器、リアクトル、サイリスターなどを挿入し、電動機の始動電流を抑えて、緩始動を行う方法がある。

(2) かご形三相誘導電動機のインバーター制御は、電源の周波数を周波数変換器で変えて電動機に供給し回転数を制御するもので、精度の高い速度制御ができる。

(3) 巻線形三相誘導電動機の二次抵抗制御は、固定子の巻線に接続した抵抗器の抵抗値を変化させて速度制御するもので、始動時には二次抵抗を順次短絡することにより、緩始動することができる。

(4) 巻線形三相誘導電動機の電動油圧押上機ブレーキ制御は、機械的な摩擦力を利用して制御するため、ブレーキドラムが過熱することがある。

(5) 直流電動機のワードレオナード制御は、負荷に適した速度特性が自由に得られるが、設備費が極めて高い。

【問 28】電気回路の絶縁、絶縁体、スパークなどに関する記述として、適切なものは次のうちどれか。

(1) 黒鉛は、電気の絶縁体（不導体）である。

(2) 雲母は、電気の導体である。

(3) 電気回路の絶縁抵抗は、アンメーターと呼ばれる絶縁抵抗計を用いて測定する。

(4) スパークにより火花となって飛んだ粉が、がいしなどの絶縁物の表面に付着すると、漏電や短絡の原因になる。

(5) ナイフスイッチは、切るときよりも入れるときの方がスパークが大きいので、入れるときはできるだけスイッチに近づかないようにして、側方などから行う。

【問 29】クレーンの電気機器の故障の原因などに関する記述として、適切でないものは次のうちどれか。

(1) 過電流継電器が作動する場合の原因の一つとして、回路が短絡していることが挙げられる。

(2) 電動機がうなるが起動しない場合の原因の一つとして、負荷が大き過ぎることが挙げられる。

(3) 三相誘導電動機が起動した後、回転数が上がらない場合の原因の一つとして、一次側電源回路の三相の配線のうち２線が断線していることが挙げられる。

(4) 電動機が停止しない場合の原因の一つとして、電磁接触器の主接点が溶着していることが挙げられる。

(5) 集電装置の火花が激しい場合の原因の一つとして、集電子が摩耗していることが挙げられる。

【問 30】感電及びその防止に関する記述として、適切なものは次のうちどれか。

(1) 人体は身体内部の電気抵抗が皮膚の電気抵抗よりも大きいため、電気火傷の影響は皮膚深部には及ばないが、皮膚表面は極めて大きな傷害を受ける。

(2) 接地は、漏電している電気機器のフレームなどに人が接触したとき、感電の危険を小さくする効果がある。

(3) 100 Vの電圧では、感電しても死亡する危険はないが、負傷する危険はある。

(4) 接地線には、できるだけ電気抵抗の大きな電線を使った方が丈夫で、安全である。

(5) 感電による危険を電流と時間の積によって評価する場合、一般に、500 ミリアンペア秒が安全限界とされている。

次の科目の免除者は、問３１～問４０は解答しないでください。

〔クレーンの運転のために必要な力学に関する知識〕

【問 31】力に関する記述として、適切でないものは次のうちどれか。

(1) 力の三要素とは、力の大きさ、力の向き及び力の作用点をいう。

(2) 力が物体に作用する位置をその作用線上以外の箇所に移すと、物体に与える効果が変わる。

(3) 力の大きさをF、回転軸の中心から力の作用線に下ろした垂線の長さをＬとすれば、力のモーメントMは、M＝F／Ｌで求められる。

(4) 多数の力が一点に作用し、つり合っているとき、これらの力の合力は0になる。

(5) 一直線上に作用する互いに逆を向く二つの力の合力の大きさは、その二つの力の大きさの差で求められる。

【問 32】図のように三つの重りをワイヤロープによりつるした天びん棒が支点Oでつり合っているとき、B点につるした重りPの質量の値は (1) ～ (5) のうちどれか。ただし、天びん棒及びワイヤロープの質量は考えないものとする。

(1) 10kg
(2) 17kg
(3) 20kg
(4) 23kg
(5) 30kg

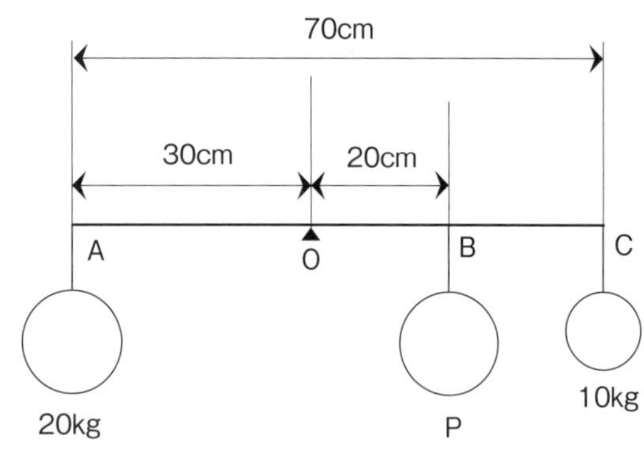

【問 33】下記に掲げるAからDの物体の体積を求める計算式として、適切なもののみを全て挙げた組合せは (1) ～ (5) のうちどれか。

ただし、πは円周率とする。

形状名称	立体図形	体積計算式
A 円柱	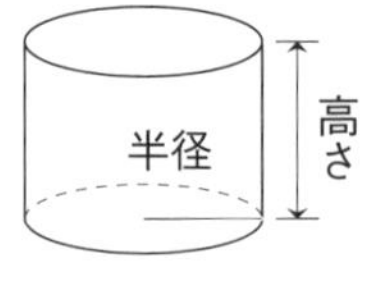	半径$^2 \times \pi \times$高さ$\times \frac{1}{2}$
B 三角柱	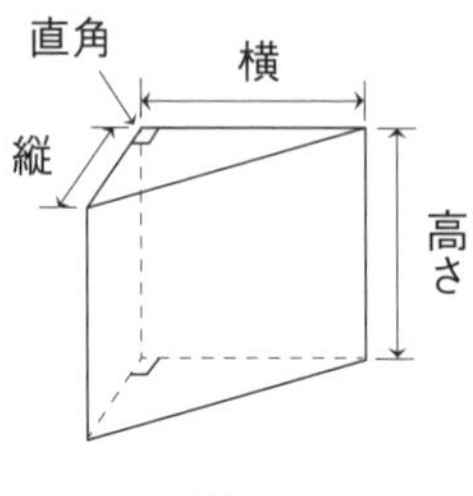	縦$\times$横$\times$高さ$\times \frac{1}{2}$
C 球	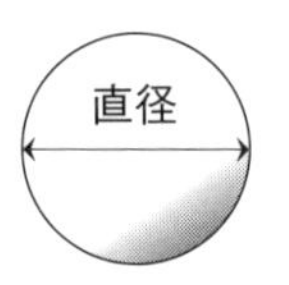	直径$^3 \times \pi \times \frac{4}{3}$
D 円錐体	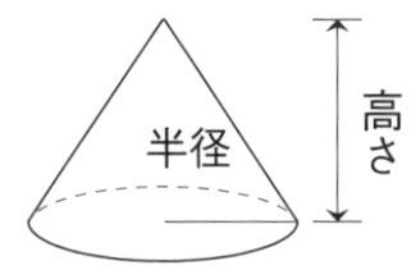	半径$^2 \times \pi \times$高さ$\times \frac{1}{3}$

(1) A，B，C　(2) A，C　(3) B
(4) B，D　(5) C，D

【問 34】均質な材料でできた固体の物体の重心に関する記述として、適切でないものは次のうちどれか。

(1) 直方体の物体の置き方を変える場合、重心の位置が高くなるほど安定性は悪くなる。

(2) 物体を構成する各部分には、それぞれ重力が作用しており、それらの合力の作用点を重心という。

(3) 複雑な形状の物体であっても、物体の重心は、一つの点である。

(4) 重心は、物体の形状によっては必ずしも物体の内部にあるとは限らない。

(5) 水平面上に置いた直方体の物体を傾けた場合、重心からの鉛直線がその物体の底面を通るときは、その物体は倒れる。

【問 35】物体の運動に関する記述として、適切でないものは次のうちどれか。

(1) 物体の運動の「速い」、「遅い」の程度を示す量を速さといい、単位時間に物体が移動した距離で表す。

(2) 物体が円運動をしているとき、遠心力は、物体の質量が小さいほど小さくなる。

(3) 物体が一定の加速度で加速し、その速度が2秒間に10m/sから40m/sになったときの加速度は、$4\ m/s^2$である。

(4) 外から力が作用しない限り、静止している物体が静止の状態を、また、運動している物体が同一の運動の状態を続けようとする性質を慣性という。

(5) 荷をつった状態でジブクレーンのジブを旋回させると、荷は旋回する前の作業半径より大きい半径で回るようになる。

【問 36】物体に働く摩擦力に関する記述として、適切でないものは次のうちどれか。

(1) 物体が他の物体に接触しながら運動しているときに働く摩擦力を、運動摩擦力という。

(2) 他の物体に接触し、その接触面に沿う方向の力が作用している物体が静止しているとき、接触面に働いている摩擦力を静止摩擦力という。

(3) 静止摩擦係数をμ、物体の接触面に作用する垂直力をNとすれば、最大静止摩擦力Fは、$F = \mu \times N$で求められる。

(4) 円柱状の物体を動かす場合、転がり摩擦力は滑り摩擦力に比べると小さい。

(5) 物体に働く最大静止摩擦力は、運動摩擦力より小さい。

【問 37】クレーンに使用される鉄鋼材料（以下、本問において「材料」という。）の強さ、応力、変形などに関する記述として、適切でないものは次のうちどれか。

(1) 材料に荷重が作用し変形するとき、荷重が作用する前の元の量（原形）に対する変形量の割合をひずみという。

(2) 引張試験で、材料が破断するまでにかけられる最大の荷重を、材料が破断する前の断面積で除した値を引張強さという。

(3) 引張試験において、材料の試験片を材料試験機に取り付けて静かに引張荷重をかけると、加えられた荷重に応じて試験片に変形が生じるが、荷重の大きさが「荷重－伸び線図」における比例限度以内であれば、荷重を取り除くと、試験片は荷重が作用する前の形状（原形）に戻る。

(4) 材料に荷重をかけると、材料の内部にはその荷重に抵抗し、つり合いを保とうとする内力が生じる。

(5) 圧縮応力は、材料の断面積を材料に作用する圧縮荷重で除して求められる。

【問 38】荷重に関する記述として、適切でないものは次のうちどれか。

(1) せん断荷重は、材料をはさみで切るように働く荷重である。

(2) クレーンのフックには、曲げ荷重と圧縮荷重がかかる。

(3) 天井クレーンのクレーンガーダには、主に曲げ荷重がかかる。

(4) 両振り荷重は、向きと大きさが時間とともに変わる荷重である。

(5) クレーンのシーブを通る巻上げ用ワイヤロープには、引張荷重と曲げ荷重がかかる。

【問 39】図AからCのとおり、同一形状で質量が異なる３つの荷を、それぞれ同じ長さの２本の玉掛け用ワイヤロープを用いて、それぞれ異なるつり角度でつり上げるとき、１本のワイヤロープにかかる張力の値が大きい順に並べたものは（1）～（5）のうちどれか。

ただし、いずれも荷の左右のつり合いは取れており、左右のワイヤロープの張力は同じとし、ワイヤロープの質量は考えないものとする。

	張力 大	→	小
(1)	A	B	C
(2)	A	C	B
(3)	B	A	C
(4)	C	A	B
(5)	C	B	A

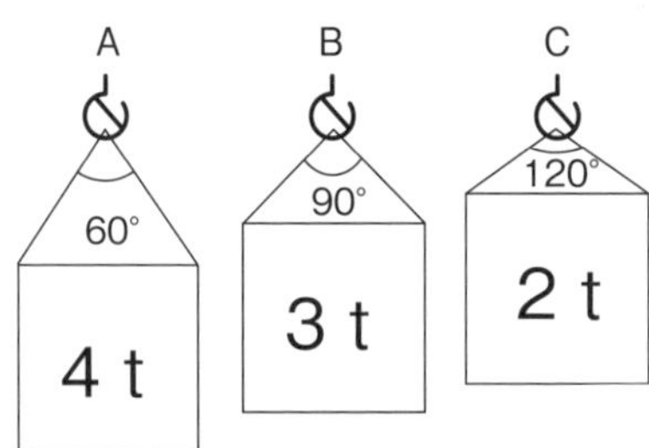

【問 40】図のような滑車を用いて、質量Wの荷をつり上げるとき、荷を支えるために必要な力Fを求める式がそれぞれの図の下部に記載してあるが、これらの力Fを求める式として、誤っているものは（1）～（5）のうちどれか。

ただし、gは重力の加速度とし、滑車及びワイヤロープの質量並びに摩擦は考えないものとする。

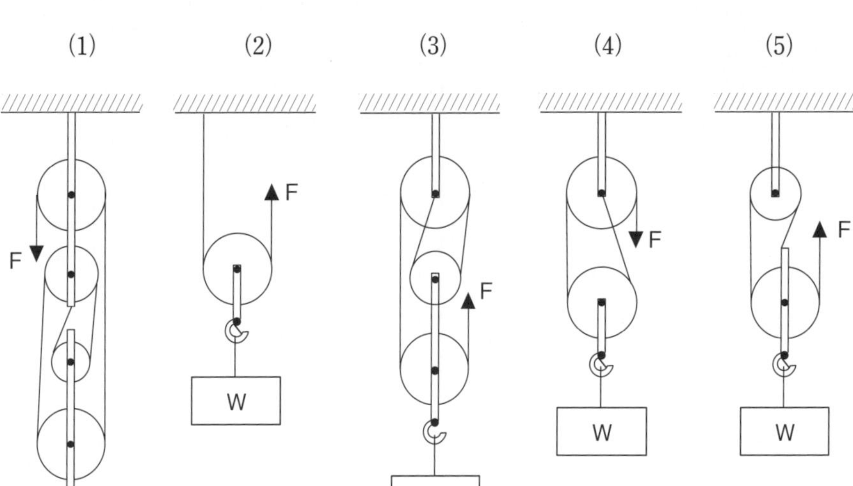

(1) $F = \dfrac{W}{5}\,g$　(2) $F = \dfrac{W}{2}\,g$　(3) $F = \dfrac{W}{4}\,g$　(4) $F = \dfrac{W}{2}\,g$　(5) $F = \dfrac{W}{3}\,g$

第4回目　令和4年10月公表問題　解答と解説

◆正解一覧

問題	正解	チェック				
〔クレーンに関する知識〕						
問1	(4)					
問2	(4)					
問3	(5)					
問4	(3)					
問5	(5)					
問6	(1)					
問7	(2)					
問8	(3)					
問9	(1)					
問10	(2)					
小計点						

問題	正解	チェック				
〔関係法令〕						
問11	(4)					
問12	(3)					
問13	(5)					
問14	(1)					
問15	(4)					
問16	(2)					
問17	(2)					
問18	(2)					
問19	(5)					
問20	(3)					
小計点						

問題	正解	チェック				
〔原動機及び電気に関する知識〕						
問21	(4)					
問22	(1)					
問23	(5)					
問24	(2)					
問25	(3)					
問26	(5)					
問27	(3)					
問28	(4)					
問29	(3)					
問30	(2)					
小計点						

問題	正解	チェック				
〔クレーンの運転のために必要な力学に関する知識〕						
問31	(3)					
問32	(1)					
問33	(4)					
問34	(5)					
問35	(3)					
問36	(5)					
問37	(5)					
問38	(2)					
問39	(1)					
問40	(1)					
小計点						

合計点	回	点
合計点	1回目	/40
	2回目	/40
	3回目	/40
	4回目	/40
	5回目	/40

◆解説

〔クレーンに関する知識〕

【問1】(4) が適切。⇒1章2節 _ クレーンに関する用語（P.10 ～）、
1章3節 _ クレーンの運動（P.13 ～）参照

(1) 天井クレーンのキャンバとは、下に垂れ下がらないように（下垂しないように）予めクレーンガーダに与えておく上向きの曲線（そり）をいう。

(2) 定格速度とは、定格荷重〔つり上げ荷重×〕に相当する荷重の荷をつって、巻上げ、走行、横行、旋回などの作動を行う場合の、それぞれの最高の速度をいう。

(3) 天井クレーンのつり上げ荷重〔定格荷重×〕とは、クレーンの構造及び材料に応じて負荷させることができる最大の荷重をいい、フックなどのつり具分が含まれる。

(5) ケーブルクレーンのトロリがメインロープに沿って移動することを横行〔走行×〕という。

【問2】(4) が不適切。⇒1章5節 _ 1．クレーンガーダ（P.30 ～）参照

(4) Ｉビームガーダは、Ｉ形鋼を用いたクレーンガーダで、単独で水平力を支えることができるため、補桁なしで用いることもある〔できないので、必ず補桁を設ける×〕。

【問3】(5) が適切。⇒1章10節 _ クレーンの安全装置等（P.64 ～）参照

(1) 走行…… 走行車輪直径の２分の１〔４分の１×〕以上の高さの車輪止め
(2) 横行…… 横行車輪直径の４分の１〔５分の１×〕以上の高さの車輪止め
(3) 起伏………… 傾斜角指示装置〔逸走防止装置×〕
(4) 巻上げ〔巻下げ×〕……… 重錘（すい）形リミットスイッチを用いた巻過防止装置

【問4】(3) B、C が適切。⇒1章7節 _ 6．ワイヤロープの末端処理（P.45）参照

A　ソケット止め〔クサビ止め×〕
D　クサビ止め〔合金詰めソケット止め×〕

【問5】(5) が不適切。⇒1章9節 _ 8．軸継手（P.58 ～）参照

(5) フランジ形たわみ軸継手は、ゴムのたわみ性〔流体×〕を利用したたわみ軸継手で、二つの軸のずれや傾きの影響を緩和するために用いられる。

【問6】(1) が不適切。⇒1章11節 _ 1．ドラムブレーキ（P.72 ～）参照

(1) 電動油圧押上機ブレーキは、油圧による力によってブレーキの制動を開放し、〔油圧により押上げ力を得て制動を行い×〕ばねの復元力によって制動を行う

〔ばねの復元力によって制動力を解除する×〕。

【問７】(2) が適切。⇒１章 12 節 _ 6. クレーンの給油（P.79 ～）、

7. 点検及び保守管理（P.81 ～）参照

(1) ワイヤロープの点検で直径を測定する場合は、シーブの通過による繰り返し曲げを受ける部分、ロープ端部の取付部付近、エコライザシーブに掛かっている周辺の部分に重点を置いて行う。

(3) ギヤ油は長時間の使用による劣化や、金属粉やゴミの混入による変質が生じるため、定期的に点検し、必要に応じて交換する必要がある。

(4) 軸受へのグリースの給油は、平軸受（滑り軸受）〔転がり軸受×〕では毎日１回程度、転がり軸受〔平軸受（滑り軸受）×〕では６か月に１回程度行う。

(5) ワイヤロープには、ロープ専用のグリース〔ギヤ油×〕を塗布する。

【問８】(3) が不適切。⇒１章４節 _ 1. 天井クレーン（P.16 ～）参照

(3) 屋外の架構上に設けられたランウェイのレール上を走行するクレーンも、同じ構造及び形状のものは天井クレーンに分類される。

【問９】(1) が不適切。⇒１章５節 _ 5. トロリ（P.34 ～）、

(1) クラブとは、トロリフレーム上に巻上装置と横行装置〔走行装置×〕を備え、２本のレール上を自走するトロリをいう。

【問 10】(2) が不適切。⇒１章 12 節 _ 2. 運転時の注意事項（P.76 ～）参照

(2) 巻上げ操作による荷の横引きをしてはならない。

〔関係法令〕

【問 11】(4) が法令違反。

⇒２章１節 _ 7. クレーンと建設物等との間隔（P.87 ～）参照

(1) クレーンガーダに歩道を有するクレーンの集電装置の部分を除いた最高部と、当該クレーンの上方にある建設物のはりとの間隔を 0.4m 以上〔0.5 m〇〕としている。

(2) クレーンガーダの歩道と当該歩道の上方にある建設物のはりとの間隔が 1.8 m 以上〔1.7 m×〕だが、当該歩道上に歩道からの高さが 1.5m 以上〔1.6 m〇〕の天がいを設けている。

(3) クレーンと建設物との間の歩道のうち、建設物の柱に接する部分以外の歩道の幅を 0.6m 以上〔0.7 m〇〕としなければならない。

(4) クレーンと建設物との間の歩道のうち、建設物の柱に接する部分の歩道の幅を 0.4m 以上〔0.3 m×〕とすること。

(5) クレーンの運転室の端から労働者が墜落するおそれがあるため、当該運転室の端と運転室に通ずる歩道の端との間隔を0.3m以下〔0.2 m○〕としなければならない。

【問12】（3）が違反とならない（立入可能）。

⇒2章2節_13. 立入禁止（P.93～）参照

(1) 動力下降以外の方法によって荷を下降させるときは、つり上げられている荷の下へ労働者を立ち入らせる行為は禁止されている。

(2) つりチェーンを用いて、荷に設けられた穴又はアイボルトを通さず、1箇所に玉掛けをした荷がつり上げられているとき、つり上げられている荷の下へ労働者を立ち入らせる行為は禁止されている。

(4) 複数の荷が一度につり上げられている場合であって、当該複数の荷が結束され、箱に入れられる等により固定されていないときは、つり上げられている荷の下へ労働者を立ち入らせる行為は禁止されている。

(5) 磁力または陰圧により吸着させるつり具を用いて玉掛けをした荷がつり上げられているとき、つり上げられている荷の下へ労働者を立ち入らせる行為は禁止されている。

【問13】（5）が使用禁止とされていない（使用可能）。

⇒2章6節_2. 不適格な玉掛用具（P.103～）、
3. リングの具備等（P.105～）参照

(1) 伸びが製造されたときの長さの5％を超える〔6％×〕のつりチェーン

(2) ワイヤロープ1よりの間で素線（フィラ線を除く）の数の10％以上〔11％×〕の素線が切断したワイヤロープは、クレーンの玉掛け用具として使用してはならない。

(3) エンドレスでないワイヤロープで、その両端にフック、シャックル、リング又はアイのいずれも備えていないものは使用禁止。

(4) クレーンの玉掛用具であるワイヤロープの安全係数については、6以上〔5×〕でなければ使用してはならない。

(5) 直径の減少が公称径の7％を超える〔6％○〕ワイヤロープは、クレーンの玉掛け用具として使用してはならない。

【問14】（1）が誤り。⇒2章2節_5. 安全弁の調整（P.90～）参照

(1) 油圧を動力として用いるクレーンの安全弁については、原則として、定格荷重〔つり上げ荷重×〕に相当する荷重をかけたときの油圧に相当する圧力以下で作用するように調整しておかなければならない。

【問 15】(4) が誤り。⇒2章3節_4．暴風後等の点検（P.97〜）参照

(4) 屋外に設置されているクレーンを用いて瞬間風速が毎秒 30 m をこえる風が吹いた後に作業を行うときのクレーンの各部分の異常の有無についての点検は、当該クレーンに係る作業を開始する前に、あらかじめ〔作業の開始後、遅滞なく×〕行わなければならない。

【問 16】(2) が誤り。⇒2章4節_クレーンの性能検査（P.98〜）参照

(2) 性能検査においては、クレーンの各部分の構造及び機能について点検を行うほか、荷重試験を行うものとする。性能検査において安定度試験は行わない。

【問 17】(2) A、B、D が誤り。

⇒2章7節_クレーンの運転士免許（P.107〜）参照

A 免許に係る業務に従事するときは、当該業務に係る免許証を携帯しなければならない。〔ただし、屋外作業等、作業の性質上、免許証を滅失するおそれのある業務に従事するときは、免許証に代えてその写しを携帯することで差し支えない。×〕

B 免許に係る業務に現に就いている者は、氏名を変更したときは、免許証の書替えを受けなければならない。〔ただし、変更後の氏名を確認することができる他の技能講習修了証等を携帯するときは、この限りでない。×〕

D 労働安全衛生法違反により免許の取消しの処分を受けた者は、遅滞なく〔処分を受けた日から起算して 30 日以内に×〕、免許の取消しをした都道府県労働局長に免許証を返還しなければならない。

【問 18】(2) が誤り。⇒2章1節_3．落成検査（P.85〜）参照

(2) 定格荷重が 200 t をこえるクレーンの落成検査における荷重試験は、定格荷重に 50 t〔25 t ×〕を加えた荷重の荷をつって、つり上げ、走行、旋回、トロリの横行等の作動を行うものとする。

【問 19】(5) が正しい。⇒2章7節_1．クレーン運転士の資格（P.107）参照

(1) クレーンに限定したクレーン・デリック運転士免許で、すべてのクレーンの運転業務に就くことが可能。

(2) 床上運転式クレーンに限定したクレーン・デリック運転士免許では、つり上げ荷重5t以上の無線操作方式のクレーン運転業務に就くことはできない。

(3) 玉掛けの業務に係る特別の教育の受講では、つり上げ荷重1 t 以上のクレーンで行う玉掛けの業務に就くことはできない。

(4) 床上操作式クレーン運転技能講習の修了では、つり上げ荷重5t以上の床上運転式クレーンの運転の業務に就くことはできない。

【問 20】(3) が正しい。⇒２章３節 _ 定期自主検査等（P.96 ～）参照

(1) １年以内ごとに１回行う定期自主検査においては、定格荷重〔つり上げ荷重×〕に相当する荷重の荷をつって行う荷重試験を実施しなければならない。

(2) １か月をこえる期間使用せず、当該期間中に１か月以内ごとに１回行う定期自主検査を実施しなかったクレーンについては、その使用を再び開始する際に〔した後遅滞なく×〕、所定の事項について自主検査を行わなければならない。

(4) １か月以内ごとに１回行う定期自主検査を実施し、異常を認めたときは、直ちに〔次回の定期自主検査までに×〕補修しなければならない。

(5) 自主検査及び点検の結果の記録は、作業開始前の点検を除き３年間保存しなければならない。

〔原動機及び電気に関する知識〕

【問 21】(4) が適切。⇒３章１節 _ １．電流（P.113 ～）参照

(1) 直流はDC〔ＡＣ×〕、交流はAC〔ＤＣ×〕と表される。

(2) 日本において電力として配電される交流の周波数には、東日本は50Hz（１秒間に 50 サイクル）、西日本は60Hz（１秒間に 60 サイクル）がある。

(3) 交流用の電圧計や電流計の計測値は、電圧や電流の実効値〔最大値×〕を示している。

(5) 交流〔直流×〕は、変圧器によって容易に電圧を変えることができる。

【問 22】(1) が正しい。⇒３章１節 _ ３．抵抗（P.115）参照

- BC 間の合成抵抗Ｒの値

$$合成抵抗R = \frac{1}{\frac{1}{6\,\Omega}+\frac{1}{12\,\Omega}} = \frac{1}{\frac{2+1}{12\,\Omega}} = \frac{1}{\frac{3}{12\,\Omega}} = \frac{12\,\Omega}{3} = \underline{4\,\Omega}$$

- ＡＣ間に 200 Ｖの電圧をかけたときに流れる電流Ｉの値

回路全体の合成抵抗Ｒ ＝ ６Ω ＋４Ω ＝ 10 Ω

電流は、電圧を抵抗で除したものとなる。

$$電流 = \frac{電圧}{抵抗} = \frac{200V}{10\,\Omega} = \underline{20A}$$

【問 23】(5) が不適切。⇒３章２節 _ クレーンの電動機（P.118 ～）参照

(5) 三相誘導電動機の回転子〔固定子×〕の構造は、かご形では太い導線（バー）がかご形に配置され、巻線形では巻線になっている。

【問 24】(2) が適切。

⇒3章3節_2．制御器（コントローラー）とその制御（P.122～）参照

(1) ユニバーサル制御器は、１本の操作ハンドルを前後左右や斜めに操作することにより、2個〔３個×〕の制御器を同時に又は単独で操作できる構造にしたものである。

(3) 無線操作用の制御器には、押しボタン式とハンドル操作式があり、誤操作を防止するため、一操作を複数のスイッチ操作〔複数の操作を１回のスイッチ操作×〕で行うことができるように工夫されている。

(4) エンコーダー型制御器は、ハンドル位置を連続的に検出する間接制御器〔し、電動機の主回路を直接開閉する直接制御器×〕である。

(5) ドラム形直接制御器は、ハンドルで回される円弧状のセグメント〔フィンガー×〕とそれに接する固定フィンガー〔セグメント×〕により電磁接触器の操作回路を開閉する制御器である。

【問 25】(3) が不適切。⇒3章4節_3．スリップリング給電（P.131～）参照

(3) 旋回体、ケーブル巻取式などの回転部分への給電には、スリップリング〔トロリバー×〕が用いられる。

【問 26】(5) が不適切。

⇒3章3節_2．制御器（コントローラー）とその制御（P.122～）参照

(5) 半間接制御は、巻線形三相誘導電動機の一次側を電磁接触器で間接制御〔直接制御器で直接制御×〕し、二次側を直接制御器で直接制御〔電磁接触器で間接制御×〕する方式である。

【問 27】(3) が不適切。

⇒3章5節_2．巻線形三相誘導電動機の速度制御（P.134～）参照

(3) 巻線形三相誘導電動機の二次抵抗制御は、回転子〔固定子×〕の巻線に接続した抵抗器の抵抗値を変化させて速度制御するもので、始動時には二次抵抗を順次短絡することにより、緩始動することができる。

【問 28】(4) が適切。⇒3章6節_電気設備の保守（P.137～）参照

(1) 黒鉛は、電気の導体〔絶縁体（不導体）×〕である。

(2) 雲母は、電気の絶縁体〔導体×〕である。

(3) 電気回路の絶縁抵抗は、メガー〔アンメーター×〕と呼ばれる絶縁抵抗計を用いて測定する。

(5) ナイフスイッチは、入れるときよりも切るとき〔切るときよりも入れるとき×〕の方がスパークが大きいので、切るとき〔入れるとき×〕はできるだ

けスイッチに近づかないようにして、側方などから行う。

【問29】(3) が不適切。⇒3章6節 _ 7．電気装置の故障（P.144 〜）参照

(3) 三相誘導電動機の一次側電源回路の三相の配線のうち2線が断線していた場合は、起動しない。

【問30】(2) が適切。⇒3章6節 _ 4．接地（アース）（P.139 〜）、5．感電（P.140 〜）参照

(1) 人体は身体内部の電気抵抗が皮膚の電気抵抗よりも小さい〔大きい×〕ため、電気火傷の影響は皮膚深部に及ぶことがあり〔及ばない×〕、皮膚表面は極めて大きな傷害を受ける。

(3) 100 Vの電圧に感電した場合でも、通過電流によって死亡する危険性がある。

(4) 接地線には、できるだけ電気抵抗の小さい、十分な太さの〔大きな×〕電線を使った方が丈夫で、安全である。

(5) 感電による危険を電流と時間の積によって評価する場合、一般に50〔500 ×〕ミリアンペア秒が安全限界とされている。

〔クレーンの運転のために必要な力学に関する知識〕

【問31】(3) が不適切。⇒4章2節 _ 6．力のモーメント（P.150 〜）参照

(3) 力の大きさをF、回転軸の中心から力の作用線に下ろした垂線の長さをLとすれば、力のモーメントMは、M＝F×L〔M＝F / L×〕で求められる。

【問32】(1) 10kg ⇒4章2節 _ 7．力のつり合い（P.151 〜）参照

- 天秤棒の支点Oを中心とした力のつり合いを考える
- つり合いの条件

左回りのモーメント M_1＝右回りのモーメント M_2

M_1（20kg × 30cm）＝ M_2（Pkg × 20cm ＋ 10kg × 40cm）

600 ＝ 20P ＋ 400

600 − 400 ＝ 20P

200 ＝ 20P

200 ÷ 20 ＝ P ＝ **10kg**

【問33】(4) B、Dのみが適切。⇒4章3節 _ 3．体積（P.157 〜）参照

A　円柱の体積は「半径 ^{2} × π × 高さ」

C　球の体積は「(半径) ^{3} × π × $\frac{4}{3}$」

【問 34】(5) が不適切。⇒4章4節 _ 2．物体の安定（座り）(P.161 〜）参照

(5) 水平面上に置いた直方体の物体を傾けた場合、重心からの鉛直線がその物体の底面を通るときは、その物体は倒れることなく元に戻る〔倒れる×〕。

【問 35】(3) が不適切。⇒4章5節 _ 1．運動（P.162 〜）参照

(3) 加速度$= \dfrac{40\text{m/s} - 10\text{m/s}}{2\text{ s}} = \dfrac{30\text{m/s}}{2\text{ s}} = 15\text{m/s}^2$

【問 36】(5) が不適切。⇒4章5節 _ 2．摩擦力（P.166 〜）参照

(5) 物体に働く最大静止摩擦力は、運動摩擦力より大きい〔小さい×〕。

【問 37】(5) が不適切。⇒4章6節 _ 2．応力（P.172 〜）参照

(5) 圧縮応力は、材料に作用する圧縮荷重を材料の断面積〔材料の断面積を材料に作用する圧縮荷重×〕で除して求められる。

【問 38】(2) が不適切。⇒4章6節 _ 1．荷重（P.169 〜）参照

(2) クレーンのフックには、曲げ荷重と引張荷重〔圧縮荷重×〕がかかる。

【問 39】(1) A ＞ B ＞ C ⇒4章7節 _ 1．張力係数（P.175 〜）参照

- ワイヤロープ1本にかかる張力$= \dfrac{\text{つり荷の質量}}{\text{つり本数}} \times 9.8\text{m/s}^2 \times$張力係数
- 張力係数 ⇒ 60° = 1.16、90° = 1.41、120° = 2.0

$$A = \frac{4\text{ t}}{2\ (\text{本})} \times 9.8\text{m/s}^2 \times 1.16 = 22.736\text{kN}$$

$$B = \frac{3\text{ t}}{2\ (\text{本})} \times 9.8\text{m/s}^2 \times 1.41 = 20.727\text{kN}$$

$$C = \frac{2\text{ t}}{2\ (\text{本})} \times 9.8\text{m/s}^2 \times 2.0 = 19.6\text{kN}$$

＝ **A（22.736）＞ B（20.727）＞ C（19.6）**

【問 40】（1）が誤り。⇒4章8節＿3．組合せ滑車（P.179～）参照

▪ 力Fは、次の公式により求めることができる。

$$F = \frac{質量（W）\times 9.8m/s^2}{動滑車の数\times 2（荷をつっているロープの数）}$$

▪ 従って、設問の図における動滑車の数（荷をつっているロープの数）を当てはめる。

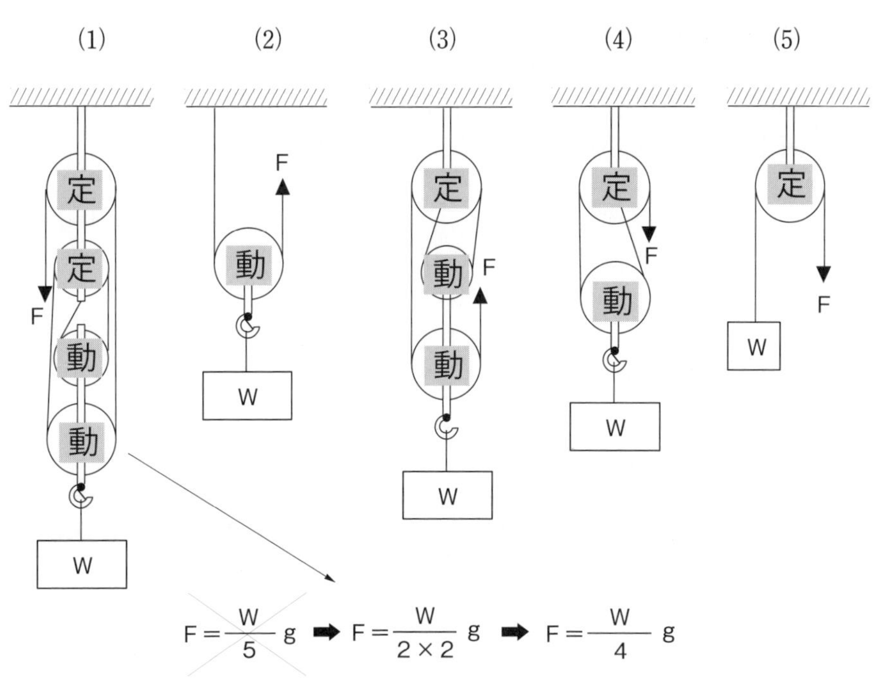

$$F = \frac{W}{5}g \Rightarrow F = \frac{W}{2\times 2}g \Rightarrow F = \frac{W}{4}g$$

（$F = \frac{W}{5}g$ は×印で消されている）

第5回目　令和４年４月公表問題

〔クレーンに関する知識〕

【問１】クレーンに関する用語の記述として、適切でないものは次のうちどれか。

(1) キャンバとは、天井クレーンなどであらかじめクレーンガーダに与える上向きのそり(曲がり)をいう。

(2) つり上げ荷重とは、クレーンの構造及び材料に応じて負荷させることができる最大の荷重をいい、フックなどのつり具分が含まれる。

(3) 定格速度とは、定格荷重に相当する荷重の荷をつって、巻上げ、走行、横行、旋回などの作動を行う場合の、それぞれの最高の速度をいう。

(4) 揚程とは、つり具を有効に上げ下げできる上限と下限の垂直距離をいう。

(5) 天井クレーンのスパンとは、クラブトロリの移動する距離をいう。

【問２】クレーンの構造部分に関する記述として、適切なものは次のうちどれか。

(1) Ｉビームガーダは、Ｉ形鋼を用いたクレーンガーダで、単独では水平力を支えることができないので、必ず補桁を設ける。

(2) ジブクレーンのジブは、荷をより多くつれるように、自重をできるだけ軽くするとともに、剛性を持たせる必要があるため、パイプトラス構造やボックス構造のものが用いられる。

(3) プレートガーダは、細長い部材を三角形に組んだ骨組構造で、強度が大きい。

(4) 橋形クレーンの脚部には、剛脚と揺脚があり、剛脚はクレーンガーダに作用する水平力に耐える構造とするため、クレーンガーダとピンヒンジで接合されている。

(5) ボックスガーダは、鋼板を箱形状の断面に構成したものであるが、その断面形状では水平力を十分に支えることができないため、補桁と組み合わせて用いられる。

【問 3】ワイヤロープ端末の止め方とその図の組合せとして、適切なものは次のうちどれか。

止め方	図
(1) 圧縮止め	
(2) クサビ止め	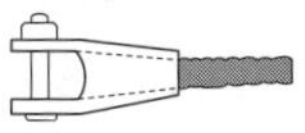
(3) アイスプライス	
(4) クリップ止め	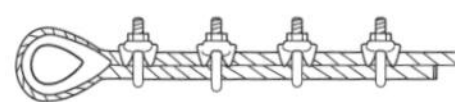
(5) 合金詰めソケット止め	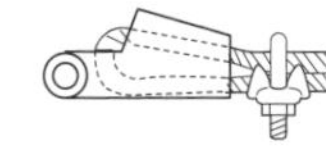

【問 4】クレーンの機械要素に関する記述として、適切なものは次のうちどれか。

(1) ウォームギヤは、ウォームとこれにかみ合うウォームホイールを組み合わせたもので、一対の歯車で 15 ～ 50 程度の減速比が得られる。

(2) スラスト軸受は、軸の直角方向の荷重を支える軸受である。

(3) リーマボルトは、ボルト径が穴径よりわずかに小さく、取付け精度は良いが、横方向にせん断力を受けるため、構造部材の継手に用いることはできない。

(4) はすば歯車は、歯が軸につる巻状に斜めに切られており、動力の伝達にむらが少ないが、減速比は平歯車ほど大きくすることができない。

(5) 歯車形軸継手は、外筒の内歯車と内筒の外歯車がかみ合う構造で、外歯車にはクラウニングが施してあるため、二つの軸のずれや傾きがあると円滑に動力を伝えることができない。

【問5】クレーンの安全装置などに関する記述として、適切なものは次のうちどれか。

(1) 玉掛け用ワイヤロープの外れ止め装置は、シーブから玉掛け用ワイヤロープが外れるのを防止するための装置である。

(2) レバー形リミットスイッチを用いた巻過防止装置は、巻上げ過ぎ及び巻下げ過ぎの両方の位置制限を1個のリミットスイッチで行うことができる。

(3) 直働式巻過防止装置のうち重錘(すい)形リミットスイッチ式のものは、ワイヤロープを交換した後の作動位置の再調整が必要である。

(4) 天井クレーンなどでは、運転室からクレーンガーダへ上がる階段の途中にフートスイッチを設け、点検などの際に階段を上がると主回路が開いて感電災害を防ぐようになっているものがある。

(5) レールクランプは、屋外に設置された走行クレーンが作業中に突風などにより逸走することを防止する装置で、走行路の定められた係留位置で短冊状金具を地上の基礎に落し込むことによりクレーンの逸走を防止する。

【問6】クレーンの給油及び点検に関する次のAからEの記述について、適切でないもののみを全て挙げた組合せは (1) ～ (5) のうちどれか。

A　ワイヤロープの点検で直径を測定する場合は、フックブロックのシーブを通過する頻度が高い部分を避け、エコライザシーブの下方1m程度の位置で行う。

B　軸受へのグリースの給油は、平軸受（滑り軸受）では毎日1回程度、転がり軸受では6か月に1回程度の間隔で行う。

C　給油装置は、配管の穴あき、詰まりなどにより給油されないことがあるので、給油部分から古い油が押し出されている状態などにより、新油が給油されていることを確認する。

D　油浴式給油方式の減速機箱の油が白く濁っている場合は、水分が多く混入しているおそれがある。

E　グリースカップ式の給油方法は、グリースカップから一定の圧力で自動的にグリースが圧送されるので、給油の手間がかからない。

(1) A, B, C
(2) A, D, E
(3) A, E
(4) B, C
(5) C, D, E

【問 7】クレーンのブレーキに関する記述として、適切なものは次のうちどれか。

(1) 電動油圧押上機ブレーキは、油圧により押上げ力を得て制動を行い、ばねの復元力によって制動力を解除する。

(2) ディスクブレーキは、ディスクをブレーキ片（パッド）で両側からはさみ付けて制動する構造のものであるが、ディスクが過熱しやすいため、ドラム形ブレーキなどに比べ、装置全体を小型化することができない。

(3) 電磁式バンドブレーキは、ブレーキドラムの周りにバンドを巻き付け、電磁石に電流を通じることにより締め付けて制動する。

(4) 足踏み油圧式ディスクブレーキは、油圧シリンダ、ブレーキピストン及びこれらをつなぐ配管などに油漏れや空気の混入があると、制動力が生じなくなることがある。

(5) つり上げ装置のブレーキの制動トルクの値は、定格荷重に相当する荷重の荷をつった場合における当該装置のトルクの値の 120％に調整する。

【問 8】クレーンの種類、型式及び用途に関する記述として、適切なものは次のうちどれか。

(1) コンテナクレーンは、埠（ふ）頭においてコンテナを専用のつり具であるスイングレバーでつり上げて、陸揚げ及び積込みを行うクレーンである。

(2) スタッカー式クレーンは、鉄鉱石などのばら物を陸揚げするためのクレーンで、橋形クレーン式と引込みクレーン式に大別される。

(3) アンローダは、製鋼関係の工場で用いられる特殊な構造の天井クレーンである。

(4) レードルクレーンは、主に造船所で使用される特殊な構造のクレーンで、ジブの水平引込みができる。

(5) ケーブルクレーンは、相対する二つの塔の間に張り渡したメインロープ上をトロリが移動するクレーンで、ダム工事現場でのコンクリート打設、橋梁の架設工事などに使用されている。

【問 9】クレーンのトロリ及び作動装置に関する記述として、適切でないものは次のうちどれか。

(1) クラブトロリは、トロリフレーム上に巻上装置と横行装置を備え、2本のレール上を自走するトロリである。

(2) 巻上装置に主巻と補巻を設ける場合、一般に、主巻の巻上げ速度は、補巻より遅い。

(3) ワイヤロープ式のホイストには、トップランニング式と呼ばれる普通形ホイストとサスペンション式と呼ばれるダブルレール形ホイストがある。

(4) ジブクレーンなどの旋回装置の旋回方式には、センターポスト方式、旋回環方式などがある。

(5) マントロリは、トロリに運転室が取り付けられ、トロリとともに移動するものである。

【問 10】クレーンの運転時の取扱い方法及び注意事項に関する記述として、適切でないものは次のうちどれか。

(1) 無線操作方式のクレーンで、運転者自身が玉掛け作業を行うときは、制御器の操作スイッチなどへの接触による誤動作を防止するため、制御器の電源スイッチを切っておく。

(2) 停止時の荷振れを防止するために行う追いノッチは、移動を続けるつり荷が目標位置の少し手前まで来たときに移動の操作を一旦停止し、慣性で移動を続けるつり荷が振り切れた後、ホイストの真下に戻ってきたときに再び移動のスイッチを入れ、その直後に移動のスイッチを切り、つり荷を停止させる手順で行う。

(3) インバーター制御のクレーンは、低速から高速まで無段階に精度の高い速度制御ができるので、インチング動作をせずに微速運転で位置を合わせることができる。

(4) 巻下げ過ぎ防止装置のないクレーンのフックを巻き下げ続けると、逆巻きになるおそれがある。

(5) ジブクレーンで荷をつるときは、マストやジブのたわみにより作業半径が大きくなるので、定格荷重に近い質量の荷をつる場合には、つり荷の質量が、たわみにより大きくなったときの作業半径における定格荷重を超えないことを確認する。

〔関係法令〕

【問 11】建設物の内部に設置する走行クレーン（以下、本問において「クレーン」という。）に関する記述として、法令上、違反となるものは次のうちどれか。

(1) クレーンガーダに歩道を有しないクレーンの集電装置の部分を除いた最高部と、当該クレーンの上方にある建設物のはりとの間隔を 0.3 m としている。

(2) クレーンガーダの歩道と当該歩道の上方にある建設物のはりとの間隔が 1.9 m であるため、当該歩道上に天がいを設けていない。

(3) クレーンと建設物との間の歩道のうち、建設物の柱に接する部分の歩道の幅を 0.3 m としている。

(4) クレーンと建設物との間の歩道のうち、建設物の柱に接する部分以外の歩道の幅を 0.7 m としている。

(5) クレーンの運転室の端から労働者が墜落するおそれがあるため、当該運転室の端と運転室に通ずる歩道の端との間隔を 0.2 m としている。

【問 12】クレーンに係る作業を行う場合における、つり上げられている荷の下への労働者の立入りに関する記述として、法令上、違反とならないものは次のうちどれか。

(1) 動力下降以外の方法によって荷を下降させるとき、つり上げられている荷の下へ労働者を立ち入らせた。

(2) つりチェーンを用いて、荷に設けられたアイボルトを通して、1 箇所に玉掛けをした荷がつり上げられているとき、つり上げられている荷の下へ労働者を立ち入らせた。

(3) つりクランプ 1 個を用いて玉掛けをした荷がつり上げられているとき、つり上げられている荷の下へ労働者を立ち入らせた。

(4) 複数の荷が一度につり上げられている場合であって、当該複数の荷が結束され、箱に入れられる等により固定されていないとき、つり上げられている荷の下へ労働者を立ち入らせた。

(5) 磁力により吸着させるつり具を用いて玉掛けをした荷がつり上げられているとき、つり上げられている荷の下へ労働者を立ち入らせた。

【問 13】次のうち、法令上、クレーンの玉掛用具として使用禁止とされていないものはどれか。

⑴ ワイヤロープ 1 よりの間において素線（フィラ線を除く。以下同じ。）の数の 11%の素線が切断したワイヤロープ

⑵ 直径の減少が公称径の 8 %のワイヤロープ

⑶ 伸びが製造されたときの長さの 6 %のつりチェーン

⑷ 使用する際の安全係数が 4 となるフック

⑸ リンクの断面の直径の減少が、製造されたときの当該直径の 9 %のつりチェーン

【問 14】クレーンの組立て時、点検時又は悪天候時の措置に関する記述として、法令上、誤っているものは次のうちどれか。

⑴ 同一のランウェイに並置されている走行クレーンの点検の作業を行うときは、監視人をおくこと、ランウェイの上にストッパーを設けること等、労働者の危険を防止するための措置を講じなければならない。

⑵ 天井クレーンのクレーンガーダの上で当該天井クレーンの点検の作業を行うときは、原則として、当該天井クレーンの運転を禁止するとともに、当該天井クレーンの操作部分に運転を禁止する旨の表示をしなければならない。

⑶ クレーンの組立ての作業を行うときは、作業を指揮する者を選任して、その者の指揮のもとに作業を実施させるとともに、当該組立作業中に組立作業を行う区域へ関係労働者以外の労働者を立ち入らせる場合には、当該関係労働者以外の労働者についても、当該作業を指揮する者にその作業状況を監視させなければならない。

⑷ 強風のため、ジブクレーンに係る作業の実施について危険が予想され、当該作業を中止した場合であって、当該ジブクレーンのジブが損壊するおそれがあるときは、当該ジブの位置を固定させる等の措置を講じなければならない。

⑸ 屋外に設置されているクレーンを用いて瞬間風速が毎秒 30 m をこえる風が吹いた後に作業を行うときは、あらかじめ、クレーンの各部分の異常の有無について点検を行わなければならない。

【問 15】クレーンの自主検査及び点検に関する記述として、法令上、正しいものは次のうちどれか。

(1) 1か月以内ごとに1回行う定期自主検査においては、巻過防止装置その他の安全装置の異常の有無について検査を行わなければならない。

(2) 1か月をこえる期間使用せず、当該期間中に1か月以内ごとに1回行う定期自主検査を実施しなかったクレーンについては、その使用を再び開始した後 30 日以内に、所定の事項について自主検査を行わなければならない。

(3) クレーンを用いて作業を行うときは、その日の作業を開始する前に、所定の事項について点検を行うとともに、つり上げ荷重に相当する荷重の荷をつって行う荷重試験を実施しなければならない。

(4) 定期自主検査を行ったときは、当該自主検査結果をクレーン検査証に記録しなければならない。

(5) 1か月以内ごとに1回行う定期自主検査を実施し、異常を認めたときは、次回の定期自主検査までに補修しなければならない。

【問 16】事業場内に設置されているつり上げ荷重 10t の天井クレーンについて、次のAからEに掲げる部分を変更しようとするとき、法令上、所轄労働基準監督署長にクレーン変更届を提出する必要がないもののみを全て挙げた組合せは(1)～(5)のうちどれか。

ただし、計画届の免除認定を受けていない場合とする。

A　クレーンガーダ

B　ランウェイ上に設置された走行用レール

C　ブレーキ

D　コントローラー

E　フック等のつり具

(1) A，B

(2) B，C，D

(3) B，C，D，E

(4) B，D

(5) C，D，E

【問 17】クレーン・デリック運転士免許及び免許証に関する次のAからDの記述について、法令上、誤っているもののみを全て挙げた組合せは (1) ～ (5) のうちどれか。

A 免許に係る業務に従事するときは、当該業務に係る免許証を携帯しなければならない。ただし、屋外作業等、作業の性質上、免許証を滅失するおそれのある業務に従事するときは、免許証に代えてその写しを携帯することで差し支えない。

B 免許証を他人に譲渡又は貸与したときは、免許の取消し又は効力の一時停止の処分を受けることがある。

C 労働安全衛生法違反により免許の取消しの処分を受けた者は、処分を受けた日から起算して 30 日以内に、免許の取消しをした都道府県労働局長に免許証を返還しなければならない。

D 労働安全衛生法違反により免許を取り消され、その取消しの日から起算して１年を経過しない者は、免許を受けることができない。

(1) A，B，C
(2) A，C
(3) B，C，D
(4) B，D
(5) C，D

【問 18】クレーンに係る許可、設置、検査及び検査証に関する記述として、法令上、誤っているものは次のうちどれか。

ただし、計画届の免除認定を受けていない場合とする。

(1) つり上げ荷重４t のジブクレーンを製造しようとする者は、原則として、あらかじめ、所轄都道府県労働局長の製造許可を受けなければならない。
(2) クレーン検査証の有効期間は、原則として３年であるが、所轄労働基準監督署長は、落成検査の結果により当該期間を３年未満とすることができる。
(3) つり上げ荷重１t の橋形クレーンを設置しようとする事業者は、あらかじめ、クレーン設置報告書を所轄労働基準監督署長に提出しなければならない。
(4) つり上げ荷重２t のスタッカー式クレーンを設置しようとする事業者は、当該工事の開始の日の 30 日前までにクレーン設置届を所轄労働基準監督署長に提出しなければならない。
(5) クレーン検査証を受けたクレーンを設置している者に異動があったときは、クレーンを設置している者は、当該異動後 10 日以内に、クレーン検査証書替申請書にクレーン検査証を添えて、所轄労働基準監督署長に提出し、検査証の書替えを受けなければならない。

【問 19】クレーンの運転及び玉掛けの業務に関する記述として、法令上、正しいものは次のうちどれか。

(1) クレーンの運転の業務に係る特別の教育の受講で、つり上げ荷重6tの床上操作式クレーンである天井クレーンの運転の業務に就くことができる。

(2) クレーンに限定したクレーン・デリック運転士免許では、つり上げ荷重20tのクライミング式ジブクレーンの運転の業務に就くことができない。

(3) 床上運転式クレーンに限定したクレーン・デリック運転士免許で、つり上げ荷重10tの無線操作方式の天井クレーンの運転の業務に就くことができる。

(4) 玉掛けの業務に係る特別の教育の受講では、つり上げ荷重2tのポスト形ジブクレーンで行う0.9tの荷の玉掛けの業務に就くことができない。

(5) 床上操作式クレーン運転技能講習の修了で、つり上げ荷重8tの床上運転式クレーンである橋形クレーンの運転の業務に就くことができる。

【問 20】クレーンの使用に関する記述として、法令上、誤っているものは次のうちどれか。

(1) クレーンは、原則として、定格荷重をこえる荷重をかけて使用してはならない。

(2) 労働者からクレーンの安全装置の機能が失われている旨の申出があったときは、すみやかに、適当な措置を講じなければならない。

(3) フックに玉掛け用ワイヤロープ等の外れ止め装置を具備するクレーンを用いて荷をつり上げるときは、当該外れ止め装置を使用しなければならない。

(4) 油圧を動力として用いるジブクレーンの安全弁については、原則として、最大の定格荷重に相当する荷重をかけたときの油圧に相当する圧力以下で作用するように調整しておかなければならない。

(5) クレーンの直働式以外の巻過防止装置は、つり具の上面又は当該つり具の巻上げ用シーブの上面とドラムその他当該上面が接触するおそれのある物（傾斜したジブを除く。）の下面との間隔が0.05 m以上となるように調整しておかなければならない。

〔原動機及び電気に関する知識〕

【問 21】電気に関する記述として、適切でないものは次のうちどれか。

(1) 発電所から変電所までは、特別高圧で電力が送られている。

(2) 直流はＤＣ、交流はＡＣと表される。

(3) 交流は、変圧器によって電圧を変えることができる。

(4) 工場の動力用電源には、一般に、200 Ｖ級又は 400 Ｖ級の三相交流が使用されている。

(5) 電力として配電される交流は、同一地域内であっても家庭用と工場の動力用では周波数が異なる。

【問 22】図のような回路について、ＢＣ間の合成抵抗Ｒの値と、ＡＣ間に 200 Ｖの電圧をかけたときに流れる電流Ｉの値の組合せとして、正しいものは (1) ～ (5) のうちどれか。

	R	I
(1)	4 Ω	20 A
(2)	4 Ω	50 A
(3)	6 Ω	33 A
(4)	12 Ω	17 A
(5)	18 Ω	11 A

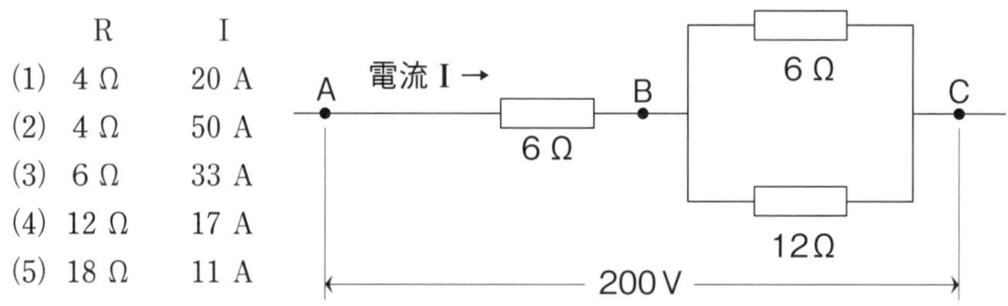

【問 23】クレーンの電動機に関する記述として、適切でないものは次のうちどれか。

(1) かご形三相誘導電動機は、スリップリングやブラシがない極めて簡単な構造である。

(2) 整流子を有する直流電動機では、回転子に給電するため、電機子が使用される。

(3) 巻線形三相誘導電動機は、固定子側、回転子側ともに巻線を用いた構造で、回転子側の巻線はスリップリングを通して外部抵抗と接続するようになっている。

(4) 三相誘導電動機の同期速度は、周波数を一定とすれば、極数が少ないほど速くなる。

(5) 三相誘導電動機の回転子は、負荷がかかると同期速度より 2 ～ 5 %遅く回転する性質がある。

【問 24】クレーンの電動機の付属機器に関する記述として、適切でないものは次のうちどれか。

(1) 制御器は、電動機に正転、停止、逆転及び制御速度の指令を与えるもので、制御の方式により直接制御器と間接制御器に大別され、さらに、両者の混合型である複合制御器がある。

(2) 配線用遮断器は、通常の使用状態の電路の開閉のほか、過負荷、短絡などの際には、自動的に電路の遮断を行う機器である。

(3) ユニバーサル制御器は、1本の操作ハンドルを前後左右や斜めに操作することにより、3個の制御器を同時に又は単独で操作できる構造にしたものである。

(4) 押しボタンスイッチは、間接制御器の一種で、一段目で低速、二段目で高速運転ができるようにした二段押込み式のものがある。

(5) 制御盤は、間接制御又は半間接制御の場合に設けられるもので、電磁接触器、加速継電器などを収納している。

【問 25】クレーンの給電装置及び配線に関する記述として、適切でないものは次のうちどれか。

(1) イヤー式のトロリ線給電は、イヤーでトロリ線をつり下げ、パンタグラフを用いて集電子をトロリ線に押し付けて集電する方式である。

(2) キャブタイヤケーブル給電は、充電部が露出している部分が多いので、感電の危険性が高い。

(3) パンタグラフのホイール式やシュー式の集電子の材質には、砲金、カーボン、特殊合金などが用いられる。

(4) スリップリングの機構には、集電ブラシがリング面上を摺（しゅう）動して集電するものがある。

(5) 内部配線は、一般に、絶縁電線を金属管などの電線管又は金属ダクト内に収め、外部からの損傷を防いでいる。

【問 26】クレーンの電動機の制御に関する記述として、適切なものは次のうちどれか。

(1) 直接制御は、シーケンサーを使用するので、間接制御に比べ、自動運転や速度制御が容易である。

(2) 容量の大きな電動機では、間接制御は、回路の開閉が困難になり使用できないため、直接制御が採用される。

(3) ゼロノッチインターロックは、各制御器のハンドルが停止位置にあるときは、主電磁接触器を投入できないようにしたものである。

(4) コースチングノッチは、制御器の第1ノッチとして設けられ、ブレーキにのみ通電してブレーキを緩めるようになっているノッチである。

(5) かご形三相誘導電動機の一次側を直接制御し、二次側を電磁接触器で制御する方式を半間接制御という。

【問 27】クレーンの電動機の速度制御方式などに関する記述として、適切でないものは次のうちどれか。

(1) かご形三相誘導電動機では、電源回路にリアクトルやサイリスターを挿入し電動機の始動電流を抑えて、緩始動を行う方法がある。

(2) 巻線形三相誘導電動機のダイナミックブレーキ制御は、巻下げの速度制御時に電動機の一次側を交流電源から切り離し、一次側に直流電源を接続して通電し、直流励磁を加えることにより制動力を得るもので、つり荷が極めて軽い場合でも低速で荷の巻下げができる特長がある。

(3) 巻線形三相誘導電動機の電動油圧押上機ブレーキ制御は、機械的な摩擦力を利用して制御するため、ブレーキドラムが過熱することがある。

(4) かご形三相誘導電動機のインバーター制御は、インバーター装置により電源の周波数や電圧を変えて電動機に供給し、速度制御を行うものである。

(5) 巻線形三相誘導電動機の二次抵抗制御は、回転子の巻線に接続した抵抗器の抵抗値を変化させて速度制御するもので、始動時には二次抵抗を全抵抗挿入状態から順次短絡することにより、緩始動することができる。

【問 28】電気回路の絶縁、絶縁体、スパークなどに関する記述として、適切なものは次のうちどれか。

(1) ナイフスイッチは、切るときよりも入れるときの方がスパークが大きいので、入れるときはできるだけスイッチに近づかないようにして、側方などから行う。

(2) 絶縁物の絶縁抵抗は、漏えい電流を回路電圧で除したものである。

(3) 電気回路の絶縁抵抗は、アンメーターと呼ばれる絶縁抵抗計を用いて測定する。

(4) 雲母は、電気の導体である。

(5) スパークにより火花となって飛んだ粉が、がいしなどの絶縁物の表面に付着すると、漏電や短絡の原因となる。

【問 29】クレーンの電気機器の故障の原因などに関する記述として、適切でないものは次のうちどれか。

(1) 過電流継電器が作動する場合の原因の一つとして、回路が短絡していることが挙げられる。

(2) 電動機がうなるが起動しない場合の原因の一つとして、負荷が大き過ぎることが挙げられる。

(3) 三相誘導電動機が起動した後、回転数が上がらない場合の原因の一つとして、一次側電源回路の配線が 2 線断線していることが挙げられる。

(4) 電動機が停止しない場合の原因の一つとして、電磁接触器の主接点が溶着していることが挙げられる。

(5) 集電装置の火花が激しい場合の原因の一つとして、集電子が摩耗していることが挙げられる。

【問 30】感電及びその防止に関する記述として、適切なものは次のうちどれか。

(1) 感電による危険を電流と時間の積によって評価する場合、一般に、500 ミリアンペア秒が安全限界とされている。

(2) 人体は身体内部の電気抵抗が皮膚の電気抵抗よりも大きいため、電気火傷の影響は皮膚深部には及ばないが、皮膚表面は極めて大きな傷害を受ける。

(3) 接地とは、電気装置の導電性のフレームやケースなどを導線で大地につなぐことをいう。

(4) 天井クレーンは、鋼製の走行車輪を経て走行レールに接触しているため、走行レールが接地されている場合は、クレーンガーダ上で走行トロリ線の充電部分に身体が接触しても、感電の危険はない。

(5) 接地線には、できるだけ電気抵抗の大きな電線を使った方が丈夫で、安全である。

次の科目の免除者は、問３１～問４０は解答しないでください。

〔クレーンの運転のために必要な力学に関する知識〕

【問 31】図のようにＯ点に同一平面上の三つの力 P_1、P_2、P_3 が作用しているとき、これらの合力に最も近いものは (1) ～ (5) のうちどれか。

(1) A
(2) B
(3) C
(4) D
(5) E

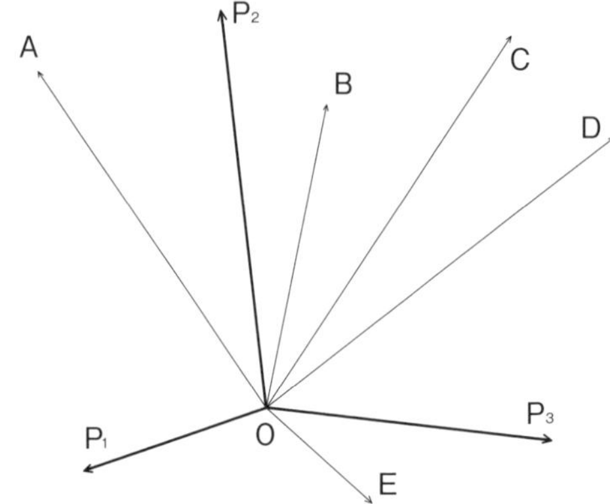

【問 32】図のような「てこ」において、A点に力を加えて、B点の質量 60kg の荷をワイヤロープによりつるとき、必要な力Pの値は (1) ～ (5) のうちどれか。

ただし、重力の加速度は $9.8m/s^2$ とし、「てこ」及びワイヤロープの質量は考えないものとする。

(1) 115 N
(2) 147 N
(3) 196 N
(4) 235 N
(5) 294 N

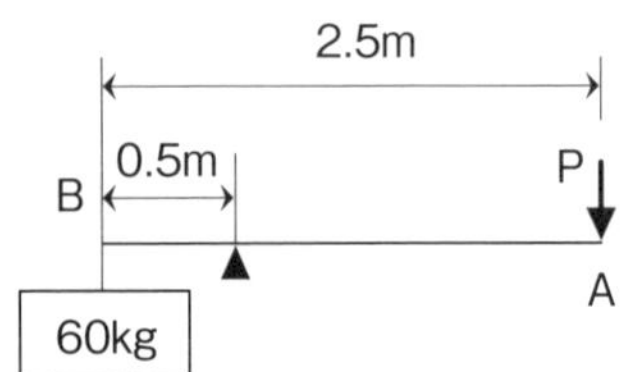

【問 33】物体の質量及び比重に関する記述として、適切でないものは次のうちどれか。

(1) コンクリート１m^3の質量は約 2.3t で、銅１m^3の質量は約 8.9t である。
(2) 鋳鉄１m^3の質量と水 7.2m^3の質量は、ほぼ同じである。
(3) アルミニウム、鋼、鉛及び木材を比重の大きい順に並べると、「鉛、鋼、アルミニウム、木材」となる。
(4) 鋼の丸棒が、その長さは同じで、直径が３倍になると、質量は９倍になる。
(5) 物体の体積をＶ、その単位体積当たりの質量をｄとすれば、その物体の質量Ｗは、Ｗ＝Ｖ／ｄで求められる。

第5回目　令和4年4月公表問題

【問 34】均質な材料でできた固体の物体の重心及び安定に関する次のAからEの記述について、適切でないもののみをすべて挙げた組合せは (1) ～ (5) のうちどれか。

A　直方体の物体の置き方を変える場合、重心の位置が高くなるほど安定性は悪くなる。

B　重心の位置が物体の外部にある物体であっても、置き方を変えると重心の位置が物体の内部に移動する場合がある。

C　複雑な形状の物体の重心は、二つ以上の点になる場合があるが、重心の数が多いほどその物体の安定性は良くなる。

D　直方体の物体の置き方を変える場合、物体の底面積が小さくなるほど安定性は悪くなる。

E　水平面上に置いた直方体の物体を傾けた場合、重心からの鉛直線がその物体の底面を通るときは、その物体は元の位置に戻らないで倒れる。

(1) A，B，C
(2) A，D
(3) B，C，D
(4) B，C，E
(5) C，D，E

【問 35】物体の運動に関する記述として、適切でないものは次のうちどれか。

(1) 物体の運動の「速い」、「遅い」の程度を示す量を速さといい、単位時間に物体が移動した距離で表す。

(2) 物体が円運動をしているとき、遠心力は、物体の質量が小さいほど小さくなる。

(3) 物体が一定の加速度で加速し、その速度が2秒間に10 m/sから40 m/sになったときの加速度は、4 m/s^2である。

(4) 外から力が作用しない限り、静止している物体が静止の状態を、また、運動している物体が同一の運動の状態を続けようとする性質を慣性という。

(5) 荷をつった状態でジブクレーンのジブを旋回させると、荷は旋回する前の作業半径より大きい半径で回るようになる。

【問 36】軟鋼の材料の強さ、応力、変形などに関する記述として、適切でないものは次のうちどれか。

(1) 材料に荷重が作用し変形するとき、荷重が作用する前（原形）の量に対する変形量の割合をひずみという。

(2) 引張試験で、材料が破断するまでにかけられる最大の荷重を、荷重をかける前の材料の断面積で除した値を引張強さという。

(3) 引張試験において、材料の試験片を材料試験機に取り付けて静かに引張荷重をかけると、加えられた荷重に応じて試験片に変形が生じるが、荷重の大きさが荷重－伸び線図における比例限度以内であれば、荷重を取り除くと、試験片は荷重が作用する前の形状（原形）に戻る。

(4) 材料に荷重をかけると、材料の内部にはその荷重に抵抗し、つり合いを保とうとする内力が生じる。

(5) 圧縮応力は、材料に作用する圧縮荷重を材料の表面積で除して求められる。

【問 37】荷重に関する記述として、適切でないものは次のうちどれか。

(1) クレーンのシーブを通る巻上げ用ワイヤロープには、引張荷重と曲げ荷重がかかる。

(2) クレーンのフックには、ねじり荷重と圧縮荷重がかかる。

(3) クレーンの巻上げドラムには、曲げ荷重とねじり荷重がかかる。

(4) 片振り荷重と衝撃荷重は、動荷重である。

(5) 荷を巻き下げているときに急制動すると、玉掛け用ワイヤロープには、衝撃荷重がかかる。

【問 38】物体に働く摩擦力に関する記述として、適切でないものは次のうちどれか。

(1) 円柱状の物体を動かす場合、転がり摩擦力は滑り摩擦力に比べると大きい。

(2) 物体に働く最大静止摩擦力は、運動摩擦力より大きい。

(3) 運動摩擦力の大きさは、物体の接触面に作用する垂直力の大きさに比例するが、接触面積には関係しない。

(4) 他の物体に接触し、その接触面に沿う方向の力が作用している物体が静止しているとき、接触面に働いている摩擦力を静止摩擦力という。

(5) 最大静止摩擦力の大きさは、静止摩擦係数に比例する。

【問 39】図AからDのとおり、同一形状で質量が異なる４つの荷を、それぞれ同じ長さの２本の玉掛け用ワイヤロープを用いて、それぞれ異なるつり角度でつり上げるとき、１本のワイヤロープにかかる張力の値が大きい順に並べたものは (1) ～ (5) うちどれか。

ただし、いずれも荷の左右のつり合いは取れており、左右のワイヤロープの張力は同じとし、ワイヤロープの質量は考えないものとする。

	張力 大	→		小
(1)	A	B	C	D
(2)	A	C	B	D
(3)	B	A	D	C
(4)	C	A	D	B
(5)	D	B	A	C

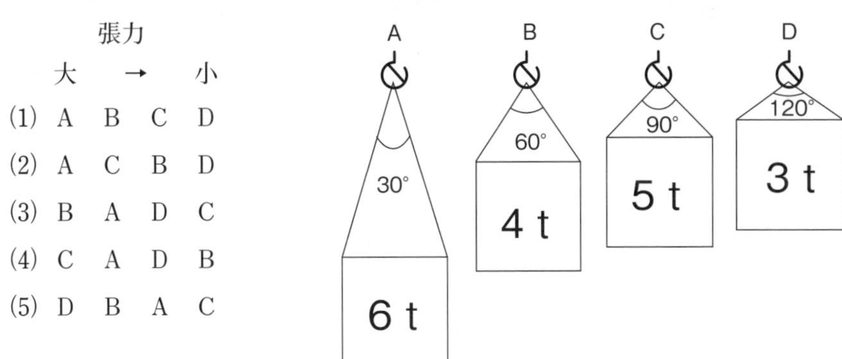

【問 40】図のような滑車を用いて、質量Wの荷をつり上げるとき、荷を支えるために必要な力Fを求める式がそれぞれの図の下部に記載してあるが、これらの力Fを求める式として、誤っているものは (1) ～ (5) のうちどれか。

ただし、g は重力の加速度とし、滑車及びワイヤロープの質量並びに摩擦は考えないものとする。

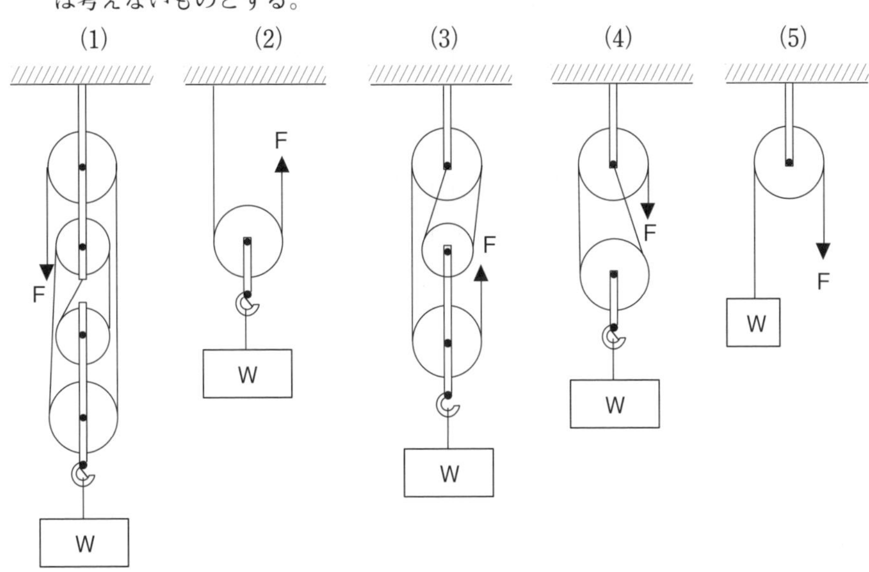

(1)	(2)	(3)	(4)	(5)
$F=\dfrac{W}{5}g$	$F=\dfrac{W}{2}g$	$F=\dfrac{W}{4}g$	$F=\dfrac{W}{2}g$	$F=Wg$

第5回目　令和4年4月公表問題　解答と解説

◆正解一覧

問題	正解	チェック				
〔クレーンに関する知識〕						
問1	(5)					
問2	(2)					
問3	(4)					
問4	(1)					
問5	(4)					
問6	(3)					
問7	(4)					
問8	(5)					
問9	(3)					
問10	(2)					
小計点						
〔関係法令〕						
問11	(3)					
問12	(2)					
問13	(5)					
問14	(3)					
問15	(1)					
問16	(4)					
問17	(2)					
問18	(2)					
問19	(4)					
問20	(5)					
小計点						

問題	正解	チェック				
〔原動機及び電気に関する知識〕						
問21	(5)					
問22	(1)					
問23	(2)					
問24	(3)					
問25	(2)					
問26	(4)					
問27	(2)					
問28	(5)					
問29	(3)					
問30	(3)					
小計点						
〔クレーンの運転のために必要な力学に関する知識〕						
問31	(2)					
問32	(2)					
問33	(5)					
問34	(4)					
問35	(3)					
問36	(5)					
問37	(2)					
問38	(1)					
問39	(4)					
問40	(1)					
小計点						

合計点		
	1回目	/40
	2回目	/40
	3回目	/40
	4回目	/40
	5回目	/40

◆解説

〔クレーンに関する知識〕

【問１】(5) が不適切。⇒１章２節＿５．スパン（P.11 〜）参照

(5) 天井クレーンのスパンとは、走行レール中心間の水平距離をいう。

【問２】(2) が適切。⇒１章５節＿クレーンの構造部分（P.30 〜）参照

(1) Ｉビームガーダは、Ｉ形鋼を用いたクレーンガーダで、単独で水平力を支えることができるため、補桁なしで用いることもある〔できないので、必ず補桁を設ける×〕。

(3) プレートガーダは、鋼板をＩ形状断面に構成したガーダ。設問の内容は、「トラスガーダ」。

(4) 橋形クレーンの脚部には、剛脚と揺脚があり、剛脚はクレーンガーダに作用する水平力に耐える構造とするため、クレーンガーダと剛接合されている。ピンヒンジで接合されているのは「揺脚」。

(5) ボックスガーダは、鋼板を箱形状の断面に構成したものであるが、この断面のみで水平力を支えることができるため、補桁を必要としない〔その断面形状では水平力を十分に支えることができないため、補桁と組み合わせて用いられる×〕。

【問３】(4) が適切。⇒１章７節＿６．ワイヤロープの末端処理（P.45 〜）参照

【問４】(1) が適切。⇒１章９節＿クレーンの機械要素等（P.48 〜）参照

(2) スラスト軸受は、軸方向の荷重を支える軸受。軸に対して直角方向の荷重を支える軸受はラジアル軸受。

(3) リーマボルトは、ボルト径が穴径よりわずかに大きく〔小さく×〕、取付け精度は高いが、横方向の力はボルトにせん断力を受けるため、大きな力に耐えることができ、構造部材の継手に用いられる〔構造部材の継手に用いることはできない×〕。

(4) はすば歯車は、歯が軸につる巻状に斜めに切られており、動力の伝達にむらが少ないため平歯車より噛合い率が大きく、大きな力を伝達できる。〔が、減速比は平歯車ほど大きくすることができない×〕。

(5) 歯車形軸継手は、外筒の内歯車と内筒の外歯車がかみ合う構造で、外歯車にはクラウニングが施してあるため、二つの軸のずれや傾きに対しても円滑に動力を伝えることができる〔二つの軸のずれや傾きがあると円滑に動力を伝えることができない×〕。

【問5】(4) が適切。⇒1章10節_クレーンの安全装置等（P.64〜）参照

(1) 玉掛け用ワイヤロープの外れ止め装置は、フック〔シーブ×〕から玉掛け用ワイヤロープが外れるのを防止するための装置である。

(2) レバー形リミットスイッチを用いた巻過防止装置は、巻下げ位置の制限ができないため、別の構造の巻下げ用リミットスイッチ（ねじ形リミットスイッチやカム形リミットスイッチ）を併用する必要がある。

(3) 直働式巻過防止装置のうち重錘（すい）形リミットスイッチ式のものは、動作位置の誤差が少なく、巻上用ワイヤロープ交換後の再調整も不要となる。

(5) レールクランプは、屋外に設置された走行クレーンが作業中に突風などにより逸走することを防止する装置で、走行路の任意の位置で走行レールの頭部側面を挟む、または走行レールの頭部上面にブレーキシューを押しつけてその摩擦力で逸走を防止する。設問の内容は、「アンカー」。

【問6】(3) AとEが不適切。⇒1章12節_6．クレーンの給油（P.79〜）、7．点検及び保守管理（P.81〜）参照

A　ワイヤロープの点検で直径を測定する場合は、シーブの通過による繰り返し曲げを受ける部分、ロープ端部の取付部付近、エコライザシーブに掛かっている周辺の部分に重点を置いて行う。

E　グリースカップ式の給油方法は、グリースカップの蓋をねじ込みグリースに圧力を掛けて圧送するので、給油には手間や時間がかかる。

【問7】(4) が適切。⇒1章11節_クレーンのブレーキ（P.72〜）参照

(1) 電動油圧押上機ブレーキは、油圧による力によってブレーキの制動を開放し、〔油圧により押上げ力を得て制動を行い×〕ばねの復元力によって制動を行う〔ばねの復元力によって制動力を解除する×〕。

(2) ディスクブレーキは、ディスクをブレーキ片（パッド）で両側からはさみ付けて制動する構造のものであるが、ブレーキディスクが露出して回転しているので放熱性に優れ、装置全体を小型化しやすい特徴がある。

(3) 電磁式バンドブレーキは、ブレーキドラムの周りにバンドを巻き付け、おもりの力で締め付けられているブレーキバンドを電磁石に電流を通じて制動力を開放する〔電磁石に電流を通じることにより締め付けて制動する×〕。

(5) つり上げ装置のブレーキの制動トルクの値は、定格荷重に相当する荷重の荷をつった場合における当該装置のトルクの値の1.5倍の制動力を持つものでなければならない〔120％に調整する×〕。

【問8】(5) が適切。⇒1章4節 _ クレーンの種類及び形式（P.15～）参照

(1) コンテナクレーンは、埠頭においてコンテナを専用のつり具であるスプレッダ〔スイングレバー×〕でつり上げ、陸揚げ及び積込みを行うクレーン。

(2) スタッカー式クレーンは、倉庫の棚などへの荷の出し入れに使用されるクレーンで、スタッカー式クレーンと荷昇降式スタッカークレーンに大別される。設問の内容は、「アンローダ」。

(3) アンローダは、船から鉄鉱石や石炭等のばら物をグラブバケットを用いて陸揚げする専門のクレーン。設問の内容は、「製鋼用天井クレーン」

(4) レードルクレーンは、製鋼関係の工場で用いられる特殊な構造の天井クレーンのひとつ。設問は、「ジブクレーン、引き込みクレーン」。

【問9】(3) が不適切。⇒1章5節 _ 6．ホイスト（P.36～）参照

(3) ワイヤロープ式のホイストには、トップランニング式と呼ばれるダブルレール形ホイスト〔普通形ホイスト×〕普通形ホイストとサスペンション式と呼ばれる普通形ホイスト〔ダブルレール形ホイスト×〕がある。

【問10】(2) が不適切。⇒1章12節 _ 3．荷振れ防止（P.77～）参照

(2) 停止時の荷振れを防止するために行う追いノッチは、移動を続けるつり荷が目標位置の少し手前まで来たときに移動の操作を一旦停止し、慣性で移動を続けるつり荷が振り切れる直前に、ホイストを一瞬動かすことでホイストが移動して振れを抑えられながら停止する。

〔関係法令〕

【問11】(3) が法令違反。

⇒2章1節 _ 7．クレーンと建設物等との間隔（P.87～）参照

(1)「クレーンガーダに歩道を有しないもの」においては定めがない。〈安全規則・13条〉

(2) クレーンガーダの歩道と当該歩道の上方にある建設物のはりとの間隔が 1.8 m以上〔1.9 m○〕であるため、当該歩道上に天がいを設けていない。

(3) クレーンと建設物との間の歩道のうち、建設物の柱に接する部分の歩道の幅を 0.4m 以上〔0.3 m×〕とすること。

(4) クレーンと建設物との間の歩道のうち、建設物の柱に接する部分以外の歩道の幅を 0.6m 以上〔0.7 m○〕としなければならない。

(5) クレーンの運転室の端から労働者が墜落するおそれがあるため、当該運転室の端と運転室に通ずる歩道の端との間隔を 0.3m 以下〔0.2 m○〕としなければならない。

【問 12】（2）が禁止されていない（立入可能）。

⇒２章２節 _13. 立入禁止（P.93 〜）参照

⑴ 動力下降以外の方法によって荷を下降させるとき、つり上げられている荷の下へ労働者を立ち入らせる行為は禁止されている。

⑶ つりクランプ１個を用いて玉掛けをした荷がつり上げられているとき、つり上げられている荷の下へ労働者を立ち入らせる行為は禁止されている。

⑷ 複数の荷が一度につり上げられている場合であって、当該複数の荷が結束され、箱に入れられる等により固定されていないとき、つり上げられている荷の下へ労働者を立ち入らせる行為は禁止されている。

⑸ 磁力により吸着させるつり具を用いて玉掛けをした荷がつり上げられているとき、つり上げられている荷の下へ労働者を立ち入らせる行為は禁止されている。

【問 13】（5）が使用禁止とされていない（使用可能）。

⇒２章６節 _ 玉掛用具（P.102 〜）参照

⑴ ワイヤロープ１よりの間で素線（フィラ線を除く）の数の 10％以上〔11％×〕の素線が切断したワイヤロープは、クレーンの玉掛け用具として使用してはならない。

⑵ 直径の減少が公称径の７％を超える〔８％×〕ワイヤロープは、クレーンの玉掛け用具として使用してはならない。

⑶ 伸びが製造されたときの長さの５％を超える〔６％×〕つりチェーンは、クレーンの玉掛け用具として使用してはならない。

⑷ クレーンの玉掛用具であるフックまたはシャックルの安全係数については、５以上〔４×〕でなければ使用してはならない

⑸ リンクの断面の直径の減少が、製造されたときの当該直径の 10％を超える〔９％○〕つりチェーンは、クレーンの玉掛け用具として使用してはならない。

【問 14】（3）が誤り。⇒２章２節 _20. 組立て等の作業（P.95 〜）参照

⑶ 作業を行なう区域に関係労働者以外の労働者が立ち入ることは禁止されている。例外はない。〈安全規則・33 条－１項②〉

【問 15】（1）が正しい。⇒２章３節 _ 定期自主検査等（P.96 〜）参照

⑵ １か月をこえる期間使用せず、当該期間中に１か月以内ごとに１回行う定期自主検査を実施しなかったクレーンについては、その使用を再び開始する際に〔した後 30 日以内に×〕、所定の事項について自主検査を行わなければならない。

⑶ クレーンにおける作業開始前の点検において、荷重試験の実施は必要ない。

(4) 定期自主検査を行ったときは、当該自主検査結果を〔クレーン検査証に×〕記録しなければならない。

(5) 1か月以内ごとに1回行う定期自主検査を実施し、異常を認めたときは、直ちに〔次回の定期自主検査までに×〕補修しなければならない。

【問16】(4) B、Dが不要。⇒2章5節_1. クレーンの変更(P.99～)参照

つり上げ荷重が3トン以上(スタッカー式クレーンは1トン以上)のクレーンにおいて、変更届の提出が必要な部分は、①クレーンガーダ、ジブ、脚、塔その他の構造部分、②原動機、③ブレーキ、④つり上げ機構、⑤ワイヤロープまたはつりチェーン、⑥フック、グラブバケット等のつり具である。

【問17】(2) A、Cが誤り。⇒2章7節_クレーンの運転士免許(P.107～)参照

A 免許に係る業務に従事するときは、当該業務に係る免許証を携帯しなければならない。〔ただし、屋外作業等、作業の性質上、免許証を滅失するおそれのある業務に従事するときは、免許証に代えてその写しを携帯することで差し支えない。×〕

C 労働安全衛生法違反により免許の取消しの処分を受けた者は、遅滞なく〔処分を受けた日から起算して30日以内に×〕、免許の取消しをした都道府県労働局長に免許証を返還しなければならない。

【問18】(2) が誤り。⇒2章1節_5. クレーン検査証(P.86～)参照

(2) クレーン検査証の有効期間は、原則として2年〔3年×〕であるが、所轄労働基準監督署長は、落成検査の結果により当該期間を2年未満〔3年未満×〕とすることができる。〈安全規則・10条〉

【問19】(4) が正しい。⇒2章7節_1. クレーン運転士の資格(P.107～)参照

(1) クレーンの運転の業務に係る特別の教育の受講では、つり上げ荷重5t以上の床上操作式クレーンの運転の業務に就くことはできない。

(2) クレーンに限定したクレーン・デリック運転士免許で、すべてのクレーンの運転業務に就くことが可能。

(3) 床上運転式クレーンに限定したクレーン・デリック運転士免許では、つり上げ荷重5t以上の無線操作方式のクレーン運転業務に就くことはできない。

(5) 床上操作式クレーン運転技能講習の修了資格では、つり上げ荷重5t以上の床上運転式クレーンの運転業務に就くことはできない。

【問20】(5) が誤り。⇒2章2節_4. 巻過ぎの防止 (P.89～) 参照

(5) クレーンの直働式以外の巻過防止装置は、つり具の上面又は当該つり具の巻上げ用シーブの上面とドラムその他当該上面が接触するおそれのある物(傾斜したジブを除く。)の下面との間隔が0.25〔0.05×〕m以上となるように調整しておかなければならない。なお、直働式の巻過防止装置にあっては、0.05m以上。

〔原動機及び電気に関する知識〕

【問21】(5) が不適切。⇒3章1節_1. 電流 (P.113～) 参照

(5) 電力として配電される交流の周波数は、同一地域内においては同じである。

【問22】(1) が正しい。⇒3章1節_3. 抵抗 (P.115～) 参照

- BC 間の合成抵抗Rの値

$$合成抵抗R = \frac{1}{\frac{1}{6\,\Omega}+\frac{1}{12\,\Omega}} = \frac{1}{\frac{2+1}{12\,\Omega}} = \frac{1}{\frac{3}{12\,\Omega}} = \frac{12\,\Omega}{3} = \underline{4\,\Omega}$$

- A C間に200 Vの電圧をかけたときに流れる電流 I の値

回路全体の合成抵抗R = 6Ω + 4Ω = 10Ω

電流は、電圧を抵抗で除したものとなる。

$$電流 = \frac{電圧}{抵抗} = \frac{200V}{10\,\Omega} = \underline{20A}$$

【問23】(2) が不適切。⇒3章2節_2. 直流電動機 (P.121～) 参照

(2) 整流子を有する直流電動機では、回転子に給電するため整流子(コミュテーター)〔電機子×〕が使用される。

【問24】(3) が不適切。

⇒3章3節_2. 制御器 (コントローラー) とその制御 (P.122～) 参照

(3) ユニバーサル制御器は、1本の操作ハンドルを前後左右や斜めに操作することにより、2個〔3個×〕の制御器を同時に又は単独で操作できる構造にしたものである。

【問25】(2) が不適切。

⇒3章4節_2. キャブタイヤケーブル給電 (P.130～) 参照

(2) キャブタイヤケーブル給電は、充電部が露出している部分が全くない〔多い×〕ので、感電の危険性が低い〔高い×〕。

【問 26】(4) が適切。⇒３章３節 _ 電動機の付属機器（P.121 〜）参照

(1) 間接制御〔直接制御×〕は、シーケンサーを使用するので、直接制御〔間接制御×〕に比べ、自動運転や速度制御が容易である。

(2) 容量の大きな電動機では、直接制御〔間接制御×〕は、回路の開閉が困難になり使用できないため、間接制御〔直接制御×〕が採用される。

(3) ゼロノッチインターロックは、各制御器のハンドルが停止位置になければ〔あるときは×〕、主電磁接触器を投入できないようにしたものである。

(5) 巻線形〔かご形×〕三相誘導電動機の二次側〔一次側×〕を直接制御し、一次側〔二次側×〕を電磁接触器で制御する方式を半間接制御という。

【問 27】(2) が不適切。

⇒３章５節 _ ２．巻線形三相誘導電動機の速度制御（P.134 〜）参照

(2) 巻線形三相誘導電動機のダイナミックブレーキ制御は、巻下げの速度制御時に電動機の一次側を交流電源から切り離し、一次側に直流電源を接続して通電し、直流励磁を加えることにより制動力を得るもので、つり荷が極めて軽い場合では低速度で荷の巻下げができない〔でも低速で荷の巻下げができる×〕特長がある。

【問 28】(5) が適切。⇒３章６節 _ 電気設備の保守（P.137 〜）参照

(1) ナイフスイッチは、入れるときよりも切るとき〔切るときよりも入れるとき×〕の方がスパークが大きいので、切るとき〔入れるとき×〕はできるだけスイッチに近づかないようにして、側方などから行う。

(2) 絶縁物の絶縁抵抗は、回路電圧を漏えい電流〔漏えい電流を回路電圧×〕で除したものである。

(3) 電気回路の絶縁抵抗は、メガー〔アンメーター×〕と呼ばれる絶縁抵抗計を用いて測定する。電流計（アンメーター）は、電流の大きさを測定するために使用される。

(4) 雲母は、電気の絶縁体〔導体×〕である。

【問 29】(3) が不適切。⇒３章６節 _ ７．電気装置の故障（P.144 〜）参照

(3) 一次側電源回路の配線が２線断線した場合、起動しない。

【問 30】(3) が適切。⇒３章６節 _ 電気設備の保守（P.137 〜）参照

(1) 感電による危険を電流と時間の積によって評価する場合、一般に、50〔500×〕ミリアンペア秒が安全限界とされている。

(2) 人体は身体内部の電気抵抗が皮膚の電気抵抗よりも小さい〔大きい×〕ため、電気火傷の影響は皮膚深部に及ぶことがある〔及ばない×〕。

(4) 天井クレーンは、鋼製の走行車輪を経て走行レールに接触しているため、走行レールが接地されている場合でも、クレーンガーダ上で走行トロリ線の充電部分に身体が接触した場合、感電の危険がある。

(5) 接地線には、できるだけ電気抵抗の小さい、十分な太さの〔大きな×〕電線を使った方が丈夫で、安全である。

〔クレーンの運転のために必要な力学に関する知識〕

【問 31】(2) B ⇒4章2節_4. 力の合成 (P.148～) 参照

- 平行四辺形の対角線をみる。
- 力 P_1、P_2 の合力 R_1 を求め、次に R_1 (A) と P_3 の合力 (R_2) を求める。従って、平行四辺形の法則により合力 (R_2) は **B** となる。

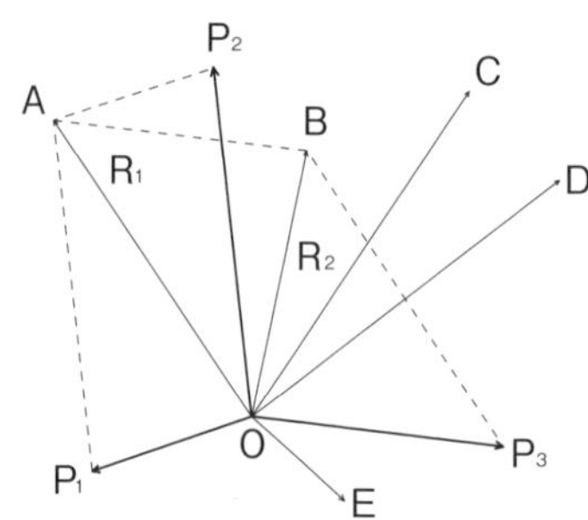

【問 32】(2) 147N ⇒4章2節_7. 力のつり合い (P.151～) 参照

- 「てこ」の支点を中心とした力のつり合いを考える
- つり合いの条件
  左回りのモーメント＝右回りのモーメント

支点から B 点の距離＝ 0.5m、支点から A 点までの距離 (2.5m － 0.5m) ＝ 2 m

$P \times 2\,\mathrm{m} = 60\mathrm{kg} \times 0.5\mathrm{m}$

$P = 60\mathrm{kg} \times 0.5\mathrm{m} \div 2\,\mathrm{m}$

$P = 15\mathrm{kg}$

$P = 15\mathrm{kg} \times 9.8\mathrm{m/s^2} = 147\mathrm{N}$

【問 33】(5) が不適切。 ⇒4章3節_1. 質量 (P.155～) 参照

(5) 物体の体積をV、その単位体積当たりの質量を d とすれば、その物体の質量Wは、W＝V×d で求められる。

【問 34】(4) B、C、E が不適切。⇒4章4節_重心及び安定 (P.158～) 参照

B 重心が物体の外部にある物体は、置き方を変えても重心が物体の内部に移動することはない。物体の位置や置き方を変えても重心の位置は変わらない。

C 複雑な形状の物体であっても重心は、常に一つの点〔二つ以上の点になる場合がある×〕である。

E　水平面上に置いた直方体の物体を傾けた場合、重心からの鉛直線がその物体の底面を通るときは、その物体は元の位置に<u>戻る</u>〔戻らないで倒れる×〕。

【問 35】(3) が不適切。　⇒4章5節 _ 運動及び摩擦力（P.162 〜）参照

(3) 加速度＝ $\dfrac{40\text{m/s} - 10\text{m/s}}{2\,\text{s}} = \dfrac{30\text{m/s}}{2\,\text{s}} = 15\text{m/s}^2$

【問 36】(5) が不適切。⇒4章6節 _ 2．応力（P.172 〜）参照

(5) 圧縮応力は、材料に作用する圧縮荷重を材料の<u>断面積</u>〔表面積×〕で除して求められる。

【問 37】(2) が不適切。⇒4章6節 _ 1．荷重（P.169 〜）参照

(2) クレーンのフックには、<u>引張荷重と曲げ荷重</u>〔ねじり荷重と圧縮荷重×〕がかかる。

【問 38】(1) が不適切。⇒4章5節 _ 2．摩擦力（P.166 〜）参照

(1) 転がり摩擦力は、物体が面で接触し、表面をすべる時に生じる摩擦力、すなわち滑り摩擦よりはるかに<u>小さい</u>〔大きい×〕。

【問 39】(4) C ＞ A ＞ D ＞ B　⇒4章7節 _ 1．張力係数（P.175 〜）参照

- ワイヤロープ１本にかかる張力＝ $\dfrac{\text{つり荷の質量}}{\text{つり本数}} \times 9.8\text{m/s}^2 \times$ 張力係数
- 張力係数　⇒　<u>30° ＝ 1.04、60° ＝ 1.16、90° ＝ 1.41、120° ＝ 2.0</u>

$A = \dfrac{6\,\text{t}}{2\,(\text{本})} \times 9.8\text{m/s}^2 \times 1.04 = 30.576\text{kN}$

$B = \dfrac{4\,\text{t}}{2\,(\text{本})} \times 9.8\text{m/s}^2 \times 1.16 = 22.736\text{kN}$

$C = \dfrac{5\,\text{t}}{2\,(\text{本})} \times 9.8\text{m/s}^2 \times 1.41 = 34.545\text{kN}$

$D = \dfrac{3\,\text{t}}{2\,(\text{本})} \times 9.8\text{m/s}^2 \times 2.0 = 29.4\text{kN}$

＝ **<u>C（34.545）＞ A（30.576）＞ D（29.4）＞ B（22.736）</u>**

【問 40】（1）が誤り。⇒4章8節＿3．組合せ滑車（P.179～）参照

- 力Ｆは、次の公式により求めることができる。

$$F = \frac{\text{質量（W）} \times 9.8\text{m/s}^2}{\text{動滑車の数} \times 2\ \text{（荷をつっているロープの数）}}$$

- 従って、設問の図における動滑車の数（荷をつっているロープの数）を当てはめる。

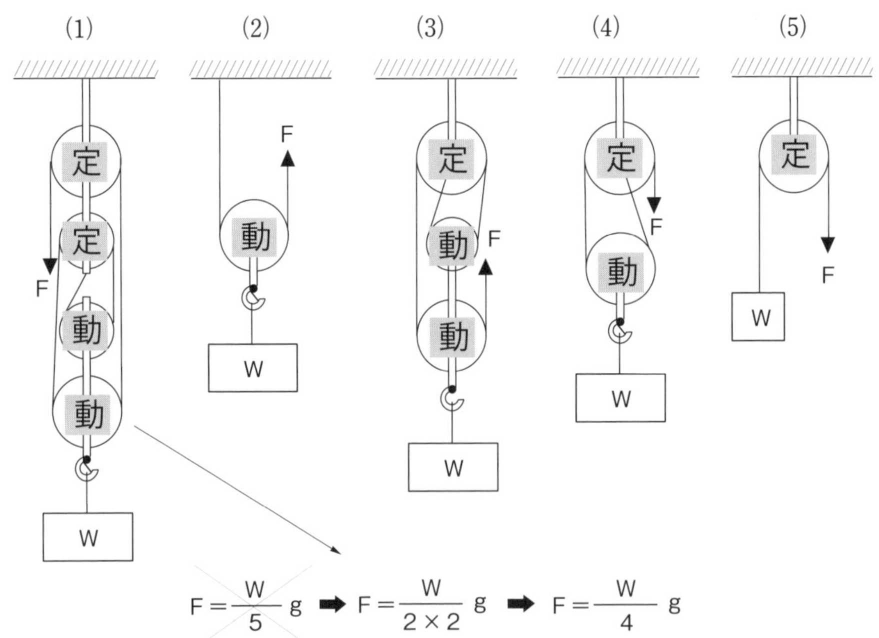

第6回目　令和３年 10 月公表問題

〔クレーンに関する知識〕

【問 1】クレーンに関する用語の記述として、適切なものは次のうちどれか。

(1) 起伏するジブクレーンの定格荷重とは、クレーンの構造及び材料並びにジブの傾斜角及び長さに応じて負荷させることができる最大の荷重から、フックなどのつり具の質量を除いた荷重をいい、クレーンによっては、ジブの傾斜角や長さに応じて定格荷重が変化するものがある。

(2) ケーブルクレーンのトロリがメインロープに沿って移動することを走行という。

(3) 定格速度とは、つり上げ荷重に相当する荷重の荷をつって、巻上げ、走行、横行、旋回などの作動を行う場合の、それぞれの最高の速度をいう。

(4) 天井クレーンのスパンとは、クラブトロリの移動する距離をいう。

(5) 天井クレーンのキャンバとは、クレーンガーダに荷重がかかったときに生じる下向きのそり（曲がり）をいう。

【問 2】次のワイヤロープＡからＤについて、「普通Ｚよりワイヤロープ」及び「ラングＳよりワイヤロープ」の組合せとして、正しいものは (1) ～ (5) のうちどれか。

	普通Ｚより	ラングＳより
(1)	Ａ	Ｂ
(2)	Ａ	Ｃ
(3)	Ｂ	Ｃ
(4)	Ｂ	Ｄ
(5)	Ｃ	Ｄ

A　B　C　D

【問 3】図において、電動機の回転軸に固定された歯車Ａが電動機の駆動により毎分 1600 回転し、これにかみ合う歯車の回転により、歯車Ｄが毎分 80 回転しているとき、歯車Ｃの歯数の値として正しいものは (1) ～ (5) のうちどれか。

ただし、歯車Ａ、Ｂ及びＤの歯数は、それぞれ 16 枚、64 枚及び 120 枚とし、ＢとＣの歯車は同じ軸に固定されているものとする。

(1) 21 枚
(2) 24 枚
(3) 28 枚
(4) 30 枚
(5) 32 枚

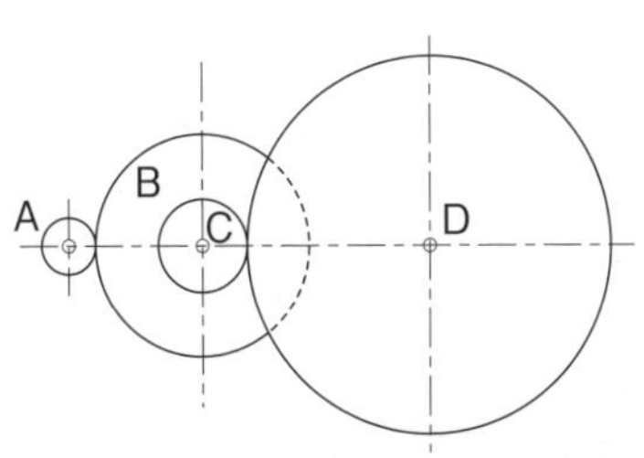

【問4】クレーンの機械要素に関する記述として、適切なものは次のうちどれか。

(1) フランジ形たわみ軸継手は、流体を利用したたわみ軸継手で、二つの軸のずれや傾きの影響を緩和するために用いられる。

(2) はすば歯車は、歯が軸につる巻状に斜めに切られており、平歯車より減速比を大きくできるが、動力の伝達にむらが多い。

(3) ローラーチェーン軸継手は、たわみ軸継手の一種で、2列のローラーチェーンと2個のスプロケットから成り、ピンの抜き差しで両軸の連結及び分離が簡単にできる。

(4) リーマボルトは、ボルト径が穴径よりわずかに小さく、取付け精度は良いが、横方向にせん断力を受けるため、構造部材の継手に用いることはできない。

(5) 歯車形軸継手は、外筒の内歯車と内筒の外歯車がかみ合う構造で、外歯車にはクラウニングが施してあるため、二つの軸のずれや傾きがあると円滑に動力を伝えることができない。

【問5】クレーンの安全装置などに関する記述として、適切でないものは次のうちどれか。

(1) リミットスイッチ式衝突防止装置は、同一ランウェイの2台のクレーンの相対する側に腕を取り付け、これにより接近したときリミットスイッチを作動させ、衝突を防止するものである。

(2) クレーンの運転者が、周囲の作業者などに注意を喚起するため必要に応じて警報を鳴らす装置には、運転室に設けられた足踏み式又はペンダントスイッチに設けられた警報用ボタン式のブザー、サイレンなどがある。

(3) 重錘(すい)形リミットスイッチを用いた巻過防止装置は、ワイヤロープを交換したとき、スイッチの作動位置の再調整が不要である。

(4) レールクランプは、屋外に設置されたクレーンが作業中に突風などにより逸走することを防止する装置であり、走行路の定められた係留位置で、短冊状金具を地上の基礎に落とし込むことによりクレーンを固定して逸走を防止する。

(5) 走行レールの車輪止めの高さは、走行車輪の直径の2分の1以上とする。

【問 6】クレーンの給油及び点検に関する記述として、適切でないものは次のうちどれか。

(1) 油浴式給油方式の減速機箱の油が白く濁っている場合は、水分が多く混入しているおそれがある。

(2) ワイヤロープは、シーブ通過により繰り返し曲げを受ける部分、ロープ端部の取付け部分などに重点を置いて点検する。

(3) 軸受へのグリースの給油は、平軸受(滑り軸受)では毎日1回程度、転がり軸受では6か月に1回程度の間隔で行う。

(4) ワイヤロープには、ロープ専用のグリースを塗布する。

(5) グリースカップ式の給油方法は、グリースカップから一定の圧力で自動的にグリースが圧送されるので、給油の手間がかからない。

【問 7】クレーンのブレーキに関する記述として、適切でないものは次のうちどれか。

(1) 電動油圧押上機ブレーキは、ばねにより制動を行い、油圧によって押上げ力を得て制動力を解除する。

(2) バンドブレーキには、緩めたときにバンドが平均して緩むように、バンドの外周にすき間を調整するボルトが配置されている。

(3) つり上げ装置のブレーキの制動トルクの値は、定格荷重に相当する荷重の荷をつった場合における当該装置のトルクの値の120%に調整する。

(4) ドラム形電磁ブレーキは、電磁石、リンク機構及びばねにより構成されており、電磁石の励磁を交流で行うものを交流電磁ブレーキ、直流で行うものを直流電磁ブレーキという。

(5) ディスクブレーキは、ディスクをブレーキ片（パッド）で両側からはさみ付けて制動する構造のものである。

【問 8】クレーンのトロリ及び作動装置に関する記述として、適切でないものは次のうちどれか。

(1) クラブトロリの横行装置には、電磁ブレーキや電動油圧押上機ブレーキが用いられるが、屋内に設置される横行速度の遅いものなどでは、ブレーキを設けないものもある。

(2) 天井クレーンの一電動機式走行装置は、片側のサドルに電動機と減速装置を備え、電動機側の走行車輪のみを駆動する。

(3) ジブクレーンの起伏装置には、ジブが安全・確実に保持されるよう、電動機軸又はドラム外周に、制動用又は保持用ブレーキが取り付けられている。

(4) ジブクレーンなどの旋回装置の旋回方式には、センターポスト方式、旋回環方式などがある。

(5) ホイストは、電動機、減速装置、巻上げドラム、ブレーキなどを小型のケーシング内に収めたもので、巻上装置と横行装置が一体化されている。

【問9】クレーンの種類、型式及び用途に関する記述として、適切なものは次のうちどれか。

(1) 引込みクレーンには、水平引込みをさせるための機構により、ロープトロリ式及びマントロリ式などがある。

(2) テルハは、走行、旋回及び起伏の運動を行うクレーンで、工場での材料や製品の運搬などに使用される。

(3) 屋外の架構上に設けられたランウェイのレール上を走行するクレーンは、天井クレーンと同じ構造及び形状のものであっても橋形クレーンという。

(4) レードルクレーンは、埠(ふ)頭においてコンテナを専用のつり具であるスプレッダでつり上げて、陸揚げ及び積込みを行うクレーンである。

(5) クライミング式ジブクレーンのクライミング方法には、マストクライミング方式とフロアークライミング方式がある。

【問10】クレーンの運転時の取扱い方法及び注意事項に関する記述として、適切なものは次のうちどれか。

(1) 床上操作式クレーンでつり荷を移動させるときは、つり荷の運搬経路及び荷下ろし位置の安全確認のため、つり荷の前方に立ち、つり荷とともに歩くようにする。

(2) 無線操作方式のクレーンで、運転者自身が玉掛け作業を行うときは、必要な運転作業に迅速に対応できるよう、制御器は電源スイッチを「入」にした状態で、他の者が操作できない場所に置いておく。

(3) 巻上げ操作による荷の横引きを行うときは、周囲に人がいないことを確認してから行う。

(4) ジブクレーンで荷をつるときは、マストやジブのたわみにより作業半径が大きくなるので、定格荷重に近い質量の荷をつる場合には、つり荷の質量が、たわみにより大きくなったときの作業半径における定格荷重を超えないことを確認する。

(5) 停止時の荷振れを防止するために行う追いノッチは、移動を続けるつり荷が目標位置の少し手前まで来たときに移動の操作を一旦停止し、慣性で移動を続けるつり荷が振り切れた後、ホイストの真下に戻ってきたときに再び移動のスイッチを入れ、その直後に停止する手順で行う。

〔関係法令〕

【問 11】建設物の内部に設置する走行クレーン（以下、本問において「クレーン」という。）に関する記述として、法令上、違反とならないものは次のうちどれか。

(1) クレーンと建設物との間の歩道のうち、建設物の柱に接する部分以外の歩道の幅を 0.5 m としている。

(2) クレーンと建設物との間の歩道のうち、建設物の柱に接する部分の歩道の幅を 0.3 m としている。

(3) クレーンガーダに歩道を有するクレーンの集電装置の部分を除いた最高部と、当該クレーンの上方にある建設物のはりとの間隔を 0.5 m としている。

(4) クレーンガーダの歩道と当該歩道の上方にある建設物のはりとの間隔が 1.7 m であるため、当該歩道上に当該歩道からの高さが 1.4 m の天がいを設けている。

(5) クレーンの運転室の端から労働者が墜落するおそれがあるため、当該運転室の端と運転室に通ずる歩道の端との間隔を 0.4 m としている。

【問 12】次のうち、法令上、クレーンの玉掛用具として使用禁止とされていないものはどれか。

(1) 使用する際の安全係数が５となるワイヤロープ

(2) リンクの断面の直径の減少が、製造されたときの当該直径の 12％のつりチェーン

(3) 伸びが製造されたときの長さの４％のつりチェーン

(4) 直径の減少が公称径の９％のワイヤロープ

(5) ワイヤロープ１よりの間において素線（フィラ線を除く。以下同じ。）の数の 11％の素線が切断したワイヤロープ

【問 13】クレーンに係る作業を行うときの立入禁止の措置に関し、法令上、誤っているものは次のうちどれか。

(1) つりチェーンを用いて荷に設けられた穴又はアイボルトを通さず１箇所に玉掛けをした荷がつり上げられているときは、つり荷の下に労働者を立ち入らせることは禁止されていない。

(2) 動力下降以外の方法によって荷を下降させるときは、つり荷の下に労働者を立ち入らせることは禁止されている。

(3) つりクランプ２個を用いて玉掛けをした荷がつり上げられているときは、つり荷の下に労働者を立ち入らせることは禁止されていない。

(4) 複数の荷が一度につり上げられている場合であって、当該複数の荷が結束され、箱に入れられる等により固定されているときは、つり荷の下に労働者を立ち入らせることは禁止されていない。

(5) ハッカー２個を用いて玉掛けをした荷がつり上げられているときは、つり荷の下に労働者を立ち入らせることは禁止されている。

【問14】クレーンの組立て時、点検時、悪天候時等の措置に関する記述として、法令上、正しいものは次のうちどれか。

(1) 屋外に設置されている走行クレーンについては、瞬間風速が毎秒30 mをこえる風が吹くおそれがあるときは、作業を指揮する者を選任して、当該クレーンに係る作業中、その者にクレーンの逸走により労働者に危険が及ぶ範囲への労働者の立入りを監視させなければならない。

(2) 天井クレーンのクレーンガーダの上において当該天井クレーンに近接する建物の補修の作業を行うときは、原則として、当該天井クレーンの運転を禁止するとともに、当該天井クレーンの操作部分に運転を禁止する旨の表示をしなければならない。

(3) クレーンの組立ての作業を行うときは、作業を指揮する者を選任して、当該組立作業中に組立作業を行う区域へ関係労働者以外の労働者を立ち入らせる際には、当該作業を指揮する者に、当該立ち入らせる労働者の作業状況を監視させなければならない。

(4) 大雨のため、クレーンの組立ての作業の実施について危険が予想されるときは、組立作業を行う区域に関係労働者以外の労働者が立ち入ることを禁止し、かつ、その旨を見やすい箇所に表示した上で当該作業に労働者を従事させなければならない。

(5) 屋外に設置されているクレーンを用いて瞬間風速が毎秒30 mをこえる風が吹いた後に作業を行うときのクレーンの各部分の異常の有無についての点検は、当該クレーンに係る作業の開始後、遅滞なく行わなければならない。

【問15】クレーンの自主検査及び点検に関する記述として、法令上、正しいものは次のうちどれか。

(1) 1か月以内ごとに1回行う定期自主検査においては、巻過防止装置その他の安全装置の異常の有無について検査を行わなければならない。

(2) 1か月をこえる期間使用せず、当該期間中に1か月以内ごとに1回行う定期自主検査を実施しなかったクレーンについては、その使用を再び開始した後30日以内に、所定の事項について自主検査を行わなければならない。

(3) クレーンを用いて作業を行うときは、その日の作業を開始する前に、所定の事項について点検を行うとともに、つり上げ荷重に相当する荷重の荷をつって行う荷重試験を実施しなければならない。

(4) 定期自主検査を行ったときは、当該自主検査結果をクレーン検査証に記録しなければならない。

(5) 1か月以内ごとに1回行う定期自主検査を実施し、異常を認めたときは、次回の定期自主検査までに補修しなければならない。

【問 16】つり上げ荷重 10t の天井クレーンの検査に関する記述として、法令上、誤っているものは次のうちどれか。

(1) クレーン検査証の有効期間の更新を受けようとする者は、原則として、登録性能検査機関が行う性能検査を受けなければならない。

(2) 性能検査においては、クレーンの各部分の構造及び機能について点検を行うほか、荷重試験を行うものとする。

(3) 所轄労働基準監督署長は、変更検査のために必要があると認めるときは、検査を受ける者に塗装の一部をはがすことを命ずることができる。

(4) クレーン検査証の有効期間をこえて使用を休止したクレーンを再び使用しようとする者は、使用再開検査を受けなければならない。

(5) 使用再開検査における荷重試験は、定格荷重に相当する荷重の荷をつって、つり上げ、走行等の作動を定格速度により行うものとする。

【問 17】クレーン・デリック運転士免許及び免許証に関する次のAからEの記述について、法令上、正しいもののみを全て挙げた組み合わせは (1) ~ (5) のうちどれか。

A　免許に係る業務に従事するときは、当該業務に係る免許証を携帯しなければならないが、屋外作業等、作業の性質上、免許証を滅失するおそれのある業務に従事するときは、免許証に代えてその写しを携帯することで差し支えない。

B　故意により、免許に係る業務について重大な事故を発生させたときは、免許の取消し又は効力の一時停止の処分を受けることがある。

C　免許に係る業務に現に就いている者は、氏名を変更したときは、免許証の書替えを受けなければならないが、変更後の氏名を確認することができる他の技能講習修了証等を携帯するときは、この限りでない。

D　免許証を他人に譲渡又は貸与したときは、免許の取消し又は効力の一時停止の処分を受けることがある。

E　労働安全衛生法違反により免許を取り消され、その取消しの日から起算して１年を経過しない者は、免許を受けることができない。

(1) A, B, D
(2) A, C, E
(3) B, C, D
(4) B, D, E
(5) C, D, E

【問 18】クレーンに係る許可、設置、検査及び検査証に関する記述として、法令上、正しいものは次のうちどれか。

ただし、計画届の免除認定を受けていない場合とする。

(1) つり上げ荷重 6 t の橋形クレーンを設置しようとする事業者は、当該工事の開始の日の 30 日前までに、クレーン設置届を所轄労働基準監督署長に提出しなければならない。

(2) つり上げ荷重 0.9t のスタッカー式クレーンを設置した事業者は、設置後 10 日以内にクレーン設置報告書を所轄労働基準監督署長に提出しなければならない。

(3) つり上げ荷重 2 t のジブクレーンを製造しようとする者は、原則として、あらかじめ、所轄都道府県労働局長の製造許可を受けなければならない。

(4) クレーン検査証の有効期間は、原則として 3 年であるが、所轄労働基準監督署長は、落成検査の結果により当該期間を 3 年未満とすることができる。

(5) クレーン検査証を受けたクレーンを設置している者に異動があったときは、クレーンを設置している者は、当該異動後 20 日以内に、クレーン検査証書替申請書にクレーン検査証を添えて、所轄労働基準監督署長に提出し、書替えを受けなければならない。

【問 19】クレーンの運転の業務に関する記述として、法令上、誤っているものは次のうちどれか。

(1) 床上運転式クレーンに限定したクレーン・デリック運転士免許では、つり上げ荷重 10t のマントロリ式橋形クレーンの運転の業務に就くことができない。

(2) 床上操作式クレーン運転技能講習の修了で、つり上げ荷重 8 t の床上運転式クレーンである天井クレーンの運転の業務に就くことができる。

(3) クレーンに限定したクレーン・デリック運転士免許で、つり上げ荷重 20t の無線操作方式の橋形クレーンの運転の業務に就くことができる。

(4) クレーンの運転の業務に係る特別の教育の受講では、つり上げ荷重 6 t のジブクレーンの運転の業務に就くことができない。

(5) 限定なしのクレーン・デリック運転士免許で、つり上げ荷重 30t のアンローダの運転の業務に就くことができる。

【問 20】次の文章はクレーンに係る法令条文であるが、この文中の□内に入れるA及びBの数値の組合せとして、正しいものは (1) ～ (5) のうちどれか。

「クレーンの巻過防止装置については、フック、グラブバケット等のつり具の上面又は当該つり具の巻上げ用シーブの上面とドラム、シーブ、トロリフレームその他当該上面が接触するおそれのある物(傾斜したジブを除く。)の下面との間隔がⒶm以上(直働式の巻過防止装置にあっては、Ⓑm以上)となるように調整しておかなければならない。」

	A	B
(1)	0.05	0.15
(2)	0.05	0.25
(3)	0.15	0.05
(4)	0.15	0.25
(5)	0.25	0.05

〔原動機及び電気に関する知識〕

【問 21】電気に関する記述として、適切でないものは次のうちどれか。

(1) 交流は、整流器で直流に変換できるが、得られた直流は完全に平滑ではなく波が多少残るため、脈流と呼ばれる。

(2) 交流は、電流及び電圧の大きさ並びにそれらの方向が周期的に変化する。

(3) 工場の動力用電源には、一般に、200 V級又は400 V級の単相交流が使用されている。

(4) 発電所から消費地の変電所までの送電には、電力の損失を少なくするため、特別高圧の交流が使用されている。

(5) 電力として配電される交流の周波数には、地域によって50Hzと60Hzがある。

【問 22】図のような回路について、A B間の合成抵抗の値に最も近いものは (1) ～ (5) のうちどれか。

(1) 30 Ω
(2) 50 Ω
(3) 75 Ω
(4) 90 Ω
(5) 95 Ω

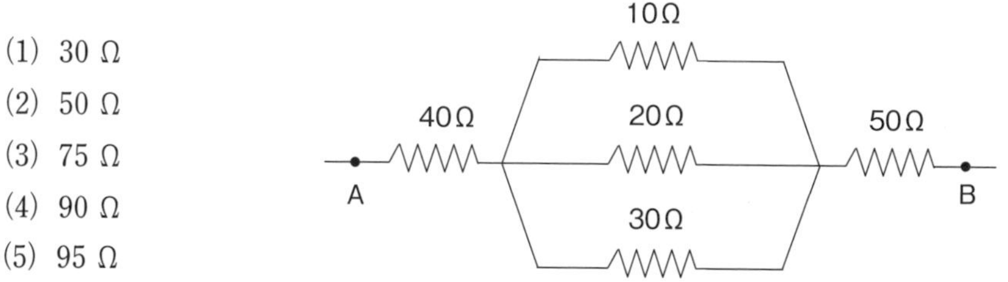

第6回目 令和3年10月公表問題

【問23】電動機に関する記述として、適切でないものは次のうちどれか。

(1) 巻線形三相誘導電動機は、固定子側も回転子側も巻線になっており、回転子側の巻線はスリップリングを通して外部抵抗と接続される。

(2) かご形三相誘導電動機の回転子は、鉄心の周りに太い導線（バー）がかご形に配置された簡単な構造である。

(3) 直流電動機は、一般に、速度制御性能が優れているが、整流子及びブラシの保守が必要である。

(4) 巻線形三相誘導電動機では、固定子側を一次側、回転子側を二次側と呼ぶ。

(5) 三相誘導電動機の同期速度は、周波数を一定とすれば、極数が少ないほど遅くなる。

【問24】クレーンの電動機の付属機器に関する記述として、適切でないものは次のうちどれか。

(1) カム形間接制御器は、カム周辺に固定されたスイッチにより電磁接触器の操作回路を開閉するものである。

(2) 押しボタン制御器は、直接制御器の一種であり、電動機の正転と逆転のボタンを同時に押せない構造となっている。

(3) 無線操作用の制御器には、切替え開閉器により、機上運転に切り替えることができる機能を持つものがある。

(4) クランクハンドル式の制御器は、操作ハンドルを水平方向に回して操作する構造である。

(5) 巻線形三相誘導電動機又は直流電動機の速度制御に用いられる抵抗器には、特殊鉄板を打ち抜いたもの又は鋳鉄製の抵抗体を絶縁ロッドで締め付け、格子状に組み立てたものがある。

【問25】クレーンの給電装置及び配線に関する記述として、適切でないものは次のうちどれか。

(1) トロリ線給電には、トロリ線の取付け方法によりイヤー式とすくい上げ式がある。

(2) キャブタイヤケーブルは、導体に細い素線を使い、これを多数より合わせており、外装被覆も厚く丈夫に作られているので、引きずったり、屈曲を繰り返す用途に適している。

(3) 旋回体、ケーブル巻取式などの回転部分への給電には、トロリバーが用いられる。

(4) トロリ線給電のうち絶縁トロリ線方式のものは、一本一本のトロリ線がすその開いた絶縁物で被覆されており、集電子はその間を摺(しゅう)動して集電する。

(5) 内部配線は、一般に、絶縁電線を金属管などの電線管又は金属ダクト内に収め、外部からの損傷を防いでいる。

【問 26】電動機の制御に関する記述として、適切でないものは次のうちどれか。

(1) 半間接制御は、巻線形三相誘導電動機の一次側を直接制御器で直接制御し、二次側を電磁接触器で間接制御する方式である。

(2) 間接制御は、電動機の主回路に電磁接触器を挿入し、主回路の開閉を電磁接触器に行わせる方式で、制御器は、主回路を開閉する電磁接触器の電磁コイル回路の開閉を受け持つ。

(3) 容量の大きな電動機を直接制御にすると、制御器のハンドル操作が重くなる。

(4) 間接制御は、直接制御に比べ、制御器は小型軽量であるが、設備費が高い。

(5) 操作用制御器の第１ノッチとして設けられるコースチングノッチは、ブレーキにのみ通電してブレーキを緩めるようになっているノッチで、停止時の衝撃や荷振れを防ぐために有効である。

【問 27】クレーンの三相誘導電動機の速度制御方式などに関する記述として、適切でないものは次のうちどれか。

(1) かご形三相誘導電動機では、極数変換により速度制御を行う場合は、速度比２：１の２巻線のものが多く用いられる。

(2) 巻線形三相誘導電動機の電動油圧押上機ブレーキ制御は、機械的な摩擦力を利用して制御するため、ブレーキライニングの摩耗を伴う。

(3) かご形三相誘導電動機で、電源電圧をそのまま電動機の端子にかけて始動させることを全電圧始動という。

(4) 巻線形三相誘導電動機の二次抵抗制御は、固定子の巻線に接続した抵抗器の抵抗値を変化させて速度制御するもので、始動時に緩始動ができる。

(5) かご形三相誘導電動機のインバーター制御は、電源の周波数を周波数変換器で変えて電動機に供給し回転数を制御するもので、精度の高い速度制御ができる。

【問 28】電気回路の絶縁、絶縁体、スパークなどに関する記述として、適切なものは次のうちどれか。

(1) ナイフスイッチは、切るときよりも入れるときの方がスパークが大きいので、入れるときはできるだけスイッチに近づかないようにして、側方などから行う。

(2) スパークは、回路にかかる電圧が高いほど大きくなり、その熱で接点の損傷や焼付きを発生させることがある。

(3) 絶縁物の絶縁抵抗は、漏えい電流を回路電圧で除したものである。

(4) 雲母は、電気の導体である。

(5) 電気回路の絶縁抵抗は、ボルトメーターと呼ばれる絶縁抵抗計を用いて測定する。

【問 29】電気計器の使用方法に関する記述として、適切なものは次のうちどれか。

(1) 回路計（テスター）では、測定する回路の電圧や電流の大きさの見当がつかない場合は、最初に測定範囲の最小レンジで測定する。

(2) 電流計は、測定する回路に並列に接続して測定し、電圧計は、測定する回路に直列に接続して測定する。

(3) 電流計で大電流を測定する場合は、交流では分流器を、直流では変流器を使用する。

(4) アナログテスターでは、正確な値を測定するため、あらかじめ調整ねじで指針を「0」に合わせる0点調整を行ってから測定する。

(5) 電圧計で交流高電圧を測定する場合は、計器用変圧器により昇圧した電圧を測定する。

【問 30】感電及びその防止に関する記述として、適切なものは次のうちどれか。

(1) 感電による死亡原因としては、心室細動の発生、呼吸停止及び電気火傷があげられる。

(2) 天井クレーンは、鋼製の走行車輪を経て走行レールに接触しているため、走行レールが接地されている場合は、クレーンガーダ上で走行トロリ線の充電部分に身体が接触しても、感電の危険はない。

(3) 接地線には、できるだけ電気抵抗の大きな電線を使った方が丈夫で、安全である。

(4) 感電による危険を電流と時間の積によって評価する場合、一般に500ミリアンペア秒が安全限界とされている。

(5) 人体は身体内部の電気抵抗が皮膚の電気抵抗よりも大きいため、電気火傷の影響は皮膚深部には及ばないが、皮膚表面は極めて大きな傷害を受ける。

次の科目の免除者は、問３１～問４０は解答しないでください。

〔クレーンの運転のために必要な力学に関する知識〕

【問 31】図のようにO点に同一平面上の三つの力 P_1、P_2、P_3 が作用しているとき、これらの合力に最も近いものは (1) ～ (5) のうちどれか。

(1) A
(2) B
(3) C
(4) D
(5) E

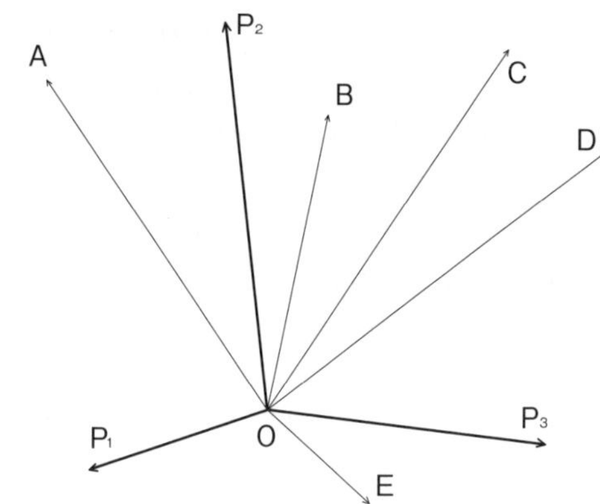

【問 32】図のような天びん棒で荷Wをワイヤロープでつり下げ、つり合うとき、天びん棒を支えるための力Fの値は (1) ～ (5) のうちどれか。

ただし、重力の加速度は 9.8m/s² とし、天びん棒及びワイヤロープの質量は考えないものとする。

(1) 98 N
(2) 196 N
(3) 294 N
(4) 392 N
(5) 490 N

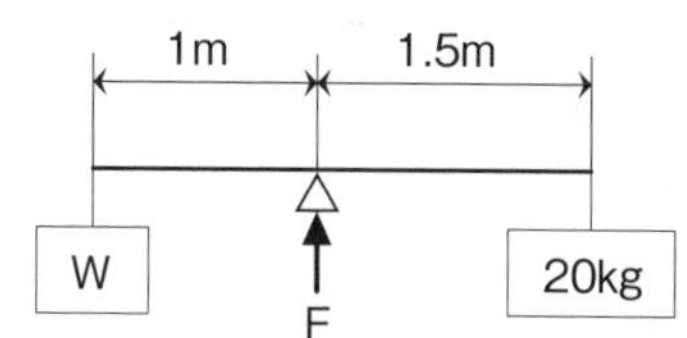

【問 33】長さ２ｍ、幅１ｍ、厚さ３mm のアルミニウム板 100 枚の質量の値に最も近いものは (1) ～ (5) のうちどれか。

(1) 1.4 t
(2) 1.6 t
(3) 4.3 t
(4) 4.7 t
(5) 5.3 t

【問 34】均質な材料でできた固体の物体及び荷の重心に関する記述として、適切なものは次のうちどれか。

(1) 複雑な形状の物体の重心は、二つ以上の点になる場合があるが、重心の数が多いほどその物体の安定性は良くなる。

(2) 重心の位置が物体の外部にある物体であっても、置き方を変えると重心の位置が物体の内部に移動する場合がある。

(3) 長尺の荷をクレーンでつり上げるため、目安で重心位置を定めてその真上にフックを置き、玉掛けを行い、地切り直前まで少しだけつり上げたとき、荷が傾いた場合は、荷の実際の重心位置は目安とした重心位置よりも傾斜の低い側にある。

(4) 水平面上に置いた直方体の物体を傾けた場合、重心からの鉛直線がその物体の底面を外れるときは、その物体は元に戻る。

(5) 直方体の物体の置き方を変える場合、重心の位置が高くなるほど安定性は良くなる。

【問 35】物体の運動に関する記述として、適切なものは次のうちどれか。

(1) 物体が円運動をしているときの遠心力と向心力は、力の大きさが等しく、向きが反対である。

(2) 物体が一定の加速度で加速し、その速度が 10 秒間に 10m/sから 35m/sになったときの加速度は、25m/s^{2}である。

(3) 等速直線運動をしている物体の移動した距離をL、その移動に要した時間をTとすれば、その速さVは、V＝L×Tで求められる。

(4) 運動している物体には、外部から力が作用しない限り、静止している状態に戻ろうとする性質があり、この性質を慣性という。

(5) 物体が円運動をしているとき、遠心力は、物体の質量が大きいほど小さくなる。

【問 36】図のように、水平な床面に置いた質量Wの物体を床面に沿って引っ張り、動き始める直前の力Fの値が 980 Nであったとき、Wの値は (1) ～ (5) のうちどれか。

ただし、接触面の静止摩擦係数は 0.2 とし、重力の加速度は 9.8m/s^{2}とする。

(1) 20kg
(2) 200kg
(3) 333kg
(4) 500kg
(5) 1921kg

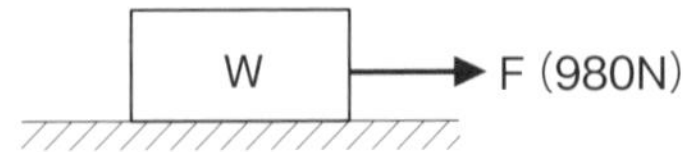

【問 37】天井から垂直につるした直径 2 cm の丸棒の先端に質量 250 kgの荷をつり下げるとき、丸棒に生じる引張応力の値に最も近いものは (1) ～ (5) のうちどれか。

ただし、重力の加速度は $9.8m/s^2$ とし、丸棒の質量は考えないものとする。

(1) $1\ N/mm^2$

(2) $2\ N/mm^2$

(3) $4\ N/mm^2$

(4) $8\ N/mm^2$

(5) $20N/mm^2$

【問 38】図のような形状のコンクリート製の直方体を同じ長さの２本の玉掛け用ワイヤロープを用いてつり角度 90° でつるとき、１本のワイヤロープにかかる張力の値に最も近いものは (1) ～ (5) のうちどれか。

ただし、コンクリートの $1\ m^3$ 当たりの質量は 2.3t、重力の加速度は $9.8m/s^2$ とする。また、荷の左右のつり合いは取れており、左右のワイヤロープの張力は同じとし、ワイヤロープ及び荷のつり金具の質量は考えないものとする。

(1) 18kN

(2) 20kN

(3) 24kN

(4) 34kN

(5) 40kN

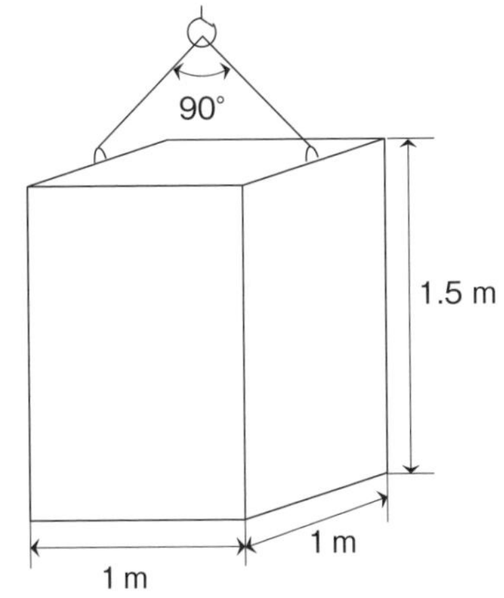

【問 39】荷重に関する記述として、適切でないものは次のうちどれか。

(1) 衝撃荷重は、極めて短時間に急激に加わる荷重である。

(2) クレーンのシーブを通る巻上げ用ワイヤロープには、引張荷重と曲げ荷重がかかる。

(3) 天井クレーンのクレーンガーダには、主に曲げ荷重がかかる。

(4) せん断荷重は、材料をはさみで切るように働く荷重である。

(5) クレーンの巻上げドラムには、引張荷重とねじり荷重がかかる。

【問 40】図のような滑車を用いて質量Wの荷をつり上げるとき、荷を支えるために必要な力Fを求める式がそれぞれの図の下部に記載してあるが、これらFを求める式として、誤っているものは (1) ～ (5) のうちどれか。

　ただし、g は重力の加速度とし、滑車及びワイヤロープの質量並びに摩擦は考えないものとする。

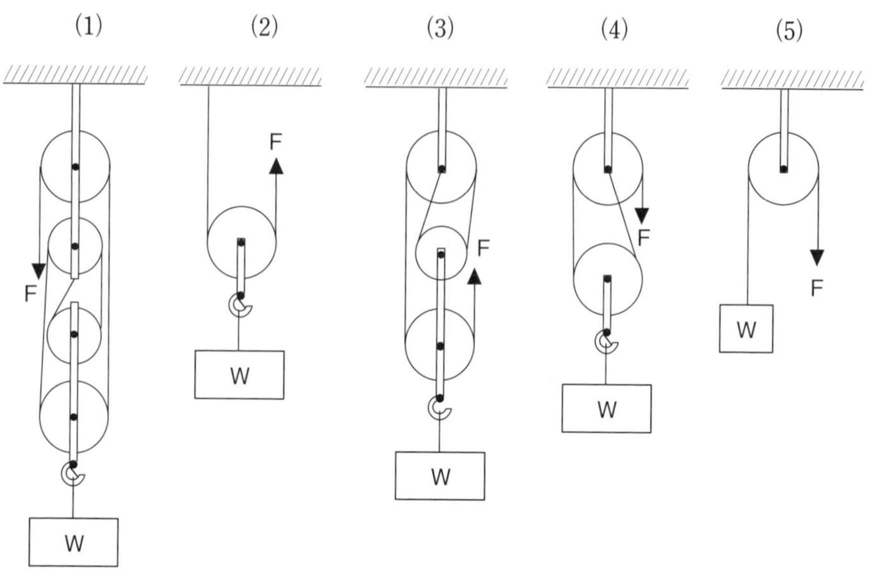

(1) $F = \frac{W}{5}\,g$　(2) $F = \frac{W}{2}\,g$　(3) $F = \frac{W}{4}\,g$　(4) $F = \frac{W}{2}\,g$　(5) $F = W\,g$

第6回目　令和3年10月公表問題　解答と解説

◆正解一覧

問題	正解	チェック				
〔クレーンに関する知識〕						
問1	(1)					
問2	(4)					
問3	(2)					
問4	(3)					
問5	(4)					
問6	(5)					
問7	(3)					
問8	(2)					
問9	(5)					
問10	(4)					
小計点						

問題	正解	チェック				
〔原動機及び電気に関する知識〕						
問21	(3)					
問22	(5)					
問23	(5)					
問24	(2)					
問25	(3)					
問26	(1)					
問27	(4)					
問28	(2)					
問29	(4)					
問30	(1)					
小計点						

〔関係法令〕						
問11	(3)					
問12	(3)					
問13	(1)					
問14	(2)					
問15	(1)					
問16	(5)					
問17	(4)					
問18	(1)					
問19	(2)					
問20	(5)					
小計点						

〔クレーンの運転のために必要な力学に関する知識〕						
問31	(2)					
問32	(5)					
問33	(2)					
問34	(3)					
問35	(1)					
問36	(4)					
問37	(4)					
問38	(3)					
問39	(5)					
問40	(1)					
小計点						

合計点	1回目	/40
	2回目	/40
	3回目	/40
	4回目	/40
	5回目	/40

◆解説

〔クレーンに関する知識〕

【問1】(1) が適切。⇒1章2節_クレーンに関する用語(P.10～)、
1章3節_クレーンの運動(P.13～)参照

(2) ケーブルクレーンのトロリがメインロープに沿って移動することを横行〔走行×〕という。

(3) 定格速度とは、定格荷重〔つり上げ荷重×〕に相当する荷重の荷をつって、巻上げ、走行、横行、旋回などの作動を行う場合の、それぞれの最高の速度をいう。

(4) 天井クレーンのスパンとは、走行レール中心間の水平距離〔クラブトロリの移動する距離×〕をいう。

(5) 天井クレーンのキャンバとは、下に垂れ下がらないように(下垂しないように)予めクレーンガーダに与えておく上向きの曲線(そり)をいう。

【問2】(4) が正しい。⇒1章7節_2.ワイヤロープのより方(P.42)参照

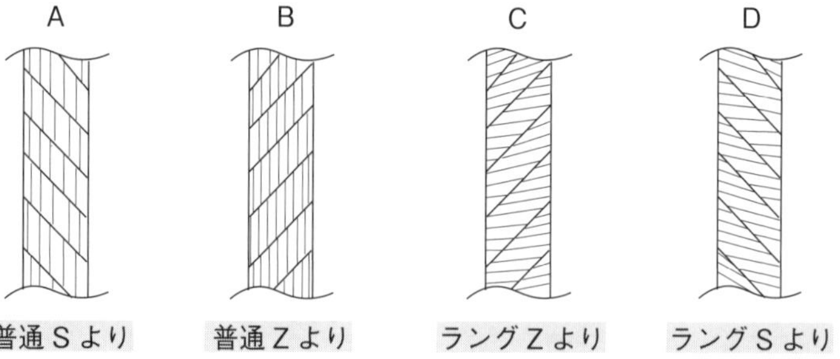

【問3】(2) 24枚 ⇒1章9節_2.減速比(P.50～)参照

$$減速比=\frac{1,600\text{rpm}(歯車Aの回転数)}{80\text{rpm}(歯車Dの回転数)}=20$$

歯車Cの歯数をχとすると次のとおり。

$$20(減速比)=\frac{64(歯車Bの歯数)}{16(歯車Aの歯数)}\times\frac{120(歯車Dの歯数)}{\chi(歯車Cの歯数)}$$

$$=4\times\frac{120}{\chi}=\frac{480}{\chi}$$

両辺にχを掛ける

$20\chi=480$

$\chi=24$

【問4】（3）が適切。⇒1章9節_クレーンの機械要素等（P.48～）参照

(1) フランジ形たわみ軸継手は、ゴムのたわみ性〔流体×〕を利用したたわみ軸継手で、二つの軸のずれや傾きの影響を緩和するために用いられる。

(2) はすば歯車は、歯が軸につる巻状に斜めに切られており、平歯車より減速比を大きくでき、動力の伝達のむらが少ない〔多い×〕。

(4) リーマボルトは、ボルト径が穴径よりわずかに大きく〔小さく×〕、取付け精度は良く、横方向にせん断力を受けるため、大きな力に耐えることができるため、構造部材の継手などに用いられる。

(5) 歯車形軸継手は、外筒の内歯車と内筒の外歯車がかみ合う構造で、外歯車にはクラウニングが施してあるため、二つの軸のずれや傾きに対しても円滑に動力を伝えることができる。

【問5】（4）が不適切。⇒1章10節_8．逸走防止装置（P.70～）参照

(4) レールクランプは、屋外に設置された走行クレーンが作業中に突風などにより逸走することを防止する装置で、走行路の任意の位置で走行レールの頭部側面を挟む、または走行レールの頭部上面にブレーキシューを押しつけてその摩擦力で逸走を防止する。設問の内容は、「アンカー」。

【問6】（5）が不適切。⇒1章12節_6．クレーンの給油（P.79～）参照

(5) グリースカップ式の給油方法は、グリースカップの蓋ををねじ込みグリースに圧力を掛けて圧送するので、給油には手間や時間がかかる。

【問7】（3）が不適切。⇒1章11節_クレーンのブレーキ（P.72～）参照

(3) つり上げ装置のブレーキの制動トルクの値は、定格荷重に相当する荷重の荷をつった場合における当該装置のトルクの値の1.5倍の制動力を持つものでなければならない〔120%に調整する×〕。

【問8】（2）が不適切。⇒1章6節_3．走行装置（P.38～）参照

(2) 天井クレーンの一電動機式走行装置は、クレーンガーダの中央付近〔片側のサドル×〕に電動機と減速装置を備え、両側のサドルのピニオンとギヤ〔電動機側の走行車輪のみ×〕を駆動する。

【問9】（5）が適切。⇒1章4節_クレーンの種類及び形式（P.16～）参照

クレーンの種類、型式及び用途に関する記述として、適切なものは次のうちどれか。

(1) 引込みクレーンには、水平引込みをさせるための機構により、ダブルリンク式、スイングレバー式、ロープバランス式及びテンションロープ式〔ロープトロリ式及びマントロリ式など×〕がある。

(2) テルハは、荷の巻上げ・巻下げとレールに沿った横行のみ〔走行、旋回及び起伏の運動×〕を行うクレーンで、工場での材料や製品の運搬などに使用される。

(3) 天井クレーンのクレーンガーダに脚部が設けられ、地上または床上に設けたレール上を移動するものを橋形クレーンという。

(4) レードルクレーンは、製鋼関係の工場で用いられる特殊な構造の天井クレーンのひとつ。設問の内容は、「橋形クレーン、コンテナクレーン」。

【問10】(4) が適切。⇒1章12節_2．運転時の注意事項（P.76～）、3．荷振れ防止（P.77～）参照

(1) 床上操作式クレーンでつり荷を移動させるときは、つり荷の運搬経路及び荷下ろし位置の安全確認のため、つり荷の後方または横の位置〔前方×〕に立ち、つり荷とともに歩くようにする。

(2) 無線操作方式のクレーンで、運転者自身が玉掛け作業を行うときは、制御器は電源スイッチを「切」にした状態で、他の者が操作できない場所に置いておく。

(3) 巻上げ操作による荷の横引きは行ってはならない。

(5) 停止時の荷振れを防止するために行う追いノッチは、移動を続けるつり荷が目標位置の少し手前まで来たときに移動の操作を一旦停止し、慣性で移動を続けるつり荷が振り切れる直前に、ホイストを一瞬動かすことでホイストが移動して振れを抑えられながら停止する。

〔関係法令〕

【問11】(3) が法令違反とならない。

⇒2章1節_7．クレーンと建設物等との間隔（P.87～）参照

(1) クレーンと建設物との間の歩道のうち、建設物の柱に接する部分以外の歩道の幅は0.6 m以上〔0.5 m×〕としなければならない。

(2) クレーンと建設物との間の歩道のうち、建設物の柱に接する部分の歩道の幅を0.4 m以上〔0.3 m×〕としている。

(3) クレーンガーダに歩道を有するクレーンの集電装置の部分を除いた最高部と、当該クレーンの上方にある建設物のはりとの間隔は0.4 m以上〔0.5 m○〕とすること。

(4) クレーンガーダの歩道と当該歩道の上方にある建設物のはりとの間隔は1.8 m以上〔1.7 m×〕とすること。ただし、当該歩道からの高さが1.5 m以上〔1.4 m×〕の天がいを取り付けるときは、この限りでない。

(5) クレーンの運転室の端から労働者が墜落するおそれがある場合は、当該運転室の端と運転室に通ずる歩道の端との間隔を0.3 m以下〔0.4 m×〕としなければならない。

【問12】(3) が使用禁止とされていない(使用可能)。

⇒2章6節 _ 玉掛用具 (P.102 ~) 参照

(1) クレーンの玉掛用具であるワイヤロープの安全係数については、6以上〔5×〕でなければ使用してはならない。

(2) リンクの断面の直径の減少が、製造されたときの当該直径の10%を超える〔12%×〕つりチェーンは、クレーンの玉掛け用具として使用してはならない。

(3) 伸びが製造されたときの長さの5%を超える〔4%○〕つりチェーンは、クレーンの玉掛け用具として使用してはならない。

(4) 直径の減少が公称径の7%を超える〔9%×〕ワイヤロープは、クレーンの玉掛け用具として使用してはならない。

(5) ワイヤロープ1よりの間で素線(フィラ線を除く)の数の10%以上〔11%×〕の素線が切断したワイヤロープは、クレーンの玉掛け用具として使用してはならない。

【問13】(1) が誤り。⇒2章2節 _13. 立入禁止 (P.93 ~) 参照

(1) 荷に設けられた穴またはアイボルトにワイヤロープ等を通していない玉掛けをした場合、ワイヤロープ、つりチェーン、繊維ロープまたは繊維ベルトを用いて一箇所に玉掛けをした荷がつり上げられているときは荷の下に労働者を立ち入らせてはならない。

【問14】(2) が正しい。⇒2章2節 _ クレーンの使用及び就業 (P.89 ~) 参照

(1) & (4) 強風、大雨、大雪等の悪天候のため、クレーンの組立てまたは解体の作業の実施について危険が予想されるときは、当該作業に労働者を従事させないこと。

(3) クレーンの組立ての作業を行うときは、作業を行なう区域に関係労働者以外の労働者を立ち入らせてはならない。

(5) 屋外に設置されているクレーンを用いて瞬間風速が毎秒30 mをこえる風が吹いた後に作業を行うときのクレーンの各部分の異常の有無についての点検は、あらかじめ〔当該クレーンに係る作業の開始後、遅滞なく×〕行わなければならない。

【問15】(1) が正しい。⇒2章3節 _ 定期自主検査等 (P.96 ~) 参照

(2) 1か月をこえる期間使用せず、当該期間中に1か月以内ごとに1回行う定期自主検査を実施しなかったクレーンについては、その使用を再び開始する際に〔した後30日以内に×〕、所定の事項について自主検査を行わなければならない。

(3) クレーンにおける作業開始前の点検において、荷重試験の実施は必要ない。

(4) 定期自主検査を行ったときは、当該自主検査結果を〔クレーン検査証に×〕記録しなければならない。

(5) 1か月以内ごとに1回行う定期自主検査を実施し、異常を認めたときは、直ちに〔次回の定期自主検査までに×〕補修しなければならない。

【問16】(5) が誤り。⇒2章4節_3．クレーンの使用再開（P.101～）参照

(5) 使用再開検査における荷重試験は、クレーンに定格荷重の1.25倍に相当する荷重(定格荷重が200トンをこえる場合は、定格荷重に50トンを加えた荷重)の荷をつって、つり上げ、走行、旋回、トロリの横行等の作動を行なうものとする。

【問17】(4) B、D、E が正しい。

⇒2章7節_クレーンの運転士免許（P.107～）参照

A　免許に係る業務に従事するときは、当該業務に係る免許証を携帯しなければならない〔が、屋外作業等、作業の性質上、免許証を滅失するおそれのある業務に従事するときは、免許証に代えてその写しを携帯することで差し支えない。×〕。

C　免許に係る業務に現に就いている者は、氏名を変更したときは、免許証の書替えを受けなければならない〔が、変更後の氏名を確認することができる他の技能講習修了証等を携帯するときは、この限りでない×〕。

【問18】(1) が正しい。⇒2章1節_クレーンの製造及び設置（P.84～）参照

(2) つり上げ荷重0.9tのスタッカー式クレーンを設置した事業者は、あらかじめ〔設置後10日以内に×〕クレーン設置報告書を所轄労働基準監督署長に提出しなければならない。

(3) 製造許可が必要なクレーンは、つり上げ荷重が3トン以上（スタッカー式クレーンは1トン以上）のクレーンである。

(4) クレーン検査証の有効期間は、原則として2年〔3年×〕であるが、所轄労働基準監督署長は、落成検査の結果により当該期間を2年未満〔3年未満×〕とすることができる。

(5) クレーン検査証を受けたクレーンを設置している者に異動があったときは、クレーンを設置している者は、当該異動後10日以内に〔20日以内×〕に、クレーン検査証書替申請書にクレーン検査証を添えて、所轄労働基準監督署長に提出し、書替えを受けなければならない。

【問19】(2) が誤り。⇒2章7節_1．クレーン運転士の資格（P.107～）参照

(2) 床上操作式クレーン運転技能講習の修了では、つり上げ荷重8tの床上運転式クレーンである天井クレーンの運転の業務に就くことはできない。

【問20】(5) が正しい。⇒2章2節_4．巻過ぎの防止（P.89～）参照

「クレーンの巻過防止装置については、フック、グラブバケット等のつり具の上面又は当該つり具の巻上げ用シーブの上面とドラム、シーブ、トロリフレームその他当該上面が接触するおそれのある物(傾斜したジブを除く。)の下面との間隔が0.25 m以上(直働式の巻過防止装置にあっては、0.05 m以上)となるように調整しておかなければならない。」

〔原動機及び電気に関する知識〕

【問21】(3) が不適切。⇒3章1節_1．電流（P.113～）参照

(3) 工場の動力用電源には、一般に、200 V級又は400 V級の三相〔単相×〕交流が使用されている。

【問22】(5) 95 Ωが最も近い。⇒3章1節_3．抵抗（P.115～）参照

▪ 並列接続の合成抵抗

$$= \frac{1}{\frac{1}{10\ \Omega} + \frac{1}{20\ \Omega} + \frac{1}{30\ \Omega}} = \frac{1}{\frac{6+3+2}{60\ \Omega}} = \frac{60\ \Omega}{11} = 5.4545\cdots\Omega$$

▪ A B 間における直列接続の合成抵抗

$= 40\ \Omega + 5.4545\cdots\Omega + 50\ \Omega = \underline{95.4545\cdots\Omega}$

【問23】(5) が不適切。⇒3章2節_1．交流電動機（P.119～）参照

(5) 三相誘導電動機の同期速度は、周波数を一定とすれば、極数が少ないほど速くなる〔遅くなる×〕。

【問24】(2) が不適切。

⇒3章3節_2．制御器（コントローラー）とその制御（P.121～）参照

(2) 押しボタン制御器は、間接制御器〔直接制御器×〕の一種であり、電動機の正転と逆転のボタンを同時に押せない構造となっている。

【問25】(3) が不適切。⇒3章4節_3．スリップリング給電（P.131～）参照

(3) 旋回体、ケーブル巻取式などの回転部分への給電方式には、スリップリングを用いたスリップリング給電方式が採用されている。

【問 26】(1) が不適切。

⇒3章3節 _ 2．制御器（コントローラー）とその制御（P.122 ～）参照

(1) 半間接制御は、巻線形三相誘導電動機の一次側を電磁接触器で間接〔直接×〕制御し、二次側を直接〔電磁接触器で間接×〕制御する方式である。

【問 27】(4) が不適切。

⇒3章5節 _ 2．巻線形三相誘導電動機の速度制御（P.134 ～）参照

(4) 巻線形三相誘導電動機の二次抵抗制御は、回転子〔固定子×〕の巻線に接続した抵抗器の抵抗値を変化させて速度制御するもので、始動時に緩始動ができる。

【問 28】(2) が適切。⇒3章6節 _ 電気設備の保守（P.137 ～）参照

(1) ナイフスイッチは、入れるときよりも切るとき〔切るときよりも入れるとき×〕の方がスパークが大きいので、切るとき〔入れるとき×〕はできるだけスイッチに近づかないようにして、側方などから行う。

(3) 絶縁物の絶縁抵抗は、回路電圧を漏えい電流で〔漏えい電流を回路電圧×〕で除したものである。

(4) 雲母は、電気の絶縁体〔導体×〕である。

(5) 電気回路の絶縁抵抗は、メガー〔ボルトメーター×〕と呼ばれる絶縁抵抗計を用いて測定する。電圧計（ボルトメーター）は、電圧の大きさを測定するために使用されている。

【問 29】(4) が適切。⇒3章6節 _ 6．測定機器（P.142 ～）参照

(1) 回路計 (テスター) では、測定する回路の電圧や電流の大きさの見当がつかない場合は、最初に測定範囲の最大〔最小×〕レンジで測定する。

(2) 電流計は、測定する回路に直列〔並列×〕に接続して測定し、電圧計は、測定する回路に並列〔直列×〕に接続して測定する。

(3) 電流計で大電流を測定する場合は、交流では変流器〔分流器×〕を、直流では分流器〔変流器×〕を使用する。

(5) 電圧計で交流高電圧を測定する場合は、計器用変圧器により降圧〔昇圧×〕した電圧を測定する。

【問 30】(1) が適切。⇒3章6節 _ 4．接地（アース）（P.139 ～）、

5．感電（P.140 ～）参照

(2) 天井クレーンは、鋼製の走行車輪を経て走行レールに接触しているため、走行レールが接地されている場合でも、クレーンガーダ上で走行トロリ線の充電部分に身体が接触している場合、感電の危険がある。

(3) 接地線には、できるだけ電気抵抗の小さい、十分な太さの〔大きな×〕電線を使った方が丈夫で、安全である。

(4) 感電による危険を電流と時間の積によって評価する場合、一般に50〔500 ×〕ミリアンペア秒が安全限界とされている。

(5) 人体は身体内部の電気抵抗が皮膚の電気抵抗よりも小さい〔大きい×〕ため、電気火傷の影響は皮膚深部に及ぶことがある〔及ばない×〕。

〔クレーンの運転のために必要な力学に関する知識〕

【問 31】(2) B ⇒4章2節_4．力の合成（P.148 ～）参照

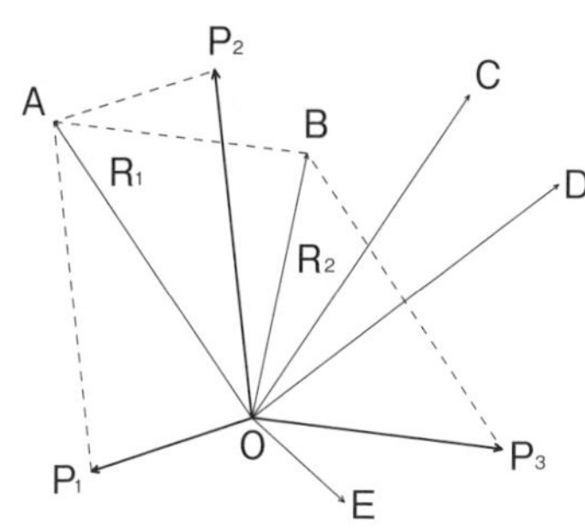

- 平行四辺形の対角線をみる。
- 力 P_1、P_2 の合力 R_1 を求め、次に R_1 (A) と P_3 の合力（R_2）を求める。従って、平行四辺形の法則により合力（R_2）は **B** となる。

【問 32】(5) 490N ⇒4章2節_7．力のつり合い（P.151 ～）参照

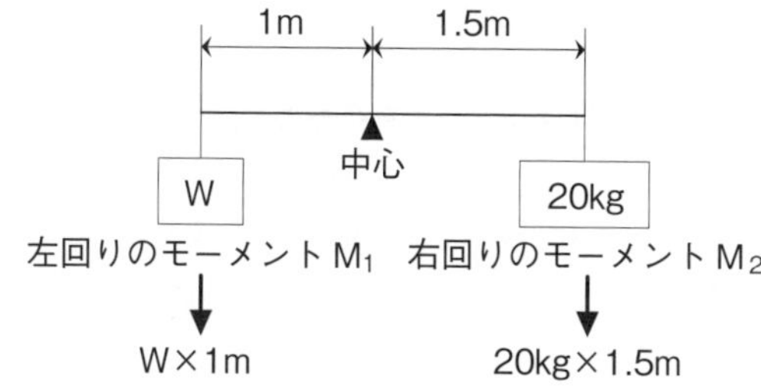

- 天秤棒の支点を中心とした力のつり合いを考える
- つり合いの条件
  左回りのモーメント M_1
  ＝右回りのモーメント M_2
  W × 1 m ＝ 20kg × 1.5m
  W ＝ 30kg
- 天秤を支える力 F（下向きの重量の合計）
  F ＝（30 ＋ 20）kg × $9.8\mathrm{m/s^2}$ ＝ 490N

【問 33】(2) 1.6t が最も近い。⇒4章3節_1．質量（P.155 ～）参照

- アルミニウム板の体積：2 m（長さ）× 1 m（幅）× 3 mm（厚さ）× 100 枚
  ＝ 2 m × 1 m × 0.003m × 100 枚
  ＝ $0.006\mathrm{m^3}$ × 100 枚＝ $0.6\mathrm{m^3}$
- アルミニウム板の質量
  ＝アルミニウム板の体積×アルミニウム板の単位面積当たりの質量
  ＝ $0.6\mathrm{m^3} \times 2.7\mathrm{t/m^3}$ ＝ 1.62t ≒ 1.6t

【問 34】(3) が適切。⇒4章4節_重心及び安定（P.158～）参照

(1) 複雑な形状の物体であっても重心は、常に一つの点〔二つ以上の点になる場合がある×〕である。

(2) 重心が物体の外部にある物体は、置き方を変えても重心が物体の内部に移動することはない。物体の位置や置き方を変えても重心の位置は変わらない。

(4) 水平面上に置いた直方体の物体を傾けた場合、重心からの鉛直線がその物体の底面を外れるときは、その物体は戻らないで倒れる〔元に戻る×〕。

(5) 直方体の物体の置き方を変える場合、重心の位置が高くなるほど安定性は悪くなる〔良くなる×〕。

【問 35】(1) が適切。⇒4章5節_1．運動（P.162～）参照

(2) 物体が一定の加速度で加速し、その速度が 10 秒間に 10m/s から 35m/s になったときの加速度は、$2.5m/s^2$〔$25m/s^2$×〕である。

(3) 等速直線運動をしている物体の移動した距離をL、その移動に要した時間をTとすれば、その速さVは、V＝L／Tで求められる。

(4) 運動している物体には、外部から力が作用しない限り、同一の運動状態を永久に続けようとする〔静止している状態に戻ろうとする×〕性質があり、この性質を慣性という。

(5) 物体が円運動をしているとき、遠心力は、物体の質量が大きいほど大きく〔小さく×〕なる。

【問 36】(4) 500kg ⇒4章5節_2．摩擦力（P.166～）参照

- 垂直力 $Fw = \dfrac{\text{最大静止摩擦力 Fmax}}{\text{静止摩擦係数}\,\mu} = \dfrac{980N}{0.2} = 4{,}900N$
- 単位を kg に変換：$4{,}900N \div 9.8m/s^2 = 500kg$

【問 37】(4) $8N/mm^2$ ⇒4章6節_2．応力（P.172～）参照

- 丸棒の面積：1 cm（半径）× 1 cm（半径）× 3.14 ＝ $3.14cm^2 = 314mm^2$
- 加重：$250kg \times 9.8m/s^2 = 2{,}450N$
- 応力＝ $\dfrac{\text{部材に作用する荷重}}{\text{部材の断面積}} = \dfrac{2{,}450N}{314mm^2} = 7.80254\cdots \fallingdotseq 8\,N/mm^2$

【問 38】（3）24kN が最も近い。⇒４章７節＿１．張力係数（P.175 〜）参照

- 直方体の体積：1m（縦）×1m（横）×1.5m（高さ）＝ $1.5m^3$
- 直方体の質量：$2.3t/m^3$（コンクリート）× $1.5m^3$ ＝ 3.45t
- ワイヤロープ１本にかかる張力＝ $\dfrac{\text{つり荷の質量}}{\text{つり本数}} \times 9.8m/s^2 \times$ 張力係数

$$= \frac{3.45t}{2} \times 9.8m/s^2 \times 1.41$$

$$= 23.83605\cdots \fallingdotseq 24kN$$

【問 39】（5）が不適切。⇒４章６節＿１．荷重（P.169 〜）参照

(5) クレーンの巻上げドラムには、曲げ荷重〔引張荷重×〕とねじり荷重がかかる。

【問 40】（1）が誤り。⇒４章８節＿３．組合せ滑車（P.179 〜）参照

- 力Ｆは、次の公式により求めることができる。

$$F = \frac{\text{質量} \times 9.8m/s^2 \text{（W）}}{\text{動滑車の数} \times 2 \text{（荷をつっているロープの数）}}$$

- 従って、設問の図における動滑車の数（荷をつっているロープの数）を当てはめる。

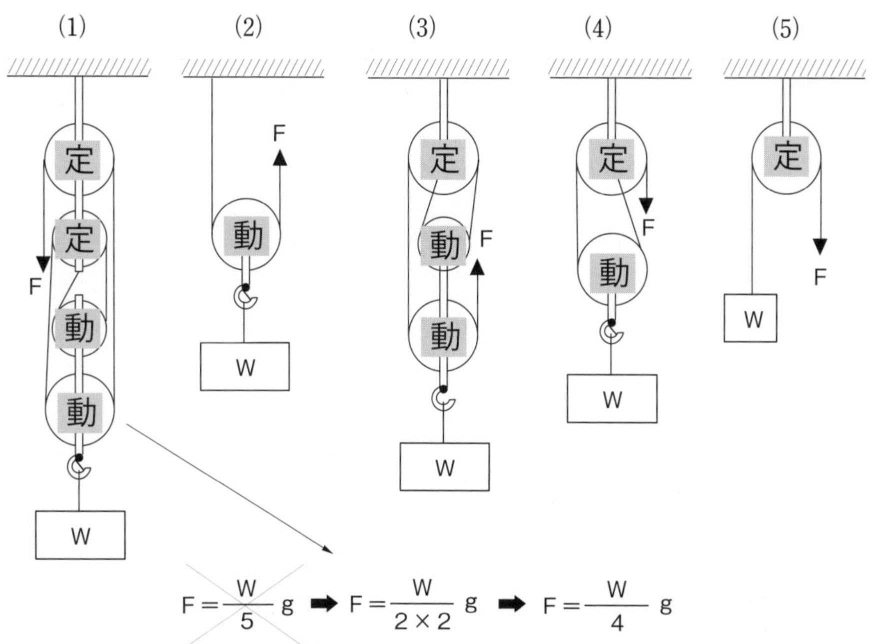

索　引

アルファベット

あ

い

う

え

お

か

き

く

け

こ

さ

し

す

せ

そ

た

ち

つ

て

と

に

ね

は

ひ

ふ

ら

り

れ

ろ

わ

〈巻末付録〉本書の用語について

本書では、テキストパートにおいてクレーンに関する構造等を解説する上で、工学や電気等の分野における専門的な用語、あるいは普段聞き慣れないであろう言葉等もいくつか出てきます。そうした用語や言葉に馴染みのない方にとっては、図や写真を用いても理解、イメージがし難い部分があるかもしれません。そこで、本項では編集部の判断により、そうしたいくつかの用語を本文中からピックアップして端的に補足解説します。ぜひ、学習の参考にしてみてください。

なお、対象の用語については本文中で初出の際に、アンダーラインと共に用語の後ろに“**(*)**”を表記しています。

第１章　クレーンに関する知識

用語	解説
旋回（せんかい）	円を描くようにグルグルと回ることを指す。クレーンなどの機械においては、可動部が回転運動をすることを意味する。
オーバーハング	「突き出す」または「張り出す」ことを意味する英語。
架構（かこう）	材を結合して作った構造物。柱、梁（はり）、床等で構成される。
架台（かだい）	重量のある設備機器等を設置するための架構のこと。
マスト	帆船の甲板に帆を張るための垂直棒だが、クレーンではジブなどの上ものを支える柱の部分を指す。
荷役（にやく）	物流過程における荷に関する作業の総称。運搬や積み下ろし等。
フランジ	管を他の管または機械部分と結合する際に用いるつば型の部品。
サドル	馬などの鞍やオートバイ等の腰掛けの部分。また、旋盤の横送り台やバイトホルダー等、工作機械のベッド上を移動する台。
剛性（ごうせい）	物体に加えた力に対する「変形のし難さ」を表す。
JIS（じす）	日本産業規格。日本の産業製品に関する規格や測定法などが定められた日本の国家規格のひとつ。
鍛造（たんぞう）	金属加工の一種で、金属を叩いて圧力を加え変形させる手法。
スラスト	推力のこと。機械などにおいて、軸方向に働く力を意味する。
リーマ	鋼材などにあけた穴の内面を滑らかに精密に仕上げるための工具。
勾配（こうばい）	水平な面に対する面の傾斜の度合い（角度）のこと。
ラジアル	円の中心から半径上の、あるいは円盤状の物体における弧を貫く方向を意味する形容詞。
カップリング	２つのものを組み合わせ、結合させること。また、その用途に使われるもの。
ブッシュ	軸や筒状の部材などにはめ込み、衝撃を和らげたり、隙間を埋めるために用いる円筒形やドーナツ形をした機構部品。

整列巻き	均一に巻く巻き方。巻線の占積率が上がるメリットがある。
車輪止め	車両や機体が勝手に動き出さないように車輪を固定する器具。
逸走（いっそう）	それて走ること。意図した軌道から外れて走り出す状態。
係留（けいりゅう）	船などを固定された場所に鎖等で繋ぎ止めておくこと。
インターロック	特定の条件が揃わない場合に機械等の運転を制御する仕組み。
励磁（れいじ）	電磁石のコイルに電流を通じて磁束を発生させること。
乱巻き	ロープがドラム等に規則正しく巻かれていない様子。
摺動（しゅうどう）	軸受けのように、摩擦が少なく滑って動く様子。

第２章　関係法令

この限りではない	ある事柄について、規定の全部又は一部を打ち消す、法令特有の言い回し。「ただし、～」のようにただし書の語尾に使われる事が多い。
落成（らくせい）	建築の分野において、土木工事などの工事が終わって建築物が完成すること。類語に「竣工（しゅんこう）」がある。
リベット	穴をあけた部材に差し込み、かしめることで反対側の端部を塑性変形させて接合させる部品。半永久的な締結が可能となる。
天蓋（てんがい）	祭壇などの上にかざす傘等の意味がある。この場合、天井の覆いの意。
具備（ぐび）	ある事柄において、十分に備わっている様子。
裏書（うらがき）	紙の裏に書かれた文字や文章。証書の裏に情報を記載すること。
キンク	よれやよじれ等による形くずれのこと。水道のホース等もキンクにより形くずれを起こしやすい。一度でもキンク状態になったワイヤロープの引っ張り強度は、ほぼ半分にまで弱くなる。

第３章　電動機及び電気に関する知識

実効値	周期的に変化する交流の電流や電圧の大きさを直流の電流や電圧の強さを用いて表す値。
磁界（じかい）	磁力が及ぶ範囲のこと。「磁場」ともいう。
セグメント	「断片」あるいは「区分」等を意味する。
惰走（だそう）	惰性（慣性）で走り続けること。
短絡（たんらく）	電気回路の電位差のある端子を故意又は過失で接触させること。「ショート」あるいは「ショートサーキット」ともいう。
がいし	一般に、電柱や鉄塔と電線などの間を絶縁するための器具。白いそろばん状の玉。
極数（きょくすう）	電動機の中にできる磁極（磁性体の端部）の数。

《写真提供》※ 50 音順

株式会社 赤川索道／イーマキーナ 株式会社／宇部興産機械 株式会社／株式会社 大倉製作所／おべ工業株式会社／金陵電機 株式会社／小原歯車工業（KHK）株式会社／三和テッキ 株式会社／住友重機械工業 株式会社／大同工業（DID）株式会社／東部重工業 株式会社／株式会社 ナニワ製作所／鍋屋バイテック会社／株式会社 NICHIUN ／株式会社 日本起重機製作所／株式会社 日立産機システム／日本精工（NSK）株式会社／不二工業 株式会社／富士電機 株式会社／前田伝導機 株式会社／株式会社 三井 E&S ホールディングス／ユーラステクノ 株式会社

◆本書の正誤等について◆

本書の発刊にあたり、記載内容には十分注意を払っておりますが、誤り等が発覚した際は、弊社ホームページに訂正情報を掲載しています。お手数ですが、ご不明な場合は一度ご確認をお願い致します。

https://www.kouronpub.com/book_correction.html

◆本書籍の内容に関するお問い合わせ◆

書籍の内容につきましては、必要事項を明記の上、下記までお問い合わせ下さい。

メール または FAX

MAIL：inquiry@kouronpub.com
FAX：03-3837-5740

記入必須事項
- お客様の氏名とフリガナ
- 書籍名
- FAX 番号（※ FAX の場合のみ）
- 該当ページ数
- 問合せ内容

または→

問合せフォーム QR

※お電話によるお問合せは、現在受け付けておりません。
※回答までにお時間がかかる場合がございますので、予めご了承ください。
※必要事項に記載漏れがある場合は、問合せにお答えできない場合がございますのでご注意ください。
※キャリアメールをご使用の場合は、メールアドレス受信設定の確認のほうをお願い致します。
※お問い合わせは、書籍の内容に限ります。試験の詳細や実施時期等ついてはお答えできかねます。

クレーン・デリック運転士〈クレーン限定〉学科試験
令和６年版　図解テキスト＆過去問６回

■発行所　株式会社 公論出版
〒110-0005
東京都台東区上野３－１－８
TEL 03-3837-5731　FAX 03-3837-5740

■定　価　２４２０円　送料　３００円（共に税込）

■発行日　令和６年５月27日　初版

ISBN978-4-86275-285-7